普通高等教育教材

液压传动

YEYA
CHUANDONG

孙 海 主编

化学工业出版社
·北京·

内 容 简 介

《液压传动》共12章，包括：液压传动的基本知识、液压流体力学基础、液压动力元件、液压执行元件、液压控制元件、液压辅助元件、常用基本回路、其他基本回路、采掘机械液压传动系统及其使用和维护、其他典型液压传动系统、液压传动系统的设计和计算，以及液压元件和液压传动系统的动态特性分析等内容。本书注重基本概念与原理的讲解，突出实用性，力求内容简洁、通俗易懂。

本书可作为高等学校和高等职业院校采矿工程专业液压传动课程的教材，也可供相关工程技术人员和管理人员参考。

图书在版编目（CIP）数据

液压传动 / 孙海主编. -- 北京 ：化学工业出版社，2025. 8. --（普通高等教育教材）. -- ISBN 978-7-122-48549-6

Ⅰ. TH137

中国国家版本馆CIP数据核字第20254W35C1号

责任编辑：刘丽菲　　文字编辑：刘雷鹏
责任校对：杜杏然　　装帧设计：刘丽华

出版发行：化学工业出版社
（北京市东城区青年湖南街13号　邮政编码100011）
印　　装：大厂回族自治县聚鑫印刷有限责任公司
787mm×1092mm　1/16　印张18¾　字数462千字
2025年9月北京第1版第1次印刷

购书咨询：010-64518888　　售后服务：010-64518899
网　　址：http://www.cip.com.cn
凡购买本书，如有缺损质量问题，本社销售中心负责调换。

定　　价：55.00元　

前言

液压传动技术在航空航天、军工、船舶、工程机械、车辆工程、采矿工程等领域得到了越来越广泛的应用，已经成为自动化生产中不可或缺的先进科学技术之一。从 20 世纪 40 年代起，液压传动技术就应用于煤矿机械。我国煤矿机械中应用液压传动技术起步较晚，但发展十分迅速。随着液压技术和微电子技术的结合，液压技术已走向智能化阶段，在微型计算机或微处理器的控制下，进一步拓宽了它的应用领域。无人采煤工作的出现、喷浆机器人的研制成功，都是液压技术和微电子技术相结合的结果。可以预见，在今后的煤矿机械设备中，液压技术会得到更加广泛的应用。

为适应煤矿现场生产技术的发展变化，本书围绕培养适应煤矿现场需要的高级技术人才这一核心目标编写。本书在充分吸收近年来国内外新技术和新成果的基础上，结合编者长期的教学及生产实践经验，力求理论联系实际，注重专业特点，夯实基础知识。

本书介绍了液压传动的基础知识，液压元件，液压基本回路，采掘机械液压系统以及检修、维护和故障排除，液压系统的主要设计方法等内容，每章后附有思考题，便于复习自测。本书由孙海主编，具体分工是：付煜编写第 1、6、9、12 章，孙海编写第 2～5 章，李晓红编写第 7 章，刘松阳编写第 8、10、11 章。全书由孙海、付煜负责统稿、定稿工作。

由于编者水平所限，书中的不足之处在所难免，恳请广大读者批评指正。

编　者

2025 年 4 月

目录

第1章
液压传动的基本知识

1.1 液压传动发展历程

液压传动相对于机械传动来说是一门新技术，但如果从1653年帕斯卡提出静压传递原理算起，已有三百多年历史了。20世纪中叶以后，液压传动在工业上得到大规模推广使用，而它与微电子和计算机技术密切结合，实现小空间内大功率传递及精密控制，则是近几十年才出现的。

液压传动技术早期以水为介质，1905年美国在舰艇炮塔转位装置中首次成功应用矿物油替代水，解决了水基液压冬季结冰、润滑性差等问题，标志着现代液压技术的开端。此后，液压技术逐步应用于机床领域，1925年德国成功研制液压转塔车床，1935年美国开发出液压磨床，推动了金属加工的自动化进程。

第二次世界大战期间，液压技术因功率大、反应快、动作准的特性被广泛应用于各种武器系统，显著提升了兵器性能，同时催生了液压元件的标准化生产需求。第二次世界大战后，液压技术迅速向民用领域发展，并随着各种标准的不断完善，各类元件的标准化、规格化、系列化在机械制造、汽车制造等行业中快速推广开来。20世纪60年代后，随着计算机控制技术的引入，液压技术与自动化深度融合，发展成为包括传动、控制、检测在内的一门完整的自动化技术，在国民经济的各方面都得到了应用。20世纪70年代后，液压传动在某些领域内甚至已占有压倒性的优势，例如，国外生产的工程机械（95%左右）、数控加工中心（90%左右）、自动化生产线（95%以上）都采用了液压传动技术。因此，液压传动技术的应用程度已成为衡量一个国家工业水平的重要标志之一。

我国的液压工业开始于20世纪50年代，初期产品主要应用于机床和锻压设备，后来扩展到拖拉机和工程机械等领域。1964年，我国通过引进国外的一些液压元件生产技术，逐步建立自主技术体系，已形成从低压到高压的液压元件谱系，并在各种机械设备上得到了广泛应用。我国从20世纪80年代起加速了对国外先进液压产品和技术的有计划引进、消化吸收和国产化工作，在产品质量、经济效益、人才培训、研究开发等各个方面得到了全方位的提升。进入21世纪，我国在电液伺服系统、负载敏感控制技术等领域取得实质性进展，部分产品的性能指标达到国际先进水平。

当前，液压传动技术在高压、高速、大功率、高效率、低噪声、经久耐用、高度集成化、微型化、智能化等方面都取得了突破，在完善比例控制、伺服控制、数字控制等技术方面也有许多新成就。此外，液压元件和液压传动系统的计算机辅助设计、计算机仿真和优化以及计算机控制等开发性研究的优势日益凸显。

液压传动技术正经历着以智能化、绿色化、高精度为核心的技术革新，其创新方向已突破传统机械控制范畴，深度融合物联网、人工智能与先进材料科学。因此，液压技术必须不断创新，不断提高和改进元件和系统的性能，以满足日益变化的市场需求。液压技术的持续发展体现在下列各方面：

① 提高元件性能，实现小型化和微型化。

② 高度的组合化、集成化和模块化。

③ 与微电子技术相结合，向智能化发展。

④ 研究和开发特殊传动介质，推进工作介质多元化。

1.2 液压传动的工作原理及系统组成

1.2.1 液压传动的工作原理

液压传动是利用封闭系统（如封闭的管路、元件、容器等）中的压力液体实现能量传递和转换的技术。其中的液体（一般为矿物油）称为“工作液体”或“工作介质”，其作用与机械传动中的皮带、链条和齿轮等传动元件类似。液压传动利用各种元件组成所需要的控制回路，形成具备特定控制功能的传动系统，以此进行能量的传递、转换及控制。

液压千斤顶是一个既简单又比较完整的液压传动装置，分析其工作过程，可以清楚地了解液压传动的工作原理。在密闭容器内，施加于静止液体某点的压力将以等值同时传到液体内部各点，这一现象称为帕斯卡原理，也称为静压传递原理。该原理揭示了压力能等值传递的物理本质，成为液压传动技术的理论基石。

通过对液压千斤顶工作过程的分析，可以初步了解液压传动的基本工作原理，如图 1-1 所示。当抬起杠杆手柄 1 时，小油缸 2 下腔容积增大形成局部真空，油箱 12 中的油液在大气压力的作用下推开单向阀 4，进入并充满小油缸 2 下腔。当压下杠杆手柄 1 时，小油缸 2 下腔容积减小，油液受到挤压，压力增大，迫使单向阀 4 关闭，单向阀 7 打开，油液经管道进入大油缸 9 下腔，推动大活塞 8 举起重物（自重为 G）。反复抬、压杠杆手柄，不断有油液进入大油缸下腔，使重物逐渐上升。如杠杆停止动作，大油缸下腔油液压力将使单向阀 7

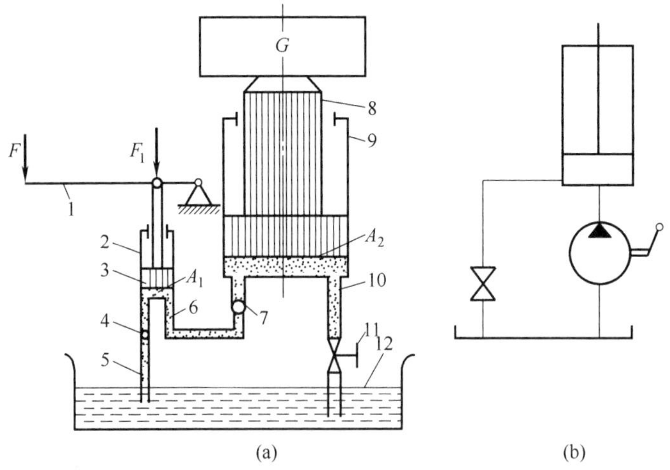

图 1-1 液压千斤顶工作原理

1—杠杆手柄；2—小油缸；3—小活塞；4,7—单向阀；5—吸油管；6,10—管道；8—大活塞；9—大油缸；11—截止阀；12—油箱

关闭，大活塞连同重物一起被自锁，停在举升位置。打开截止阀 11，大油缸下腔与油箱连通，大活塞在自重作用下下移，恢复到起始位置。

可以看出，液压传动是利用有压力的油液作为传递动力的工作介质。压下杠杆时，小油缸 2 输出压力油，将机械能转换成油液的压力能；压力油经过管道 6 和单向阀 7，推动大活塞 8 举起重物，将油液的压力能又转换成机械能。大活塞 8 举升的速度取决于单位时间内流入大油缸 9 中油液的多少。

由此可见，液压传动是以密闭系统内工作液体（液压油）的压力能来传递运动和动力的一种传动形式。其过程是先将原动机的机械能转换为便于输送的液体的压力能，再将液体的压力能转换为机械能，从而对外做功，实现运动和动力的传递。

1.2.2 液压传动系统的组成

液压传动系统主要由以下五个部分组成：

① 动力元件：动力元件是把机械能转换成液体压力能的元件，向液压传动系统提供压力油，常称为液压泵。如图 1-1（a）中小油缸 2 和单向阀 4 所组成的是一个由杠杆经连杆带动的手动液压泵。

② 执行元件：执行元件是将液体压力能转换成机械能的元件，如图 1-1（a）中的大油缸 9。液压传动系统中的液压缸和液压马达都是执行元件。

③ 控制元件：控制元件是指通过对液体的压力、流量、方向的控制，以改变执行元件的运动速度、方向、作用力等的元件。这类元件也常用于实现系统和元件的过载保护、程序控制等。液压传动系统中的各种阀类元件即为控制元件。

④ 辅助元件：辅助元件是指上述三部分以外的其他元件，如油箱、过滤器、蓄能器、冷却器、管路、接头和密封装置等。辅助元件在液压传动系统中的作用同样十分重要，许多故障常常是出在这些辅助元件上，因此不应忽视。

⑤ 工作液体：工作液体也是液压传动系统中必不可少的部分，既是能量转换与传递的介质，也起着润滑运动零件和冷却传动系统的作用。

1.2.3 液压传动系统图的图形符号

图 1-1（a）展示了液压千斤顶的工作原理示意图，该图虽能直观反映元件与系统的工作原理，但因其图形复杂，包含多元件的复杂液压系统，绘制与分析效率显著降低，故实际应用中较少采用。工程中更普遍的做法是，采用仅表征液压元件功能特性、不涉及具体结构的标准化图形符号，以简化系统表达并清晰描述液压传动系统的构成与逻辑关系。为了简化原理图的绘制，《流体传动系统及元件　图形符号和回路图　第 1 部分：图形符号》（GB/T 786.1—2021）确立了液压/气动元件的标准化图形符号体系。这些图形符号只表示元件的职能和连接系统的通路，不表示实际的结构。若液压元件无法用规定的图形符号表达，允许绘制半结构原理图。图 1-1（b）是用图形符号表示的液压千斤顶，其优点是简洁明了，尤其适用于元件较多的复杂系统。图 1-2 为用液压图形符号绘制成的一种驱动机床工作台的液压传动系统工作原理图。

在各种液压元件学习过程中，本书将陆续介绍它们的图形符号。熟记常用液压元件的图形符号，是了解和正确分析液压传动系统的基础。

采用图形符号绘制液压传动系统原理图时，要注意以下几点。

① 符号均以元件的静态位置或零位（如电磁换向阀断电时的工作位置）为默认表征方式。当系统动态特性需特别说明时，允许采用动态符号表示。

② 元件符号的绘制方向可按具体情况采用水平、竖直或反转 180°，但液压油箱和仪表等元件必须采用水平绘制且开口向上。

③ 元件的名称、型号和参数（如压力、流量、功率、管径等）一般在系统原理图的元件明细表中标明，必要时可标注在元件符号旁边。

④ 在保持符号本身比例的情况下，元件符号的大小可根据图纸幅面适当增大或缩小，以清晰美观为原则。

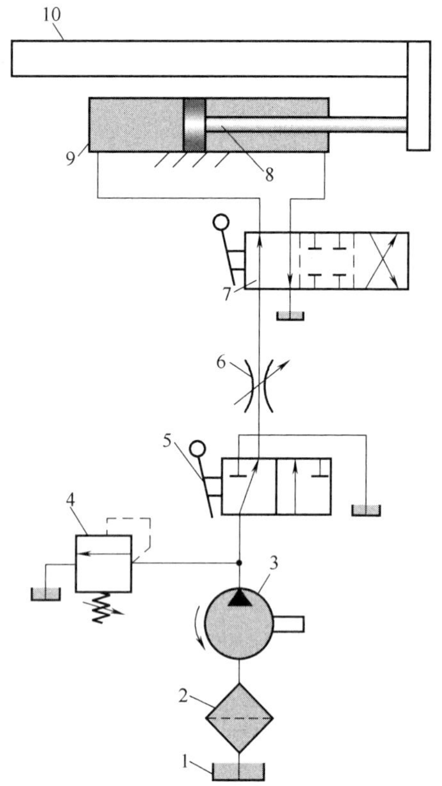

图 1-2 机床工作台液压传动系统的图形符号

1—油箱；2—过滤器；3—液压泵；4—溢流阀；5—开停阀；6—节流阀；7—换向阀；8—活塞；9—液压缸；10—工作台

1.2.4 液压传动的控制方式

液压传动的“控制方式”有两种不同的含义：一种是指对传动部分的操纵调节方式；另一种是指控制部分本身的结构组成形式。这里仅介绍前一种。

液压传动的操纵调节方式可以粗略地分成手动式、半自动式和全自动式三种。

手动式：需人工直接操作控制元件（如手柄、按钮等）实现系统动作或状态转换。

半自动式：人工启动后，系统可通过机械、电气、电子等控制机构自动完成预设动作序列，并在工作循环结束后自动停机。

全自动式：从启动到停机的全过程均无需人工干预，系统可自主完成全部工作循环。

图 1-3 为一个简单液压伺服系统的工作原理图，它是手动控制式闭环液压传动系统的例子。这里的伺服阀 5 起开停和节流双重作用。当将操纵手柄 6 的球头从图 1-3（b）中①处向左拨到①′处时，操纵手柄绕点③转动，将阀杆上的点②移到②′处，使伺服阀阀口打开。这时压力油经伺服阀进入液压缸 8 左腔，推动活塞 7 和工作台 9 向右移动，液压缸右腔的油液经伺服阀排回油箱 1。活塞移动时点③也被带着向右移动，这时操纵手柄通过绕点①′的转动，又将点②′不断移向右边。当点③移动到③′时，点②′正好返回到它原来的位置②处，关闭阀口，停止活塞的运动。很明显，活塞移动过程中阀口不断关小，活塞移动速度不断减慢，这正是控制机制中负反馈作用的体现。这个系统的最终状态如图 1-3（c）所示：阀口虽然关闭，但操纵手柄球头和活塞的位置都和图 1-3（a）不一样了。如果将操纵手柄向右拨动，活塞也会相应地向左移过一段距离后再停下来。这种闭环控制系统的框图如图 1-4 所示。

图 1-3 所示的液压伺服系统能在工作过程中自动调节，其控制质量受工作条件（如油温、负载等）的影响较小，可以进行较精确的控制。

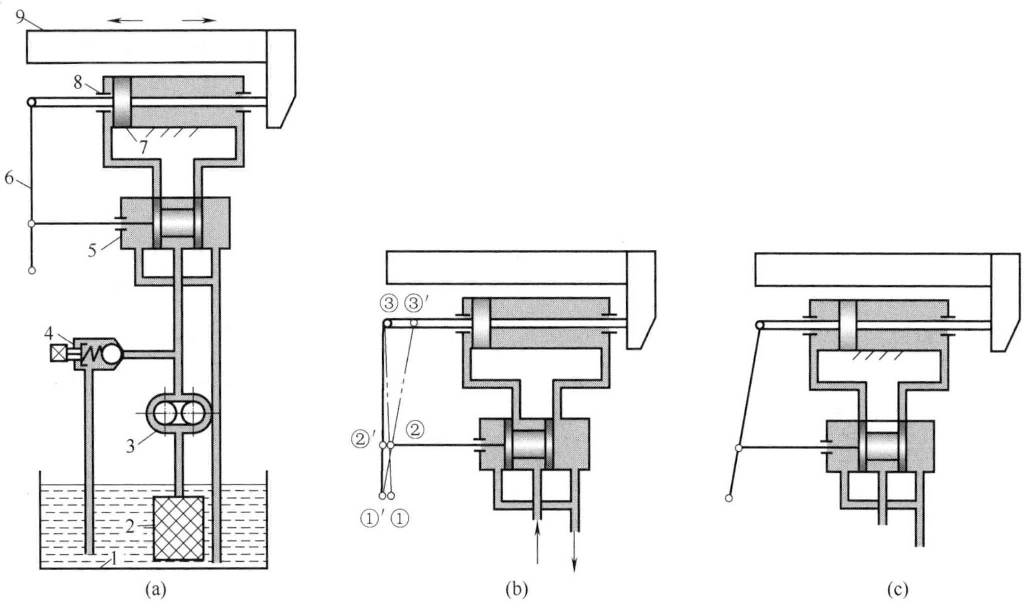

图 1-3　液压伺服系统的工作原理图

1—油箱；2—过滤器；3—液压泵；4—溢流阀；5—伺服阀；
6—操纵手柄；7—活塞；8—液压缸；9—工作台

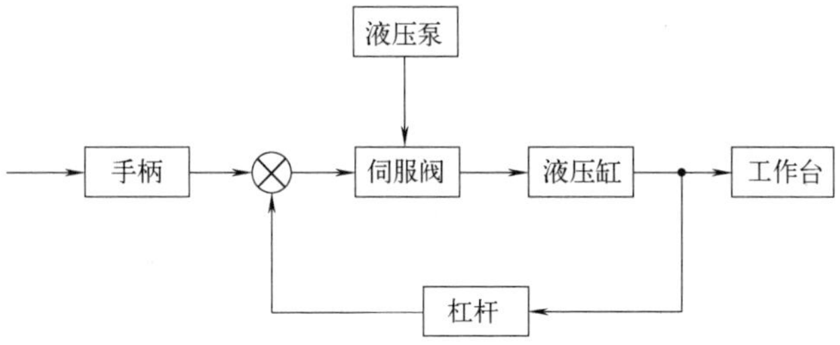

图 1-4　闭环控制系统的框图

1.3　液压传动的特点和基本参数

1.3.1　液压传动的特点

通过对液压传动工作原理的分析，可以了解到液压传动的两个基本特点：

① 液压传动系统中力的传递是依靠液体的压力来实现的，而系统内液体压力的大小则与外载有关。

当千斤顶举起重物时，泵缸与工作缸之间相当于一个密封的连通器，如图 1-5 所示。

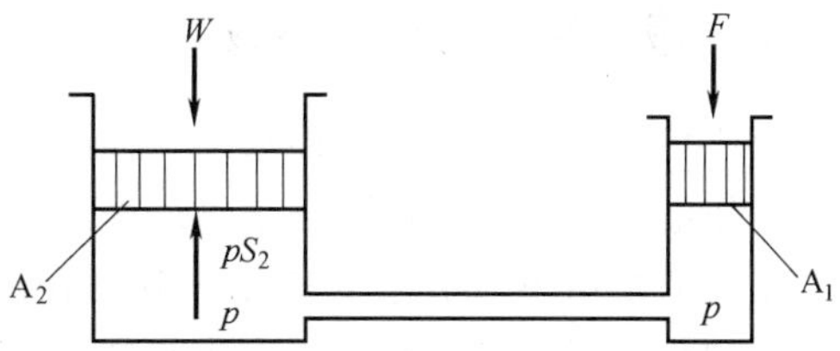

图 1-5　泵缸与工作缸工作示意图

由帕斯卡静压传递原理可知：在密闭液压系统中，作用在小活塞 A_1 上的力 F 所产

生的液压力 p（$p=F/S_1$，S_1 为小活塞面积）以等值同时传递到密封连通器各处，因而大活塞 A_2 底面也受到 p 的作用，产生向上的推力 pS_2（S_2 为大活塞面积），从而举起重物。重物缓慢上升时，若忽略摩擦力，则推力 pS_2 与重物的重力 W 相等，即

$$pS_2=W \tag{1-1}$$

则有

$$p=\frac{W}{S_2} \tag{1-2}$$

可见密闭容器内的压力大小与外载（重力 W）的大小有关。若 W 为零，容器内的液体也就无压力了。但是系统的压力不会无限制地随着外载增大而增大，它受到密闭容器及管路等的强度限制。为了使系统工作可靠，往往在系统内设置安全阀来保护系统。

千斤顶系统中，液体的压力来源于手压泵，能否产生足够的压力举起重物，取决于作用力 F 的大小（$p=F/S_1$）。与式（1-2）相比较，则有

$$\frac{W}{S_2}=\frac{F}{S_1}$$

即

$$W=\frac{S_2}{S_1}F \tag{1-3}$$

由式（1-3）可知，当 $S_2>S_1$ 时，$W>F$。可见液压传动还具有力（或力矩）的放大作用。液压千斤顶和油压机就是利用这个特点进行工作的。

② 运动速度的传递按“容积变化相等”的规律进行。

在千斤顶举起重物过程中，若不计液体的泄漏，活塞 A_1 向下运动排出的液体体积应该等于使活塞 A_2 向上运动进入工作缸的液体体积，即容积变化相等，故有

$$S_1L_1=S_2L_2$$

式中　L_1、L_2——两活塞的行程。

将上式两端同除以时间 t，可得出以下关系：

$$\nu_2=\frac{S_1}{S_2}\nu_1=\frac{q_1}{S_2} \tag{1-4}$$

式中　ν_1、ν_2——两活塞的移动速度；

q_1——手压泵单位时间排出的液体体积，即流量。

由容积变化相等关系得出的式（1-4）说明，重物的运动速度取决于泵的流量。若能改变泵的流量，就可使工作缸活塞的运动速度发生变化，液压传动中的调速就是基于这种关系来实现的。

由于液压传动具有以上两个基本特点，所以常把液压传动称为静压传动或容积式液压传动。

1.3.2 液压传动的基本参数

液压传动最基本的技术参数是工作液体的压力和流量。

工作液体的压力是指液压泵出口处的液体压力，其大小取决于外载，但一般由溢流阀调定。压力通常用小写字母 p 表示，其常用单位是 MPa。为了提高液压元件“三化”（标准化、系列化、通用化）水平，国家标准规定了液压传动系统及元件的公称压力系列，如表 1-1 所示。按照工程上的使用习惯，压力分成多个等级，如表 1-2 所示。

表 1-1　液压传动系统及元件的公称压力系列　　　　单位：MPa

0.01	0.016	0.025	0.04	0.063	0.1	0.16	(0.2)	0.25	0.4
0.63	(0.8)	1	1.6	2.5	4.0	6.3	(8)	10	(12.5)
16	20	25	31.5	40	50	63	80	—	—

表 1-2　压力等级分类

压力级别	低压	中压	中高压	高压	超高压
压力范围/MPa	0～2.5	2.5～8	8～16	16～32	＞32
应用领域	机床		矿山机械、工程机械		液压支架、压力机

压力液体流经管路或液压元件时会受到阻力，从而引起压力损失（即压降）。液体流经圆形直管的压力损失称为沿程损失；液体流经管路接头、弯管和阀门等局部障碍时，产生撞击和旋涡等现象造成的压力损失，则称为局部损失。由理论和实验分析可知，沿程压力损失和局部压力损失都与液体流速的平方成正比。因此，为了有足够的压力来驱动执行元件工作，液压泵的出口压力应高于执行元件所需的压力；同时为了减少压力损失，应尽量缩短管道，减少管路的截面变化及弯曲，管道内壁应尽量光滑。此外，应将液体的流速加以限制，通常推荐的管道流速为：吸油管道流速 v 取 1～2m/s；压力油管道流速 v 取 3～6m/s（压力高、管路短、黏度小时取大值）；回油管道流速 v 取 1.5～2m/s。

流量是液压传动中另一个最基本的技术参数，它通常指单位时间内流过的液体体积，常用字母 q 表示，其单位是 m^3/s，工程上常用 L/min 作为流量的单位，它们之间的换算关系为：

$$1m^3/s=10^3L/s=6\times10^4L/min$$

1.3.3　液压传动的优缺点

与机械传动和电气传动相比，液压传动具有以下优点：

① 比功率大。在输出同样功率的情况下，液压装置体积小、质量轻、结构紧凑。例如，液压马达的质量与体积只是同等功率电动机的 12%左右。

② 传动平稳。在液压传动装置中，由于油液几乎不可压缩，依靠油液的连续流动进行传动，引起的冲击振动没有间隙，且油液具有吸振能力，在油路中还可设置液压缓冲装置，故传动十分平稳，易于实现快速启动、制动和频繁换向。

③ 易实现无级调速。在液压传动中，通过调节液体流量，可以实现大范围的无级调速，最大调速比可达 1∶2000。

④ 易实现自动化。在液压传动系统中，可以简便地与电控部分结合，形成电液一体化，实现自动控制。液体的流量、压力和流动方向易于进行调节和控制，再加上电气控制、电子控制及气动控制的配合，整个传动装置很容易实现复杂的自动工作循环。

⑤ 易实现过载保护。液压缸和液压马达都能够实现在长期高速状态下工作而不过热，而且液压传动中采用了很多安全保护措施，能自动防止过载，这是电气传动和机械传动无法做到的。另外，液压元件能自行润滑，使用寿命较长。

⑥ 在高压下可以获得很大的力或力矩，这是液压传动的显著特点之一。

⑦ 便于实现“三化”，即液压元件基础件的标准化、系列化、通用化程度较高，便于推广使用。液压元件的排列布置也具有较大的机动性。

当然，液压传动也存在一些缺点：

① 液压传动在工作过程中有较多的能量损失（摩擦损失、泄漏损失），这在长距离传送时更明显。

② 液压传动对油温变化比较敏感，其工作稳定性容易受到温度的影响，因此不宜在高温或低温条件下工作。

③ 为了减少泄漏，液压元件对制造精度要求较高，故其造价较高，而且对工作介质的污染比较敏感。

④ 液压传动系统出现故障时不易查出原因，故障排除比较困难。

1.3.4 液压传动在工业中的应用

机械工业各部门使用液压传动的出发点存在差异：有的看重其动力传递优势，如工程机械、压力机械和航空工业选用液压传动，主要基于其功率密度高、结构紧凑、重量轻的特点；有的则侧重其控制性能，如机床领域采用液压传动，是因其能实现无级调速、频繁换向及自动化控制。液压传动在各类机械行业中的应用实例如表 1-3 所示。

表 1-3 液压传动在各类机械行业中的应用实例

行业名称	应用场所举例
工程机械	挖掘机、装载机、推土机、沥青混凝土摊铺机、压路机、铲运机等
起重运输机械	汽车起重机、港口龙门起重机、叉车、带式运输机、液压无级变速装置等
矿山机械	凿岩机、开掘机、开采机、破碎机、提升机、液压支架等
建筑机械	压桩机、液压千斤顶、平地机、混凝土输送泵车等
农业机械	联合收割机、拖拉机、农具悬挂系统等
冶金机械	高炉开铁口机、电炉炉顶及电极升降机、轧钢机、压力机等
轻工机械	打包机、注塑机、校直机、橡胶硫化机、造纸机等
机床工业	半自动车床、刨床、龙门铣床、磨床、仿形加工机床、数控机床及加工中心、机床辅助装置等
汽车工业	自卸式汽车、平板车、高空作业车等
智能机械	折臂式小汽车装卸器、数字式体育锻炼机、模拟驾驶舱、机器人等

1.3.5 液压传动在煤矿机械中的应用

从 20 世纪 40 年代起，液压传动技术就应用于煤矿机械。1945 年，德国制造了第一台液压传动的截煤机，实现了牵引速度的无级调速和过载保护。之后，美国、英国等国都在采煤机中推广液压传动技术。1954 年，英国研制成功了自移式液压支架，实现了综合机械化采煤，进一步扩大了液压传动在煤矿机械中的应用范围。到 20 世纪 60 年代初，液压传动在采煤机中得到广泛应用。

由于液压传动容易实现往复运动，并且可保持恒定的输出力和力矩，因此，采煤机的滚筒调高，液压支架升降、推移、防滑、防倒和调架等都采用了液压传动。

此外，在掘进机、钻机、挖掘机、提升机以及洗选设备等其他煤矿机械中，也广泛地采用液压传动，并且出现了一些全液压传动的煤矿机械设备。

我国煤矿机械中应用液压传动技术起步较晚，但发展十分迅速。1964 年开始制造具有液压牵引的采煤机，同时还开始了液压支架的研制工作。自 1968 年开始，我国已能批量生产液压调高和液压牵引采煤机。1974 年以来，我国开始成套生产液压支架。随着液压传动技术在我国的快速发展，我国自行设计制造的煤矿机械普遍采用液压传动。

随着液压技术与微电子技术的深度融合，液压传动技术已进入智能化发展阶段。在微型计算机或微处理器的控制下，进一步拓宽了液压传动技术的应用领域。无人采煤设备的成功研发、喷浆机器人的研制成功，都是液压传动技术与微电子技术融合的结果。展望未来，液压技术将在煤矿机械装备领域实现更广泛、更深层次的应用。

思考题

1. 什么是液压传动？液压传动的工作原理是怎样的？

2. 液压传动系统的组成有哪些？各组成部分的作用是什么？

3. 液压传动有哪些优缺点？

4. 液压传动有哪些工作特点？其基本技术参数是什么？

5. 液压传动系统中工作液体压力的大小由什么确定？

6. 图 1-1 所示液压千斤顶，已知杠杆长 $a=800\text{mm}$，$b=200\text{mm}$，泵缸直径 $d=10\text{mm}$，工作缸直径 $D=50\text{mm}$。若要举起质量为 3t 的物体，需在手把上施加多大的力？

7. 液压传动系统除了有液压泵、液压阀、液压缸、油箱、管路等元件和辅件外，还得有驱动泵的电动机，而电气驱动系统似乎只需要一台电动机，那么为什么说液压传动系统的体积和质量小呢？

8. 液压传动系统要经过两次能量的转换，一次是电动机的机械能转换为液压泵输出液体的压力能，另一次是输入执行元件液体的压力能转换为执行元件输出的机械能。经过能量转换会损失能量，那么为什么还要使用液压传动系统呢？

9. 液压千斤顶如图 1-6 所示。千斤顶的小活塞直径为 15mm，行程为 10mm，大活塞直径为 60mm，重物 W 为 48000N，杠杆比为 $L:l=750:25$，试求：

(1) 杠杆端施加多少力才能举起重物 W？

(2) 此时密封容积中的液体压力等于多少？

(3) 杠杆上下动作一次，重物的上升量。

如果小活塞上有摩擦力 175N，大活塞上有摩擦力 2000N，并且杠杆每上下移动一次，密封容积中液体外泄 0.2cm^3 到油箱，重复上述计算。

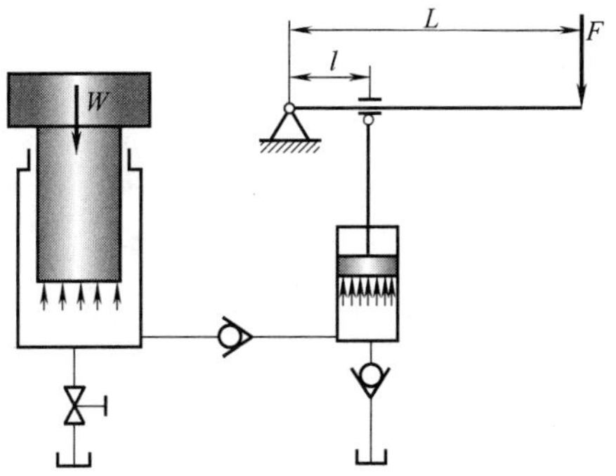

图 1-6　思考题 9 图

10. 图 1-7 所示两液压缸的结构和尺寸均相同，无杆腔和有杆腔的面积各为 A_1 和 A_2，且 $A_1=2A_2$，两缸承受负载为 F_1 和 F_2，且 $F_1=2F_2$，液压泵流量为 q。试分别求两缸并联和串联时，活塞移动速度和缸内的压力。

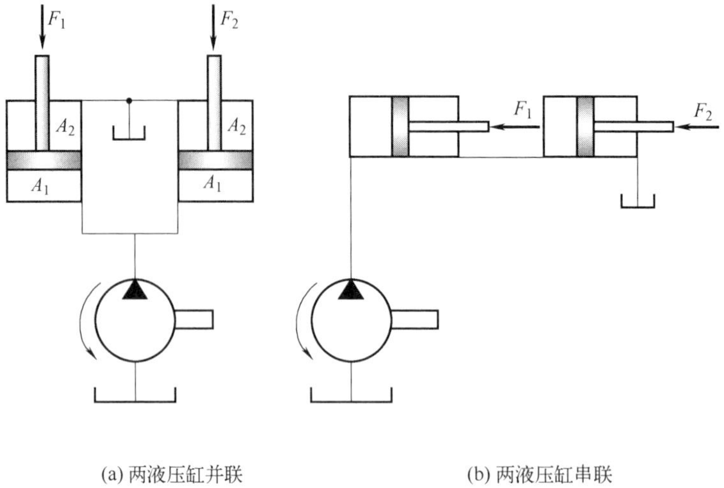

图 1-7　思考题 10 图

第2章
液压流体力学基础

流体力学是研究流体平衡和运动规律的一门学科。本章主要介绍与液压传动有关的流体力学的基本内容，为分析、设计以及使用液压传动系统打下必要的理论基础。

2.1 液压传动系统的工作液体

2.1.1 工作液体的特性

工作液体是液压传动系统中能量传递与转换的介质，也是液压元件的润滑剂。工作液体的特性直接关系到液压传动系统的工作性能和可靠性。

2.1.1.1 工作液体的主要物理化学特性

(1) 密度

单位体积某种工作液体的质量称为密度，以 ρ 表示，单位为 kg/m^3，即

$$\rho=\frac{m}{V} \tag{2-1}$$

式中 V——工作液体的体积，m^3；

m——体积为 V 的工作液体的质量，kg。

工作液体的密度随温度和压力的变化而变化，但其变化值很小，在工程应用中可认为液压工作液体的密度不随温度和压力的变化而变化。通常，工作液体在20℃时的密度为850～$900kg/m^3$，液压传动系统常用工作液体的密度（20℃）如表2-1所示。

表2-1 液压传动系统常用工作液体的密度（20℃）

工作液体	密度 $/(kg\cdot m^{-3})$	工作液体	密度 $/(kg\cdot m^{-3})$
抗磨工作液体 L-HM32	0.870×10^3	水-乙二醇工作液体 L-HFC	1.06×10^3
抗磨工作液体 L-HM46	0.875×10^3	通用磷酸酯工作液体 L-HFDR	1.15×10^3
油包水乳化液 L-HFB	0.932×10^3	飞机用磷酸酯工作液体 L-HFDR	1.05×10^3
水包油乳化液 L-HFAE	0.998×10^3	10号航空工作液体	0.85×10^3

(2) 可压缩性

液体受压力作用而使体积减小的特性称为液体的可压缩性。可压缩性的大小一般用体积压缩系数 k 表示，并定义为单位压力变化下液体体积的相对变化量。设体积为 V_0 的液体，其压力变化量为 Δp，液体体积减小量为 ΔV，则

$$k=-\frac{1}{\Delta p}\times\frac{\Delta V}{V_0} \tag{2-2}$$

由于压力增大时液体的体积会减小，两者变化相反，为使 k 为正值，在上式右边须加一负号。常用工作液体的体积压缩系数 k 为 $(5\sim7)\times10^{-10}\,m^2/N$。在一般情况下，由于压力变化引起液体体积的变化很小，工作液体的可压缩性对液压传动系统性能影响不大，所以一般可认为液体是不可压缩的。但是在压力变化较大或有动态特性要求的高压系统中，应考虑液体可压缩性对系统的影响。当液体中混入空气时，其可压缩性将显著增加，并严重影响液压传动系统的性能，故应将液压传动系统油液中空气的含量减少到最小。

液体体积压缩系数 k 的倒数称为液体体积弹性模量（以下简称体积模量），即

$$K=\frac{1}{k}=-\frac{\Delta p}{\Delta V}V_0 \tag{2-3}$$

表 2-2 所示为各种工作液体的体积模量。由表中石油基液压油的体积模量可知，它的可压缩性是钢材的 100～170 倍（钢材的弹性模量约为 2.1×10^5 MPa）。

表 2-2 各种工作液体的体积模量（20℃，标准大气压）

工作液体	体积模量/MPa	工作液体	体积模量/MPa
石油基液压油	$(1.4\sim2)\times10^3$	水-乙二醇液压油	3.45×10^3
水包油乳化液	1.95×10^3	磷酸酯液压油	2.65×10^3
油包水乳化液	2.3×10^3	水	2.4×10^3

(3) 液体的黏性

液体在外力作用下流动时，液体分子间的内聚力会产生一种阻碍液体分子之间进行相对运动的内摩擦力，这一特性称为黏性。液体只有在流动时才会呈现黏性，静止的液体是不会呈现黏性的。黏性是液体的重要物理特性，也是选择液压用油的依据，其大小用黏度来衡量。常用的黏度有三种，分别为动力黏度、运动黏度和相对黏度。

液体流动时，由于液体的黏性及液体与固体壁面之间的附着力，流动液体内部各层间的速度并不相等。如图 2-1 所示，若两平行平板间充满液体，当上平板以速度 u_0 相对于静止的下平板向右移动时，由于液体黏性的作用，紧贴于下平板的液体层速度为零，紧贴于上平板的液体层速度为 u_0，而中间各层液体的速度从上到下近似呈线性递减的规律分布。

① 动力黏度 μ。实验表明，液体流动时相邻液层之间的内摩擦力 F 与液层间的接触面积 A 和液层间的相对速度 du 成正比，而与液层间的距离 dy 成反比，即

$$F=\mu A\frac{du}{dy} \tag{2-4}$$

式中 μ——动力黏度，Pa·s；

$\frac{du}{dy}$——速度梯度。

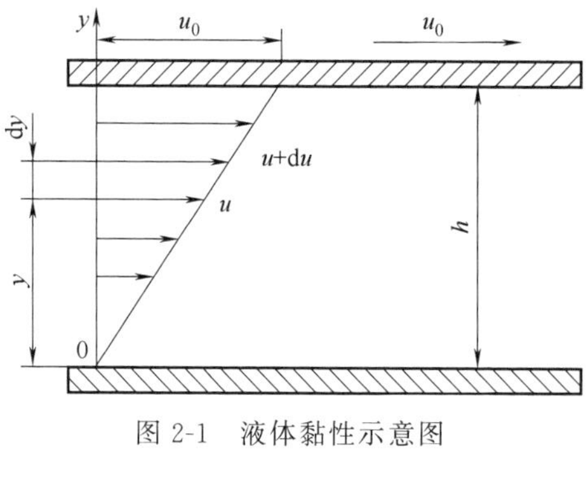

图 2-1 液体黏性示意图

如果用单位接触面积上的内摩擦力 τ（剪切力）来表示，则上式可以改写为

$$\tau=\frac{F}{A}=\mu\frac{du}{dy} \tag{2-5}$$

这是牛顿液体的内摩擦定律。

由式（2-5）可得到动力黏度的表达式为

$$\mu=\frac{F}{A\dfrac{\mathrm{d}u}{\mathrm{d}y}} \tag{2-6}$$

由式（2-6）可知，液体动力黏度 μ 的物理意义是：当速度梯度 $\frac{\mathrm{d}u}{\mathrm{d}y}=1$ 时，单位面积上内摩擦力的大小称为动力黏度，也称绝对黏度，其单位是 $\mathrm{Pa\cdot s}$ 或 $\mathrm{N\cdot s/m^2}$。

② 运动黏度 ν。动力黏度 μ 与液体密度 ρ 的比值称为液体的运动黏度 ν，即

$$\nu=\frac{\mu}{\rho} \tag{2-7}$$

运动黏度 ν 的单位为 $\mathrm{m^2/s}$，工程中常用的运动黏度单位还有 $\mathrm{cm^2/s}$，通常称为 St（斯），工程中也常用 cSt（厘斯）作为运动黏度单位，$1\mathrm{m^2/s}=10^4\mathrm{St}=10^6\mathrm{cSt}$。运动黏度 ν 没有明确的物理意义，但习惯上常用它来表示液体的黏度。例如 46 号液压油，是指这种油在 40℃时的运动黏度平均值为 $46\mathrm{mm^2/s}$。

③ 相对黏度。动力黏度和运动黏度都难以直接测得，因此，工程上采用另一种可通过仪器直接测得的黏度单位，即相对黏度。相对黏度又称条件黏度，它是采用特定的黏度计在规定的条件下测出的液体黏度。相对黏度以相对于蒸馏水的黏性大小来表示液体的黏性。各国采用的相对黏度单位有所不同。美国采用国际赛氏黏度（SSU），英国采用雷氏黏度（R），我国采用恩氏黏度（°E）。

（4）压力、温度和气泡对黏度的影响

一般情况下，压力对工作液体黏度的影响比较小，当压力小于 5MPa 时，黏度值的变化很小，当液体所受的压力增大时，分子之间的距离缩小，内聚力增大，其黏度也随之增大，但增大的数值很小，可忽略不计。当压力大于 50MPa 时，其影响才趋于显著。压力对黏度的影响可用下式进行计算：

$$\nu_p=\nu_\mathrm{a}\mathrm{e}^{cp}\approx\nu_\mathrm{a}(1+cp) \tag{2-8}$$

式中　p——液体的压力，MPa；

ν_p——压力为 p 时液体的运动黏度，$\mathrm{m^2/s}$；

ν_a——大气压力下液体的运动黏度，$\mathrm{m^2/s}$；

e——自然对数的底；

c——系数，$\mathrm{MPa^{-1}}$，对于石油基液压油，c 取 $0.015\sim0.035\mathrm{MPa^{-1}}$。

工作液体黏度对温度的变化十分敏感，当温度升高时，其分子之间的内聚力减小，黏度减小，液体流动性增强。工作液体的黏度随温度变化的性质称为黏温特性，不同的工作液体具有不同的黏温特性。黏度和温度之间呈指数关系，工业中常用黏度指数（VI）表示油液的黏温特性，黏度指数越高，油液黏度受温度影响越小，其性能越好。工作液体的黏度指数一般在 90 以上，超过 100 的称为高黏度指数，如 VI250 为严寒区用油，VI300 为极低温专用油。

当工作液体中混入的悬浮状态气泡直径为 0.25～0.5mm 时，悬浮状态气泡对工作液体的黏度有一定影响，其值可按下式计算：

$$\nu_b=\nu_0(1+0.015b) \tag{2-9}$$

式中　b——混入空气的体积分数；

ν_b——混入空气的体积分数为 b 时液体的运动黏度，m^2/s；

ν_0——不含空气时液体的运动黏度，m^2/s。

(5) 闪点、凝点和倾点

油温升高时，部分油液蒸发后与空气混合成油气，此油气所能点燃的最低温度称为闪点。继续加热，则油气会连续燃烧，此温度称为燃点。闪点是表示油液着火危险性的指标，一般认为，使用温度应比闪点低 20～30℃。油液温度逐渐降低，油液停止流动的最高温度称为凝点。凝点表示油液耐低温的能力。一般油液使用时的最低温度应比凝点高 5～7℃。高于凝点 2.5℃的温度叫倾点，或流动点。流动点对在低温条件下工作的液压装置十分重要。在选用工作液体时，应根据最低使用温度选择流动点低于该温度 10℃以上的工作液体。

(6) 酸值和机械杂质

工作液体中的无机酸易腐蚀液压元件的零件，故酸值低的工作液体较好。但是某些添加剂本身就是有机酸，因此，有些性能较好的工作液体的酸值反而较高。工作液体中的机械杂质，大都来自外界侵入工作液体的污染物，如元件、管件、管道和油箱等因清洗不彻底而残存的金属屑、砂粒、焊渣等，以及元件中运动零件的金属磨粒、密封件磨粒、侵入的灰尘等，这些杂质最易引起系统故障。

(7) 其他性质

工作液体还有其他一些物理化学性质，如抗燃性、抗凝性、抗氧化性、抗泡沫性、抗乳化性、防锈性、润滑性、导热性、相容性（主要是指对密封材料不侵蚀、不溶胀的性质）以及纯净性等，都对液压传动系统工作性能有重要影响。这些性质可以通过在精炼的矿物油中加入各种添加剂来获得，不同品种的工作液体有不同的指标，具体应用时可参阅油类产品手册。

2.1.1.2 工作液体的使用要求

液压传动系统中工作油液有两重作用：一是作为传递能量的介质；二是作为润滑剂润滑运动零件的工作表面。因此，油液的性能直接影响液压传动系统的性能，如工作的可靠性、稳定性、系统的效率及液压元件的使用寿命等。

在采掘机械液压传动系统中，工作液体的温度变化较大（40～80℃），工作压力一般为 12～25MPa，有的甚至在 32MPa 以上（如液压支架中），而且井下环境污染严重，因此，对工作液体有以下要求：

① 有较好的黏温特性。工作液体在较大的温度变化范围内黏度变化应尽量小，以保持液压传动系统工作的稳定性。

② 有良好的抗磨性能（即润滑性能）。抗磨性是指减少液压元件零部件磨损的能力。工作液体的润滑性愈好，油膜强度愈高，其抗磨性就愈好。采掘机械液压传动系统压力大、载荷大，还受冲击载荷作用，因此必须采用抗磨性好的工作液体。

③ 有较好的抗氧化性。工作液体抵抗空气中氧化作用的能力，称为抗氧化性。工作液体被氧化后黏度会发生变化，酸值增大，从而使系统工作性能变差。工作液体温度越高，越易被氧化，所以一般要求采掘机械液压传动系统温度不超过 70℃，短期不超过 80℃。

④ 有良好的防锈性。矿物油与水接触时，延缓金属锈蚀过程的能力称为矿物油的防锈性。采掘机械工作环境潮湿，并且冷却喷雾系统的水容易进入油箱，所以工作液体必须具有良好的防锈性。

⑤ 有良好的抗乳化性。矿物油与水接触时，抵抗生成乳化液的能力称为抗乳化性。以矿物油作为工作介质的液压传动系统，当水进入系统内部以后，在液压元件的剧烈搅动下，水与工作液体会形成乳化液，使工作液体变质，产生腐蚀性沉淀物，从而降低工作液体润滑性、防锈性和工作寿命。

⑥ 有良好的抗泡沫性。抗泡沫性指当工作液体内混入气体时，工作液体内不易生成微小的气泡或泡沫，即使生成了微小的气泡或泡沫，它也会迅速变成大气泡而升出液面自行破灭。工作液体中混入空气，会对液压传动系统的工作性能产生负面影响。空气会使液压传动系统的动态性能变差，产生气穴、气蚀现象。

⑦ 有良好的经济性。液压传动系统中工作液体的经济性是一个基本指标，在选用时既要符合性能要求，又要考虑成本。如采煤工作面液压支架中的工作液体，由于其使用量极大，一般只能采用比较廉价的乳化液作为工作液体。

2.1.2　工作液体的类型与合理选用

2.1.2.1　工作液体的类型

了解液压传动系统工作液体的种类，对正确、合理地选择工作介质，保证液压传动系统具有适应各种环境条件和工作状态的能力，延长液压传动系统和元件的寿命，提高运行的可靠性，防止事故发生等都有重要作用。工作液体按其成分和性能可分为图 2-2 所示几类。

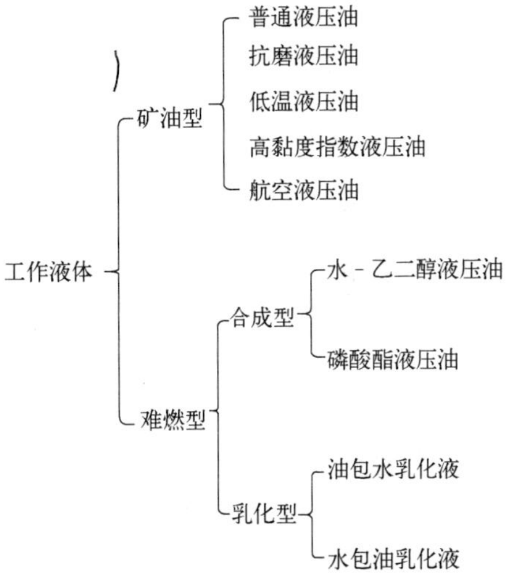

图 2-2　工作液体的类型

矿油型液压油是液压传动系统主要使用的工作液体，它以机械油为原料，经精炼后再根据需要加入适当的添加剂制得。它的润滑性好，但抗燃性差。

难燃型液压油可分为合成型液压油和乳化型液压油两类。合成型液压油中以磷酸酯型较好，其润滑性可与矿油型液压油相比，使用温度可达120℃；但磷酸酯液压油黏度指数低，对一般橡胶和油漆有溶胀作用，而且有毒性、价格高，一般工业中尚未采用，仅用于要求抗燃的液压传动系统、高压精密液压传动系统。

乳化型液压油有油包水型（W/O）和水包油型（O/W）两种。油包水型含油量一般在 60%左右，润滑性较好；水包油型含油量为 5%～10%，润滑性较差，但十分经济。采煤工作面液压支架和单体液压支柱中所用的就是水包油乳化液。

目前，液压设备主要采用石油基液压油，其基油为精制的石油润滑油馏分。为改善液压油的性能以满足液压设备的不同要求，通常会在基油中加入各类添加剂。这些添加剂主要分为两类：一类是改善油液化学性能的，如抗氧化剂、防腐剂、防锈剂等；另一类是改善油液物理性能的，如增黏剂、抗磨剂、摩擦改进剂等。近年来在某些舰船液压传动系统中，也有以海水或淡水替代传统液压油的，而且这一创新技术正在逐渐向水下作业、河道工程、海洋开发、核能动力、冶金热轧、食品药品等领域延伸，并展现出显著的优越性。各类工作液体的性能和使用范围如表 2-3 所示。

表 2-3 各类工作液体的性能和使用范围

项目	矿物油型	水包油乳化液	油包水乳化液	水-乙二醇液压油	磷酸酯液压油
黏度	低～很高	低	低	低～高	低～高
黏度指数	70～140	很高	130～170	140～170	31～170
润滑性	优	差	良	差～良	优
液压泵寿命	中～长	短	中下	中(10.5MPa 以下)	长(35MPa 以下)
防锈性	优	可	良	良	可～良
抗燃性	易燃	难燃	较难燃	难燃	难燃
使用温度范围/℃	−29～100 (45)	4～49	4～66 (40)	−18～66 (50)	−7～120 (65)
与密封材料的相容性	可用丁腈橡胶、氯丁橡胶、硅橡胶、氯橡胶等，不能用天然橡胶和丁基橡胶等	和矿物油基本相同，但不能用聚氨酯橡胶和纸、皮革、软木等	同水包油乳化液	可用天然橡胶、氯丁橡胶、丁腈橡胶、硅橡胶和氟橡胶等，不能用纸、皮革、软木等	可用乙丙基或丁基橡胶、硅橡胶、氟橡胶和聚四氟乙烯等，对丁腈橡胶有侵蚀性
其他注意点	对涂料无特殊要求	最好不用涂料	最好不用涂料	石油基涂料不适用，可用环氧树脂乙烯基涂料，不能与锌、锡、镉、镁接触	能溶解大部分油漆和绝缘材料，可用聚环氧型涂料和聚酯型涂料

2.1.2.2 几种常用的国产工作液体

(1) 普通液压油

普通液压油是在精制的润滑油中加入抗氧化剂、抗泡沫剂、防锈剂和黏度指数改进剂后制成的。它主要用于压力小于 8MPa 的中低压机床液压传动系统和压力为 8～16MPa 的高压液压传动系统。

(2) 抗磨液压油

抗磨液压油是在普通液压油中加入抗磨剂和降凝剂制成的。它适用于高压液压传动系统，并扩大了环境温度的适用范围。目前在采煤机和掘进机的液压传动系统中大多采用抗磨液压油。国产抗磨液压油有 N32、N46、N68、N100、N150 五个标号，其质量标准如表 2-4 所示。

表 2-4 国产抗磨液压油质量标准

项目	N32	N46	N68	N100	N150
运动黏度/($mm^2\cdot s^{-1}$)	28.8～35.2	41.4～50.6	61.2～74.8	90～110	130～165
黏度指数	≥95	≥95	≥95	≥90	>90
闪点/℃(不低于)	170	170	170	190	200
凝点/℃(不高于)	−25	−25	−25	−15	−15

抗磨液压油按抗磨剂不同可分为两类：一类是锌型（有灰型）抗磨液压油，加有锌型抗

磨剂（二烷基二硫代磷酸锌），它燃烧后残留有氧化锌灰，故称为有灰型抗磨液压油。另一类是非锌型（无灰型）抗磨液压油，加有非金属型抗磨剂，燃烧后不残留金属化合物灰分，性能通常优于锌型抗磨液压油，但成本较高。

（3）水包油乳化液

水包油乳化液的主要成分是水，仅含 2%～15% 的细小油滴，由乳化油与水按照（3%～5%）：（97%～95%）的配比混合而成。它的优点是不燃（安全）、价廉、黏温性好，且具有一定的润滑性，因此在国内外煤矿井下液压支架和单体支柱中广为应用。我国专门用于液压支架的乳化油有 M-4（煤-4 号）、M-10 和 MDT 等标号。前两种仅适用于中硬以下水质，后者可用于各种水质。我国研制的 ZM-1 乳化油性能更好，适应水质能力更强，对黑色金属有明显的防锈能力。

（4）低温液压油

低温液压油（原称低凝液压油、工程液压油、稠化液压油等）有 N15、N32、N46、N68 和 N46D 等牌号，黏度指数为 130。N46D 的凝点为－45℃，其他牌号的凝点为－35℃，适用于压力为 21MPa、环境温度为－20～40℃的液压泵。

2.1.2.3　工作液体的污染及控制

实践证明，工作液体的污染是液压传动系统发生故障的主要原因之一，它严重影响液压传动系统的可靠性及元件的寿命。由于工作液体被污染，液压元件的实际使用寿命往往比设计寿命短得多。因此工作液体的正确使用、管理以及污染控制，是提高液压传动系统可靠性及延长元件使用寿命的重要手段。

（1）污染物的种类及危害

液压传动系统中的污染物是指包含在工作液体中的固体颗粒、水、空气、化学物质、微生物等杂质以及污染能量。工作液体被污染后，将对液压传动系统及元件产生下述不良后果：

① 固体颗粒会加速元件磨损，堵塞元件中的小孔、缝隙及过滤器，使泵、阀的性能下降，产生噪声。

② 水的浸入会加速工作液体的氧化，并与添加剂发生反应，产生黏性胶质，使滤芯堵塞。

③ 空气的混入会降低液压油的体积模量，引起气蚀现象，降低润滑性。

④ 溶剂、表面活性化合物等化学物质会使金属腐蚀。

⑤ 微生物的生成会使工作液体变质、润滑性能降低、元件腐蚀速度加快。微生物的生成对高水基工作液体的危害更大。

此外，异常的热能、静电能、磁场能及放射能等能量形式也可能对工作液体构成潜在危害。它们有的使温升超过规定限度，导致工作液体黏度下降甚至变质，有的则可能引起火灾。

（2）污染的原因

工作液体被污染的原因是很复杂的。工作液体中的污染物如表 2-5 所示。表中液压装置组装时残留下来的污染物主要指切屑、毛刺、型砂、磨粒、焊渣、铁锈等；从周围环境混入的污染物主要指空气、尘埃、水滴等；在工作过程中产生的污染物主要指金属微粒、锈斑、涂料和密封件的剥离片、水分、气泡以及工作液体变质后的胶状生成物等。

表 2-5 工作液体中的污染物

外界侵入的污染物			在工作过程中产生的污染物	
工作液体运输过程中带来的污染物	液压装置组装时残留下来的污染物	从周围环境混入的污染物	液压装置中相对运动件磨损时产生的污染物	工作液体物理化学性能变化时产生的污染物

(3) 污染等级的测定

下面仅讨论工作液体中固体颗粒污染物的测定问题。测定工作液体污染等级的方法有质量测定法和颗粒计数法两种。

① 质量测定法。

质量测定法通过把 100mL 的工作液体样品进行真空过滤并烘干后，在精密天平上称出颗粒的质量，然后依相关标准定出污染等级。这种方法只能表示工作液体中颗粒污染物的总量，不能反映颗粒尺寸的大小及其分布情况。这种方法的优点是设备简单、操作方便、重复精度高，适用于日常性的工作液体质量管理。

② 颗粒计数法。

颗粒计数法通过测定工作液体样品单位体积中不同尺寸范围内颗粒污染物的颗粒数，以查明其区间颗粒浓度（指单位体积工作液体中含有某给定尺寸范围的颗粒数）或累计颗粒浓度（指单位体积工作液体中含有大于某给定尺寸的颗粒数）。目前，常用的颗粒计数法有显微镜计数法和自动颗粒计数法两种。

a. 显微镜计数法。将 100mL 工作液体样品进行真空过滤，并把得到的颗粒进行溶剂处理后，借助显微镜测定其尺寸大小及数量，然后依相关标准确定工作液体的污染等级。这种方法的优点是能够直接看到颗粒的种类、大小及数量，从而可推测污染原因；缺点是测定时间长、劳动强度大、精度低、重复性较差，且要求熟练的操作技术。

b. 自动颗粒计数法。该法是利用光源照射工作液体样品时，工作液体中颗粒在光电传感器上投影所发出的脉冲信号来测定工作液体污染等级的。由于脉冲信号的强弱和多少分别与颗粒的大小和数量有关，将测得的信号与标准颗粒产生的信号相比较，就可以算出工作液体样品中颗粒的大小与数量。这种方法能实现自动计数，测定简便、迅速、精确，可以及时从高压管道中抽样测定，因此得到了广泛的应用。

(4) 污染等级的划分

工作液体的污染等级是按单位体积工作液体中固体颗粒污染物的含量（工作液体中所含固体颗粒的浓度）来划分的。为了定量描述和评定工作液体的污染程度，以便对它实施控制，我国制定了《液压传动　油液固体颗粒污染等级代号》(GB/T 14039—2002)。

工作液体固体颗粒污染等级代号的组成视所用计数方法不同而分两种情况：使用自动颗粒计数器计数所报告的污染等级代号由三个代码组成，分别代表每毫升工作液体中颗粒尺寸 $\geqslant 4\mu m$ (c)、$\geqslant 6\mu m$ (c) 和 $\geqslant 14\mu m$ (c) 的颗粒数；而用显微镜计数所报告的污染等级代号，则由 $\geqslant 5\mu m$ 和 $\geqslant 15\mu m$ 两个颗粒尺寸范围的颗粒浓度代码组成。代码是根据每毫升液样中的颗粒数确定的，如表 2-6 所示。代码应按次序书写，代码之间用一条斜线分隔。

例如，用自动颗粒计数器计数的污染等级代号为 22/18/13 的工作液体，表示每毫升工作液体中所含 $\geqslant 4\mu m$ (c) 的颗粒数在 20000～40000（包括 40000 在内）之间，$\geqslant 6\mu m$ (c) 的颗粒数在 1300～2500（包括 2500 在内）之间，$\geqslant 14\mu m$ (c) 的颗粒数在 40～80（包括 80

在内）之间。

又如，用显微镜计数的污染等级代号为—/18/13 的工作液体，表示每毫升工作液体中所含≥5μm 的颗粒数在 1300～2500（包括 2500 在内）之间，≥15μm 的颗粒数在 40～80（包括 80 在内）之间。

表 2-6　工作液体中固体颗粒污染等级代码

每毫升工作液体中的颗粒数		代码
大于	小于或等于	
2500000	—	>28
1300000	2500000	28
640000	1300000	27
320000	640000	26
160000	320000	25
80000	160000	24
40000	80000	23
20000	40000	22
10000	20000	21
5000	10000	20
2500	5000	19
1300	2500	18
640	1300	17
320	640	16
160	320	15
80	160	14
40	80	13
20	40	12
10	20	11
5	10	10
2.5	5	9
1.3	2.5	8
0.64	1.3	7
0.32	0.64	6
0.16	0.32	5
0.08	0.16	4
0.04	0.08	3
0.02	0.04	2
0.01	0.02	1
0.00	0.01	0

注：1. 代码小于 8 时，重复性受样品所测实际颗粒数的影响；

2. 原始计数应大于 20 个颗粒，如果不能，则该尺寸范围的代码前应标注“≥”符号。

(5) 工作液体的污染控制

为了有效控制液压传动系统的污染，以保证液压传动系统的工作可靠性和元件的使用寿命，需要制定必要的管理规范和实施细则。《液压传动　零件和件的清洁度与污染物的收集、分析和数据报告相关的检验文件和准则》(GB/T 20110—2006) 提供了对液压元件污染物(清洁度) 进行分析、评价的基本方法和准则。《液压件清洁度评定方法及液压件清洁度指标》(JB/T 7858—2006) 规定了液压元件清洁度评定方法及液压元件清洁度指标。

控制工作液体污染的常用措施如下：

① 严格清洗液压元件和液压传动系统。液压元件在加工的每道工序后都应净化，装配后再仔细清洗，以清除加工和组装过程中残留的污染物。液压传动系统在组装前先清洗油箱和管道，组装后再进行全面冲洗。

② 防止污染物从外界侵入。在贮存、搬运及加注的各个阶段都应防止工作液体被污染。工作液体必须经过过滤器注入液压传动系统。设计时可在油箱呼吸孔上装设空气过滤器或采用密封油箱，防止运行时尘土、磨料及冷却物侵入系统。另外，在液压缸活塞杆端部应安装防尘密封装置，并经常检查、定期更换。

③ 采用高性能的过滤器。这是控制工作液体污染等级的重要手段，它可使液压传动系统在工作中不断滤除内部产生的污染物和外部侵入的污染物。过滤器必须定期检查、清洗、更换滤芯。

④ 控制工作液体的温度。工作液体的抗氧化性、热稳定性决定了其工作温度的界限。因此，液压装置必须具备良好的散热条件，使工作液体长期处在低于它开始氧化的温度下工作。液压传动系统的工作温度最好控制在 65℃以下，机床液压传动系统还应更低一些。

⑤ 保持液压传动系统所有部位具有良好的密封性。空气侵入系统将直接影响工作液体的物理化学性能。因此，一旦发生空气泄漏，应立即排除。

⑥ 定期检查和更换工作液体并形成制度。每隔一定时间，对系统中的工作液体进行抽样分析，如发现污染等级已超过标准，必须立即更换。在更换新的工作液体前，整个液压传动系统必须先清洗一次。

2.1.2.4 工作液体的合理选择和使用

(1) 工作液体的合适选择

工作液体的选择是否得当，不仅影响液压传动系统的工作性能，有时甚至关系到能否正常工作，因此，合理选择工作液体十分重要。首先应根据工作环境确定工作液体的类型。当工作环境有高温热源或明火时，不应选用矿油型工作液体，只能选用难燃型工作液体。当周围环境要求清洁防污或工作液体消耗量很大时，应选用易于清除且价格便宜的高水基乳化型工作液体。若液压设备必须在极低的温度下启动（如冬季露天作业的采掘设备、工程机械等)，就须选用低温液压油。此外，在确定工作液体类型时，还应考虑密封材料、涂料和金属材料的相容性等要求。

工作液体类型确定以后，应根据系统的工况，如工作压力大小、液压元件中相对运动零件的运动速度和环境温度等，选择黏度和黏温性能合适的工作液体。一般液压传动系统工作液体的最低黏度为 $15mm^2/s$。如果黏度太低，会使液压设备的内、外泄漏风险增大，降低容积效率；当黏度过高时，工作液体通过液压传动系统管路和其他液压元件的阻力就要增加，使系统内的压降增大，造成功率损失、温度上升、动作不平稳、液压泵吸液困难以及出现噪声等问题。

由于液压泵是液压传动系统的主要元件，所以在选择工作液体时首先应满足液压泵对工作液体的要求。不同工作温度下液压泵常用的工作液体及黏度推荐如表 2-7 所示。

表 2-7　不同工作温度下液压泵常用的工作液体及黏度推荐

液压泵类型		工作温度/℃		推荐油液品种
		5～40	40～80	
		40℃时的运动黏度/($mm^2\cdot s^{-1}$)		
叶片泵	≤6.3MPa	28～46	39～72	普通液压油及其代用油品
	＞6.3MPa	49～70	56～90	抗磨液压油
齿轮泵		28～70	99～170	中低压用普通液压油
				中高压用抗磨液压油
径向柱塞泵		28～46	61～240	中低压用普通液压油
轴向柱塞泵		40～70	70～160	中高压用抗磨液压油

工作液体的选择通常要经历下述四个基本步骤：

① 列出液压传动系统对工作液体以下性能变化范围的要求：黏度、密度、体积模量、饱和蒸气压、空气溶解度、温度界限、压力界限、阻燃性、润滑性、相容性、污染性等。

② 查阅产品说明书，选出符合或基本符合上述各项要求的工作液体品种。

③ 进行综合权衡，调整各方面的要求和参数。

④ 与供货厂商联系，最终决定所采用的工作液体。

(2) 工作液体的使用

如果说正确选择工作液体是使用好液压设备的必要条件，那么对工作液体的正确维护管理则是使液压设备具有良好性能、充分发挥其效率的可靠保证。据统计，液压传动系统故障有 70%以上是由工作液体的劣化和不清洁造成的。

工作液体的劣化变质表现为黏度和酸值的变化。变质的工作液体不仅会失去润滑性，而且会产生悬浮在油液内的胶状体，影响阀的动作以及泵和马达的性能。若过滤器发生堵塞，则会有烧泵风险。因此，当旧工作液体与新工作液体的黏度相比超过±10%～±15%、酸值相比超过 10%～15%或者闻到油液发出脂肪腐败的臭味和刺鼻辣味时，就应更换工作液体。

油液变质主要是油温过高引起油液氧化所致，故油液的工作温度关系到它的寿命。一般在 45℃左右油液开始变质，如果假定 50℃时油液的寿命为 100%，油温每升高 8.33℃，其寿命降低 50%；油温上升到 100℃，其寿命则降低到 3%左右，如表 2-8 所示。一般，液压传动系统的油温应控制在 80℃以下。

表 2-8　油液寿命与油温对照表

油液寿命/%	100	50		25				12		6		3		
油温/℃	理想温度			55	60	65	70	75	80	85	90	95	100	105
	5～40	45	50											
使用效果	最低启动温度	—	油寿命最长	—	噪声开始增加	—	最高工作温度	—	噪声显著增加	—	—	—	—	—

油液中的污染物主要指混入油液的固体污物、水分和空气。其中，固体污物有从外界进入系统的污物（如铸件砂粒、焊渣、切屑、纤维、煤粉等），也有系统内各元件的金属磨粒、橡胶屑及氧化生成物等。固体污物可使泵类元件的运动零件表面刮伤、磨损，使效率降低、寿命缩短；固体污物会使阀类元件滑阀卡死，堵塞阻尼小孔，造成阀类元件动作失调甚至不能工作。根据我国对油质的规定，当工作液体中混入的固体污物质量超过 4.4mg/100mL 时，就应更换工作液体。

油液中混入水分会使油液乳化、润滑性能降低，使液压元件及管道生锈；而且，水分在高温下蒸发会引起气蚀，使液压元件或管道受到腐蚀；此外，还会加速油液氧化变质。因此，液压传动系统要求油液中的水分不超过 0.1%。

油液中的空气主要以溶解空气和气泡两种形式混入。溶解在油中的微量空气对液压元件的工作几乎没有影响，但以气泡形式混入的空气对液压元件的影响较大。如导致泵类元件产生气蚀、出现异常噪声、效率降低等；使阀类元件的高流速部位发生气蚀，引起元件振动；使执行元件出现“爬行”现象或控制位置不准确；等等。

污染控制基本包括两个方面，即防止外界污染物侵入系统和清除系统中已有的污染物。对于在煤矿井下作业的采掘机械，由于工作环境十分恶劣，油液污染的可能性很大，必须引起足够的重视。

2.2 液体静力学

液体静力学是研究液体处于静止状态的力学规律及其实际应用的学科。静止状态是指液体内部质点之间没有相对运动的状态，液体整体可随容器做刚体运动，但内部质点仍保持相对静止。

2.2.1 静压力及其特性

作用在液体上的力有两种类型：一种是质量力，另一种是表面力。质量力作用在液体所有质点上，它的大小与质量成正比，如重力、惯性力等。单位质量液体受到的质量力称为单位质量力，在数值上等于重力加速度。表面力作用于所研究液体的表面上，如法向力、切向力等。

液体的静压力是指液体处于静止状态下单位面积上所受到的法向作用力，用 p 表示，在物理学中称为压强，在工程中习惯上称为压力。

液体内某质点处微小面积 ΔA 上作用有法向力 ΔF，则该点的压力定义为

$$p=\lim \frac{\Delta F}{\Delta A} \tag{2-10}$$

若法向力 F 均匀地作用在面积 A 上，则压力表示为

$$p=\frac{F}{A} \tag{2-11}$$

液体静压力具有下述两个重要特性：

① 液体静压力垂直于承压表面，其方向与该面的内法线方向一致。

② 静止液体中，任何一点所受各方向的静压力都相等。如果在某一方向上压力不相等，液体就会流动，这就违背了液体静止的条件。

2.2.2　重力作用下静止液体中的压力分布

2.2.2.1　静压力基本方程

由液体静压力分布规律可知，如图 2-3 所示密度为 ρ 的液体在容器内处于静止状态。要求解任意深度 h 处的压力，可取垂直小液柱作为研究体，其截面积为 ΔS，高为 h。液柱顶面受外加压力 p_0 作用，液柱所受重力 $W=\rho gh\Delta S$，由于液柱处于平衡状态，液柱在垂直方向上的静力平衡方程式为

$$p=p_0+\rho gh \tag{2-12}$$

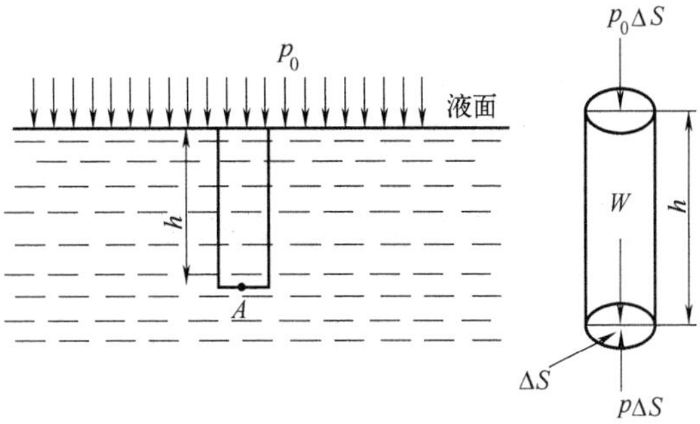

图 2-3　重力作用下的静止液体

式（2-12）即为静压力基本方程。它说明重力作用下静止液体压力分布有如下特征：

① 静止液体内任一点的压力由两部分组成，一部分是液面上的压力 p_0，另一部分是液体自重所引起的压力 ρgh。

② 静止液体内，由液体自重引起的那部分压力，随着液体深度 h 的增大而增大，即液体内的压力与液体深度成正比。

③ 离液面相同深度处各点的压力均相等，压力相等的点组成的面叫等压面。

【例 2-1】 图 2-4 所示为一充满液压油的容器，作用在活塞上的力 $F=1000\text{N}$，活塞面积 $A=1\times10^{-3}\text{m}^2$，忽略活塞的质量。已知液压油的密度 $\rho=900\text{kg/m}^3$，试求活塞下方深度 $h=0.5\text{m}$ 处的压力。

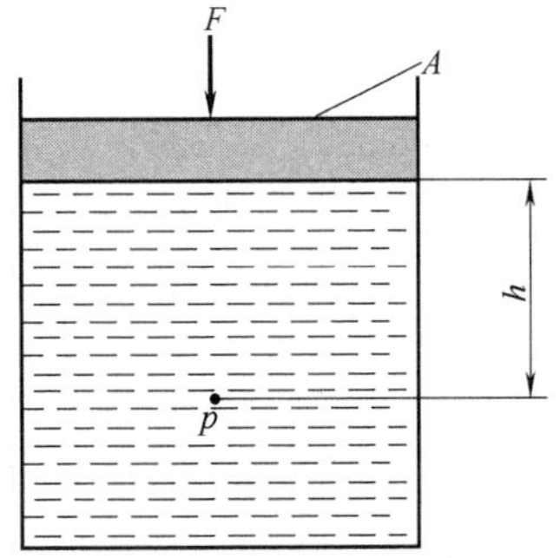

图 2-4　液体内作力计算图

解： 依据式（2-11）可得，活塞和液面接触处的压力为

$$p_0=F/A=1000/(1\times10^{-3})=10^6\text{N/m}^2$$

因此，深度 $h=0.5\text{m}$ 处的液体压力为

$$p=p_0+\rho gh=10^6+900\times9.8\times0.5\approx10^6\text{Pa}=1\text{MPa}$$

由【例 2-1】可知，在受压情况下，液体液柱高度所引起的压力 ρgh 很小，可以忽略不计，同时，当液柱不高时，可假定整个静止液体内部的压力相等。本书在分析液压传动系统时，采用了这种假定。

2.2.2.2　静压力基本方程的物理意义

将盛有液体的密闭容器放在水平基准面（o-x）上加以考察，如图 2-5 所示，则静压力基本方程可改写成

$$p=p_0+\rho gh=p_0+\rho g(z_0-z)$$

式中　z_0——液面与水平基准面之间的距离；

z——深度为 h 的点与水平基准面之间的距离。

上式整理后可得

$$\frac{p}{\rho}+zg=\frac{p_0}{\rho}+z_0g=\text{常数} \tag{2-13}$$

式（2-13）是静压力基本方程的另一形式。

式中 $\frac{p}{\rho}$——单位质量液体的压力能；

zg——单位质量液体的位能。

因此，静压力基本方程的物理意义是：静止液体内任何一点都具有压力能和位能两种能量形式，且其总和保持不变，即能量守恒，但是两种能量形式之间可以相互转换。

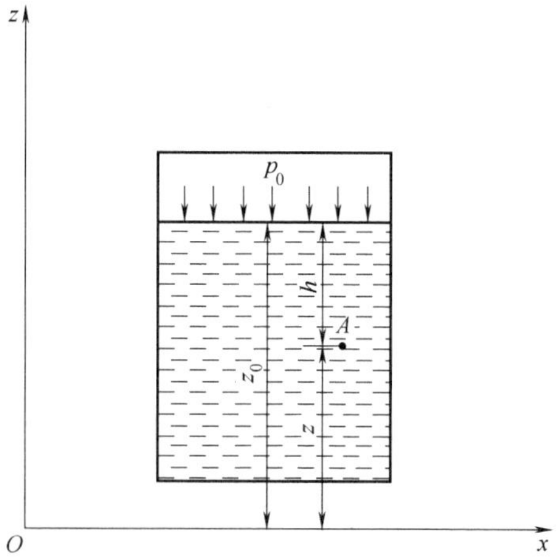

图 2-5 静压力基本方程的物理意义

2.2.3 压力的表示方法及单位

根据度量基准的不同，压力有两种表示方法：以绝对零压力作为基准所表示的压力，称为绝对压力；以当地大气压力为基准所表示的压力，称为相对压力。绝对压力与相对压力之间的关系如图 2-6 所示。因绝大多数测压仪表外部受大气压力作用，所以仪表指示的压力是相对压力。若不特别指明，本书液压传动中所提到的压力均为相对压力。

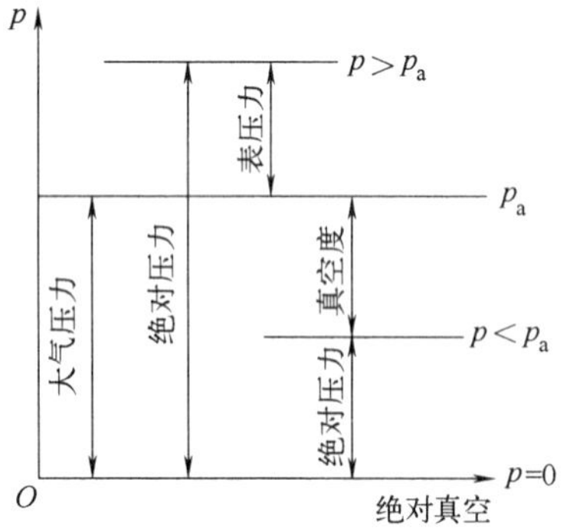

图 2-6 绝对压力与相对压力间的关系

如果液体中某点处的绝对压力小于大气压力，那么该点处大气压力与绝对压力的差值，称为真空度。

$$真空度=大气压力-绝对压力 \tag{2-14}$$

我国采用帕斯卡（Pa）作为压力的法定计量单位，$1Pa=1N/m^2$。液压传动中习惯用 MPa 来计量压力，$1MPa=10^6 Pa$，工程上一般用 kPa、MPa、GPa 来计量压力。由于液体内某一点处的表压力与它所在位置的深度 h 成正比，因此工程上也用液柱高度来表示表压力大小，称为能头。

2.2.4 帕斯卡原理

按式（2-13），盛放在密闭容器内的液体，其外加压力 p_0 发生变化时，只要液体仍保持其原来的静止状态不变，液体中任一点的压力均将发生同样大小的变化。也就是说，在密闭容器内，施加于静止液体上的压力将以等值传递到液体内各点处。这就是帕斯卡原理，或称为静压传递原理。帕斯卡原理是液压传动的一个基本原理。

图 2-7 是运用帕斯卡原理寻找推力和负载间关系的实例。图中垂直液压缸、水平液压缸的截面积分别为 A_1、A_2；活塞上作用的负载分别为 F_1、F_2。由于两缸互相连通，构成一个密闭容器，因此由帕斯卡原理可知，缸内压力处处相等，即 $p_1=p_2$，于是：

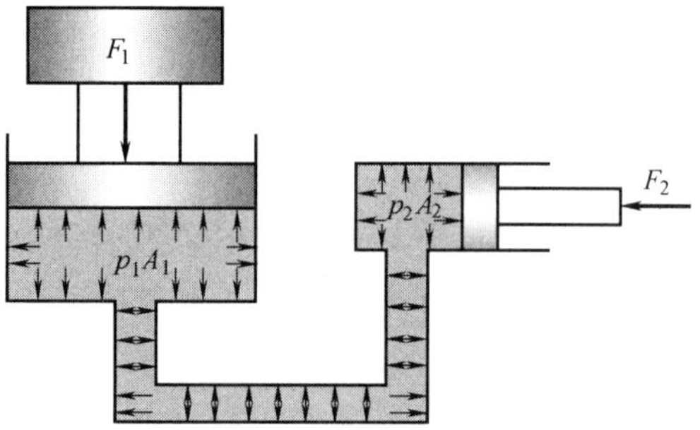

图 2-7 帕斯卡原理应用实例

$$F_2 = F_1 \frac{A_2}{A_1} \tag{2-15}$$

如果垂直液压缸的活塞上没有负载，则在略去活塞质量及其他阻力时，不论怎样推动水平液压缸的活塞，也不能在液体中形成压力。这说明液压传动系统中的压力是由外界负载决定的，这是液压传动中的一个基本概念。

2.2.5　静止液体对容器壁面的作用力

静止液体和固体壁面相接触时，固体壁面将受到液体静压力的作用。当承受压力的表面为平面时，液体对该平面的总作用力为液体的压力与受压面积的乘积，其方向与该平面垂直。

当承受压力的表面为曲面时，由于压力总是垂直于承受压力的表面，所以作用在曲面上各点的力不平行，但大小相等。作用在曲面上的压力在某一方向上的分力等于静压力与曲面在该方向投影面积的乘积。

2.3　液体动力学

液体动力学的主要内容是研究液体运动和引起运动的原因，即研究液体流动时流速和压力之间的关系（或研究液压传动两个基本参数的变化规律）。流动液体的连续性方程、伯努利方程和动量方程是描述流动液体力学规律的三个基本方程。

液体流动时，由于重力、惯性力、黏性摩擦力等的影响，其内部各质点的运动状态是不同的。这些质点在不同时间、不同空间处的运动变化对液体的能量损耗有所影响，但对液压传动来说，重点关注的是液体在特定空间点或区域内的平均运动特性。此外，流动液体的状态还与液体的温度、黏度等参数有关。为了简化分析模型，一般都假定在等温的条件下（因而可把黏度看作是常量，密度只与压力有关）来讨论液体的流动情况。

2.3.1　基本概念

2.3.1.1　理想液体、恒定流动及一维流动

在流体动力学分析中，由于实际液体具有黏性和可压缩性，其运动规律极为复杂。为便于理论分析，常假设液体没有黏性，然后再考虑黏性的作用并通过试验验证等办法对理想化的结论进行补充或修正。这种方法同样可以用来处理液体的可压缩性问题。一般把既无黏性又不可压缩的液体称为理想液体。液体流动时，如液体中任何一点的压力、速度和密度都不随时间而变化，便称液体是在做恒定流动；反之，只要压力、速度或密度中有一个参数随时间变化，则液体的流动被称为非恒定流动。研究液压传动系统稳态性能时，可以认为液体做恒定流动；但在研究其动态性能时，则必须按非恒定流动来考虑。

当整个液体做线性流动时，称为一维流动；当整个液体做平面或空间流动时，称为二维或三维流动。一维流动问题最简单，但是严格意义上的一维流动要求液流截面上各点处的速度矢量完全相同。这种情况在现实中极为少见。通常把封闭容器内液体的流动按一维流动处理，再用试验数据来修正其结果。液压传动中对工作介质流动的分析讨论就是这样进行的。

2.3.1.2　迹线、流线、流管及流束

迹线是流场中液体质点在一段时间内运动的轨迹线。

在流场中画一不属于流线的任意封闭曲线，沿该封闭曲线上的每一点作流线，由这些流线组成的表面称为流管，见图 2-8（b）。流管内的流线群称为流束。根据流线不会相交的性质，流管内外的流线均不会穿越流管，故流管与真实管道相似。将流管截面无限缩小趋近于零，便获得微小流管或微小流束。微小流束截面上各点处的流速可以认为是相等的。

流线彼此平行的流动称为平行流动；流线间夹角很小，或流线曲率半径很大的流动称为缓变流动。平行流动和缓变流动都可以简化为一维流动。

2.3.1.3 通流截面、流量和平均流速

流束中与所有流线正交的截面称为通流截面，如图 2-8（c）中的面 A 和面 B，通流截面上每点处的流动速度都垂直于这个面。

单位时间内流过某通流截面的液体体积称为流量，常用 q 表示，即

$$q=\frac{V}{t} \tag{2-16}$$

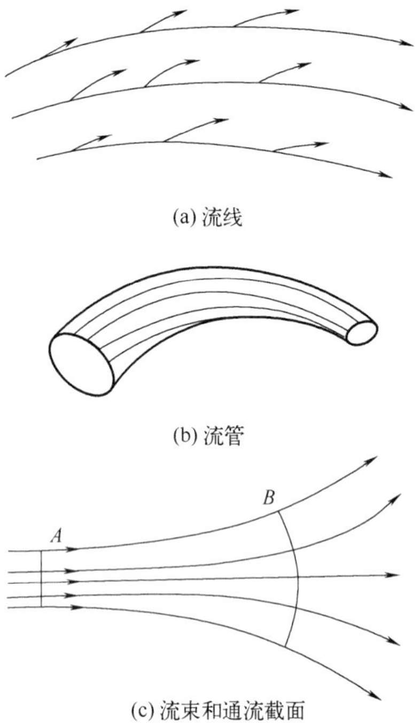

图 2-8 流线、流管、流束和通流截面

式中 q——流量，在液压传动中流量的常用单位为 L/min；

V——液体的体积，L；

t——流过体积为 V 的液体所需的时间，min。

由于实际液体具有黏性，因此液体在管道内流动时，通流截面上各点的流速是不相等的。管壁处的流速为零，管道中心流速最大，流速分布如图 2-9（b）所示。若欲求得流经整个通流截面 A 的流量，可在通流截面 A 上取一微小流束的截面 $\mathrm{d}A$，如图 2-9（a）所示，则通过 $\mathrm{d}A$ 的微小流量为

$$\mathrm{d}q=u\,\mathrm{d}A$$

对上式进行积分，得到流经整个通流截面 A 的流量：

$$q=\int_A u\,\mathrm{d}A \tag{2-17}$$

可见，要求 q 的值，必须先知道流速 u 在整个通流截面 A 上的分布规律。由于黏性液体流速 u 在管道中的分布规律很复杂，因此，为方便起见，在液压传动中常采用一个假想的平均流速 v[图 2-9（b）] 来求流量，并认为液体以平均流速 v 流经通流截面的流量等于以实际流速流过的流量，即

$$q=\int_A u\,\mathrm{d}A=vA$$

由此得出通流截面上的平均流速为

$$v=\frac{q}{A} \tag{2-18}$$

流量也可以用单位时间内流过某通流截面的液体质量来表示，即 $\mathrm{d}q_m=\rho u\,\mathrm{d}A$ 或 $q_m=\int_A \rho u\,\mathrm{d}A$，$q_m$ 称为质量流量。

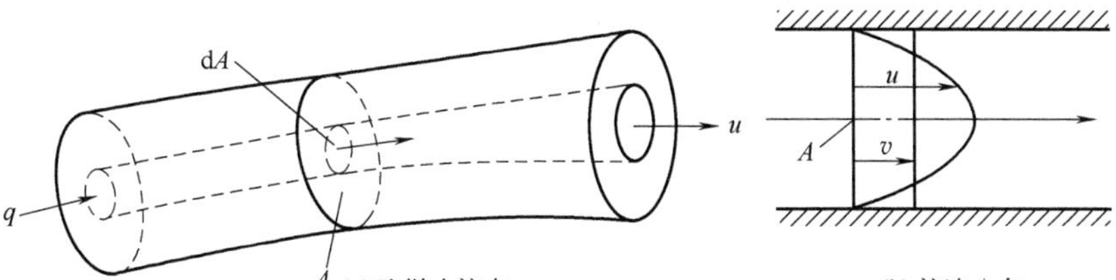

(a) 取微小流束　　(b) 流速分布

图 2-9　流量和平均流速

2.3.1.4　流动液体的压力

静止液体内任意点处的压力在各个方向上都是相等的；在流动液体内，由于惯性力和黏性力的影响，在任意点处各个方向上的压力并不相等，但在数值上相差甚微。当惯性力很小，且把液体当作理想液体时，流动液体内任意点处的压力在各个方向上的数值仍可看作是相等的。

2.3.2　连续方程

连续方程是流量连续性方程的简称，它是流体运动学方程，其实质是质量守恒定律的另一种表示形式。质量守恒是自然界的客观规律，不可压缩液体的流动过程也遵守能量守恒定律。

在流体力学中，这个规律用连续方程的数学形式来表达。在一般情况下，可认为液体是不可压缩的。当液体在管道内稳定流动时，根据质量守恒定律，管内液体的质量既不会增多也不会减少，所以在单位时间内流过每一通流截面的液体质量必然相等。

假设从流动的液体中取一控制体 V（图 2-10），其内部液体的质量为 m，单位时间内流入、流出的质量流量分别为 q_{m1}、q_{m2}，根据质量守恒定律，$q_{m1}-q_{m2}$ 应等于该时间内控制体 V 中液体质量的变化率 $\mathrm{d}m/\mathrm{d}t$。由于 $q_{m1}=\rho_1 q_1$、$q_{m2}=\rho_2 q_2$、$m=\rho V$，因此：

$$\rho_1 q_1-\rho_2 q_2=\frac{\mathrm{d}(\rho V)}{\mathrm{d}t}=V\frac{\mathrm{d}\rho}{\mathrm{d}t}+\rho\frac{\mathrm{d}V}{\mathrm{d}t} \tag{2-19}$$

式（2-19）是流体流过具有固定边界控制体时的通用连续方程。这个方程说明，流进控制体的净质量流量等于控制体内质量的增加率。式（2-19）等号右端第一项是控制体中液体因压力 p 变化引起密度 ρ 变化，使液体压缩而增加的液体质量；第二项则是因控制体体积 V 的变化而增加的液体质量。

从流体做恒定流动的流场中任取一流管，其两端通流截面面积分别为 A_1、A_2，如图 2-11 所示。再从流管中取一微小流束，并设微小流束两端的截面积分别为 $\mathrm{d}A_1$、$\mathrm{d}A_2$，液体流经这两个微小截面的流速和密度分别为 u_1、ρ_1 和 u_2、ρ_2。根据质量守恒定律，单位时间内经截面 $\mathrm{d}A_1$ 流入微小流束的液体质量应与从截面 $\mathrm{d}A_2$ 流出微小流束的液体质量相等，即

$$\rho_1 u_1 \mathrm{d}A_1=\rho_2 u_2 \mathrm{d}A_2$$

如果忽略液体的可压缩性，即 $\rho_1=\rho_2$，则

$$u_1 \mathrm{d}A_1=u_2 \mathrm{d}A_2$$

对上式进行积分，得到经过截面 A_1、A_2 流入和流出整个流管的流量：

$$\int_{A_1} u_1 \mathrm{d}A_1=\int_{A_2} u_2 \mathrm{d}A_2$$

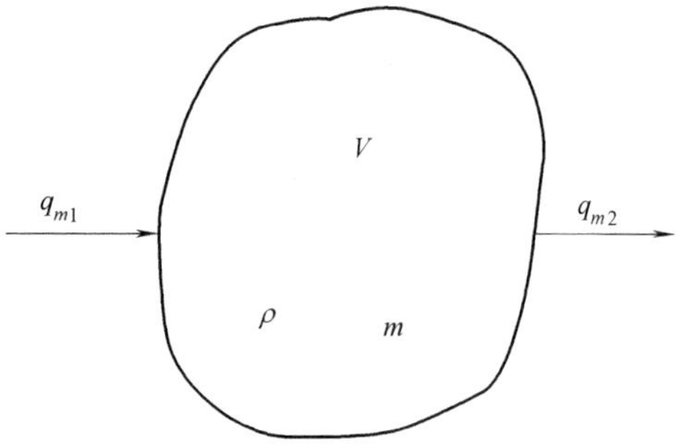

图 2-10 通过控制体的液流

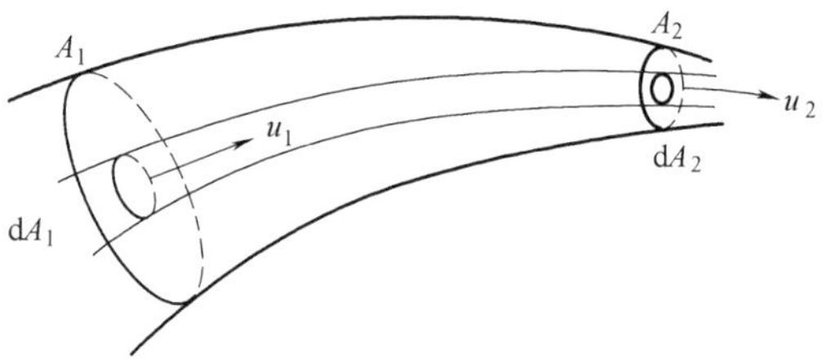

图 2-11 流管中的液流

根据式（2-17）和式（2-18），上式可写成

$$q_1=q_2$$

或

$$v_1A_1=v_2A_2 \tag{2-20}$$

式中 q_1、q_2——流经通流截面 A_1、A_2 的流量；

v_1、v_2——流体在通流截面 A_1、A_2 上的平均流速。

由于两通流截面是任意取的，故有

$$q=vA=\text{常数} \tag{2-21}$$

式（2-21）就是流体的流量连续性方程。它说明在恒定流动的情况下，当不考虑流体的可压缩性时，流过管道各个通流截面的流量相等。因而流体的平均流速与过流截面面积成反比，即当流量一定时，管子细的地方流速大，管子粗的地方流速小。

2.3.3 伯努利方程

能量方程又常称为伯努利方程，它实际上是流动液体的能量守恒定律。

由于流动液体的能量问题比较复杂，所以在讨论时先从理想液体的流动情况着手，然后再扩展到实际液体的流动上去。

2.3.3.1 理想液体的运动微分方程

在液流的微小流束上取出一段通流截面积为 dA、长度为 ds 的微元体，如图 2-12 所示。在一维流动情况下，对理想液体来说，作用在微元体上的外力有以下两种：

(1) 压力在两端截面上所产生的作用力

$$p\,\mathrm{d}A-\left(p+\frac{\partial p}{\partial s}\mathrm{d}s\right)\mathrm{d}A=-\frac{\partial p}{\partial s}\mathrm{d}s\,\mathrm{d}A \tag{2-22}$$

式中 $\frac{\partial p}{\partial s}$——沿流线方向的压力梯度。

(2) 作用在微元体上的重力

$$-\rho g\,\mathrm{d}s\,\mathrm{d}A$$

该微元体的惯性力为

$$ma=\rho\mathrm{d}A\,\mathrm{d}s\ \frac{\mathrm{d}u}{\mathrm{d}t}=\rho\mathrm{d}A\,\mathrm{d}s\left(\frac{\partial u}{\partial s}\frac{\mathrm{d}s}{\mathrm{d}t}+\frac{\partial u}{\partial t}\right)=\rho\mathrm{d}A\,\mathrm{d}s\left(u\ \frac{\partial u}{\partial s}+\frac{\partial u}{\partial t}\right) \tag{2-23}$$

式中 u——微元体沿流线的运动速度，$u=\frac{\mathrm{d}s}{\mathrm{d}t}$。

根据牛顿第二定律 $\sum F=ma$，有

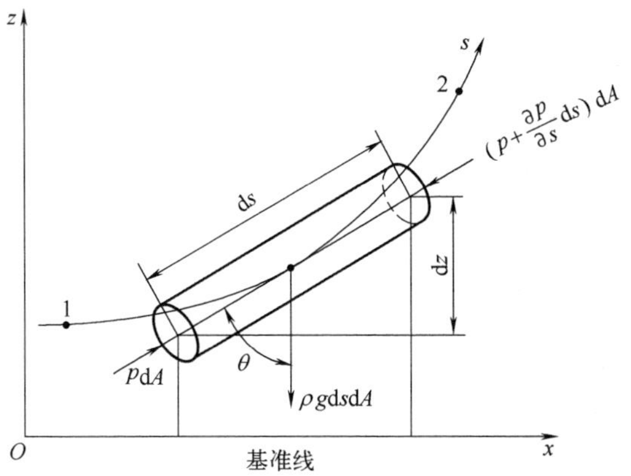

图 2-12　理想液体的一维流动

$$-\frac{\partial p}{\partial s}\mathrm{d}s\,\mathrm{d}A-\rho g\,\mathrm{d}s\,\mathrm{d}A\cos\theta=\rho\,\mathrm{d}s\,\mathrm{d}A\left(u\,\frac{\partial u}{\partial s}+\frac{\partial u}{\partial t}\right) \tag{2-24}$$

由于 $\cos\theta=\frac{\partial z}{\partial s}$，代入式（2-24），整理后可得

$$-\frac{1}{\rho}\frac{\partial p}{\partial s}-g\,\frac{\partial z}{\partial s}=u\,\frac{\partial u}{\partial s}+\frac{\partial u}{\partial t} \tag{2-25}$$

式（2-25）就是理想液体的运动微分方程，也称为液流的欧拉方程。它表示了单位质量液体的力平衡方程。

2.3.3.2　理想液体的能量方程

将式（2-25）沿流线 s 从截面 1 积分到截面 2（见图 2-12），便可得到微元体流动时的能量关系式，即

$$\int_1^2\left(-\frac{1}{\rho}\frac{\partial p}{\partial s}-g\,\frac{\partial z}{\partial s}\right)\mathrm{d}s=\int_1^2\frac{\partial}{\partial s}\left(\frac{u^2}{2}\right)\mathrm{d}s+\int_1^2\frac{\partial u}{\partial t}\mathrm{d}s$$

对上式积分并移项后，整理得

$$\frac{p_1}{\rho}+z_1g+\frac{u_1^2}{2}=\frac{p_2}{\rho}+z_2g+\frac{u_2^2}{2}+\int_1^2\frac{\partial u}{\partial t}\mathrm{d}s \tag{2-26}$$

对于恒定流动来说，$\frac{\partial u}{\partial t}=0$，故上式变为

$$\frac{p_1}{\rho}+z_1g+\frac{u_1^2}{2}=\frac{p_2}{\rho}+z_2g+\frac{u_2^2}{2} \tag{2-27}$$

式（2-26）、式（2-27）分别为理想液体微小流束做非恒定流动和恒定流动时的能量方程。

由于截面 1、2 是任意取的，因此式（2-27）也可写成

$$\frac{p}{\rho}+zg+\frac{u^2}{2}=\text{常数} \tag{2-28}$$

式（2-28）与液体静压力基本方程［式（2-13）］相比多了一项单位质量液体的动能 $u^2/2$。

以上两式即为理想液体的伯努利方程，其物理意义是：在密封管道内恒定流动的理想液体具有三种形式的能量，即压力能、位能以及动能；在流动过程中，任一截面上，这三种能

量之间可以相互转换，但各个过流断面上三种能量之和为常数，即能量守恒。

2.3.3.3 实际液体的能量方程

实际液体流动时还需克服由黏性产生的摩擦力，故存在能量损耗。设图 2-12 中微元体从截面 1 到截面 2 因黏性而损耗的能量为 $h'_w g$，则实际液体微小流束做恒定流动时的能量方程为

$$\frac{p_1}{\rho}+z_1 g+\frac{u_1^2}{2}=\frac{p_2}{\rho}+z_2 g+\frac{u_2^2}{2}+h'_w g \tag{2-29}$$

为了求得实际液体的能量方程，图 2-13 示出了一段流管中的液流，两端的通流截面积分别为 A_1、A_2。在此液流中取出一微小流束，两端的通流截面积分别为 dA_1 和 dA_2，其相应的压力、流速以及高度分别为 p_1、u_1、z_1 和 p_2、u_2、z_2。这一微小流束的能量方程为式（2-29）。将式（2-29）的两端乘以相应的微小流量 dq（$dq=u_1 dA_1=u_2 dA_2$），然后各自对液流的通流截面积 A_1 和 A_2 进行积分，得

$$\int_{A_1}\left(\frac{p_1}{\rho}+z_1 g\right)u_1 dA_1+\int_{A_1}\frac{u_1^2}{2}u_1 dA_1=\int_{A_2}\left(\frac{p_2}{\rho}+z_2 g\right)u_2 dA_2+\int_{A_2}\frac{u_2^2}{2}u_2 dA_2+\int_q h'_w g\,dq \tag{2-30}$$

上式等号左端及右端前两项积分分别表示单位时间内流过 A_1 和 A_2 的流量所具有的总能量，而右端最后一项则表示流管内的液体从 A_1 流到 A_2 因黏性摩擦而损耗的能量。

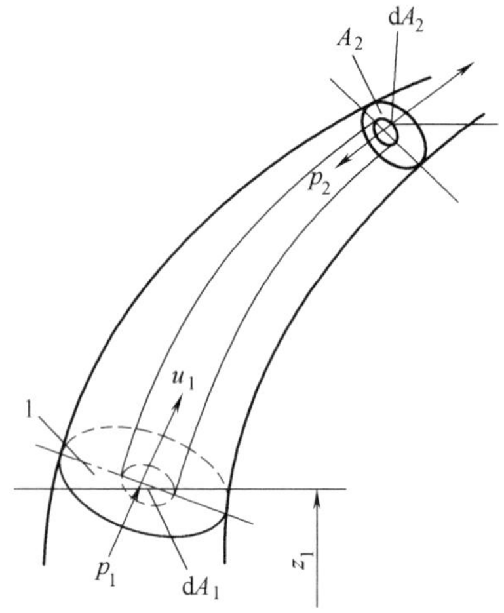

图 2-13 流管内液流能量方程推导简图

为使式（2-30）便于实用，首先将图 2-13 中截面 A_1 和 A_2 处的流动限于平行流动（或缓变流动）。这样，通流截面 A_1、A_2 可视作平面，在通流截面上除重力外无其他质量力，因而通流截面上各点处的压力具有与液体静压力相同的分布规律，即 $(p/\rho)+zg=$常数。

其次，用平均流速 v 代替通流截面 A_1 或 A_2 上各点处不等的速度 u，且令单位时间内截面 A 处液流的实际动能与按平均流速计算出的动能之比为动能修正系数 α，即

$$\alpha=\frac{\int_A \rho\frac{u^2}{2}u\,dA}{\frac{1}{2}\rho A v v^2}=\frac{\int_A u^3 dA}{v^3 A} \tag{2-31}$$

此外，对液体在流管中流动时因黏性摩擦而产生的能量损耗，也用平均能量损耗的概念来处理，即令

$$h_w g=\frac{\int_q h'_w g\,dq}{q}$$

将上述关系式代入式（2-30），整理后可得：

$$\frac{p_1}{\rho}+z_1 g+\frac{\alpha_1 v_1^2}{2}=\frac{p_2}{\rho}+z_2 g+\frac{\alpha_2 v_2^2}{2}+h_w g \tag{2-32}$$

式中 α_1、α_2——截面 A_1、A_2 上的动能修正系数。

式（2-32）就是仅受重力作用的实际液体在流管中做平行（或缓变）流动时的能量方程。它的物理意义是单位质量实际液体的能量守恒。其中 $h_w g$ 为单位质量液体从截面 A_1 流到截面 A_2 过程中的能量损耗。

在应用式（2-32）时，必须注意 p 和 z 应为通流截面的同一点上的两个参数。为方便起见，通常把这两个参数都取在通流截面的轴心处。

2.3.4　动量方程

动量方程是动量定理在流体力学中的具体应用。用动量方程来计算液流作用在固体壁面上的力比较方便。动量定理指出：作用在物体上的合外力的大小等于物体在力作用方向上的动量变化率，即

$$\sum F=\frac{\mathrm{d}I}{\mathrm{d}t}=\frac{\mathrm{d}(mv)}{\mathrm{d}t} \tag{2-33}$$

将动量定理应用于液体时，须在任意时刻 t 时从流管中取出一个由通流截面 A_1 和 A_2 围起来的液体控制体，如图 2-14 所示，截面 A_1 和 A_2 便是控制表面。在此控制体内取一微小流束，其在 A_1、A_2 上的通流截面分别为 $\mathrm{d}A_1$、$\mathrm{d}A_2$，流速分别为 u_1、u_2。假定控制体经过 $\mathrm{d}t$ 后流到新的位置 $A_1'-A_2'$，则在 $\mathrm{d}t$ 时间内控制体中液体质量的动量变化为

$$\mathrm{d}(\sum I)=I_{Ⅲ_{t+\mathrm{d}t}}-I_{Ⅲ_t}+I_{Ⅱ_{t+\mathrm{d}t}}-I_{Ⅰ_t} \tag{2-34}$$

体积 $V_Ⅱ$ 中液体在 $t+\mathrm{d}t$ 时的动量为

$$I_{Ⅱ_{t+\mathrm{d}t}}=\int_{V_Ⅱ}\rho u_2\mathrm{d}V_Ⅱ=\int_{A_2}\rho u_2\mathrm{d}A_2u_2\mathrm{d}t$$

式中　ρ——液体的密度。

同样可推得体积 $V_Ⅰ$ 中液体在 t 时的动量为

$$I_{Ⅰ_t}=\int_{V_Ⅰ}\rho u_1\mathrm{d}V_1=\int_{A_1}\rho u_1\mathrm{d}A_1u_1\mathrm{d}t$$

另外，式（2-34）中等号右边的第一、第二项为

$$I_{Ⅲ_{t+\mathrm{d}t}}-I_{Ⅲ_t}=\frac{\mathrm{d}}{\mathrm{d}t}\left[\int_{V_Ⅲ}\rho u\mathrm{d}V_Ⅲ\right]\mathrm{d}t$$

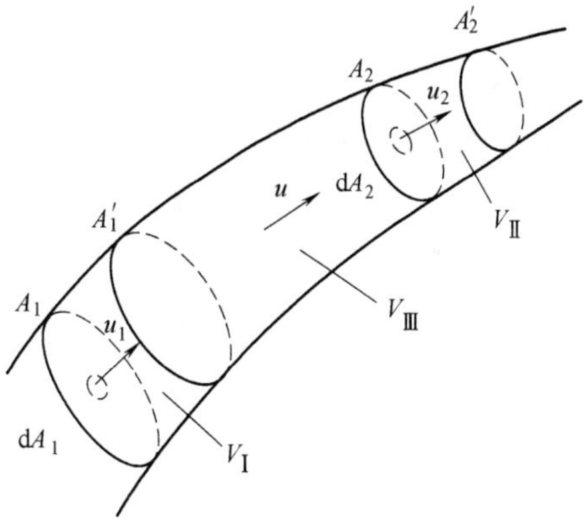

图 2-14　流管内液流动量定理推导简图

当 $\mathrm{d}t\to0$ 时，体积 $V_Ⅲ\approx V$，将以上关系代入式（2-33）和式（2-34），得

$$\sum F=\frac{\mathrm{d}}{\mathrm{d}t}\left[\int_V\rho u\mathrm{d}V\right]+\int_{A_2}\rho u_2u_2\mathrm{d}A_2-\int_{A_1}\rho u_1u_1\mathrm{d}A_1$$

若用流管内液体的平均流速 v 代替截面上的实际流速 u，其误差用一动量修正系数 β 予以修正，且不考虑液体的可压缩性，即 $A_1v_1=A_2v_2=q$（而 $q=\int_A u\mathrm{d}A$）则上式经整理后可写成

$$\sum F=\frac{\mathrm{d}}{\mathrm{d}t}\left[\int_V\rho u\mathrm{d}V\right]+\rho q(\beta_2v_2-\beta_1v_1) \tag{2-35}$$

式中　β——动量修正系数，等于实际动量与按平均流速计算出的动量之比，即

$$\beta=\frac{\int_A u\mathrm{d}m}{mv}=\frac{\int_A u(\rho u\mathrm{d}A)}{(\rho vA)v}=\frac{\int_A u^2\mathrm{d}A}{v^2A} \tag{2-36}$$

式（2-35）即为流体力学中的动量定理。等式左边$\sum F$为作用于控制体内液体上外力的矢量和；而等式右边第一项是使控制体内的液体加速（或减速）所需的力，称为瞬态力；等式右边第二项是由液体在不同控制表面上具有不同速度所引起的力，称为稳态力。

对于做恒定流动的液体，式（2-35）等号右边第一项等于零，于是有

$$\sum F=\rho q(\beta_2 v_2-\beta_1 v_1) \tag{2-37}$$

必须注意，式（2-35）和式（2-37）均为矢量方程式，在应用时可根据具体要求向指定方向投射，列出该方向上的动量方程，然后再进行求解。

若控制体内的液体在所讨论的方向上只有与固体壁面间的相互作用力，则这两种力大小相等、方向相反。

液体作恒定流动时的动量方程表明：作用在流体控制体积上的外力总和等于单位时间内流出控制表面与流入控制表面的流体动量之差。由动量方程可知，流体在流动过程中，若其速度的大小、方向发生变化，则一定有力作用在流体上；同时，流体也以大小相等、方向相反的力作用在使其速度改变的物体上。据此，可求得流体对固体壁面的作用力。

2.4 管道中液体流动的特性

2.4.1 流态与雷诺数

2.4.1.1 层流和紊流

19世纪末，英国物理学家雷诺首先通过实验观察了水在圆管内的流动情况，发现液体有两种流动状态：层流和紊流。实验结果表明，在层流时，液体质点互不干扰，液体的流动呈线性或层状，且平行于管道轴线；而在紊流时，液体质点的运动杂乱无章，除了平行于管道轴线的运动外，还存在着剧烈的横向运动。

层流和紊流是两种不同性质的流态。层流时，液体流速较小，质点受黏性制约，不能随意运动，黏性力起主导作用；紊流时，液体流速较大，黏性的制约作用减弱，惯性力起主导作用。在层流状态下流动时，液体的能量主要消耗在摩擦损失上，它直接转化成热能，一部分被液体带走，一部分传给管壁。相反，在紊流状态下，液体的能量主要消耗在动能损失上，这部分损失使液体搅动混合，产生旋涡、尾流，造成气穴，撞击管壁引起振动，形成液体噪声。这种噪声虽然会受到种种抑制而衰减，并在最后转化成热能消散掉，但在其辐射传递过程中，还会激起其他形式的噪声。

2.4.1.2 雷诺数

液体的流动状态可用雷诺数来判别。实验证明，液体在圆管中的流动状态不仅与管内的平均流速v有关，还与管径d和液体的运动黏度有关。雷诺数Re由这三个参数组成，为无量纲数，可用来判别液流状态。

$$Re=\frac{vd}{\nu} \tag{2-38}$$

液流由层流转变为紊流时的雷诺数和由紊流转变为层流时的雷诺数是不同的，后者数值较小。所以一般都用后者作为判别流动状态的依据，称为临界雷诺数，记作Re_{cr}。当雷诺数Re小于临界雷诺数Re_{cr}时，液流为层流；反之，液流大多为紊流。常见的液流管道的临

界雷诺数可由实验求得，如表 2-9 所示。

表 2-9　常见液流管道的临界雷诺数

管道的形状	Re_{cr}	管道的形状	Re_{cr}
光滑的金属圆管	2000～2320	带环槽的同心环状缝隙	700
橡胶软管	1600～2000	带环槽的偏心环状缝隙	400
光滑的同心环状缝隙	1100	圆柱形滑阀阀口	260
光滑的偏心环状缝隙	1000	锥阀阀口	20～100

对于非圆截面的管道来说，雷诺数 Re 应用下式计算：

$$Re=\frac{vd_{H}}{\nu}\text{或}Re=\frac{4vR_{H}}{\nu} \tag{2-39}$$

式中　d_{H}——通流截面的水力直径，$d_{H}=4R_{H}$；

R_{H}——通流截面的水力半径，等于液流的有效截面积 A 和它的湿周（液体与固体壁面相接触的周界长度）χ 之比，即

$$R_{H}=\frac{A}{\chi} \tag{2-40}$$

直径为 d 的圆截面管道的水力半径为

$$R_{H}=\frac{A}{\chi}=\frac{\frac{1}{4}\pi d^{2}}{\pi d}=\frac{d}{4} \tag{2-41}$$

2.4.2　圆管流动的压力损失

实际液体是有黏性的，所以流动时黏性阻力要损耗一定能量，这种能量损耗表现为压力损失。损耗的能量转变为热量，会使液压传动系统温度升高，甚至性能变差。因此在设计液压传动系统时，应尽量减小压力损失。

液体在流动时产生的压力损失分为沿程压力损失和局部压力损失。

(1) 圆管流动的沿程压力损失

液体在等径圆管流动时，由于液体的黏性摩擦和质点的相互扰动作用而产生的压力损失称为沿程压力损失。当圆管中的液流为层流时，其沿程压力损失与液体黏度、管长、流速成正比，而与管径的平方成反比。当圆管中的液流为紊流时，沿程压力损失还与雷诺数以及管壁的粗糙度有关。

(2) 局部压力损失

液体流经管道的弯头、接头、突变截面以及阀口、滤网等局部装置时，液流方向和流速发生变化，在这些地方形成旋涡、气穴，并产生强烈的撞击现象，由此造成的压力损失称为局部压力损失。局部压力损失受流速的影响最大。

(3) 管路系统总压力损失

整个管路系统的总压力损失为所有沿程压力损失和所有局部压力损失之和。在液压传动系统中，绝大多数压力损失转变为热能，使系统温度增高、泄漏增大，影响系统的工作性能。减小流速、缩短管道长度、减少管道截面突变、提高管道内壁的加工质量等，都可使压力损失减小。其中，流速的影响最大，故液体在管路中的流速不应过高，但流速太低也会使

管路和阀类元件的尺寸加大，并使成本增加，因此确定液体在管道中的流速要综合考虑。

2.5 孔口流量

在液压传动系统中经常利用小孔和间隙来控制压力和流量，以达到调压和调速的目的。讨论小孔的流量计算，了解其影响因素，对合理设计液压传动系统、正确分析液压元件和系统的工作性能非常重要。

流体力学中，按结构形式可以把小孔分为三种：当小孔的长径比 $L/d \leqslant 0.5$ 时，称其为薄壁小孔；当 $L/d > 4$ 时，称其为细长小孔；当 $0.5 < L/d \leqslant 4$ 时，称其为短孔。

(1) 薄壁小孔的流量

薄壁小孔通流示意图如图 2-15 所示。液体流过小孔即开始收缩，在 c—c 截面处最小，然后又开始扩散，在收缩、扩散时存在压力损失。

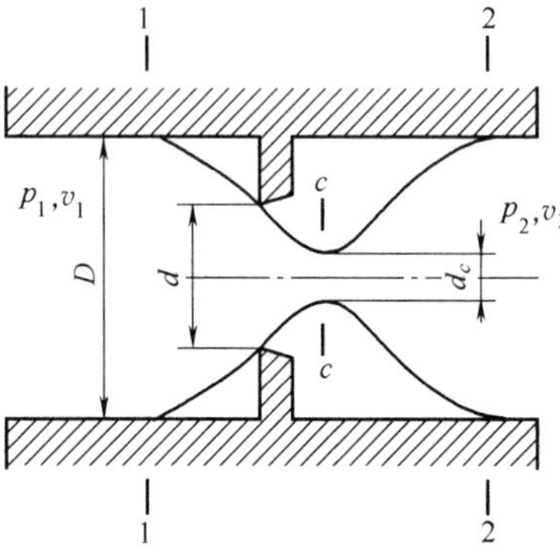

图 2-15 薄壁小孔通流示意图

下面利用伯努利方程求得小孔处的流速 v，继而求得流量 q。

选择小孔轴线为基准，1—1 处为上游截面，c—c 处为下游截面，取 $\alpha_1=1$、$\alpha_2=1$，可列伯努利方程：

$$\frac{p_1}{\gamma}+\frac{v_1^2}{2g}=\frac{p_c}{\gamma}+\frac{v_c^2}{2g}+h_w$$

$$h_w=\xi\frac{v_c^2}{2g}$$

式中 p_1、v_1——1—1 截面处的压力和流速；

p_c、v_c——c—c 截面处的压力和流速；

h_w——单位重量液体流过两截面之间时的能量损失。

由于 $D \geqslant d$，v_1 远小于 v_c，所以 $v^2/2g$ 可忽略不计，经整理得

$$v_c=\frac{1}{\sqrt{1+\xi}}\sqrt{\frac{2}{\rho}(p_1-p_c)}=C_v\sqrt{\frac{2}{\rho}\Delta p} \tag{2-42}$$

式中 C_v——流速系数，$C_v=\frac{1}{\sqrt{1+\xi}}$；

Δp——小孔前后压差，$\Delta p=p_1-p_c$。

由式（2-42）可得通过薄壁小孔的流量公式为

$$q=v_cA_c=C_vC_cA\sqrt{\frac{2}{v}\Delta p}=C_qA\sqrt{\frac{2}{v}\Delta p} \tag{2-43}$$

$$C_q=C_vC_c$$

式中 C_q——流量系数，当液流为完全收缩时（$D/d>7$），C_q 为 0.60～0.62；当为不完全收缩时，C_q 为 0.7～0.8。

C_c——收缩系数，$C_c=A_c/A$。

A_c——收缩完成处的断面面积。

A——过流小孔断面面积。

液体流经薄壁小孔时，孔短且孔口一般为刃口形，其摩擦作用很小，所以通过的流量受温度和黏度变化的影响很小，流量稳定。薄壁小孔常用于对液流速度调节要求较高的调速阀

中。薄壁小孔加工比较困难，实际应用较多的是短孔。

(2) 短孔的流量

液体流经短孔时的流量计算公式与式（2-43）相同，但其流量系数不同（一般为 $C_q=0.82$），Δp 的指数稍大于 1/2。

第2章

(3) 细长小孔的流量

流经细长小孔的液流，由于其黏性作用而流动不畅，一般呈层流状态，与液流在等径直管中流动相当，其各参数之间的关系可用沿程压力损失的计算公式 $\Delta p_f=\lambda \frac{l}{d} \frac{1}{2}\rho v^2$ 表达。将式中 λ、v 等用相应的参数代入，经推导可得到液体流经细长孔的流量计算公式。即

$$q=\frac{\pi d^4}{128\mu l}\Delta p \tag{2-44}$$

由式（2-44）可知，细长小孔的流量和油液的黏度有关。当油液温度变化时，油液的黏度变化，因而流量也随之发生变化。由此可见，油液流经细长小孔的流量受油温的影响比较大。各种孔口的流量压力特性，可综合归纳为一个通用公式，即

$$q=kA\Delta p^m \tag{2-45}$$

式中 k——由孔的形状、尺寸和液体性质决定的系数，细长孔取 $k=d^2/(32\mu l)$；对薄壁孔 $k=C_q\sqrt{\frac{2}{\rho}}$。

m——由孔的长径比决定的指数，薄壁孔取 $m=0.5$；细长孔取 $m=1$；短孔 m 取 0.5～1。

小孔流量通用公式常用于分析小孔的流量压力特性。由式（2-45）可见，不论是哪种小孔，其通过的流量均与小孔的过流断面面积 A 成正比，改变 A 即可改变通过小孔注入液压缸或液压马达的流量，从而达到对运动部件进行调速的目的。在实际应用中，中小功率液压传动系统常用的节流阀就是利用这种原理工作的，这样的调速称为节流调速。

从式（2-45）还可看到，当小孔的过流断面面积 A 不变，而小孔两端的压力差 Δp 变化（因负载变化或其他原因造成）时，通过小孔的流量也会发生变化，从而使所控执行元件的运动速度也发生变化。因此，这种节流调速的缺点是系统执行元件的运动速度不够准确、平稳，这也是它不能保证传动比准确的原因之一。

2.6 液压冲击和气穴现象

2.6.1 液压冲击

在液压传动系统中，当突然关闭或开启液流通道时，在通道内液体压力发生急剧交替升降的波动过程称为液压冲击。

(1) 产生液压冲击的原因

在阀门突然关闭或运动部件快速制动等情况下，液体在系统中的流动会突然受阻。这时，由于液流的惯性作用，液体就从受阻端开始，迅速将动能逐层转换为液压能，因而产生了压力冲击波；此后，压力冲击波从该端开始反向传递，将压力能逐层转化为动能，使得液体又反向流动；然后，在另一端再次将动能转化为压力能，如此反复地进行能量转换。由于

这种压力冲击波的迅速往复传播，便在系统内形成压力振荡。这一振荡过程中，由于液体受到摩擦力以及液体和管壁的弹性作用不断地消耗能量，使振荡逐渐衰减而趋向稳定。产生液压冲击的本质是动量变化。

(2) 液压冲击的危害

系统中出现液压冲击时，液体瞬时压力峰值可以比正常工作压力大好几倍。液压冲击会损坏密封装置、管道或液压元件，还会引起设备振动，产生很大的噪声。有时冲击会使某些液压元件如压力继电器、顺序阀等产生误动作，影响系统正常工作。

(3) 减小液压冲击的措施

① 尽可能延长阀门关闭和运动部件制动换向的时间。在液压传动系统中采用换向时间可调的换向阀可做到这一点。

② 正确设计阀口，限制管道流速及运动部件速度，使运动部件制动时速度变化比较均匀。

③ 在某些精度要求不高的工作机械上，使液压缸两腔油路在换向阀回到中位时瞬时互通。

④ 适当加大管道直径，尽量缩短管路长度。加大管道直径不仅可以降低流速，还可以减小压力冲击波速度值；缩短管道长度的目的是减小压力冲击波的传播时间；必要时，还可在冲击区附近设置卸荷阀和安装蓄能器等缓冲装置来达到此目的。

⑤ 采用软管，以增加系统的弹性。

2.6.2 气穴现象

在液压传动系统中，当流动液体某处的压力低于空气分离压时，原先溶解在液体中的空气就会游离出来，使液体中产生大量气泡，这种现象称为气穴现象。气穴现象会使液压装置产生噪声和振动，使金属表面受到腐蚀。为了说明气穴现象的机理，必须先介绍一下液体的空气分离压和饱和蒸气压。

(1) 空气分离压和饱和蒸气压

液体中不可避免地会含有一定量的空气。液体中所含空气体积的分数称为它的含气量。空气可溶解在液体中，也可以气泡的形式混合在液体之中。空气在液体中的溶解度与液体的绝对压力成正比。在常温常压下，石油基液压液的空气溶解度为6%～12%。溶解在液体中的空气对液体的体积模量没有影响，但当液体的压力降低时，这些气体就会从液体中分离出来。

在一定温度下，当液体压力低于某值时，溶解在液体中的空气将会突然地迅速从液体中分离出来，产生大量气泡，这个压力称为液体在该温度下的空气分离压。对于混有气泡的液体，空气从液体中分离出来后，其体积模量将明显减小，气泡越多，液体的体积模量减小得越多。

一般说来，石油基液压液在静止状态下空气的溶解过程并不快，因此要想通过系统高压区来全部溶解混入液压液中的气泡是不太可能的。

在某一温度下，当液体压力继续下降而低于一定数值时，液体本身便迅速气化，产生大量蒸气，这时的压力称为液体在该温度下的饱和蒸气压。一般说来，液体的饱和蒸气压比空气分离压要小得多。由此可见，要使液压液不产生大量气泡，它的最低压力不得低于液压液所在温度下的空气分离压。

(2) 阀口和液压泵处的气穴现象

气穴多发生在阀口和液压泵的进口处。当液流流到节流口的喉部位置时，由于阀口的通道狭窄，根据能量方程，液流的速度增大，压力则下降。如该处压力低于液压液工作温度下的空气分离压，溶解在液压液中的空气将迅速地大量分离出来，变成气泡，产生气穴。

当泵的安装高度过高，吸油管直径太小，吸油管阻力太大或泵的转速过高，都会造成进口处真空度过大而产生气穴。

(3) 气穴现象的危害

气穴是一种有害的现象，它主要有以下几方面的危害：

① 液体在低压部分产生气穴后，到高压部分气泡又重新溶解于液体中，周围的高压液体迅速填补原来的空间，形成无数微小范围的液压冲击。这将引起噪声、振动等有害现象。

② 液压传动系统受到气穴引起的液压冲击会导致零件损坏。另外，由于析出空气中有游离氧，它对零件具有很强的氧化作用，会引起元件的腐蚀。这些称之为气蚀作用。

③ 气穴现象使液体中带有一定量的气泡，从而引起流量的不连续及压力的波动，严重时甚至断流，使液压传动系统不能正常工作。气穴发生时，液流的流动特性变坏，造成流量不稳、噪声骤增。特别是当带有气泡的液压液被带到下游高压部位时，周围的高压使气泡绝热压缩，迅速崩溃，局部可达到非常高的温度和冲击压力。例如在38℃下工作的液压泵，当泵的输出压力分别为6.8MPa、13.6MPa、20.4MPa时，气泡崩溃处的局部温度可达766℃、993℃、1149℃，冲击压力可以达到几百兆帕。局部高温和冲击压力，一方面使局部金属疲劳，另一方面又使液压液变质，对金属产生化学腐蚀作用，因而使元件表面受到侵蚀、剥落，或出现海绵状的小洞穴。这种因气穴而对金属表面产生腐蚀的现象称为气蚀。气蚀会严重损伤元件表面，大大缩短其使用寿命，因而必须加以防范。

(4) 减轻气穴现象的措施

① 减小阀孔口前后的压差，一般希望其压力比 $p_1/p_2<3.5$。

② 正确设计和使用液压泵站。降低泵的吸油高度，适当加大吸油管直径，限制吸油管的流速，尽量减小吸油管路中的压力损失（如及时清洗过滤器或更换滤芯等）。对于自吸能力差的泵要安装辅助泵供油。

③ 液压传动系统各元部件的连接处要密封可靠，严防空气侵入。

④ 采用抗腐蚀能力强的金属材料，提高零件的机械强度，减小零件表面粗糙度。

思考题

1. 工作液体的作用如何？工作液体有哪些类型？
2. 什么是油液的黏性和黏度？黏度过高或过低会有什么不良影响？
3. 油液的牌号与黏度有何关系？
4. V.I. 的含义是什么？液压传动工作液的 V.I. 值应为多少？
5. 简述液压传动用工作液体有何要求，并加以说明。
6. 采掘机械液压传动中常用哪些类型的工作液体？
7. 工作液体的防污有何意义？有哪些措施？
8. 为什么要控制液压油的工作温度？一般工作温度以多少为宜？
9. 描述流动液体力学规律的三个基本方程是什么？解释其物理意义。

10. 什么是管道流动沿程压力损失和局部压力损失？与哪些因素有关？

11. 什么是液压冲击？如何减小液压冲击？

12. 什么是气穴现象？它有哪些危害？通常采取哪些措施防止气穴和气蚀？

13. 有密闭于液压缸中的一段直径为 $d=150\text{mm}$、长为 $L=400\text{mm}$ 的液压油，它的体积膨胀系数 $\beta_1=6.5\times10^{-4}\text{K}^{-1}$，此密闭容积一端的活塞可以移动。若活塞上的外负载不变，液压油温度从－20℃上升到25℃，试求活塞移动的距离。

14. 同思考题13，如果活塞不能移动，液压缸是刚性的，试求温度的变化和液压油的膨胀，使液压缸中液压油的压力升高了多少。

15. 某液压油在大气压下的体积为 $50\times10^{-3}\text{m}^3$，当压力升高后，其体积减小到 $49.9\times10^{-3}\text{m}^3$，取液压油的体积模量 $K=700.0\text{MPa}$，试求压力升高值。

16. 图2-16所示为标准压力表检验一般压力表的活塞式压力计。机内充满液压油，其液体压缩率 $k=4.75\times10^{-10}\text{m}^2/\text{N}$。机内的压力由手轮、丝杠和活塞产生。活塞直径为 $d=10\text{mm}$，丝杠螺距为 $P=2\text{mm}$。当压力为0.1MPa时，机内液压油体积为 $V=200\text{mL}$。试求压力计内形成20MPa的压力时，手轮要摇过的转数。

17. 如图2-17所示的液压缸，其缸筒内径为 $D=120\text{mm}$，活塞直径为 $d=119.6\text{mm}$，活塞长度为 $L=140\text{mm}$，若液压油的动力黏度 $\mu=0.065\text{Pa}\cdot\text{s}$，活塞回程要求的稳定速度为 $v=0.5\text{m/s}$，试求不计液压油压力时拉回活塞所需的力 F。

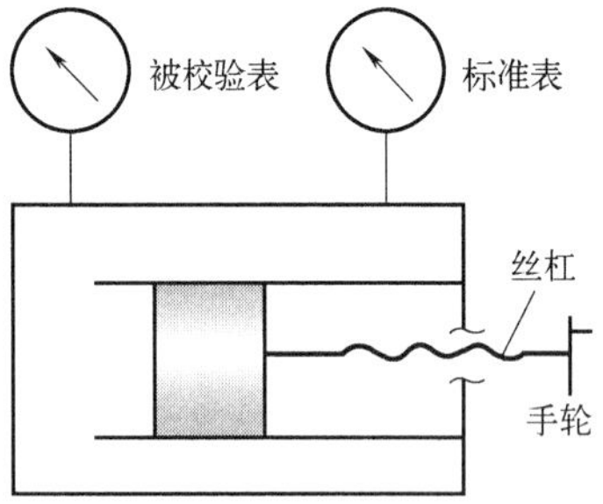

图2-16 思考题16图

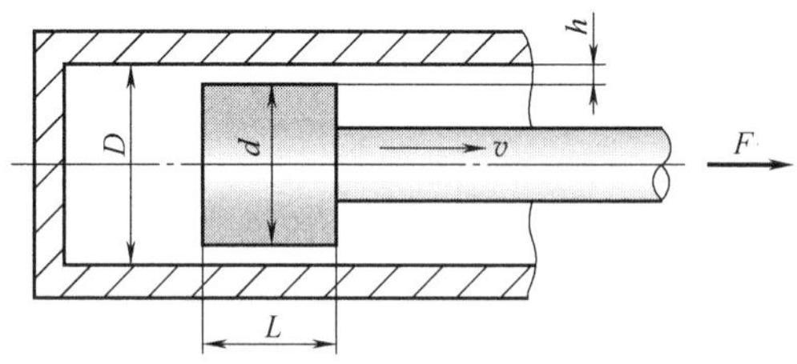

图2-17 思考题17图

18. 一滑动轴承由外径为 $d=98\text{mm}$ 的旋转轴，内径为 $D=100\text{mm}$、长度为 $l=120\text{mm}$ 的轴套所组成，如图2-18所示。在均匀的缝隙中充满了动力黏度 $\mu=0.051\text{Pa}\cdot\text{s}$ 的润滑油（油膜厚度为0.2mm）。试求使旋转轴以转速 $n=480\text{r/min}$ 旋转所需的转矩。

19. 图2-19所示一直径为200mm的圆盘，与固定圆盘端面间的间隙为0.02mm，其间充满润滑油，运动黏度 $\nu=3\times10^{-5}\text{m}^2/\text{s}$，密度为 900kg/m^3。当转盘以1500r/min的转速旋转时，试求驱动转盘所需的转矩。

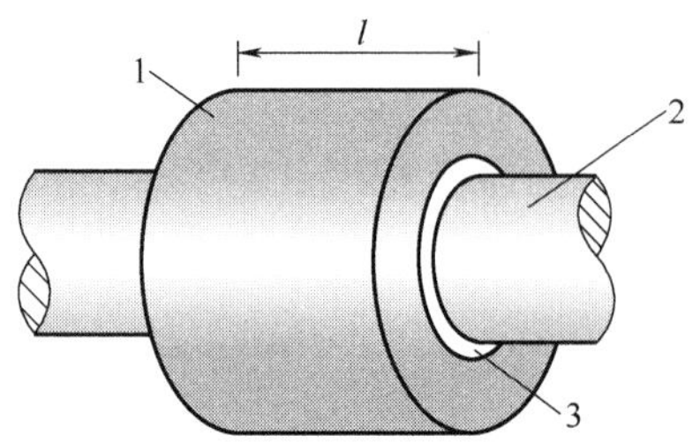

图2-18 思考题18图

1—固定轴套；2—旋转轴；3—油膜

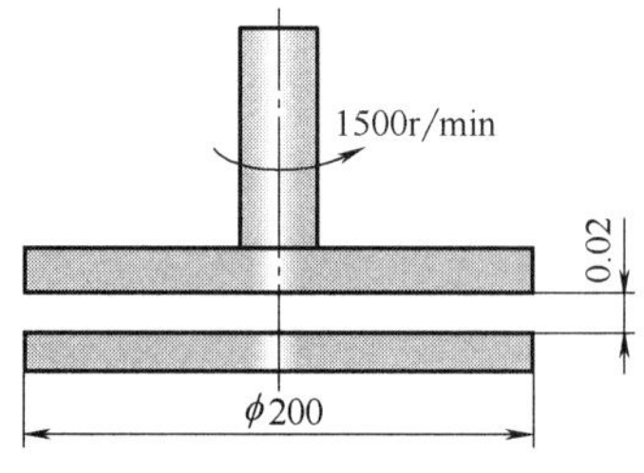

图2-19 思考题19图

20. 如图 2-20 所示，在厚度为 h 的缝隙中，充满动力黏度为 $\mu=0.2\text{Pa}\cdot\text{s}$ 的液压油。已知 $\varphi=45°$，$a=45\text{mm}$，$b=60\text{mm}$，$h=0.2\text{mm}$，$n=90\text{r/min}$，若忽略作用在截锥体上下表面的压力，试求截锥体以恒速 n 旋转所需的功率。

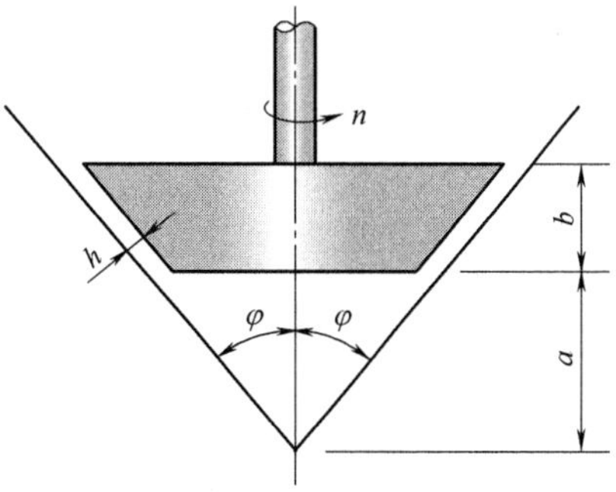

图 2-20 思考题 20 图

21. 如图 2-21 所示，用一根管子将具有一定真空度的容器倒置于液面与大气相通的水槽中，液体在管中上升的高度为 $h=1\text{m}$，设液体的密度为 $\rho=1000\text{kg/m}^3$，试求容器内的真空度。

22. 如图 2-22 所示，有一直径为 d、质量为 m 的活塞浸在液体中，并在力 F 的作用下处于静止状态。若液体的密度为 ρ，活塞浸入深度为 h，试求液体在测压管内的上升高度 x。

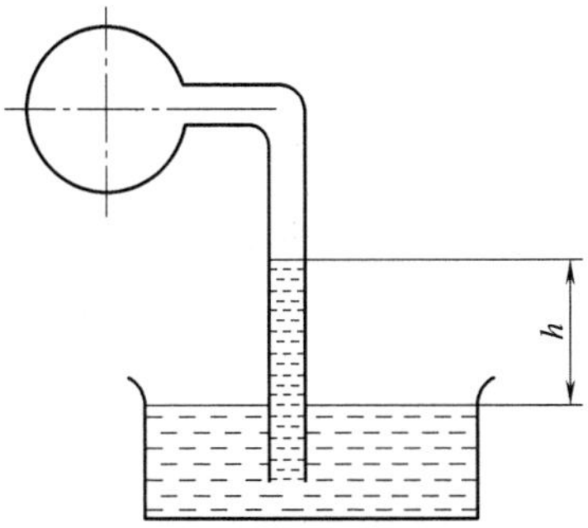

图 2-21 思考题 21 图

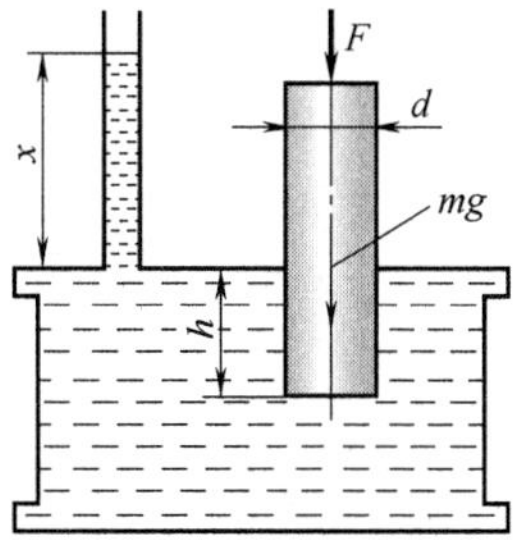

图 2-22 思考题 22 图

23. 如图 2-23 所示，容器 A 中液体的密度 $\rho_A=900\text{kg/m}^3$，容器 B 中液体的密度为 $\rho_B=1200\text{kg/m3}$，$z_A=200\text{mm}$，$z_B=180\text{mm}$，$h=60\text{mm}$，U 形管中的测压介质为汞。试求容器 A 与 B 之间的压力差。

24. 如图 2-24 所示的圆形截面容器，上端开口，试求作用在容器底的作用力。如果在开口端加一活塞，作用力为 3000kN（包括活塞重力在内），试求作用在容器底的总作用力。

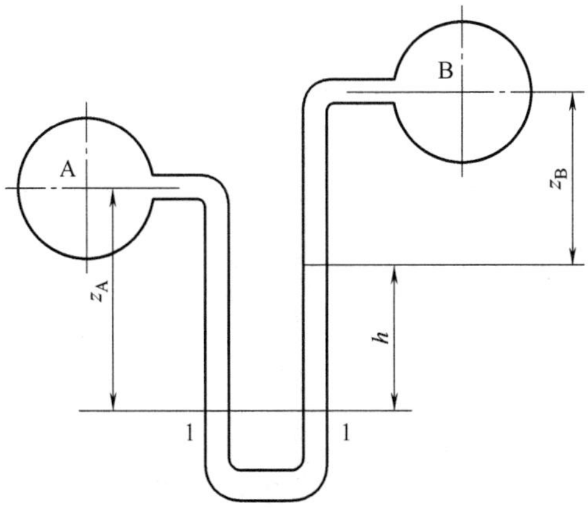

图 2-23 思考题 23 图

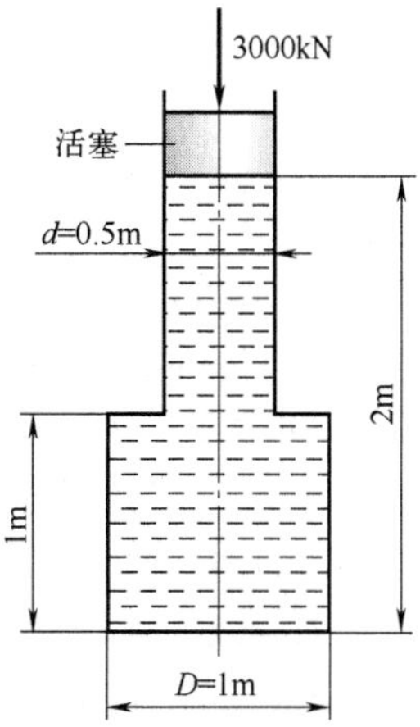

图 2-24 思考题 24 图

25. 如图 2-25 所示，密度为 $\rho=1260\text{kg/m}^3$ 的液体在管道中以流量为 $q=0.7\text{m}^3/\text{s}$ 的速度流动。在直径为 $d_1=600\text{mm}$ 的管道点（1）处，压力为 0.3MPa。点（2）处管道直径为 $d_2=300\text{mm}$，位置比点（1）低 $h=1\text{m}$，点（1）至点（2）管道长 $l=1.26\text{m}$，不计一切损失，试求点（2）处的压力 p_2。

26. 如图 2-26 所示，一虹吸管从油箱中吸油，若管子是均匀的，且直径为 150mm，$a=1\text{m}$，$b=4\text{m}$，忽略一切损失，试求吸油流量及 A 点处的压力。

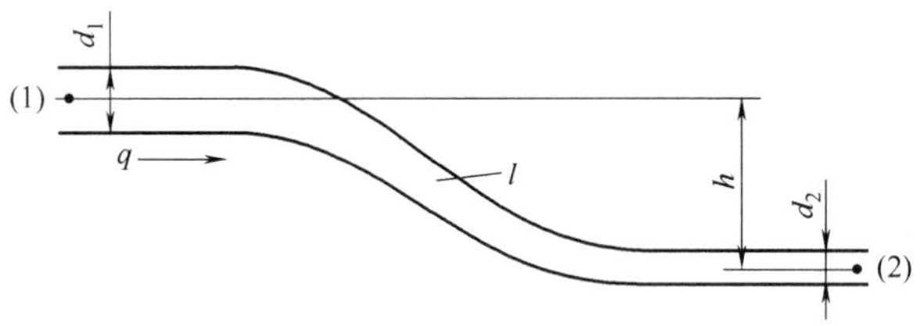

图 2-25 思考题 25 图

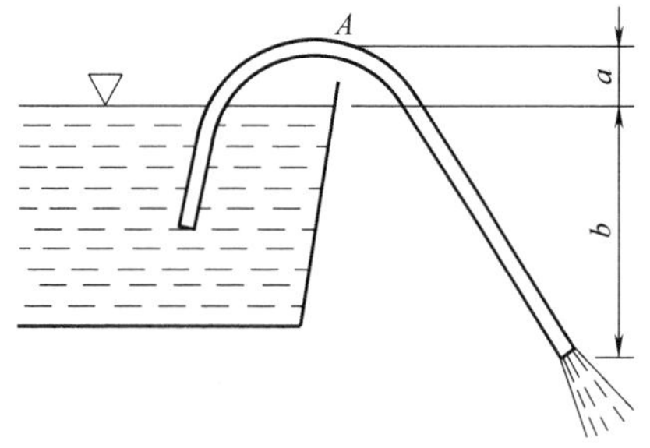

图 2-26 思考题 26 图

27. 图 2-27 所示液压缸直径为 $D=150\text{mm}$，柱塞直径为 $d=100\text{mm}$，液压缸中充满油液。如果柱塞上作用着 $F=50000\text{N}$ 的力，不计油液的质量，试求图示两种情况下液压缸中的压力。

28. 设安全阀（图 2-28）在压力为 $p=3\text{MPa}$ 时开启，弹簧刚度为 8N/mm，$D=22\text{mm}$，$D_0=20\text{mm}$。试确定安全阀上弹簧的预压缩量 x_0。

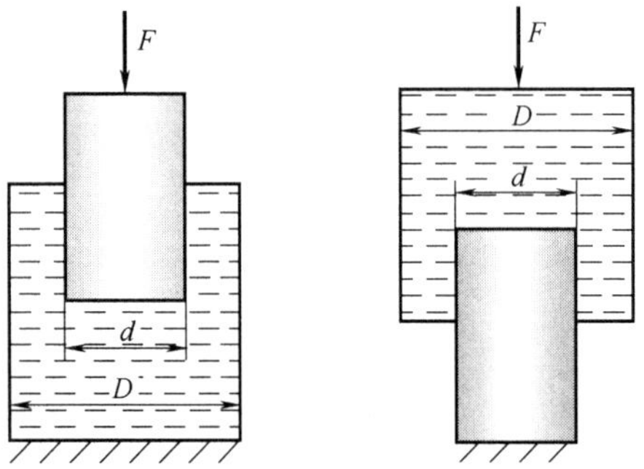

图 2-27 思考题 27 图

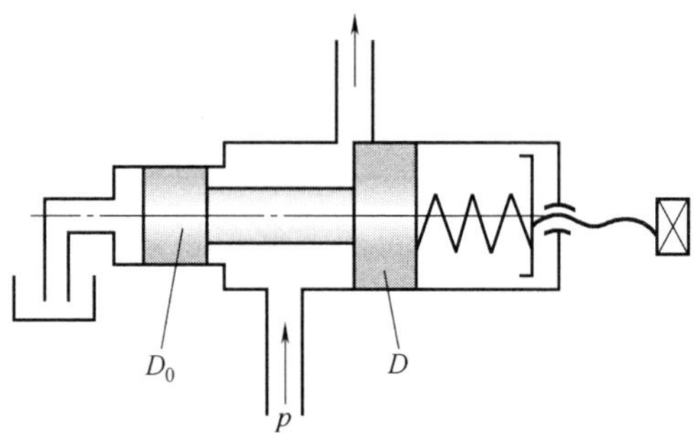

图 2-28 思考题 28 图

29. 如图 2-29 所示，已知水深为 $H=10\text{m}$，截面 $A_1=0.02\text{m}^2$，截面 $A_2=0.04\text{m}^2$，试求孔口处的出流流量以及点 2 处的表压力（取 $\alpha=1$，不计损失）。

30. 如图 2-30 所示，一抽吸设备水平放置，其出口与大气相通，细管处管道截面积 $A_1=3.2\times10^{-4}\text{m}^2$，出口处管道截面积 $A_2=4A_1$，$h=1\text{m}$，试求开始抽吸时，水平管中必须通过的流量 q（液体为理想液体，不计损失）。

31. 如图 2-31 所示，内流式锥阀的阀座孔无倒角，阀座孔直径为 $d=27\text{mm}$，主阀阀芯直径为 $D=28\text{mm}$，锥阀半锥角为 $\alpha=15°$。当阀芯的开度 $x=6.4\text{mm}$ 时，阀进口压力 $p_1=0.4\text{MPa}$，出口压力 $p_2=0$，流量系数 $C=0.8$，速度系数 $C_v=1$，试求液流对阀芯的作用力。

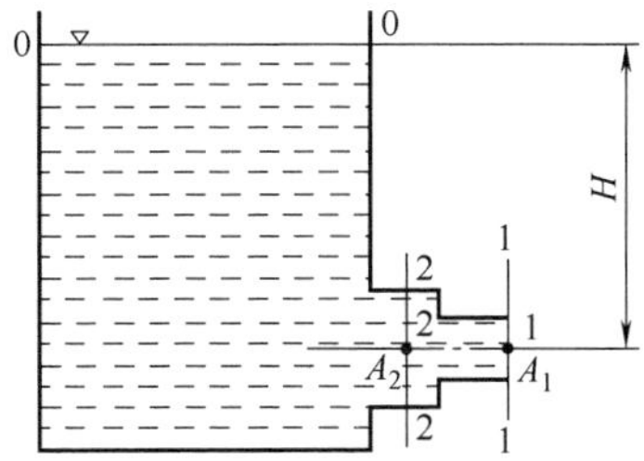

图 2-29　思考题 29 图

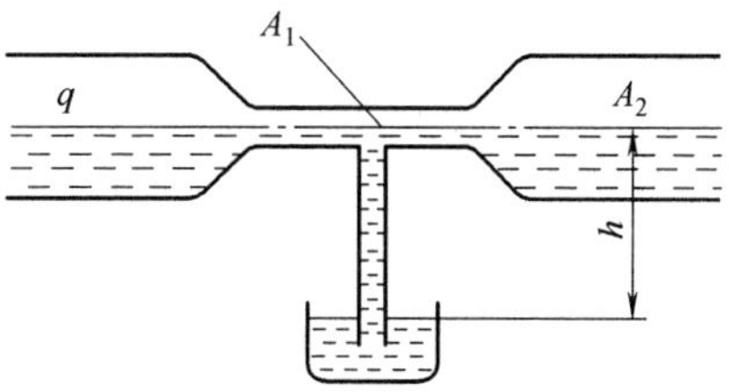

图 2-30　思考题 30 图

32. 图 2-32 所示液压传动系统的安全阀，阀座直径为 $d=25\text{mm}$，当系统压力为 5.0MPa 时，阀的开度为 $x=5\text{mm}$，通过的流量 $q=600\text{L/min}$。若阀的开启压力为 4.3MPa，油液的密度 $\rho=900\text{kg/m}^3$，弹簧刚度 $k=20\text{N/mm}$，试求油液出流角 α。

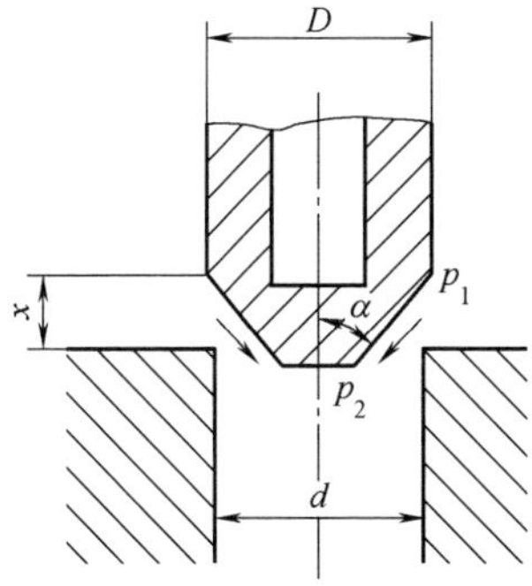

图 2-31　思考题 31 图

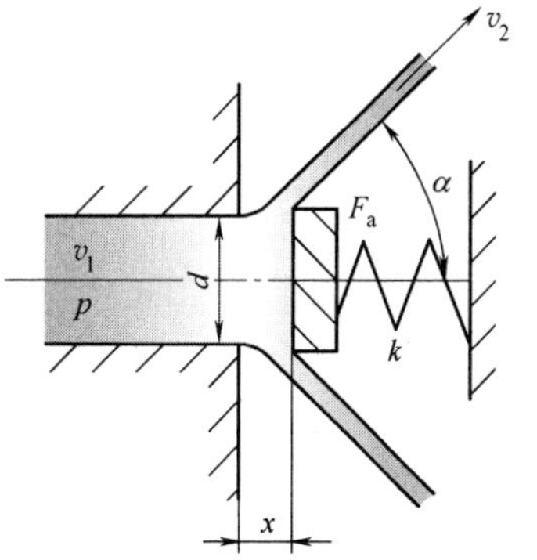

图 2-32　思考题 32 图

33. 已知一管道直径为 50mm，油液的运动黏度为 $20\times10^{-6}\text{m}^2/\text{s}$，如果液流为层流状态，试求可通过的最大流量。

34. 试计算 $d=12\text{mm}$ 的圆管水力直径，以及 $d=12\text{mm}$、$D=20\text{mm}$ 和 $d=12\text{mm}$、$D=24\text{mm}$ 的同心环状管道的水力直径并进行比较。

35. 运动黏度为 $\nu=40\times10^{-6}\text{m}^2/\text{s}$ 的油液通过水平管道，油液的密度为 $\rho=900\text{kg/m}^3$，管道内径为 $d=10\text{mm}$，长度为 $l=5\text{m}$，进口压力 $p_1=4.0\text{MPa}$，试求平均流速为 3m/s 时的出口压力 p_2（取沿程阻力系数 $\lambda=\dfrac{64}{Re}$）。

36. 试求图 2-33 所示两并联管路中的流量。已知总流量 $q=25\text{L/min}$，$d_1=50\text{mm}$，$d_2=100\text{mm}$，$l_1=30\text{m}$，$l_2=50\text{m}$。假设沿程阻力系数 $\lambda_1=0.04$ 及 $\lambda_2=0.03$，并取油液的密度 $\rho=900\text{kg/m}^3$，试求并联管路中的总压力损失。

37. 连接两水池的水平管道如图 2-34 所示，$d=150\text{mm}$，$l=50\text{m}$。若在 $l_1=40\text{m}$ 处装一阀门，则水流做恒定流动。$H_1=6\text{m}$，$H_2=2\text{m}$，设管道的程阻力系数 $\lambda=0.03$，进口局部阻力系数 $\zeta_{进}=0.5$，阀门局部阻力系数 $\zeta_{阀}=4.0$，出口局部阻力系数 $\zeta_{出}=1.0$，试求管道中的流量。

38. 流量为 $q=16\text{L/min}$ 的液压泵安装在油面以下，已知油液的运动黏度 $\nu=20\times10^{-6}\text{m}^2/\text{s}$，密度 $\rho=900\text{kg/m}^3$，其他尺寸如图 2-35 所示。仅考虑吸油管的沿程损失，并取大气压力为 0.098MPa，试求液压泵入口处的绝对压力。

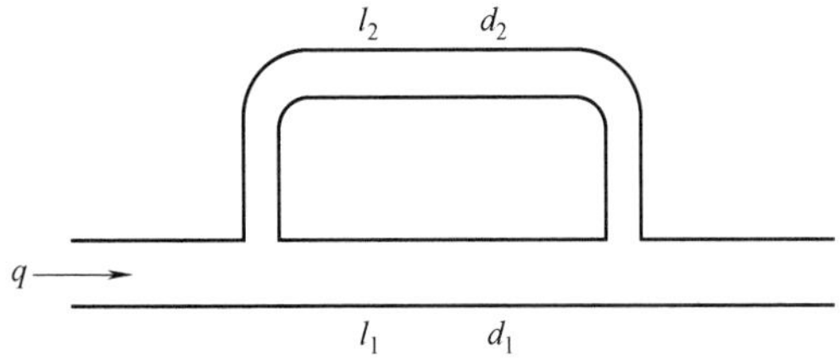

图 2-33　思考题 36 图

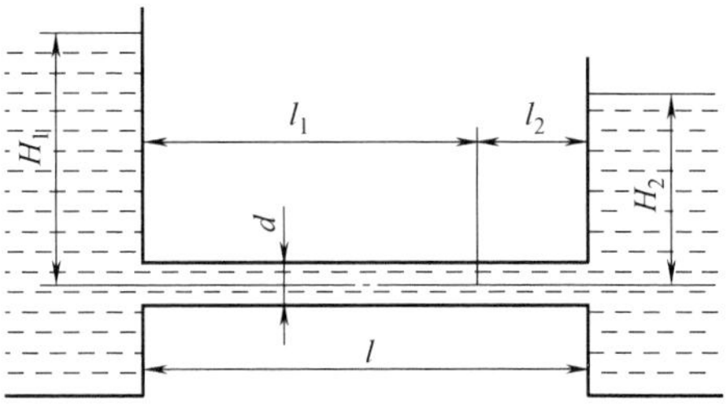

图 2-34　思考题 37 图

39. 某液压传动系统从液压泵到液压马达的管路如图 2-36 所示。已知 $d=16\text{mm}$，管总长 $l=3.84\text{m}$，油液的密度 $\rho=900\text{kg/m}^3$，运动黏度 $\nu=18.7\times10^{-6}\text{m}^2/\text{s}$，$v=5\text{m/s}$，45°处的局部阻力系数 $\zeta_1=2$，90°处的局部阻力系数 $\zeta_2=1.12$，135°处的局部阻力系数 $\zeta_3=0.3$，试求从液压泵到液压马达的全部压力损失（管道看作光滑管道，不计损失）。

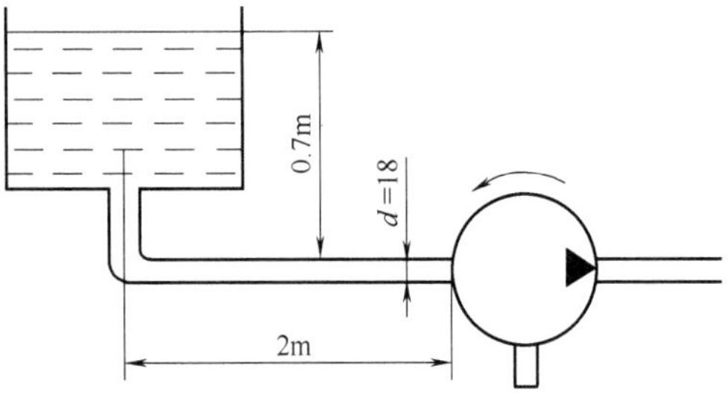

图 2-35　思考题 38 图

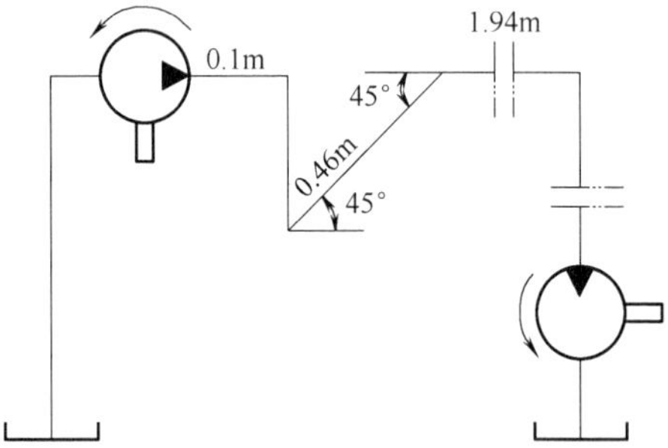

图 2-36　思考题 39 图

40. 如图 2-37 所示，液压泵从油池中抽吸油液，若流量为 $q=150\text{L/min}$，油液的运动黏度为 $\nu=34\times10^{-6}\text{m}^2/\text{s}$，油液的密度为 $\rho=900\text{kg/m}^3$。吸油管直径为 $d=60\text{mm}$，液压泵吸油管弯头处的局部阻力系数为 $\zeta=0.2$，吸油口粗滤网的压力损失为 $\Delta p=0.0178\text{MPa}$。当液压泵入口处的真空度小于等于 0.04MPa 时，试求液压泵的吸油高度 H（油面到滤网之间的管道沿程损失可忽略不计）。

41. 圆柱形滑阀如图 2-38 所示，已知阀芯直径为 $d=20\text{mm}$，进口压力为 $p_1=9.8\text{MPa}$，出口压力为 $p_2=0.9\text{MPa}$，油液的密度为 $\rho=900\text{kg/m}^3$，阀口的流量系数 $C=0.65$，阀口开度为 $x=2\text{mm}$，试求通过阀口的流量。

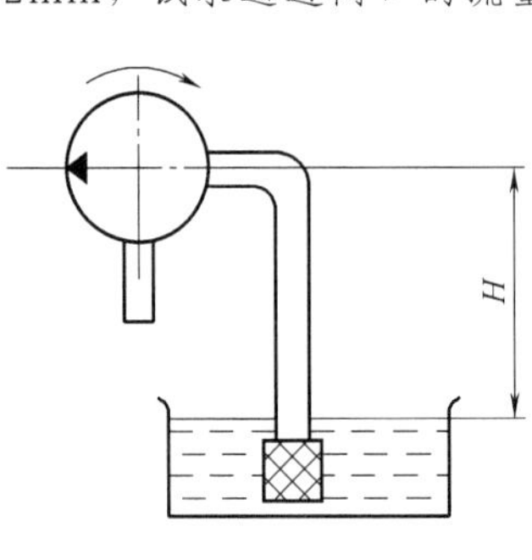

图 2-37　思考题 40 图

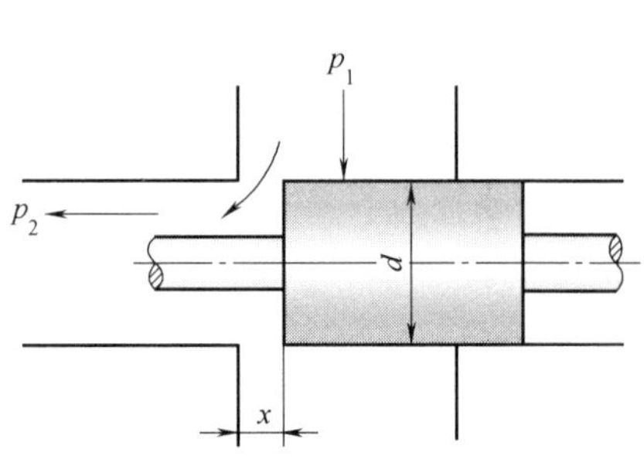

图 2-38　思考题 41 图

42. 如图 2-39 所示，已知液压泵的供油压力 $p_P=3.2\text{MPa}$，薄壁小孔节流阀Ⅰ的开口面积为 $A_{v1}=2\text{mm}^2$，薄壁小孔节流阀Ⅱ的开口面积为 $A_{v2}=1\text{mm}^2$，活塞面积为 $A=1\times10^{-2}\text{m}^2$，油液的密度为 $\rho=900\text{kg/m}^3$，负载为 $F=16000\text{N}$，节流阀的流量系数为 $C=0.6$，试求活塞向右运动的速度。

43. 如图 2-40 所示，柱塞直径为 $d=19.9\text{mm}$，缸套直径为 $D=20\text{mm}$，长为 $l=70\text{mm}$，柱塞在力 $F=40\text{N}$ 的作用下向下运动，并将油液从缝隙中挤出，若柱塞与缸套同心，油液的动力黏度 $\mu=0.784\times10^{-3}\text{Pa·s}$，试求柱塞下落 0.1m 所需的时间。

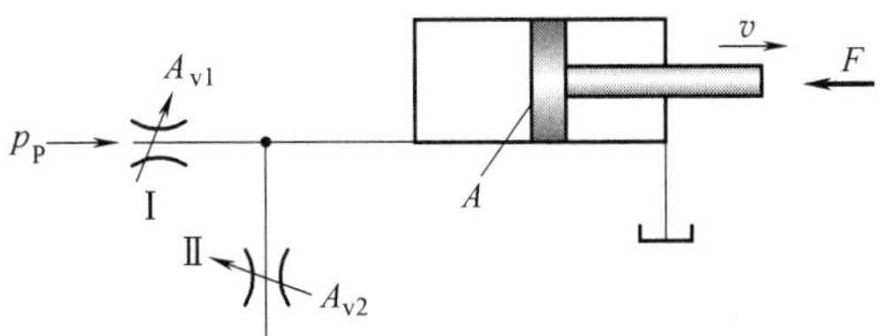

图 2-39　思考题 42 图

44. 如图 2-41 所示，已知液压缸的有效面积为 $A=50\times10^{-4}\text{m}^2$，负载为 $F=12500\text{N}$，滑阀直径为 $d=20\text{mm}$，同心径向缝隙为 $h_0=0.02\text{mm}$，配合长度为 $l=5\text{mm}$，油液的运动黏度为 $\nu=10\times10^{-6}\text{m}^2/\text{s}$，密度为 $\rho=900\text{kg/m}^3$，液压泵的流量为 $q=10\text{L/min}$。若考虑油液流经滑阀的泄漏，试计算活塞运动的速度（按同心和完全偏心两种不同情况计算）。

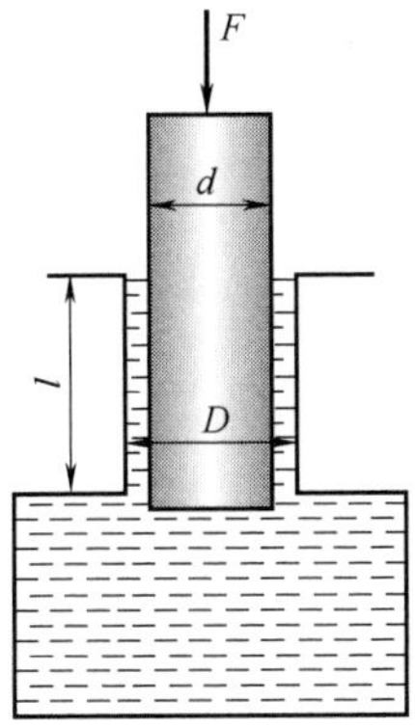

图 2-40　思考题 43 图

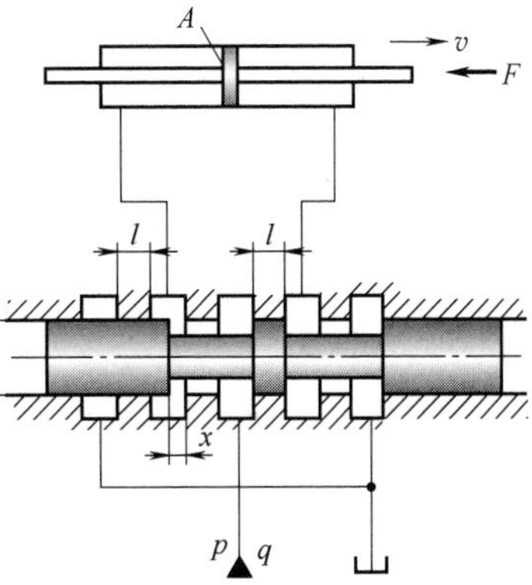

图 2-41　思考题 44 图

45. 如图 2-42 所示，常温下，密度为 800kg/m^3、空气分离压为 0.0268MPa 的液体在管中流动。截面 1—1 的相对压力为 0.07MPa。设当地的大气压力为 0.094MPa，为防止管中发生气蚀，试求管中的最大流量。

46. 如图 2-43 所示，液压泵从油池中抽吸润滑油，流量为 $q=1.2\times10^{-3}\text{m}^3/\text{s}$，润滑油的运动黏度为 $\nu=292\times10^{-6}\text{m}^2/\text{s}$，油的密度为 $\rho=900\text{kg/m}^3$。

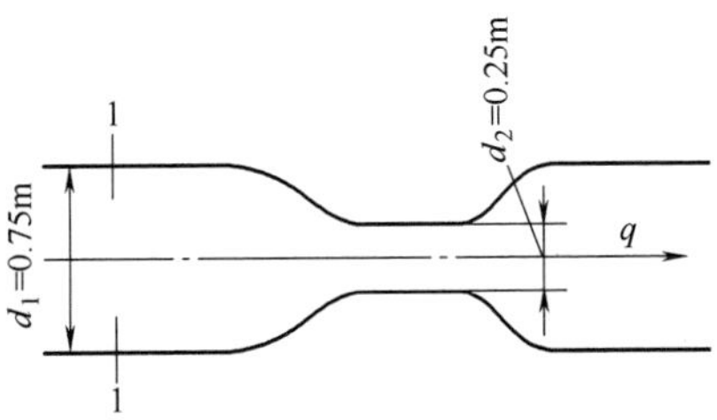

图 2-42　思考题 45 图

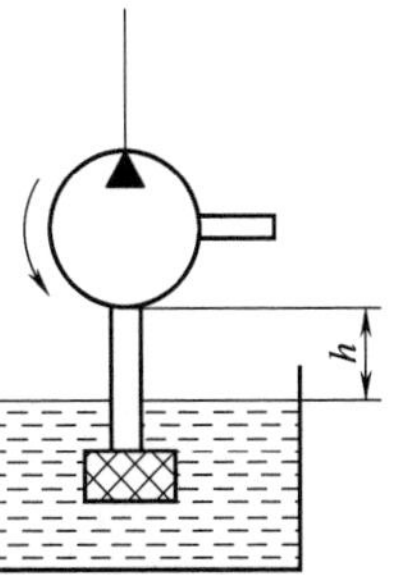

图 2-43　思考题 46 图

（1）假设常温下油的空气分离压为 2.3×10^4Pa，吸油管直径为 $d=40$mm，吸油管长为 $l=10$m，仅考虑管中的沿程损失，试求液压泵在油箱液面以上的最大允许安装高度为 h。

（2）当液压泵的流量增大一倍时，液压泵在油箱液面以上的最大允许高度将如何变化？

47. 某管道内径为 $d=12$mm，管壁厚度为 $\delta=1$mm，油液在管内的流速为 $v=2$m/s，压力为 $p=2$MPa，油液的体积模量为 $K=2\times10^3$MPa，管壁材料弹性模量为 $E=2.1\times10^5$MPa，当其控制阀门突然关闭时，试求管路中产生的冲击压力 Δp_t 及冲击时管内的最大压力。

48. 如图 2-44 所示的液压传动系统，已知从蓄能器 A 到电磁阀 B 的距离为 $l=4$m，管径为 $d=20$mm，壁厚为 $\delta=1$mm，钢材的弹性模量为 $E=2.2\times10^5$MPa，油液的体积模量为 $K=1.33\times10^3$MPa。若管路中油液原先以速度 $v=5$m/s、压力 $p_0=2$MPa 流经电磁阀，试分别求当阀瞬间关闭、0.02s 关闭和 0.5s 关闭时，油液在管路中能达到的最大压力。

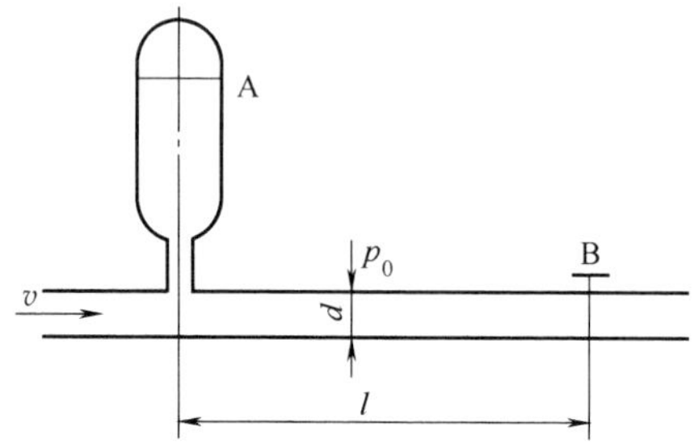

图 2-44 思考题 48 图

第 3 章 液压动力元件

液压泵是产生压力、流量的元件，它由电动机、内燃机或其他原动机驱动，将原动机的机械能转变为液压能。在液压传动中，液压泵作为动力源向液压传动系统提供压力液体，以推动执行元件工作。

3.1 液压泵的工作原理和分类

由手把、连杆、活塞、缸体、单向阀组成的手摇泵及其工作过程，体现了一般液压泵的基本组成和工作原理，即：

① 密封容积的变化是液压泵实现吸液、排液的根本原因，因此，密封且可以变化的容积是液压泵必须具备的基本结构，所以液压泵也称容积式液压泵。显然，液压泵所产生的流量与其密封容积的变化量及单位时间内容积变化的次数成比例。

② 具有隔离吸液腔和排液腔（即隔离低压和高压液体）的装置，使液压泵能连续有规律地吸入和排出工作液体，这种装置称为配流（油）装置。配流装置的结构因液压泵的类型而异，手摇泵的配流装置是两个单向阀，称为阀式配流装置，此外还有盘式和轴式配流装置。

③ 油箱内的工作液体始终具有不低于 1 个标准大气压的绝对压力，这是保证液压泵能从油箱吸液的必要外部条件，因此，一般油箱的液面总与大气相通。

液压泵的类型是按构成密封且可变化容积的零件结构形状区分的。采掘机械中常用的液压泵类型有齿轮式、叶片式和柱塞式等，如图 3-1 所示。

- 齿轮式
  - 渐开线外啮合齿轮泵
  - 摆线内啮合齿轮泵(摆线转子泵)
- 叶片式
  - 非平衡式单作用叶片泵
  - 平衡式双作用叶片泵
- 柱塞式
  - 卧式柱塞泵
  - 轴向柱塞泵
    - 斜盘式
    - 斜轴式
      - 无铰
      - 双铰
  - 径向柱塞泵

图 3-1　液压泵类型

液压泵的图形符号如图 3-2 所示。

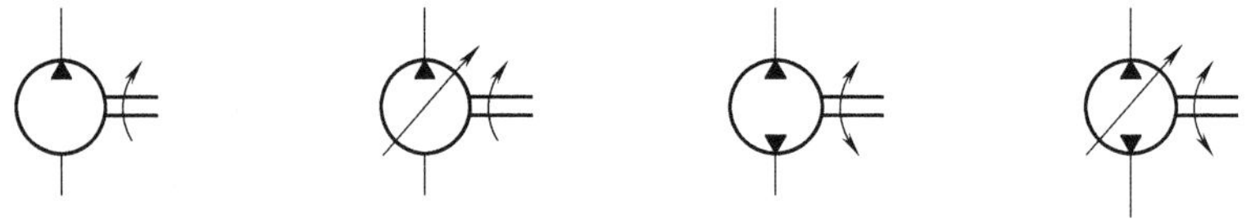

(a) 单向定量液压泵　(b) 单向变量液压泵　(c) 双向定量液压泵　(d) 双向变量液压泵

图 3-2　液压泵图形符号

3.2 液压泵的主要技术参数

3.2.1 排量、流量及容积效率

(1) 排量

液压泵主轴每旋转一周所排出的液体体积称为排量。不计泄漏（相当于泵的输出压力为零）时的排量称为理论排量，其大小取决于液压泵的工作原理和结构尺寸，用 V_t 表示，其常用单位是 mL/r。排量可以调节的液压泵称为变量泵，排量固定不变的称为定量泵。当液压泵的输出压力为某一值时，应当计其泄漏，这时的排量称为实际排量，以 V 表示。

(2) 流量

液压泵单位时间内所排出的液体体积称为流量，常用单位是 L/min。不计泄漏影响的理论流量 q_t 与理论排量 V_t 的关系式为

$$q_t = n_0 V_t \tag{3-1}$$

式中　n_0——液压泵输出压力为零时的主轴转速，r/min。

计入泄漏后，液压泵的实际流量 q 与实际排量 V 的关系式为

$$q = nV \tag{3-2}$$

式中　n——液压泵输出压力为某一值时主轴的转速，r/min。

(3) 容积效率

液压泵实际排量 V 与理论排量 V_t 的比值称为容积效率，用 η_V 表示，即

$$\eta_V = \frac{V}{V_t} \tag{3-3}$$

式 (3-3) 可改写为

$$\eta_V = \frac{q/n}{q_t/n_0} = \frac{q}{q_t} \times \frac{n_0}{n} \tag{3-4}$$

当用普通交流电动机驱动，进行液压泵容积效率测试时，由于电动机的转差率，加载时的转速会有所下降，因此必须用式（3-4）来计算容积效率。当要精确测定容积效率时，应当用可以调速的原动机（如直流电动机）驱动液压泵，使液压泵在不同压力下保持主轴转速不变，即 $n = n_0$。这时，容积效率的计算式可简化为

$$\eta_V = \frac{q}{q_t} \tag{3-5}$$

容积损失是因内泄漏、气穴和油液在高压下的压缩（主要是内泄漏）而造成的流量上的损失。对液压泵来说，输出压力增大时，泵实际输出的流量 q 减小。设泵的流量损失为 Δq，则泵容积效率 η_V 计算公式又可表达为

$$\eta_V=\frac{q}{q_t}=\frac{q_t-\Delta q}{q_t}=1-\frac{\Delta q}{q_t} \tag{3-6}$$

泵内机件间泄漏油液的流态可以看作层流，并认为流量损失 Δq 和泵的输出压力 p 成正比，即

$$\Delta q=k_1 p \tag{3-7}$$

式中　k_1——流量损失系数。

因此有

$$\eta_V=1-\frac{k_1 p}{V_t n} \tag{3-8}$$

式（3-8）表明：泵的输出压力越高、流量损失系数越大，或泵的排量越小、转速越低，泵的容积效率也越低。

3.2.2　输出功率、输入功率及总效率

（1）实际输出功率 P

假设液压泵输出压力为 p 时的流量为 q，其实际输出功率 P 为

$$P=pq \tag{3-9}$$

（2）输入功率 P_r

输入功率 P_r 是电动机作用在液压泵主轴上的机械功率，也称为泵的传动功率，其表达式为

$$P_r=T\omega \tag{3-10}$$

式中　T——液压泵主轴上的输入转矩，N·m；

ω——主轴的角速度，1/s。

液压泵由电动机驱动，输入量是转矩和转速（角速度），输出量是液体的压力和流量；液压马达则相反，输入量是液体的压力和流量，输出量是转矩和转速（角速度）。如果不考虑液压泵和液压马达在能量转换过程中的损失，则输出功率等于输入功率，也就是它们的理论功率为

$$P_r=pq_t=pVn=T_t\omega=2\pi T_t n \tag{3-11}$$

式中　T_t——液压泵（液压马达）的理论转矩；

ω——液压泵（液压马达）的角速度。

（3）效率

实际上，液压泵和液压马达在能量转换过程中是有损失的，因此实际输出功率（P）小于输入功率（P_r）。两者之间的差值即为功率损失，功率损失可以分为容积损失和机械损失两部分。液压泵的容积损失可用容积效率 η_V 来表征。机械损失是指因摩擦而造成的转矩损失。对液压泵来说，驱动泵的转矩常大于其理论转矩 T_t，设转矩损失为 ΔT，则泵实际输入的转矩 $T=T_t+\Delta T$，当用机械效率 η_m 来表征泵的机械损失时，有

$$\eta_m=\frac{T_t}{T}=\frac{1}{1+\frac{\Delta T}{T_t}} \tag{3-12}$$

液压泵的总效率 η 是其实际输出功率 P 与输入功率 P_r 的比值，即

$$\eta=\frac{P}{P_r}=\frac{pq}{T\omega}=\eta_V\eta_m \tag{3-13}$$

故液压泵输出压力为 p、流量 q 时，所需的电动机输入功率 P_r 为

$$P_r=\frac{P}{\eta}=\frac{pq}{\eta} \tag{3-14}$$

各类液压泵的总效率 η 值是不同的：柱塞泵为 0.8～0.9；齿轮泵为 0.6～0.8；叶片泵为 0.75～0.85。

3.3 齿轮泵

齿轮泵是液压传动系统中常用的液压泵类型，也是结构最简单的一种液压泵。因其具有自吸能力好、对油液的污染不敏感、工作可靠、制造容易、体积小、价格便宜等优点，获得广泛应用。齿轮泵最初用在机器的润滑系统上，工作压力较低，后来用于机床液压传动，其额定压力也只有 2.5MPa 左右；采掘机械中应用的齿轮泵大都是额定压力在 8MPa 以上的中高压齿轮泵。近年发展了浮动侧板等结构，允许在高速和高压下运转，最高压力可达 25MPa。齿轮泵最大的缺点是不能变量。齿轮泵从结构上可分为外啮合齿轮泵和内啮合齿轮泵两类。

3.3.1 外啮合齿轮泵

3.3.1.1 工作原理

图 3-3 所示为外啮合齿轮泵的工作原理。在泵的密封壳体内有一对互相啮合的齿轮，齿轮两侧由端盖盖住。齿轮啮合点两侧的壳体上各开有一口，作为泵的吸液口、排液口。壳体、端盖和齿轮的各个齿间槽组成了许多密封工作腔。当齿轮按图示方向旋转时，右侧吸油腔由于相互啮合的轮齿逐渐脱开，密封工作腔容积逐渐增大，形成部分真空，油箱中的油液被吸进来，将齿间槽充满，并随着齿轮旋转，把油液带到左侧压油腔中。在压油区一侧，由于齿轮逐渐啮合，密封工作腔容积不断减小，油液便被挤出去。吸油区和压油区是由相互啮合的轮齿以及泵体和端盖分隔开的。随着齿轮的不断运转，齿轮泵连续地吸、排油液。

3.3.1.2 排量计算和流动脉冲

外啮合齿轮泵排量的精确计算应依啮合原理来进行。近似计算时可认为排量等于两个齿轮齿间槽容积（不包括径向间隙容积）的总和。设齿间槽的容积等于轮齿的体积，当一对齿轮齿数均为 Z、分度圆直径为 D、模数为 m（单位为 cm)、工作齿高为 h_w（$h_w=2m$)、齿宽为 B 时，齿轮泵的理论排量为

$$V=\pi Dh_wB=2\pi Zm^2B \tag{3-15}$$

考虑齿间槽容积比轮齿的体积稍大些，所以通常按下式计算：

$$V=C2\pi Zm^2B \tag{3-16}$$

式中　C——修正系数，Z 为 13～20 时，取 $C=$

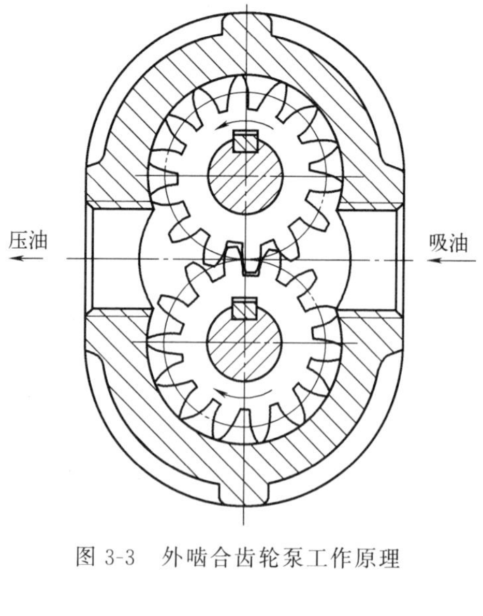

图 3-3　外啮合齿轮泵工作原理

1.06；Z 为 6～12 时，取 $C=1.115$。

据此，可计算齿轮泵的流量。应当指出，这样算得的是齿轮泵的平均流量。实际上由于齿轮啮合过程中压油腔的容积变化率和齿轮泵的流量都不均匀，因此齿轮泵的瞬时流量是脉动的。设 q_{max}、q_{min} 分别表示最大瞬时流量、最小瞬时流量，q 表示平均流量。流量脉动率 σ 用下式表示：

$$\sigma=\frac{q_{max}-q_{min}}{q} \tag{3-17}$$

外啮合齿轮泵的齿数越少，脉动率 σ 就越大，其值最高可超过 0.20，而内啮合齿轮泵的流量脉动率就小得多。这对于运动均匀性有严格要求的液压传动设备十分不利。因此，齿轮泵通常用于对运动的平稳性无严格要求的机械设备。

3.3.1.3　外啮合齿轮泵的结构特点和优缺点

（1）困油

为使齿轮传动运转平稳，一对齿轮的重合度应大于 1，齿轮泵的齿轮也是这样。对齿轮泵来讲，重合度大于 1，还可以防止高压腔、低压腔串通。但是，这样也给齿轮泵的运转带来不利的一面。重合度大于 1，意味着在齿轮转动中，会周期性地出现一段时间内两对轮齿同时啮合的情况。这时，两对轮齿的啮合点之间的空间容积被封闭，与吸液腔、排液腔都不相通，称为闭死容积。随着齿轮的旋转，闭死容积会逐渐减小［从图 3-4（a）到图 3-4（b）的过程］，此后又逐渐增大［从图 3-4（b）到图 3-4（c）的过程］，直到前一对轮齿脱开啮合。闭死容积变小时，被包围在其中的油液压力升高，从齿轮侧面挤出，引起发热，并使机件（如轴承等）受到额外的负载；闭死容积变大时，因无油液补充而出现吸空，使油液中溶解的气体分离产生气穴现象，这就是齿轮泵的困油现象。困油现象不仅浪费能量，产生噪声和振动，而且降低容积效率。结构上常常在齿轮泵的侧盖或滑动轴承上开设卸荷槽，使闭死容积缩小时与排液腔连通，闭死容积扩大时则与吸液腔连通，从而解决困油问题。

应当指出，困油现象在其他液压泵中同样存在，是共性问题，在设计与制造液压泵时应尽量避免。

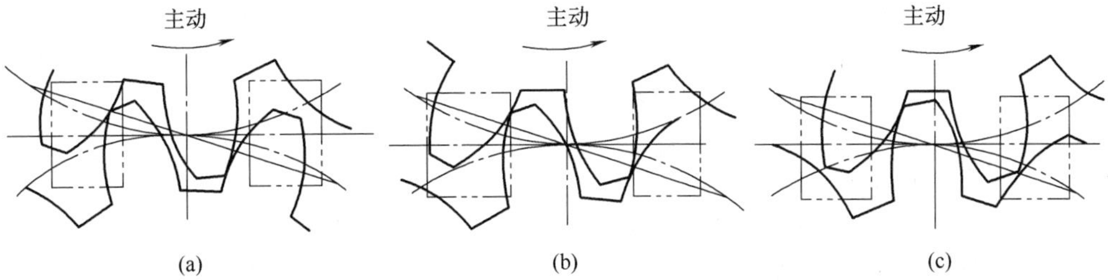

图 3-4　困油现象

（2）泄漏

在各类液压泵中，齿轮泵的容积效率是最低的。其原因是，齿轮要顺利地转动，其侧面（轴向）和顶圆（径向）与泵体之间必须留有一定的间隙，这就会引起齿轮泵的泄漏，尤其是轴向间隙处的泄漏，占总泄漏量的 70%～80%。减少泄漏量，提高泵的容积效率，是各种结构的中高压齿轮泵不断改进的目标之一，但是齿轮泵的泄漏不能完全消除。为使泄漏的油液及时排出泵体，避免憋坏轴颈油封，同时又不致污染周围环境，往往在泵体内开挖通道，将泄漏的油液直接从内引向泵的进液口。

(3) 径向力不平衡

由齿轮泵的工作原理易知，齿轮泵工作时作用在吸液、排液两侧齿轮上的径向液压力是不平衡的：排液腔侧的压力高，吸液腔侧的压力低。每个齿轮从吸液腔至排液腔沿齿轮顶圆的压力分布，可近似地认为是逐渐升高的（图 3-5）。因此，齿轮和轴要多承受一个不平衡的径向总液压力 P，而且压力越高，P 越大。当压力过高时，会引起齿轮轴的弯曲、齿顶和壳体内表面产生摩擦，破坏齿轮正常工作。此外，由受力分析还可证明，不平衡的径向液压力使齿轮泵从动齿轮轴及其轴承的负荷大大增加，造成轴承提前损坏。在中高压齿轮泵中，为克服这一弊端采取很多结构措施，以平衡此径向液压力，如缩小高压区范围或提高低压区压力等。其中，缩小泵体排液口尺寸是常见的办法。但是，使用时必须注意，进油口、出油口尺寸不同的齿轮泵，只能按规定的方向旋转，为单向泵。

(4) 优缺点

外啮合齿轮泵的优点是结构简单、尺寸小、制造方便、价格低廉、工作可靠、自吸能力强、对油液污染不敏感、维护容易。它的缺点是一些机件承受不平衡径向力、磨损严重、泄漏大。此外，它的流量脉动大，因而压力脉动和噪声都较大。

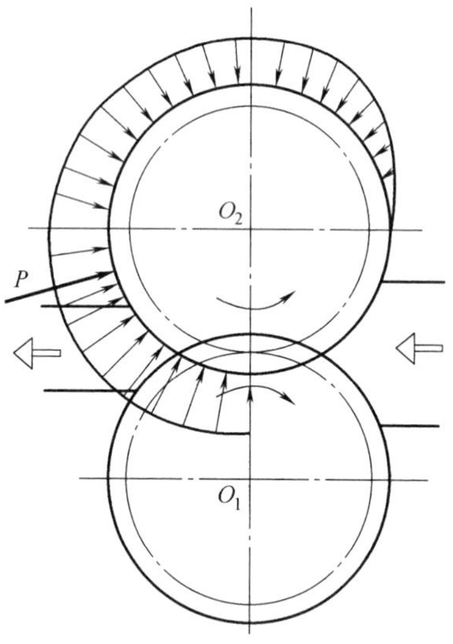

图 3-5　齿轮径向液压力分布

3.3.1.4 提高外啮合齿轮泵压力的措施

要提高齿轮泵的工作压力，首要的问题是解决轴向泄漏，而造成轴向泄漏的原因是齿轮端面和端盖侧面的间隙。解决该问题的关键是要在齿轮泵长期工作时，控制齿轮端面和端盖侧面之间保持一个合适的间隙。在中高压齿轮泵中，一般采用轴向间隙自动补偿的办法。其原理是把与齿轮端面相接触的部件制作成轴向可移动部件，并将压油腔的压力油经专门的通道引入到这个可动部件背面具有一定形状的油腔中，使该部件始终受到一个与工作压力成比例的轴向力压向齿轮端面，从而保证泵的轴向间隙能与工作压力自动适应且长期稳定。这个可动部件可以是能整体移动的，如浮动轴套（见图 3-6）或浮动侧板（见图 3-7），也可以是能产生一定挠度的弹性侧板。

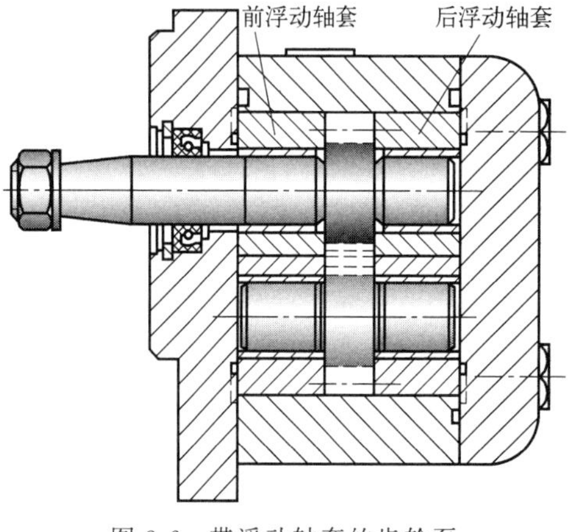

图 3-6　带浮动轴套的齿轮泵

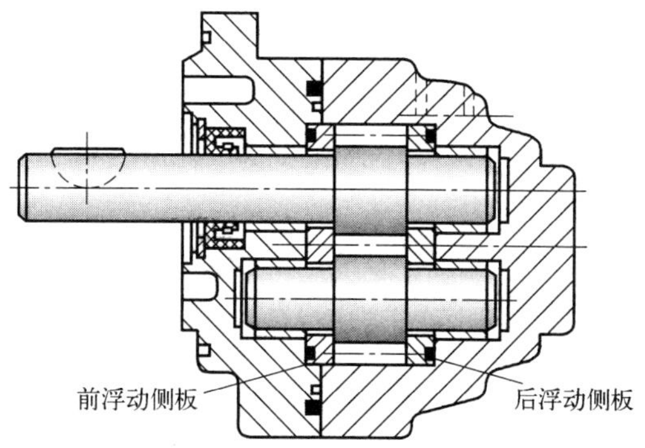

图 3-7　带浮动侧板的齿轮泵

齿轮泵的不平衡径向力也是影响其压力提高的另一个重要问题。目前应用广泛的一种解决办法是，缩小压油口并扩大泵体内腔高压区径向间隙，以实现径向补偿。此方法的优点在于浮动轴套产生轴向补偿的同时，由于齿顶处高压油的作用，可使轴套与齿轮副一起在泵体内浮动，从而自动将齿顶圆压紧在泵体的吸油腔侧内壁面上（见图 3-8）。该方法不仅结构简单，还能使轴承的受力有所减轻。

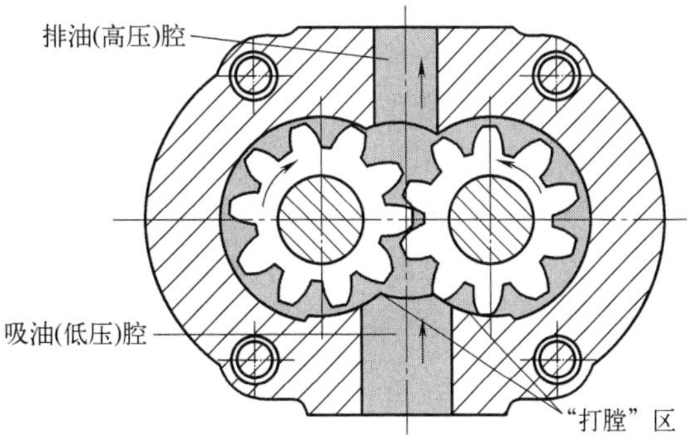

图 3-8 扩大高压区径向间隙的齿轮泵

图 3-9 所示是采掘机械中常用的 YBC 型中高压齿轮泵的结构。如前所述，对于中高压齿轮泵，必须解决好不平衡的径向液压力和轴向间隙泄漏两大问题。因为齿轮泵的压力越高，这些问题越严重。YBC 型齿轮泵同样通过缩小出液口尺寸来解决不平衡径向液压力，而解决轴向间隙泄漏，则采取了轴向间隙可以自动补偿的浮动轴承结构措施。

YBC 型中高压齿轮泵的齿轮轴是由两组滑动轴承支承的，滑动轴承的外径与齿轮顶圆相等，齿轮泵左面的一对滑动轴承可以在齿轮轴上轴向浮动，称为浮动轴套；右边的一对滑动轴承 5 是安装在泵体内固定不动的。在浮动轴套与端盖 2 之间有空间 c，它的范围是：外围由 O 形密封圈 7 所包围，内侧以两浮动轴套的小圆柱面为界。为防止吸油腔、排油腔连通，在吸油腔侧安装一个周边套着 O 形密封圈 9 的弓形支撑板 8。O 形密封圈 9（其厚度大于弓形板的厚度）由端盖压紧在轴套的台肩上，并使浮动轴套受一预压力靠近齿轮。齿轮泵排油腔的高压油经三角形通道 b 作用在弓形支撑板以外的 8 字形轴套台肩上，使浮动轴套进

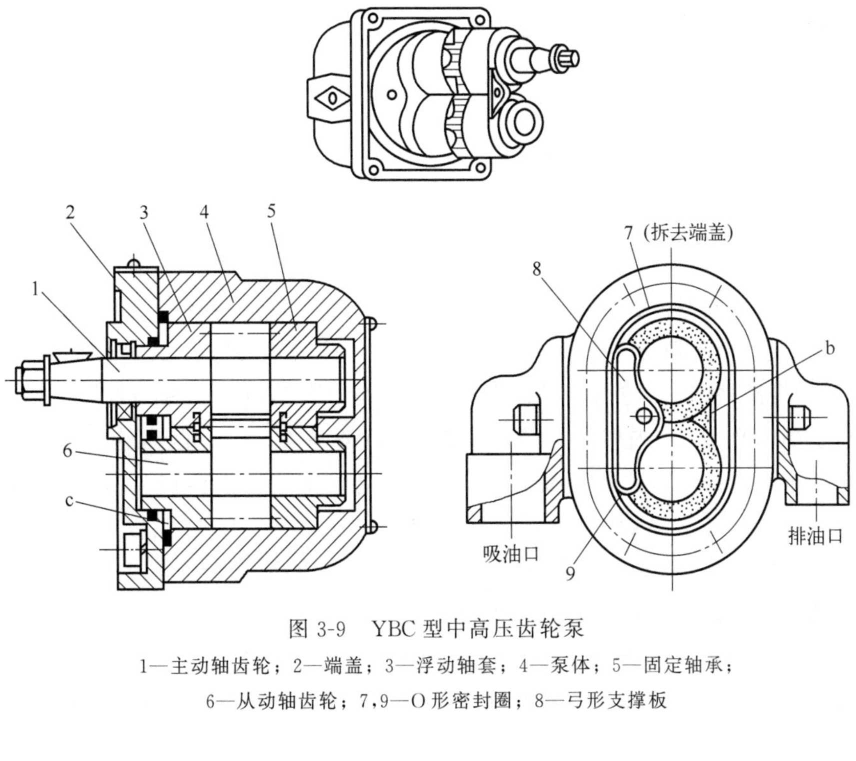

图 3-9 YBC 型中高压齿轮泵

1—主动轴齿轮；2—端盖；3—浮动轴套；4—泵体；5—固定轴承；
6—从动轴齿轮；7，9—O 形密封圈；8—弓形支撑板

一步压向齿轮。浮动轴套的右侧也作用有高压区齿谷的压力油，使轴套推离齿轮。为了控制轴向间隙，保证浮动轴套始终轻轻地贴紧齿轮，作用在轴套上的压紧力必须略大于推离力。YBC 型齿轮泵是用调整好尺寸大小的弓形支撑板来控制压紧力的，这样的浮动轴套即使接触面受到磨损，其轴向间隙仍会在浮动轴套两边总压力差的作用下自动地得到补偿，并且不受液压泵压力的影响。设计时调整好弓形支撑板的形状，不仅可以保证压紧力和推开力作用在一条直线上，使轴套保持平行移动，不受憋卡，还可以使端面磨损均匀。

YBC 型齿轮泵的额定压力为 8MPa，其流量从 5L/min 至 125L/min 有多种规格可供选用。

3.3.2 内啮合齿轮泵

3.3.2.1 工作原理

内啮合齿轮泵有渐开线内啮合齿轮泵和摆线内啮合齿轮泵（又名转子泵）两种（见图 3-10），它们的工作原理和主要特点与外啮合齿轮泵完全相同。在渐开线内啮合齿轮泵中，小齿轮和内齿轮之间要装一块隔板 3，以便把吸油腔 1 和压油腔 2 隔开，如图 3-10（a）。在摆线内啮合齿轮泵中，小齿轮和内齿轮只相差一个齿，因而不须设置隔板，如图 3-10（b）。内啮合齿轮泵中的小齿轮是主动轮。

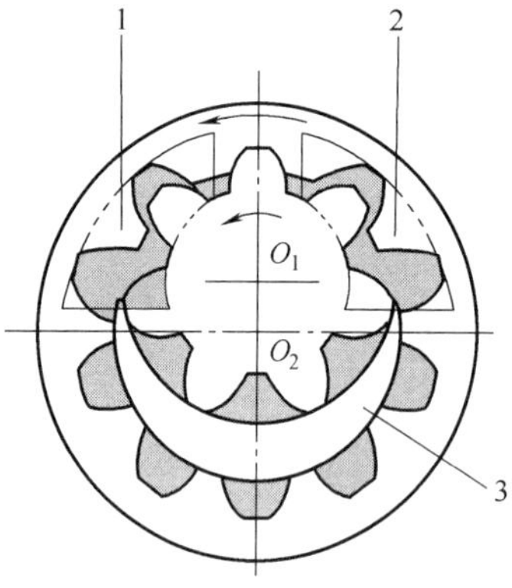

(a) 渐开线内啮合齿轮泵

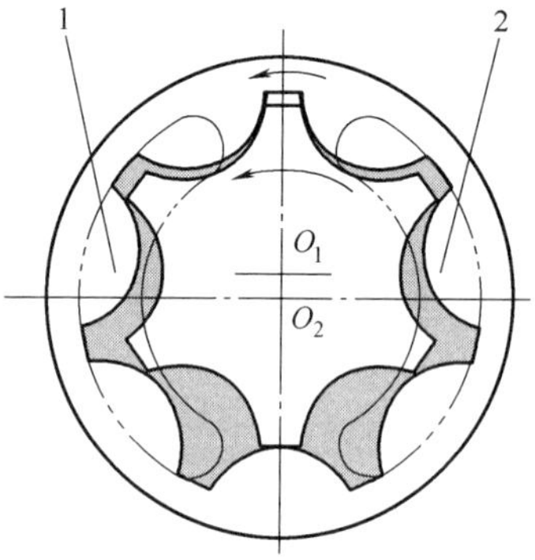

(b) 摆线内啮合齿轮泵

图 3-10 内啮合齿轮泵

1—吸油腔；2—压油腔；3—隔板

摆线内啮合齿轮泵是一种特殊形式的内啮合齿轮泵，它由一对互相啮合的内、外齿轮组成，工作原理如图 3-11 所示。外齿轮 1 为主动轮，称为内转子，其齿形是一种特殊曲线（短幅外摆线的等距曲线）；与内转子相啮合的内齿轮 2 是从动轮，称为外转子，齿形为圆弧曲线。外转子的齿数 Z_2 比内转子齿数 Z_1 多 1，即 $Z_2=Z_1+1$。两齿轮安装成偏心，因此啮合时，在两个齿轮的轮齿之间形成 Z_2 个互相独立的密封工作容积。当内转子绕 O_1 轴顺时针转动时，带动外转子绕 O_2 轴作同方向旋转。这时，在连心线 O_1O_2 右侧，由内转子齿顶 A_1 和外转子齿谷 A_2 间形成的密封容积（图 3-11 中阴影部分）随着转子的回转逐渐增大，形成局部真空，通过盖板上的配流窗口 b 吸油。在连心线 O_1O_2 左侧，密封容积随着转子继续回转而逐渐缩小，油液受压，通过配流窗口 a 排油。内转子转过一圈，Z_2 个密封容积分别依次完成一次吸油和排油。随着内转子的不断旋转，液压泵连续地吸、排油液。

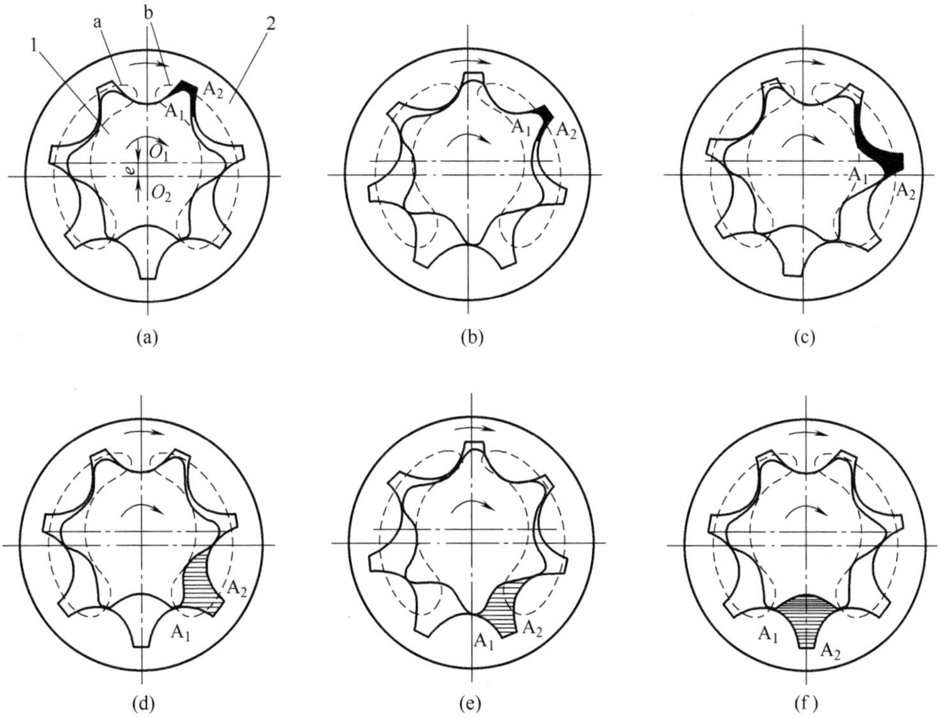

图 3-11　摆线内啮合齿轮泵工作原理

1—内转子；2—外转子

由以上工作原理可知，如果将摆线内啮合齿轮泵两齿轮的偏心位置变更至另一侧（可通过变动外转子的位置实现），这时，若内转子的转动方向也发生改变，则摆线内啮合齿轮泵的吸油口、排油口仍可保持原来的形状。因此，当主动轮改变转向时，只要偏心位置能同步改变，摆线内啮合齿轮泵的流向就不会发生改变。在一些液压传动采煤机中，采用了按这种原理工作的摆线内啮合齿轮泵，作为液压传动系统的辅助泵。当采煤机的电动机改变转向时，辅助泵的进、出油口不会发生改变，使液压传动系统得到简化。

3.3.2.2 排量计算

对于采用标准渐开线齿轮副（齿顶高系数 $f=1$、啮合角 $\alpha=20°$）的内啮合齿轮泵，排量 V（单位为 mL/r）可用下式近似计算：

$$V=\pi Bm^2\left(4Z_1-\frac{Z_1}{Z_2}-0.75\right)\times 10^{-3} \tag{3-18}$$

式中　Z_1、Z_2——小齿轮和内齿轮的齿数；

B——齿宽，mm；

m——齿轮模数，mm。

摆线内啮合齿轮泵的排量 V（单位为 mL/r）可按下式近似计算

$$V=2\pi eBD_2(Z_2-0.125)\times 10^{-3} \tag{3-19}$$

式中　e——啮合副的偏心距，mm；

B——齿宽，mm；

D_2——内齿轮齿顶圆直径，mm；

Z_2——内齿轮齿数。

内啮合齿轮泵结构紧凑，尺寸和质量都较小；由于齿轮同向旋转，相对滑动速度小、磨损小、使用寿命长；流量脉动小，因而压力脉动和噪声都较小；油液在离心力作用下易充满齿间槽，故允许高速旋转，容积效率高。摆线内啮合齿轮泵结构更简单、啮合重合度大、传动平稳、吸油条件更为良好。它们的缺点是齿形复杂、加工精度要求高，因此造价较高。

3.4 叶片泵

叶片泵按结构形式分为单作用式（非平衡式）叶片泵和双作用式（平衡式）叶片泵两大类，在工作机械的中高压系统中得到广泛应用。单作用叶片泵的主轴转动一周，各密封容积吸、排油液一次，双作用叶片泵则吸、排油液各两次。两类叶片泵都主要由转子、叶片、定子、配流盘等零件组成。叶片泵输出流量均匀、脉动小、噪声小，但结构较复杂、吸油特性不太好、对油液中的污染也比较敏感。

3.4.1 单作用叶片泵

3.4.1.1 工作原理

图 3-12 所示为单作用叶片泵的工作原理。泵由转子 1、定子 2、叶片 3、配油盘、端盖（图中未示出）等主要零件组成。它的定子是一内圆柱面，转子和定子之间存在偏心。叶片泵的转子上开有很多径向槽，叶片在转子的径向槽内可灵活滑动。转子轴向两侧为配流盘（即侧板）。在转子转动时的离心力或通入叶片根部压力油的作用下，叶片顶部贴紧在定子内表面上，于是两相邻叶片、配油盘、定子、转子间便形成了一个个密封的工作腔。当转子按图 3-12 所示方向旋转时，右侧的叶片向外伸出，密封工作腔容积逐渐增大，产生真空，于是通过吸油口和配油盘上窗口将油吸入；而在图的左侧，叶片向内缩进，密封腔的容积逐渐减小，密封腔中的油液经配油盘另一窗口和压油口被压出而输到系统中去。这种泵在转子转一转的过程中，吸油、压油各一次，故称单作用泵；单作用泵转子上受有单方向的液压不平衡作用力，故又称非平衡式泵，其轴承负载较大。改变定子和转子间偏心的大小，便可改变泵的排量，因此单作用泵是变量泵。

3.4.1.2 排量计算

单作用叶片泵的排量近似为

$$V=2\pi BeD \qquad (3\text{-}20)$$

式中 B——转子宽度；

e——转子和定子间的偏心距；

D——定子内圆直径。

单作用叶片泵的流量也有脉动，泵内叶片数越多，流量脉动率越小。此外，叶片数为奇数的泵，脉动率比叶片数为偶数的小，所以单作用叶片泵的叶片数通常取奇数，一般为 13 片或 15 片。

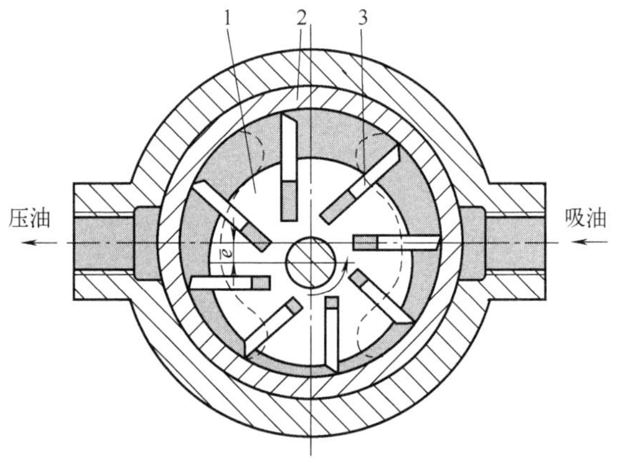

图 3-12 单作用叶片泵的工作原理

1—转子；2—定子；3—叶片

3.4.1.3 特点

单作用叶片泵的特点如下：

① 改变定子和转子之间的偏心距便可改变流量。偏心反向时，吸油、压油方向也相反。

② 处在压油腔的叶片顶部受压力油的作用，有把叶片推入转子槽内的趋势。吸油腔一侧的叶片底部应和吸油腔相通，这里的叶片仅靠离心力的作用顶紧在定子内表面上。

③ 叶片泵的每个密封容积从低压吸油区转入高压排油区，或从高压排油区转到低压吸油区之前，都必须有一个过渡区。在过渡区内，密封容积与吸、排油腔均不连通。对此，在结构上要求配流盘吸、排油窗口间的距离略大于密封容积的宽度，但这样给叶片泵运转带来问题：密封容积从低压区进入高压区或从高压区转入低压区时，会突然产生压力冲击，而且在过渡区密封容积也会出现短时困油现象。因此，在配流盘上叶片进入的吸、排窗口边缘处，专门开挖出两个三角眉槽，使密封容积与吸、排窗口逐步沟通，以解决液压冲击和困油问题。

④ 转子受到不平衡的径向液压作用力。叶片安装在转子槽内，实际都有一定的倾斜而并非完全径向安装。单作用叶片泵的叶片沿转子旋转方向向后倾斜一定角度安装；双作用叶片泵的叶片则顺转子旋转方向倾斜一定角度安装。两种倾斜安装的作用都是为使叶片便于从槽中滑出，紧贴定子表面，形成可靠的密封容积。但是在高压排油区，仅靠离心力使叶片贴紧定子是有困难的，这是因为叶片靠近定子端部，同时受到高压油的作用，会使叶片脱离定子表面而破坏容积的密封性。为此，常常把高压油通过侧板的环形沟槽引到转子的叶片槽底部，使叶片底部也作用压力油，保证其牢牢地贴紧定子表面。

必须指出的是，叶片泵叶片里、外两端的结构并不一致，插入转子槽一端是平的，与定子接触的一端则加工成斜面或单边倒棱，安装时必须使斜面或倒棱边朝后，以防叶片在运转时憋卡或折断。

3.4.2 双作用叶片泵

3.4.2.1 工作原理

图3-13所示为双作用叶片泵的工作原理。它的工作原理和单作用叶片泵相似，不同之处只在于定子内表面由两段长半径圆弧、两段短半径圆弧、四段过渡曲线八个部分组成，且定子和转子是同心的。在图示转子顺时针旋转的情况下，密封工作腔的容积在左上角和右下角处逐渐增大，为吸油区；在左下角和右上角处逐渐减小，为压油区；吸油区和压油区之间有一段封油区把它们隔开。这种泵的转子每转一周，每个密封工作腔完成吸油和压油动作各两次，所以称为双作用叶片泵。双作用叶片泵的两个吸油区和两个压油区是径向对称的，作用在转子上的液压力径向平衡，所以又称为平衡式叶片泵。

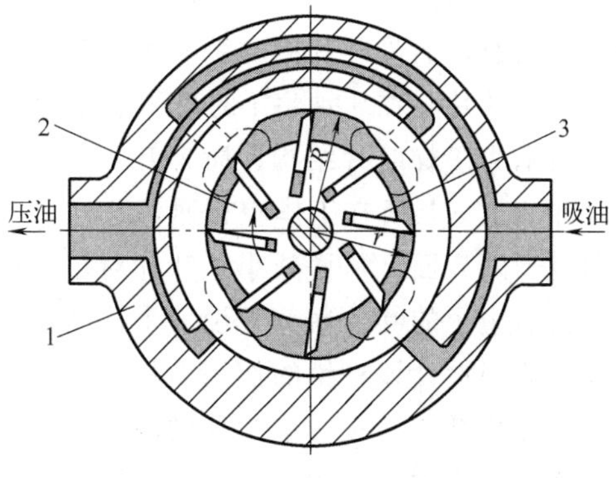

图3-13 双作用叶片泵的工作原理
1—定子；2—转子；3—叶片

和齿轮泵相比，叶片泵的流量比较均匀，噪声比较小；但对油液的污染比较敏感，这是因为不清洁的油液会影响叶片在槽内自由滑动，甚至破坏泵的工作。因此，在采掘机械中，叶片泵应用较少。在 ZC-60B 全液压侧卸式铲斗装载机中，使用定量叶片泵提供压力油。早期的 80 型采煤机上使用变量叶片泵。

3.4.2.2 排量计算

双作用叶片泵的排量为

$$V=2B\left[\pi(R^2-r^2)-\frac{R-r}{\cos\theta}SZ\right] \tag{3-21}$$

式中 R、r——叶片泵定子内表面圆弧部分长、短半径；

Z——叶片数；

B——叶片宽度；

S——叶片厚度；

θ——叶片倾角。

双作用叶片泵如不考虑叶片厚度，则瞬时流量应是均匀的。实际上，叶片是有厚度的，长半径圆弧和短半径圆弧也不可能完全同心，尤其是当叶片底部槽设计成与压油腔相通时，泵的瞬时流量仍将出现微小的脉动，但其脉动率较其他形式的泵（螺杆泵除外）小得多，且在叶片数为 4 的倍数时最小。为此双作用叶片泵的叶片数一般取 12 片或 16 片。双作用叶片泵的定子曲线直接影响泵的性能，如流量均匀性、噪声、磨损等。过渡曲线应保证叶片贴紧在定子内表面上，且叶片在转子槽中径向运动时速度和加速度的变化应均匀，使叶片对定子内表面的冲击尽可能小。等加速-等减速曲线、高次曲线、余弦曲线等是目前得到较广泛应用的几种曲线。

3.4.2.3 提高双作用叶片泵压力的措施

一般双作用叶片泵为了保证叶片和定子内表面紧密接触，叶片底部都通压力油腔。但当叶片处在吸油腔时，叶片底部作用着压油腔的压力，顶部作用着吸油腔的压力，这一压差使叶片以很大的力压向定子内表面，加速了定子内表面的磨损，影响泵的寿命和额定压力的提高。因此，对高压叶片泵常采用以下措施来改善叶片受力状况。

图 3-14（a）所示为子母叶片结构，母叶片 3 和子叶片 4 之间的油室 f 始终经槽 e、a 和压力油相通，而母叶片的底腔 g 则经转子 1 上的孔 b 和所在油腔相通。这样，叶片处在吸油腔时，母叶片只在压油室 f 的高压油作用下压向定子内表面，使作用力不至于太高。图 3-14（b）所示为阶梯叶片结构，阶梯叶片和阶梯叶片槽之间的油室 d 始终与压力油相通，而叶片的底部油室 c 与所在工作腔相通，这样，叶片处在吸油腔时，叶片只在 d 室的高压油作用下压向定子内表面，从而减小了叶片对定子内表面的作用力。图 3-14（c）所示为柱销叶片结构，在缩短了的叶片底部专设一个柱销，使叶片外伸的力主要来自作用在这一柱销底部的压力油。适当设计该柱销的作用面积，即可控制叶片在吸油区受到的外推力。图 3-14（d）所示为双叶片结构，在一个叶片槽内装有两个可以互相滑动的叶片，每个叶片的内侧均制成倒角。这样，在两叶片相叠的内侧就形成了沟槽，使叶片顶部和底部始终作用着相等的油压。合理设计叶片的承压面积，既可保证叶片与定子紧密接触，又不至于使接触应力过大。此结构的不足之处是削弱了叶片强度，加剧了叶片在槽中的磨损，因此，仅适用于较大规格的泵。

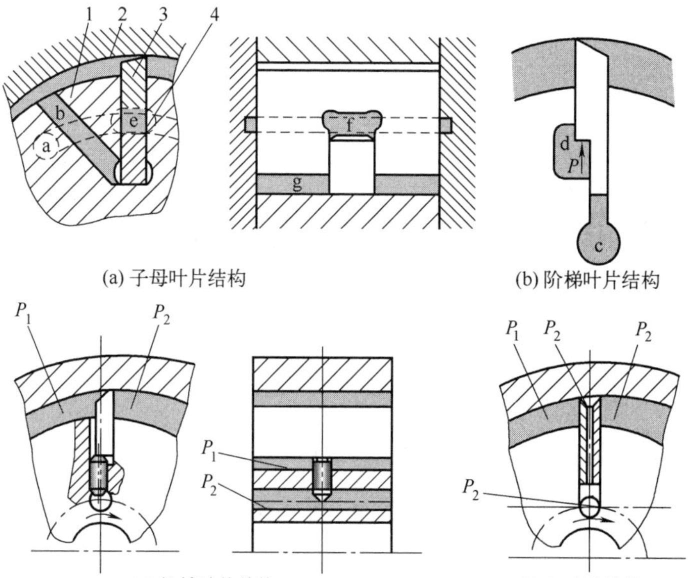

(a) 子母叶片结构　(b) 阶梯叶片结构

(c) 柱销叶片结构　(d) 双叶片结构

图 3-14　几种改变叶片受力状况的结构

1—转子；2—定子；3—母叶片；4—子叶片

3.4.3　限压式变量叶片泵

单作用叶片泵的具体结构类型很多，按改变偏心方向的不同，可分为单向变量泵和双向变量泵两种。双向变量泵能在工作中变换进、出油口，使液压执行元件的运动反向。按改变偏心方式的不同，单作用叶片泵又可分为手调式变量泵和自动调节式变量泵，自动调节式变量泵又有限压式变量泵、稳流量式变量泵等多种形式。限压式变量泵又可分为外反馈式和内反馈式两种。下面介绍外反馈式变量叶片泵。

图 3-15 所示为外反馈限压式变量叶片泵的工作原理。它能根据外负载（泵出口压力）的大小自动调节泵的排量。图中转子 7 的中心 O 是固定不动的，定子 3（其几何中心为 O_1）可左右移动。当泵的转子逆时针方向旋转时，转子上部为压油腔，下部为吸油腔，压力油把定子向上压在滑块滚针轴承 4 上。定子右边有一反馈柱塞 5，它的油腔与泵的压油腔相通。设反馈柱塞的受压面积为 A_x，则作用在定子上的反馈力 pA_x 小于作用在定子左侧的弹簧预紧力 F_s 时，弹簧 2 把定子推向最右边，使柱塞和流量调节螺钉 6（用以预调泵的最大工作偏心距 e_{max}，进而调节最大流量）相接触，此时，泵的输出流量最大。当泵的压力升高到 $pA_x>F_s$ 时，反馈力克服弹簧预紧力将定子向左推移 x，偏心距减小，泵输出流量随之减小。压力越高偏心距越小，输出流量也越小。当压力大到泵内偏心距所产生的流量全部用于补偿泄漏时，泵的输出流量为零，此时继续增大外负载，泵的输出压力不会再升高，所以这种泵被称为限压式变量叶片泵。外反馈表示反馈力是通过柱塞从外面加到定子上来的。

设泵转子和定子间最大偏心距的预调值为 e_{max}，此时弹簧的预压缩量为 x_0，弹簧刚度为 k_s，压力逐渐增大，使定子开始移动时的压力为 p_c，则有

$$p_cA_x=k_sx_0=F_s \tag{3-22}$$

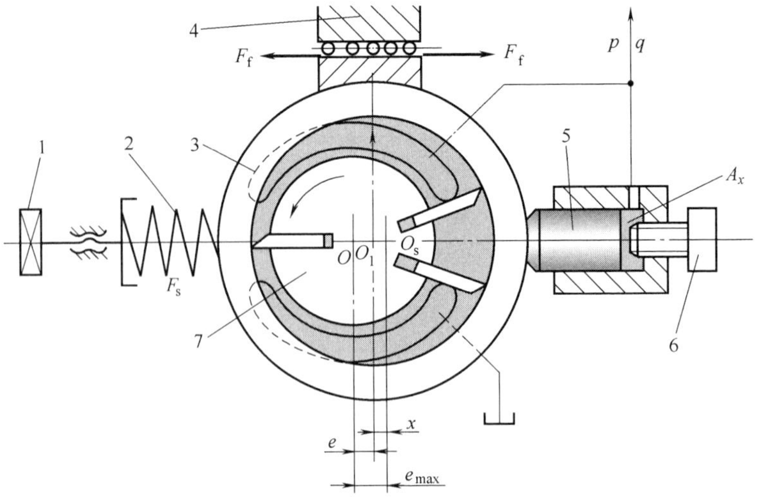

图 3-15 外反馈限压式变量叶片泵的工作原理

1—弹簧预紧力调节螺钉；2—弹簧；3—定子；4—滑块滚针轴承；

5—反馈柱塞；6—流量调节螺钉；7—转子

由此得

$$p_c=\frac{k_s}{A_x}x_0 \tag{3-23}$$

当泵压力为 p 时，定子移动了距离 x（亦即弹簧压缩增加量），这时的偏心距为

$$e=e_{max}-x \tag{3-24}$$

如忽略泵在滑块滚针支撑处的摩擦力 F_f，定子的受力方程为

$$pA_x=k_s(x_0+x) \tag{3-25}$$

泵的实际输出流量为

$$q=k_qe-k_1p \tag{3-26}$$

式中　k_q——泵的流量常数；

　　k_1——泵的泄漏系数。

当 $pA_x<F_s$ 时，定子处于预调后的最右端位置，这时 $e=e_{max}$，则

$$q=k_qe_{max}-k_1p \tag{3-27}$$

而当 $pA_x>F_s$ 时，定子左移，泵的流量减少，由式（3-24）、式（3-25）、式（3-27）得

$$q=k_q(x_0+e_{max})-\frac{k_q}{k_s}\left(A_x+\frac{k_sk_1}{k_q}\right)p \tag{3-28}$$

根据式（3-28）可画出外反馈限压式变量叶片泵的静态特性曲线，如图 3-16 所示。图中 AB 段是泵的不变量段，它与式（3-27）相对应，在这里由于 e_{max} 是常数，就像定量泵一样，压力增加时，泄漏量增大，实际输出流量略有减少；图中 BC 段是泵的变量段，它与式（3-28）相对应，这一区段内泵的实际流量随着压力的增大迅速减少。图中曲线拐点 B 处的压力 P_c 值主要由弹簧预紧力确定，并可由式（3-23）算出。

变量泵的最大输出压力 p_{max} 相当于实际输出流量为零时的压力，令式（3-28）中 $q=0$，可得

$$p_{max}=\frac{k_s(x_0+e_{max})}{A_x+\frac{k_s k_1}{k_q}} \tag{3-29}$$

通过调节图 3-15 左端的弹簧预紧力调节螺钉 1 以改变 x_0，便可改变 p_c 和 p_{max} 的值，这时图 3-16 中曲线 BC 段左右平移。调节图 3-15 右端的流量调节螺钉 6，便可改变 e_{max} 的值，从而改变最大流量的大小，此时曲线 AB 段上下平移，但曲线 BC 段不会左右移动（因为 p_{max} 值不会改变），而 p_c 值因弹簧预紧力的变化而稍有变化，如图 3-16 中 B' 点对应的 p'_c。

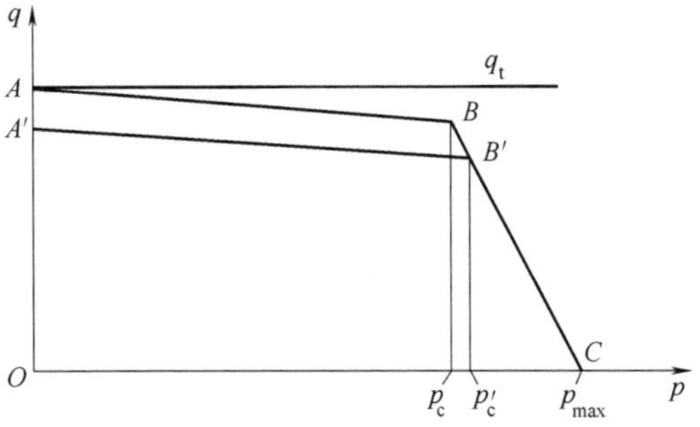

图 3-16 外反馈限压式变量叶片泵的静态特性曲线

如更换刚度不同的弹簧，则可改变 BC 段的斜率，弹簧越“软”（k_s 值越小），BC 段越陡，p_{max} 值越小；反之，弹簧越“硬”（k_s 值越大），BC 段越平坦，p_{max} 值也越大。

限压式变量叶片泵对既要实现快速行程又要实现工作进给（慢速移动）的执行元件来说是一种合适的油源：快速行程需要大的流量，负载压力较低，正好使用其 AB 段曲线部分；工作进给时负载压力升高，需要流量减少，正好使用其 BC 段曲线部分。

限压式变量叶片泵与定量叶片泵相比，结构复杂、做相对运动的机件多、泄漏较大、轴上受有不平衡的径向液压力、噪声较大、容积效率和机械效率都没有定量叶片泵高。但是，它能按负载压力自动调节流量、在功率使用上较为合理、可减少油液发热。因此把它用在机床液压传动系统中要求执行元件有快速、慢速和保压阶段的场合，有利于节能和简化液压传动系统。

3.5 柱塞泵

柱塞泵是利用柱塞的往复运动改变柱塞缸内的容积，从而实现吸、排油液的。柱塞和缸孔都是圆柱面，加工比较方便，精度容易保证，可以获得很小的滑动配合间隙。与其他类型泵相比，柱塞泵能达到较高的工作压力和容积效率。因此，柱塞泵形式众多、性能各异、应用非常广泛。

根据柱塞数的多少，柱塞泵有单柱塞泵、三柱塞泵等类型。根据柱塞的布置和运动方向与传动主轴相对位置的不同，柱塞泵可分为轴向柱塞泵和径向柱塞泵两类，属多柱塞泵。在采掘机械中，尤其是综采机械设备中，柱塞泵应用广泛。

3.5.1 单柱塞泵和三柱塞泵

单柱塞泵是最简单的柱塞泵。液压千斤顶的手动泵就是一个单柱塞泵。它的基本结构组成是一个柱塞、一个柱塞缸和一组配流阀（两个单向阀）。主轴旋转一周时，柱塞在柱塞缸内往复一次，分别经两个单向阀吸、排一次油液。图 3-17 所示是两种常见的用于采煤机滚筒调高系统的单柱塞泵。图 3-17（a）为曲柄连杆驱动柱塞往复运动的传动结构；图 3-17（b）为偏心轴直接压迫柱塞收缩，是通过弹簧使柱塞伸出从而实现往复运动的结构。

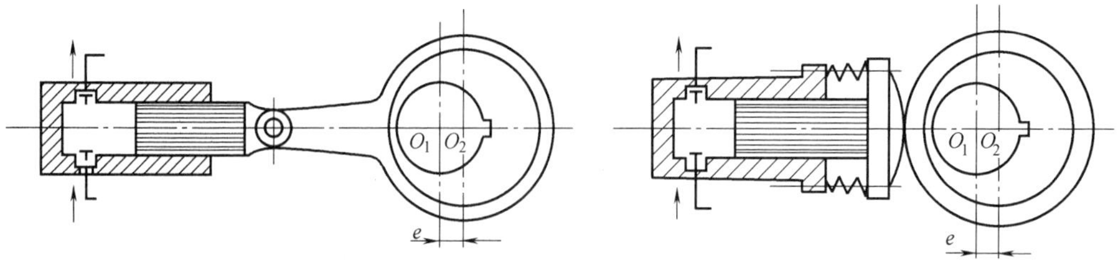

图 3-17 单柱塞泵

当传动轴为三段曲轴，分别经连杆机构驱动三个柱塞工作时，就是三柱塞泵。三柱塞泵的三段曲轴在圆周方向互呈 120°分布，三个柱塞通常平行排列。因此，曲轴旋转一周时每个柱塞底腔依次吸、排一次工作液，其排量比单柱塞泵大大增加，而且输出的流量也远比单柱塞泵均匀平稳，因此，这种泵的应用范围更大。图 3-18 是 XRB 型三柱塞乳化液泵，其广

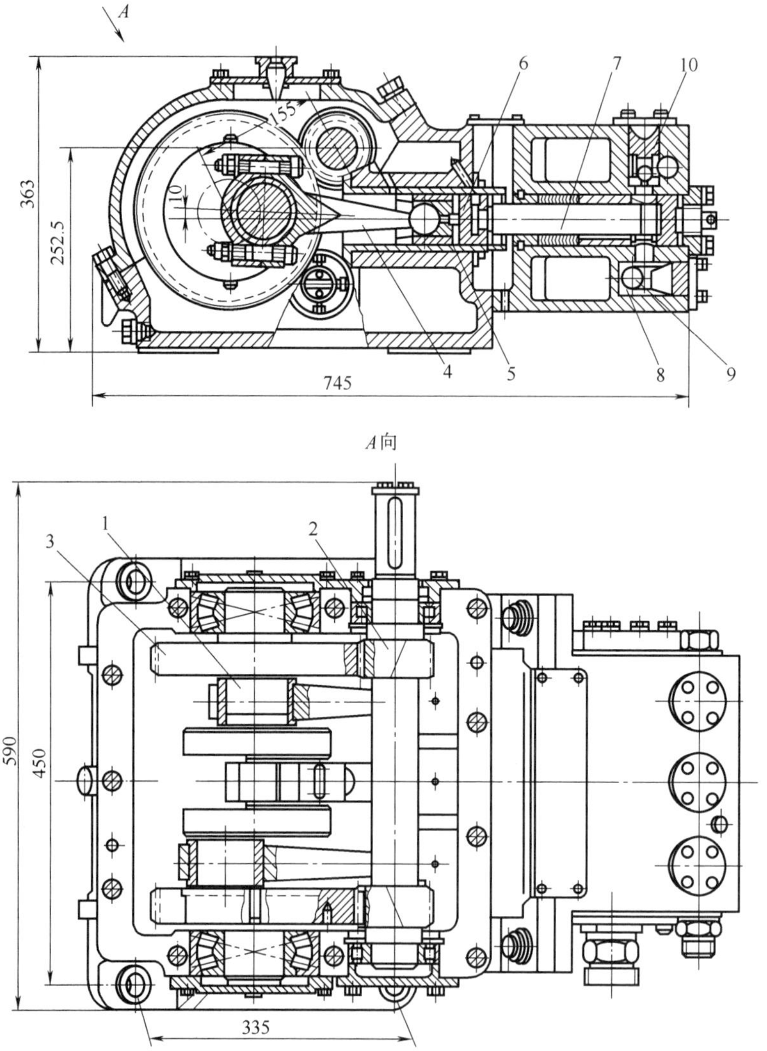

图 3-18 XRB 型三柱塞乳化液泵

1—曲轴；2—斜齿轮轴；3—斜齿轮；4—连杆；5—导向套；6—滑块；7—柱塞；8—缸体；9—吸液阀；10—排液阀

泛地使用在煤矿综采工作面液压支架和高档普采工作面单体液压支柱的泵站中，向液压支架和单体支柱提供高压乳化液。泵的主轴经一对斜齿轮 2、3 带动曲轴 1 转动，又经连杆 4、滑块 6 带动三个柱塞 7 在缸孔中往复运动，由吸液单向阀 9 和排液单向阀 10 吸、排乳化液。该泵最高额定压力可达 31.5MPa，有多种规格流量，最大流量可达 500L/min。

3.5.2　轴向柱塞泵

轴向柱塞泵是柱塞平行于缸体轴线的多柱塞泵。这种泵工作压力高、径向尺寸小、容易实现变量，所以得到广泛应用。在采掘机械中，压力高于 15MPa 的采煤机牵引部液压传动系统，大都采用轴向柱塞泵。轴向柱塞泵根据传动轴与缸体的位置关系有直轴式（斜盘式）和斜轴式两种基本类型。

3.5.2.1　直轴式轴向柱塞泵

直轴式轴向柱塞泵又名斜盘式轴向柱塞泵。此液压泵的柱塞中心线平行于缸体的轴线。这种泵在许多采煤机中都有应用。

(1) 工作原理

轴向柱塞泵的结构比较复杂，但其基本工作原理仍然是柱塞在缸孔中的往复运动，使密封容积发生变化从而吸、排油液。常用的配流装置的类型是类似于叶片泵中的配流盘式，也有少数采用阀式配流装置，以获得更高的工作压力。现以图 3-19 所示的直轴式轴向柱塞泵为例，说明其工作原理。

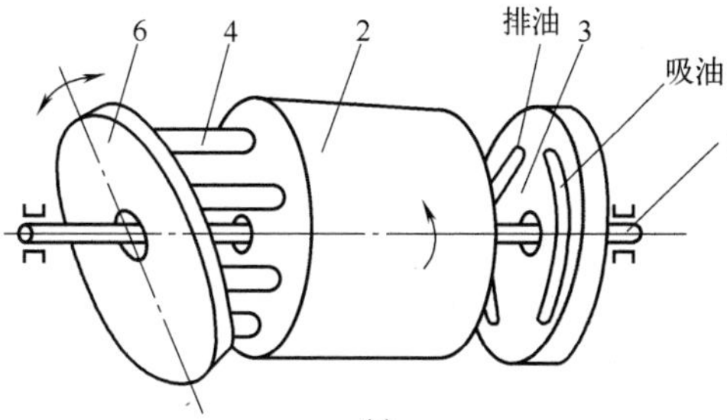

(a)

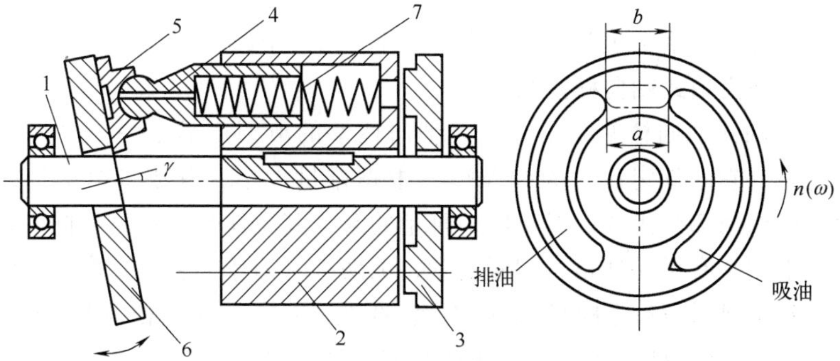

(b)

图 3-19　直轴式轴向柱塞泵原理

1—主轴；2—缸体；3—配流盘；4—柱塞；5—滑履；6—斜盘；7—弹簧

组成直轴式轴向柱塞泵的主要零件是主轴 1 及由它带动的柱塞缸体 2、固定不动的配流盘 3、柱塞 4、滑履 5、斜盘 6、弹簧 7 等。缸体上沿圆周均匀分布有平行于其轴线的若干个

（一般为 7～11 个）柱塞孔，柱塞装入其中而形成密封空间。斜盘的倾斜角 γ 是可以调节的，柱塞在弹簧的作用下通过其头部的滑履压向斜盘。主轴带动缸体按图示方向旋转时，处在最低位置（下死点）的柱塞将随着缸体旋转的同时向外伸出，使柱塞底腔的密封容积增大，从而经底部窗口和配流盘腰形吸油槽吸入油液，直至柱塞转到最高位置（上死点）；当柱塞随缸体继续从最高位置转到最低位置时，斜盘迫使柱塞向缸孔回缩，使密封容积减小，油液压力升高，经配流盘另一腰形排油槽挤出。缸体旋转一周，每一柱塞都经历此过程，因此，液压泵输出的流量更趋均匀。当柱塞位于上、下死点时，为防止缸底窗口连通配流盘的吸、排油槽，配流盘两腰形槽的间隔宽度应略大于缸底窗口的宽度 b。由此也存在类似叶片泵的困油与压力冲击问题，所采取的措施也是在配流盘吸、排油腰形槽的边缘开挖三角形卸荷眉槽。

显然，改变斜盘的倾角，就可改变柱塞的行程，从而改变泵的排量。当斜盘倾角 $\gamma=0°$ 时，柱塞不再往复运动，液压泵的流量为零。若使斜盘倾角由 $+\gamma$ 变到 $-\gamma$，在缸体旋转方向不变的情况下，液压泵就改变了流向。因此，调节斜盘倾角的大小和方向，即可改变泵的流量和流向，所以轴向柱塞泵可以做成单向变量泵、双向变量泵、定量泵等类型。

(2) 排量计算

由图 3-19 可看出，直轴式轴向柱塞泵的排量可按下式计算：

$$V=\frac{\pi}{4}d^2DZ\tan\gamma \tag{3-30}$$

式中 d——柱塞直径；

D——柱塞在缸体上的分布圆直径；

Z——柱塞数；

γ——斜盘倾角。

(3) 流量脉动

实际上，轴向柱塞泵的输出流量是脉动的，当柱塞数 Z 为单数时，脉动较小，其脉动率为

$$\sigma=\frac{\pi}{2Z}\tan\frac{\pi}{4Z} \tag{3-31}$$

因此，一般常用的柱塞数视其流量大小，取 7 个、9 个或 11 个。

(4) CY14-1B 型直轴式轴向柱塞泵

CY14-1B 型直轴式轴向柱塞泵是直轴式轴向柱塞的典型产品之一，也是目前国内生产最多的一种轴向泵。它的额定压力为 32MPa，根据排量大小，分成多个型号系列。该泵由主体部分和变量机构两部分组成。对于同一排量的泵，其主体部分都是相同的，而变量机构则根据操作方式不同，有手动变量、伺服变量、恒功率（即压力补偿）变量、液控变量等多种类型。对应这几种变量机构的变量泵型号为 SCY14-1B、CCY14-1B、YCY14-1B、ZCY14-1B。此外，还有一种定量泵，其型号为 MCY14-1B。

图 3-20 为带同服变机构的 CCY14-B 型轴向塞泵，其主要结构关系说明如下。

① 泵的主体部分。

在中间泵体 4 和前泵体 3 内，传动轴 1 用花键连接带动缸体 2 转动，缸体的七个轴向柱塞孔中安装柱塞 5，每个柱塞头部装有可以活动的滑履 6。定心弹簧 8 通过内套 9、钢球 A 和回程盘 7，将滑履紧紧贴在斜盘 10 上。缸体旋转时，经柱塞带动滑履在斜盘上滑动。同

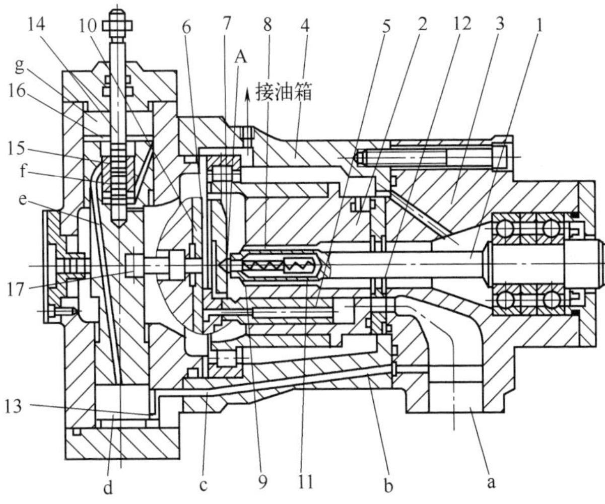

图 3-20　CCY14-1B 型轴向柱塞泵

1—传动轴；2—缸体；3—前泵体；4—中间泵体；5—柱塞；6—滑履；7—回程盘；8—定心弹簧；9—内套；10—斜盘；11—外套；12—配流盘；13—单向阀；14—拉杆；15—变量活塞；16—伺服滑阀；17—销轴；a,b,c,e,f—通道；d,g—下腔；A—钢球

时，在吸油区间（下死点至上死点范围），滑履强拉柱塞从缸孔伸出而吸油。故该泵具有一定的自吸能力，吸油高度可达 800mm。定心弹簧还通过外套 11 将缸体压在配流盘 12 上，使配流平面保持密封。缸体一端的滚子轴承用以承受斜盘对缸体的径向分力，也是传动轴的另一端支承。液压泵工作时，在排油侧各柱塞腔高压油的作用下，使滑履和缸体分别进一步压紧斜盘和配流盘，还在滑履和斜盘间以及缸体和配流盘之间形成具有一定压力的油膜，即静压支承，不仅可以减小零件的磨损，还可以使泵具有很高的容积效率和机械效率。

② 伺服变量机构。

轴向柱塞泵可以通过安装各种各样的变量控制机构来变更斜盘或斜轴相对于缸体轴线的夹角，以达到调节流量的目的。这种装置按控制方式分，有手动控制、液压控制、电气控制等多种；按控制目的分，有恒压控制、恒流量控制、恒功率控制等多种。

a. 手动控制。图 3-21 所示为直接式手动变量机构，它由手轮 1 带动螺杆 2 旋转，使变量活塞 4 上下移动，并通过销轴 5 使斜盘 6 绕其回转中心 O 摆动，从而改变倾角 δ 的大小，达到调节流量的目的。这种变量机构结构简单，但操纵费力，仅适用于中小功率的液压泵。

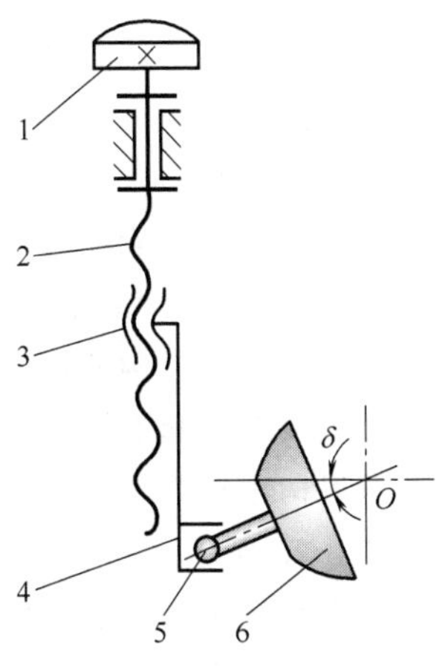

图 3-21　直接式手动变量机构

1—手轮；2—螺杆；3—螺母；4—变量活塞；5—销轴；6—斜盘

图 3-22 所示为伺服式手动变量机构，它由缸筒 1、变量活塞 2、伺服阀阀芯 3 组成。变量活塞的内腔构成了伺服阀的阀体，并有 c、d、e 三个孔道分别连通缸筒下腔 a、上腔 b、油箱。泵上的斜盘或缸体通过适当的机构（图 3-22 中的球铰）与活塞下端相连，借变量活塞的上下移动来改变其倾角。当通过手柄使伺服阀阀芯向下移动时，阀口打开，a 腔中的压力油经孔道 c 通向 b 腔，变量活塞因上腔有效面积大于下腔而向下

移动，变量活塞移动时又使伺服阀上的阀口关闭，最终使活塞自身停止运动。同理，当通过手柄使伺服阀阀芯向上移动时，下面的阀口打开，b 腔经孔道 d、e 连通油箱，变量活塞在 a 腔压力油的作用下向上移动，并在该阀口关闭时自行停下来。这样，变量活塞的移动量与手柄（通过伺服阀芯）的位移量相等。当手柄上移时，斜盘倾角变小，泵的排量减小；反之，则泵的排量增大。这种变量机构操纵省力，适用于高压大流量液压泵。

b. 恒压、恒流量、恒功率控制。为了满足液压传动系统对油源提出的多种要求，泵的变量机构可以做成输出量（压力、流量、功率等）按一定变化规律进行控制，使输出量完全适应系统运行所需要的形式。

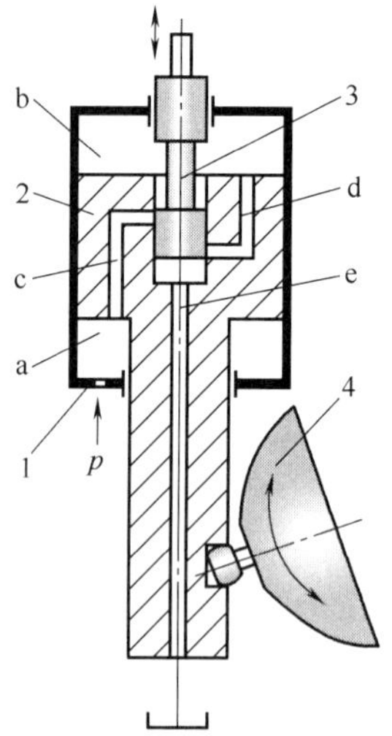

图 3-22 伺服式手动变量机构

a—缸筒下腔；b—缸筒上腔；
c,d,e—孔道；
1—缸筒；2—变量活塞；
3—伺服阀阀芯；4—斜盘

③ CCY14-1B 型轴向柱塞泵的伺服变量机构。

图 3-20 的左半部为 CCY14-1B 型轴向柱塞泵的伺服变量机构，其变量原理为：液压泵排出的高压油由通道 a、b、c 和单向阀 13 进入变量壳体的下腔 d，作用在变量活塞 15 的下端。拉杆 14 不动时，变量活塞的上腔 g 处于封闭状态，变量活塞保持不动。当拉杆向下移动时，推动伺服滑阀 16 向下移动，打开通道 e 的油口，此时，d 腔的压力油流经通道 e 进入 g 腔，使变量活塞两端的压力油成为差动连接。由于变量活塞上端面积比下端大，变量活塞向下运动，直到伺服滑阀将通道口的油口重新遮住，这时变量活塞的移动量刚好等于伺服滑阀的移动量。变量活塞向下移动时，通过销轴 17 带动斜盘绕钢球 A 的中心逆时针方向摆动，使倾角 γ 增大，于是泵的排量随之增大。若继续向下移动拉杆，液压泵排量可以继续增大。反之，拉杆上提时，伺服滑阀打开通道 f 的油口，使活塞上腔的油液经通道 f 至中间泵腔而流回油箱，于是变量活塞在 d 腔液压力作用下向上移动，并使斜盘倾角变小，排量减小，直至伺服滑阀重新将 f 通道口挡住，其移动量也正好等于伺服滑阀的上提量。

伺服也称随动，意为跟随动作。伺服变量机构的作用在于使变量活塞跟随由拉杆控制的伺服滑阀动作而实现变量。操纵拉杆使滑阀移动仅需很小的力量，但变量活塞是在压力油作用下移动的，因而可以产生很大的力推动斜盘改变倾角。所以，伺服变量机构具有力的放大作用，可以在轴向柱塞泵工作状态下调节其流量，这给实际使用带来许多方便。不像手动操作的变量机构，只能在液压泵卸压后才能通过拧动手柄调节流量。

④ YCY14-1B 型轴向柱塞泵恒功率变量机构。

恒功率变量机构的作用是使液压泵的输出功率保持恒值。由式（3-9）知应使 pq 恒定，即当外载变动引起液压泵压力变化时，液压泵的输出流量应自动作相应的调节。因此，恒功率变量机构也称为压力补偿变量机构。

图 3-23 所示为一个伺服变量机构，但是控制伺服滑阀依靠的不是靠外力操纵的拉杆，而是依靠液压泵本身的出口压力与弹簧的平衡关系。其工作原理为：液压泵出口的压力油经单向阀 a 进入变量活塞的下腔 b，并由通道 h 进入通道 d 和 c，通道 d 的压力油始终作用在伺服滑阀 5 下端的环形面积上，产生向上的液压推力。当液压泵出口压力较小时，弹簧 4 的弹簧力大于此推力，滑阀下移，压力油经通道 e 进入上腔 h。于是变量活塞 6 在上下端总压

力差的作用下向下移动，直至作用在滑阀下端的液压推力与弹簧力平衡，通道 e 关闭为止。这时通过销轴 8 带动斜盘绕钢球中心摆动，使倾角变大，泵的流量增加。相反，当液压泵的出口压力增大，使作用在滑阀下端的液压推力大于弹簧 4 的弹簧力时，滑阀向上移动，通道 h 关闭，泄压通道 i 打开，h 腔的油经过通道 i 和滑阀的中心轴向孔道、中间泵体流动，通向油箱卸压，故使变量活塞向上移动，带动斜盘使倾角变小，液压泵流量随之减小，直至作用在伺服滑阀下端的液压推力与弹簧力重新平衡，卸压通道关闭为止。

可见，恒功率变量机构可使泵的输出流量随着出口压力的变化而变化。当压力增高时，泵的输出流量相应减小，自动保持近似的恒功率关系。

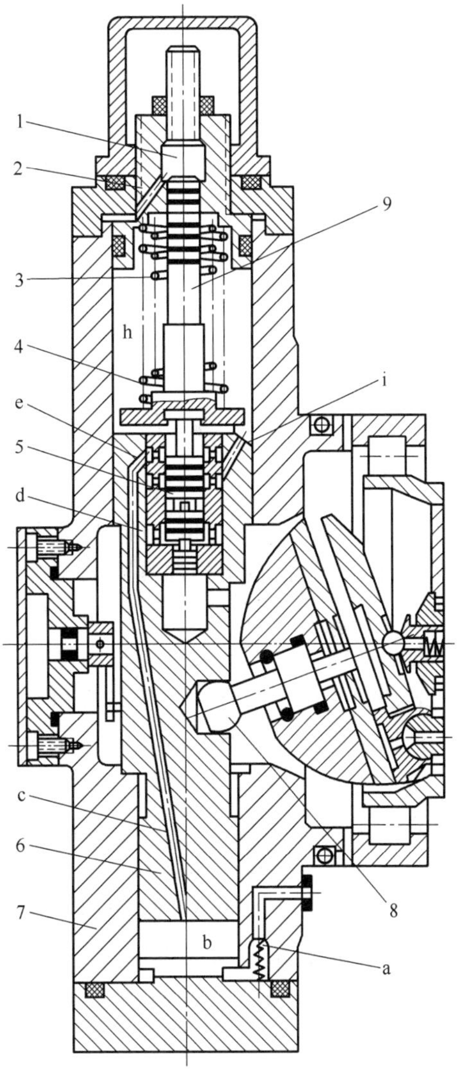

图 3-23　YCY14-1B 泵的恒功率变量机构

1—限位螺钉；2—弹簧套；3，4—弹簧；5—伺服滑阀；6—变量活塞；7—变量壳体；8—销轴；9—杆；a—单向阀；b—下腔；c，d，e—通道；h—上腔；i—泄压通道

理论上，恒功率泵的流量与压力之间呈双曲线关系，但因弹簧力是按线性规律变化的，所以很难实现。为了使实际的流量和压力之间尽量接近双曲线关系，在控制机构上除了弹簧 4 外还加有弹簧 3。这样，流量和压力之间存在如图 3-24 所示的关系：当弹簧 4 的预压力大于液压力时，伺服滑阀不移动，倾斜盘处于最大倾角位置，输出流量最大，并保持不变，图 3-24 上表示为水平线 *AB*。当液压力升高开始克服弹簧 4 的预压力时，滑阀上升，变量活塞也随之上移，流量减小。压力继续增大，滑阀继续上移，流量沿 *BC* 继续变小，直到弹簧 3 的端面碰到弹簧套 2 的端面为止。此后压力再增大，弹簧 3 和 4 同时受压，相当于弹簧刚度加大，故曲线斜率发生改变，流量沿 *CD* 变小，直至 *D* 点。*D* 点相当于杆 9 的上端碰到上面的限位螺钉 1。此后，当压力再增大时，滑阀不再向上移动，即流量不再变小，相当于图 3-24 上的水平线 *DE*。所以，这种变量机构的流量与压力的关系实际上是一条 *ABCDE* 折线，*BCDE* 段近似于一条双曲线。

3.5.2.2　斜轴式轴向柱塞泵

这种轴向柱塞泵的传动轴中心线与缸体中心线倾斜一个角度，故称斜轴式轴向柱塞泵，目前应用比较广泛的是无铰斜轴式柱塞泵。图 3-25 所示为该泵的工作原理。

当主轴 1 转动时，通过连杆 2 的侧面和柱塞 3 的内壁接触带动缸体 4 转动。同时，柱塞在缸体的柱塞孔中做往复运动，实现吸油和排油。其排量计算公式与直轴式轴向柱塞泵相同。

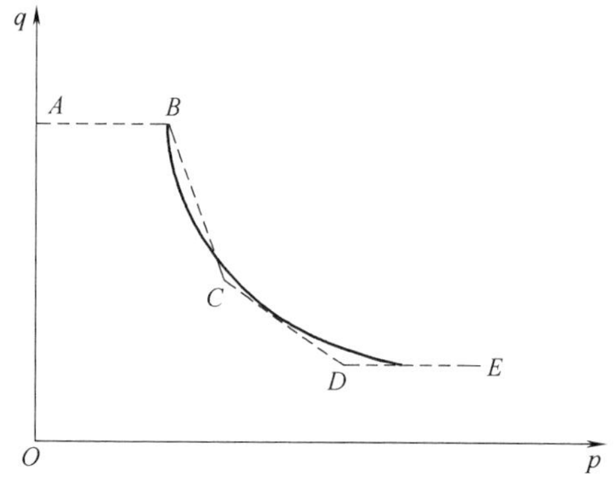

图 3-24 恒功率流量压力变化

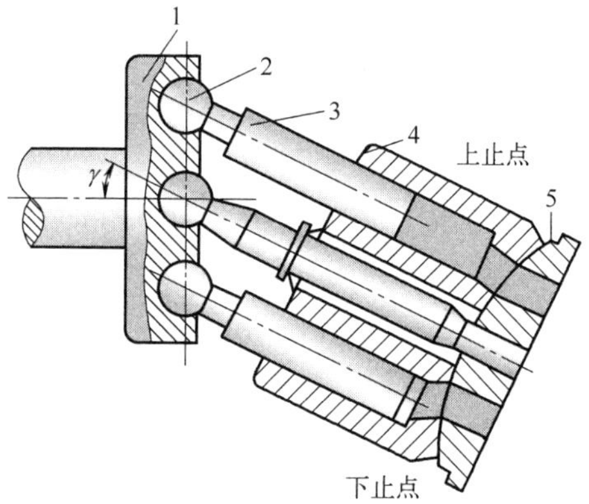

图 3-25 无铰斜轴式轴向柱塞泵的工作原理

1—主轴；2—连杆；3—柱塞；4—缸体；5—配流盘

图 3-26 所示为 B1-725 型斜轴式轴向柱塞泵。主轴盘 1 通过径向轴承和推力轴承支承在泵座 7 内，右端圆盘上周向均布的 7 个球窝与连杆 3 的大端球头相铰接，每根连杆的小端球头则与柱塞 2 的球窝相铰接（图中未标出），7 个柱塞安装在缸体 4 上均布的轴向柱塞孔中。主轴盘旋转时，一方面通过连杆的侧面和柱塞带动缸体一起旋转，另一方面由于主轴盘与缸体两者的轴线成一定夹角，柱塞在缸体柱塞孔内作往复运动，使柱塞底腔密封容积发生变化，液压泵通过配流盘 9 的吸、排油窗，泵体 6 的通道 e、f，以及进出口 B、C 吸、排油液。缸体支撑在泵体内一对滚针轴承 5 上，泵体靠两侧空心耳轴（亦即泵的进出油口）支撑在两个轴承 8 上，并可绕轴线 BC 相对泵座 7 摆动，以调节夹角 γ 从而改变泵的流量和流向。γ 角通过与泵体连接的摆缸柄 10 调节，变化范围是 $-25°\sim+25°$。配流盘与泵体靠螺钉固连。缸体与配流盘为平面接触，利用中心杆上的碟形弹簧 11 将缸体压紧在配流盘上，以免在泵启动或无压运转时缸体脱开配流盘。弹簧压紧力的大小由缸体底部的中心螺纹调节。B1-725 型斜轴式轴向柱塞泵的额定压力为 15MPa，流量为 210L/min，转速为 2000r/min。

由 B1-725 型斜轴式轴向柱塞泵工作原理可知，这种斜轴泵主轴盘不是通过万向联轴节（万向铰）驱动缸体旋转的，而是靠连杆直接驱动缸体旋转的，称为无铰泵。无铰泵的特点是：摆角大，最大可达 25°；柱塞承受的侧向力小，抗冲击性能好；抗污染能力好；强度大，工作可靠；但体积较大。在 MXA-300 系列采煤机和 MG-300 型系列采煤机牵引部中应用的 ZB-125 型轴向柱塞泵都是无铰泵。

斜轴式轴向柱塞泵与直轴式轴向柱塞泵相比，具有如下优点：

① 柱塞的侧向力小，因而由此引起的摩擦损失很小。

② 主轴与缸体的轴线夹角较大，斜轴式泵一般为 25°，最大可达 40°；而直轴式泵一般为 15°，最大为 20°，所以斜轴式泵变量范围更大。

③ 主轴不穿过配油盘，故其球面配油盘的分布圆直径可以设计得较小，在同样工作压力下摩擦副的比功率值较小，因此可以提高泵的转速。

④ 连杆球头和主轴盘连接比较牢固，故自吸能力较强。

⑤ 转动部件的转动惯量小，起动特性好，起动效率高。

斜轴式轴向柱塞泵的缺点：结构中多处球面摩擦副的加工精度要求较高，动态响应慢。

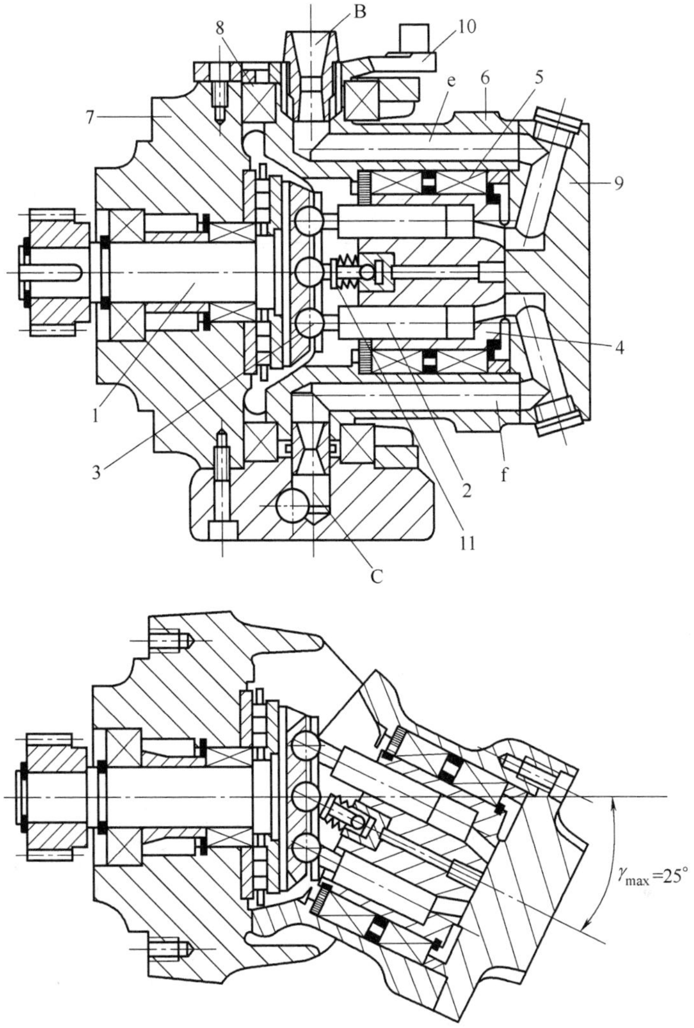

图 3-26　B1-725 型斜轴式轴向柱塞泵

1—主轴盘；2—柱塞；3—连杆；4—缸体；5—滚针轴承；6—泵体；7—泵座；
8—轴承；9—配流盘；10—摆缸柄；11—碟形弹簧

轴向柱塞泵结构紧凑、径向尺寸小、质量小、转动惯量小、易于实现变量、压力可以很高（可达 32MPa），但它对油液的污染较为敏感。

3.5.3　径向柱塞泵

径向柱塞泵按配油方式不同可分为阀配油式、轴配油式、轴阀联合配油式三种。下面仅简单介绍前两种。

3.5.3.1　阀配油式径向柱塞泵

图 3-27 所示为最简单的阀配油式径向柱塞泵的工作原理，其柱塞只有一个。图中吸油阀 5 和压油阀 6 就是配油阀。为增大泵的排量、减小流量脉动，在工程产品中柱塞数有 2 个、4 个、6 个等。2 个和 4 个柱塞的泵常采用对置式布置，其偏心轮的偏心相位差为 180°；6 个柱塞的泵常呈星形配置，并分成 2 组，相当于双联泵，泵轴上 3 个偏心轮的偏心相位互

差 120°。在阀配油式径向柱塞泵中通常用滑阀作为吸油阀，而用座阀作为压油阀，这是因为后者的密封性能更好。

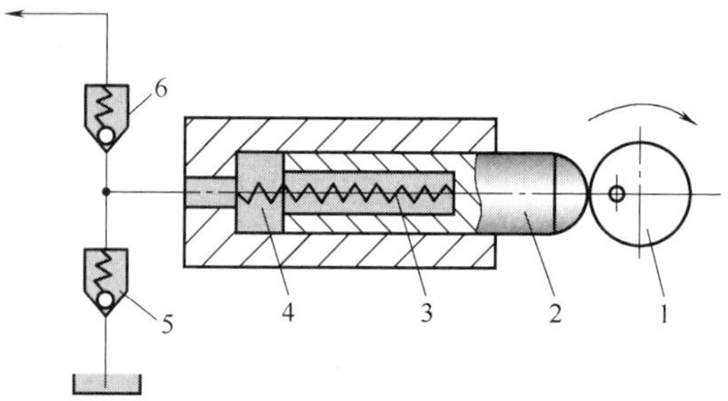

图 3-27　阀配油式径向柱塞泵的工作原理

1—凸轮；2—柱塞；3—弹簧；4—密封工作腔；5—吸油阀；6—压油阀

3.5.3.2　轴配油式径向柱塞泵

(1) 工作原理

图 3-28 所示为轴配油式径向柱塞泵的工作原理。这种泵由定子 1、转子 2（缸体）、配油轴 3、衬套 4、柱塞 5 等主要零件组成。衬套紧配在转子孔内，随转子一起旋转，而配油轴则不动。在转子圆周上径向排列的孔内装有可以自由移动的柱塞。当转子顺时针转动时，柱塞在离心力或低压油液的作用下，从缸孔中伸出并压紧在定子的内表面上。由于定子和转子间有偏心距 e，当柱塞转到上半周时，柱塞逐渐向外伸出，缸孔内的工作容积逐渐增大，形成局部真空，将油液经配油轴上的 a 腔吸入；当柱塞转到下半周时，逐渐向内推入，缸孔内的工作容积减小，将油从配油轴上的 b 腔排出。转子每转一周，柱塞在缸孔内吸油、压油各一次。通过变量机构改变定子和转子间的偏心距 e，就可改变泵的排量。径向柱塞变量泵一般都是通过定子沿水平方向移动来调节偏心距 e 的。

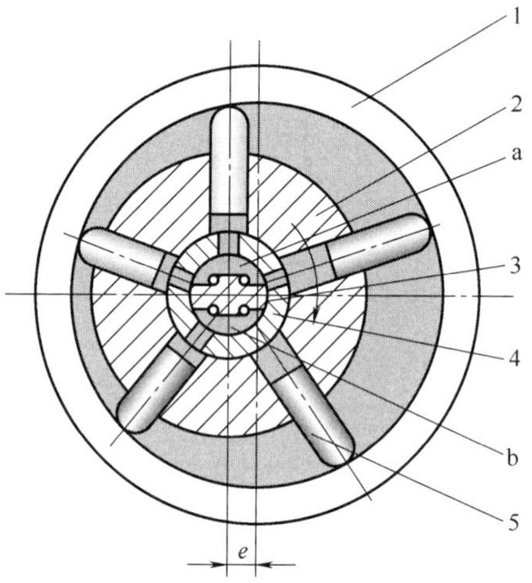

图 3-28　轴配油式径向柱塞泵的工作原理

1—定子；2—转子；3—配油轴；4—衬套；5—柱塞；a—吸油腔；b—压油腔

(2) 排量计算

当转子和定子间的偏心距为 e 时，转子转一周，柱塞在缸孔内的行程为 $2e$，柱塞数为 Z，柱塞直径为 d，则泵的排量：

$$V=\frac{\pi}{4}d^2 2eZ \tag{3-32}$$

径向柱塞泵的流量也是脉动的，情况和轴向柱塞泵类似。径向柱塞泵上也可以安装各种变量控制机构，其情况与轴向柱塞泵类似。

3.5.4　各类柱塞泵的排量计算公式

柱塞泵的排量等于柱塞面积、柱塞行程、柱塞数的乘积。各类柱塞泵的排量计算公式如表 3-1 所示。

表 3-1 各类柱塞泵排量计算公式

柱塞泵类型		排量计算公式	
单柱塞泵		$V=\frac{\pi}{4}d^2h$	$h=2e$
三柱塞泵		$V=\frac{3}{4}d^2h$	
轴向泵	斜盘式	$V=\frac{\pi}{4}d^2hZ$	$h=D\tan\gamma$
	斜轴式		$h=D_l\sin\gamma$
径向泵		$V=\frac{\pi}{4}d^2hZY$	$h=2e$

注：d 为柱塞直径，h 为柱塞行程，e 为偏心距，Z 为柱塞数，D 为柱塞分布圆直径，D_l 为主轴盘球铰分布圆直径，Y 为柱塞排数，γ 为斜盘或摆缸的倾角。

3.6 液压泵中的气穴现象

液压泵在吸油过程中，吸油腔中的绝对压力会低于大气压。如果液压泵离油面很高，吸油口处过滤器和管道阻力大，油液的黏度过大，则液压泵吸油腔中的压力就很容易低于油液的空气分离压，从而出现气穴现象，产生噪声，引起振动，使泵的零件被腐蚀而损坏。

图 3-29 所示为液压泵的吸入管路，可以用来计算液压泵不产生气穴的条件。

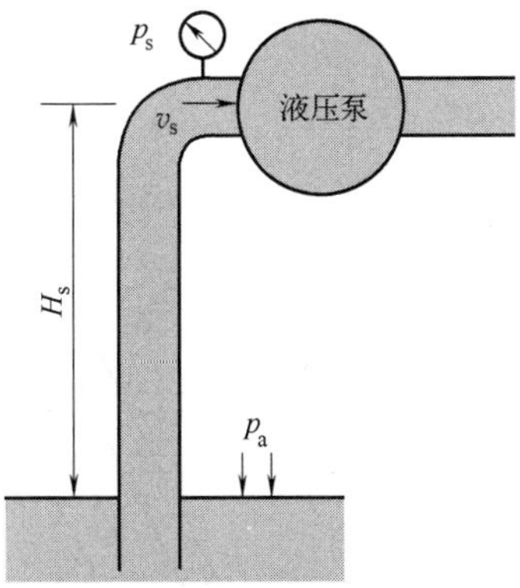

图 3-29 液压泵的吸入管路

按伯努利方程，泵入口处的能量为（取动能修正系数 $\alpha=1$）：

$$\frac{p_s}{\rho g}+\frac{v_s^2}{2g}=\frac{p_a}{\rho g}-H_s-\sum\zeta\frac{v_s^2}{2g} \tag{3-33}$$

式中 p_a——大气绝对压力；

H_s——吸入高度；

p_s——泵吸入口绝对压力；

v_s——泵吸入口处的流速；

$\sum\zeta\frac{v_s^2}{2g}$——吸入管道内的总损失。

设油液的空气分离压为 p_g（绝对压力），则式（3-33）中 $\frac{p_s}{\rho g}+\frac{v_s^2}{2g}$ 必须大于 $\frac{p_g}{2g}$ 才不会产生气穴。定义有效吸入压力头 NSPH 为

$$\frac{p_s}{\rho g}+\frac{v_s^2}{2g}-\frac{p_g}{\rho g}=\text{NSPH} \tag{3-34}$$

该值表征了液压泵产生气穴的倾向。如果在泵内由油液加速或其他损失引起的压力降为 Δp，且在 $\text{NSPH}=\frac{\Delta p}{\rho g}$ 时泵内最低压力达到 p_g，将会产生气穴现象，因此避免产生气穴现象的条件为

$$\text{NSPH}>\frac{\Delta p}{\rho g} \tag{3-35}$$

液压泵的 NSPH 值可以由图 3-30 求出。例如，当泵的流量为 38L/min，转速为 1800r/min 时，由图可求得 NSPH＝1.58m 液柱（绝对压力）。

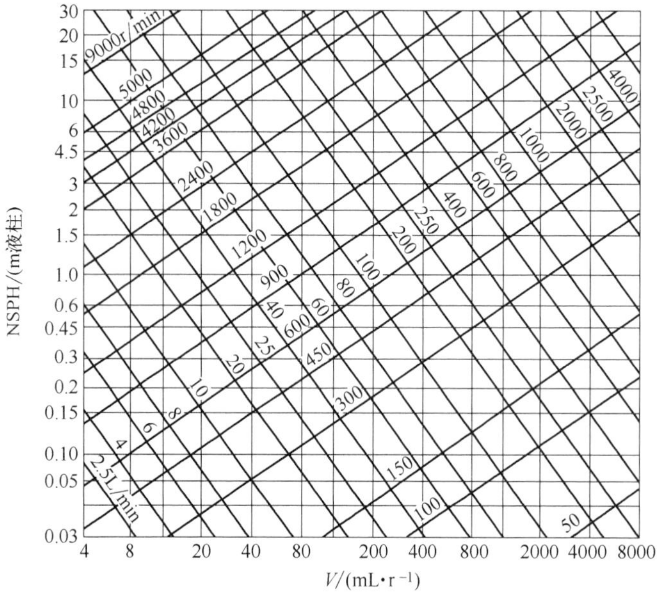

图 3-30　液压泵的 NSPH 值

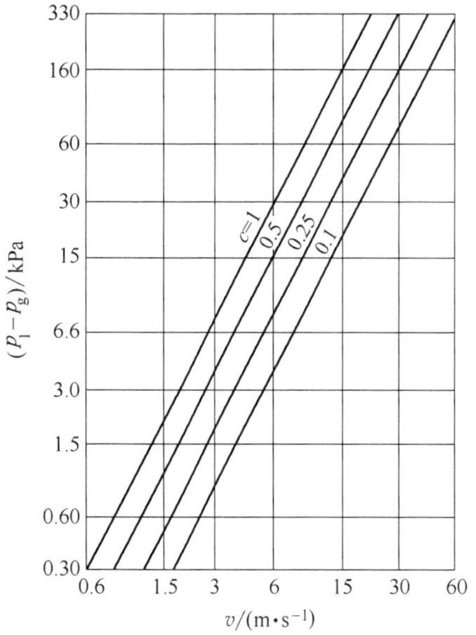

图 3-31　液压泵气穴的判定

液压泵是否产生气穴也可通过图 3-31 加以判定。图中的气穴因子 c 与油液在泵内达到运转部件速度所要求的加速度有关。c 值越大，说明油液原来是接近静止的，需要很大的加速度；c 值较小则表示油液已具有原始速度，因而意味着不太容易产生气穴。

c 值的大小和泵的类型以及吸油口的设计有关，各类泵的 c 值取值为：螺杆泵为 0.3，齿轮泵及叶片泵小于 0.4，柱塞泵为 0.7。任何一种泵，如果其吸入口设计不好，都有可能使 c 值达到 1，而不利于防止气穴发生。

用图 3-31 可以判定泵的运转部件不产生严重气蚀时的速度限值。例如，当泵的入口处压力为 13.3kPa，空气分离压为 3.3kPa 时，任何 $c=1$ 的泵其运转部件速度都须小于 3.35m/s；但若 $c=0.5$，则该速度可提高到 4.9m/s。当泵速和空气分离压已知时，图 3-31 还可用来估算泵入口处所需的最小压力（适用于密度为 $\rho=880\text{kg/m}^3$ 的工作液体，其他 ρ 值的油液则需乘以 $\rho/800$）。

为了避免在泵内产生气穴现象，应尽量减小吸入高度，采用通径较大的吸油管并尽量少用弯头，吸油管端采用容量较大的过滤器，以减小吸油阻力；也可将液压泵浸在油中以便于吸油，或采用油箱高置（放在泵的上面）的方式，或采用加压油箱（将油箱密封，在油箱内通入低压压缩空气），必要时还可增加辅助泵，将低压油输入液压泵的吸油口等。

液压泵使用中的另一种常见现象是油中掺混空气。当回油使油箱中混入一些空气泡、吸油管和泵接头处密封不严，以及吸油管插入油面太浅时，都会使泵吸入的油液中含有很多空气泡。因此，应采取相应措施避免掺混气泡现象发生。

3.7 液压泵的噪声

液压泵产生的噪声在液压传动系统的噪声中占有很大的比例，减小液压泵的噪声是液压传动系统降噪处理中的重要组成部分。因此，应了解液压泵产生噪声的原因，以便采取相应的措施来降低液压泵的噪声。

(1) 产生噪声的原因

① 液压泵的流量脉动引起压力脉动，这是造成泵振动、产生噪声的动力源。

② 液压泵在工作过程中，当吸油容积突然和压油腔接通，或压油容积突然和吸油腔接通时，会产生流量和压力的突变从而产生噪声。

③ 气穴现象。

④ 泵内流道突然扩大或收缩、有急拐弯、通道面积过小等导致油液产生湍流、旋涡，从而产生噪声。

⑤ 泵转动部分不平衡、轴承振动等引起的噪声。

⑥ 管道、支架等机械连接部分因谐振而产生的噪声。

(2) 降低噪声的措施

① 吸收泵的流量和压力脉动，在泵的出口处安装蓄能器或消声器。

② 消除泵内液压急剧变化，如在配油盘吸、压油窗口开三角形阻尼槽。

③ 对于装在油箱上的电动机和泵，使用橡胶垫减振，安装时电动机轴和泵轴的同轴度要好，要采用弹性联轴器或采用泵电动机组件。

④ 压油管的某一段采用橡胶软管，对泵和管路的连接进行隔振。

⑤ 防止产生气穴现象和油中掺混空气现象。

3.8 液压泵的选用

设计液压传动系统时，应根据所要求的工作情况合理选择液压泵。液压传动系统中常用液压泵的性能比较如表 3-2 所示。

表 3-2 液压传动系统中常用液压泵的性能比较

性能	外啮合齿轮泵	双作用叶片泵	限压式变量叶片泵	径向柱塞泵	轴向柱塞泵	螺杆泵
输出压力	低压、中高压	中压、中高压	中压、中高压	高压、超高压	高压、超高压	低压、中高压、超高压
流量调节	不能	不能	能	能	能	不能
效率	低	较高	较高	高	高	较高
输出流量脉动	很大	很小	一般	一般	一般	最小
自吸特性	好	较差	较差	差	差	好
对油的污染敏感性	不敏感	较敏感	较敏感	很敏感	很敏感	不敏感
噪声	大	小	较大	大	大	最小

一般在负载小、功率小的机械设备中，可用齿轮泵和双作用叶片泵；精度较高的机械设备（如磨床）可用螺杆泵和双作用叶片泵；负载较大并有快速和慢速行程的机械设备（如组合机床）可用限压式变量叶片泵；负载大、功率大的机械设备可使用柱塞泵；机械设备的辅助装置（如送料、夹紧等装置）可使用价廉的齿轮泵。

思考题

1. 液压泵的基本工作原理是什么？简述常用液压泵的类型。

2. 解释下列名词：单向泵、双向泵、定量泵、变量泵、单作用泵、双作用泵、排量、流量。

3. 简述各种常用液压泵可变化的密封容积结构组成。

4. 液压泵有哪几种配流方式？请各举一例说明。

5. 什么是困油现象？齿轮泵的困油现象是怎样形成的？有何危害？如何消除？其他类型液压泵是否也有困油问题？请举例说明。

6. 简述齿轮泵采用浮动轴套和进、出油口大小不同的原因。

7. 简述斜盘式轴向柱塞泵的工作原理和伺服变量机构的变量原理。

8. 什么是液压泵的恒功率变量？简述直轴式轴向柱塞泵的恒功率变量机构的工作原理。

9. 简述斜轴式轴向柱塞泵的结构特点和工作原理。它是如何调节排量的？

10. 简要说明径向柱塞泵的工作原理和结构特点。

11. 已知液压泵的输出压力 $p=10\text{MPa}$，泵的排量为 $V=100\text{mL/r}$，转速为 $n=1450\text{r/min}$，容积效率为 $\eta_V=0.95$，总效率为 $\eta=0.9$。计算：

（1）该泵的实际流量 q；

（2）驱动该泵的电动机功率。

12. 已知液压泵的额定压力和额定流量，若不计管道内压力损失，试说明图 3-32 所示各种工况下液压泵出口处的工作压力值。

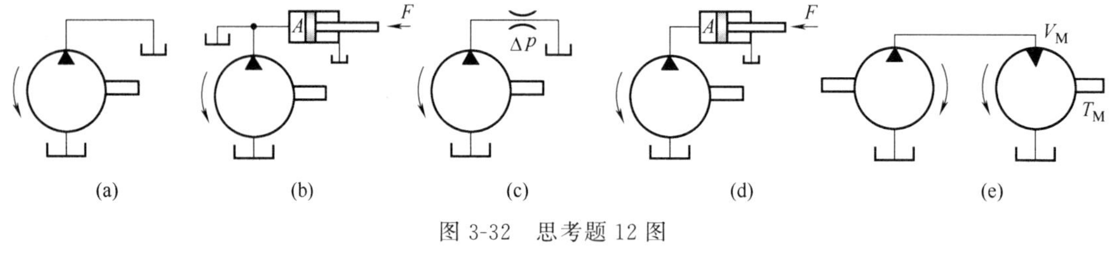

图 3-32 思考题 12 图

13. 液压泵的额定流量为 100L/min，额定压力为 2.5MPa，当转速为 1450r/min 时，机械效率 $\eta_m=0.9$。由试验测得：当泵出口压力为零时，流量为 106L/min；压力为 2.5MPa，流量为 100.7L/min。试求：

（1）泵的容积效率。

（2）若泵的转速下降到 500r/min，在额定压力下工作时泵的流量。

（3）上述两种转速下泵的驱动功率。

14. 设液压泵转速为 950r/min，排量为 $V=168\text{mL/r}$，在额定压力为 29.5MPa 和同样转速下，测得的实际流量为 150L/min，额定工况下的总效率为 0.87，试求：

(1) 泵的几何流量。

(2) 泵的容积效率。

(3) 泵的机械效率。

(4) 泵在额定工况下，所需电动机驱动功率。

(5) 驱动泵的转矩。

15. 为什么在双作用叶片泵配油盘的压油窗口端开三角形槽能降低压力脉动和噪声？

16. 双作用叶片泵两叶片之间夹角为 $2\pi/z$，配油盘上封油区夹角为 ε，定子内表面曲线圆弧段的夹角为 β（图 3-33），它们之间应满足怎样的关系？为什么？

17. 某机床液压传动系统采用一限压式变量泵。限压式变量泵的流量-压力特性曲线 ABC 如图 3-34 所示，总效率为 0.7。当机床工作进给时，限压式变量泵的压力和流量分别为 4.5MPa 和 2.5L/min；当机床快速移动时，压力和流量分别为 2.0MPa 和 20L/min。试问限压式变量泵的特性曲线应为什么形状？限压式变量泵所需的最大驱动功率为多少？

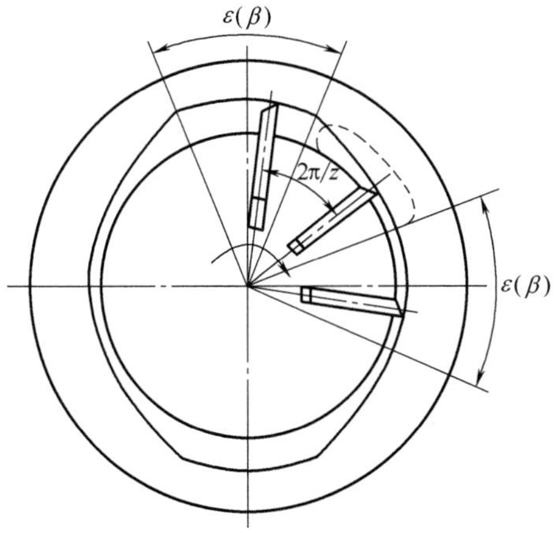

图 3-33 思考题 16 图

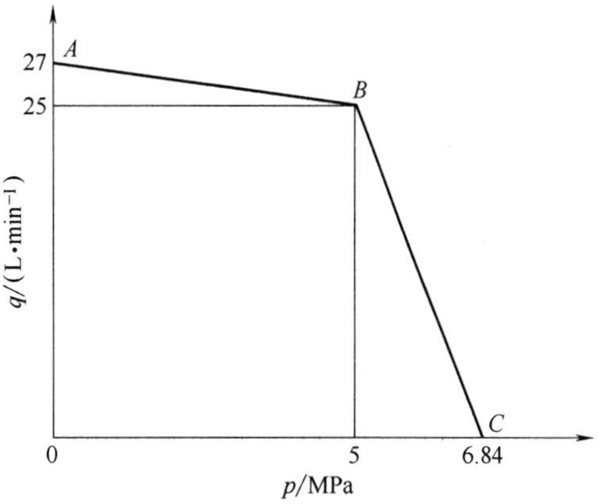

图 3-34 思考题 17 图

18. 某组合机床动力滑台采用双联叶片泵作为油源，如图 3-35 所示，低压大流量泵 2、高压小流量泵 1 的额定流量分别为 40L/min 和 6L/min。快速进给时两泵同时供油，工作压力为 1MPa；工作进给时，低压大流量泵卸荷，卸荷压力为 0.3MPa（大流量泵输出的油通过左方的卸荷阀 3 流回油箱），高压小流量泵供油，工作压力为 4.5MPa。若泵的总效率为 0.8，试求该双联泵所需电动机的功率。

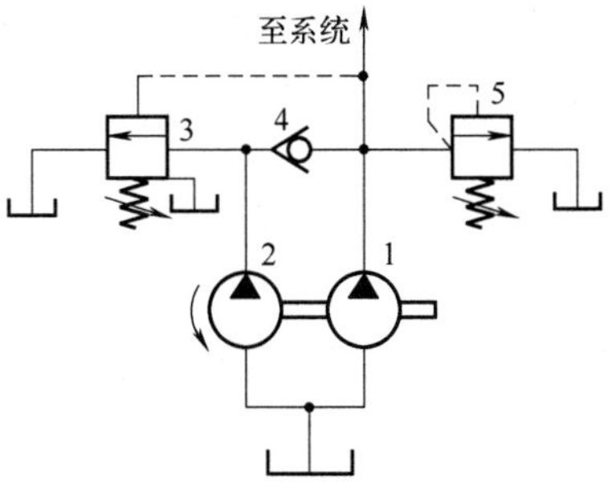

图 3-35 思考题 18 图

1—高压小流量泵；2—低压大流量泵；3—卸荷阀；4—单向阀；5—溢流阀

第 4 章 液压执行元件

液压执行元件的作用是将液压能转换成机械能，克服负载，带动机器完成所需要的动作，实现对外做功。在液压传动系统中，主要有两种不同类型的液压执行元件，即液压马达和液压缸。

4.1 液压马达

液压马达在分类上与液压泵基本一样。用于采掘机械的马达，按其结构也可分为：①齿轮式液压马达；②叶片式液压马达；③柱塞式液压马达，其又可分为轴向柱塞式液压马达和径向柱塞式液压马达两种。

在实际工作中，人们常把输出转矩 $T<1500\mathrm{N\cdot m}$、输出转速 n 大于或等于 150～200r/min 的液压马达称为高速小转矩马达；输出转矩 $T\geqslant 1500\mathrm{N\cdot m}$、输出转速 n 小于 150～200r/min 的液压马达称为低速大转矩马达。常用的高速小转矩马达有齿轮式马达、叶片式马达、轴向柱塞式马达。一般低速马达的基本结构形式是径向柱塞式马达。

4.1.1 液压马达的主要技术参数和图形符号

4.1.1.1 液压马达的主要技术参数

(1) 排量 V_M

液压马达的排量是指不考虑液体在马达内的泄漏时，推动其主轴每转一周所需要的工作液体体积。马达排量的大小只取决于马达本身的工作原理和结构尺寸，与工作条件和转速无关。

(2) 输入流量 q_M 和容积效率 η_{VM}

进入马达进液口的液体流量称为输入流量。由于马达内部各运动副之间存在间隙，不可避免地会出现泄漏现象，造成马达的容积损失。设马达的泄漏流量为 q'_M，则真正推动马达做功的流量为 $q_M-q'_M$，所以马达的容积效率为

$$\eta_{VM}=\frac{q_M-q'_M}{q_M} \tag{4-1}$$

(3) 马达的输出转速 n_M

已知马达的排量 V_M、容积效率 η_{VM}、输入流量 q_M，则马达的输出转速 n_M 为

$$n_M=\frac{q_M\eta_{VM}}{V_M} \tag{4-2}$$

由式（4-2）可以看出，通过改变输入流量 q_M 或调节马达的排量 V_M 均可以改变马达的转速。可以调节排量 V_M 的马达称为变量马达，否则为定量马达。

(4) 马达的输出扭矩 T_M

$$T_M=\frac{\Delta p_M V_M}{2\pi}\eta_{mM} \tag{4-3}$$

式中　Δp_M——马达进、出油口压力差；

η_{mM}——马达机械效率；

V_M——马达排量。

(5) 马达的输出功率 P_M 和总效率 η_M

$$P_M=T_M\times 2\pi n_M \tag{4-4}$$

液压马达的总效率 η_M 为

$$\eta_M=\eta_{VM}\eta_{mM} \tag{4-5}$$

4.1.1.2　液压马达的图形符号

液压马达的图形符号如图 4-1 所示。

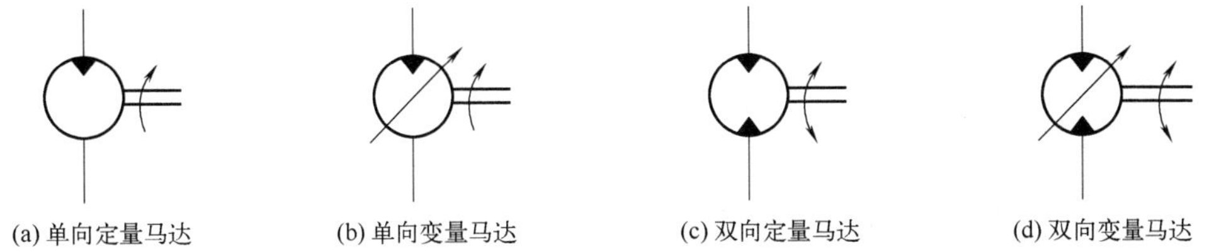

图 4-1　液压马达的图形符号

4.1.2　齿轮式马达

4.1.2.1　工作原理

在齿轮马达中，有外啮合齿轮和内啮合摆线齿轮马达等结构形式。在此主要介绍外啮合齿轮马达的工作原理。

外啮合齿轮马达的工作原理如图 4-2 所示，a、b 分别为啮合点 P 到两齿根的距离。当压力为 p 的工作液体进入马达的工作腔时，由于齿轮啮合点 P 的存在，使啮合中的两个齿

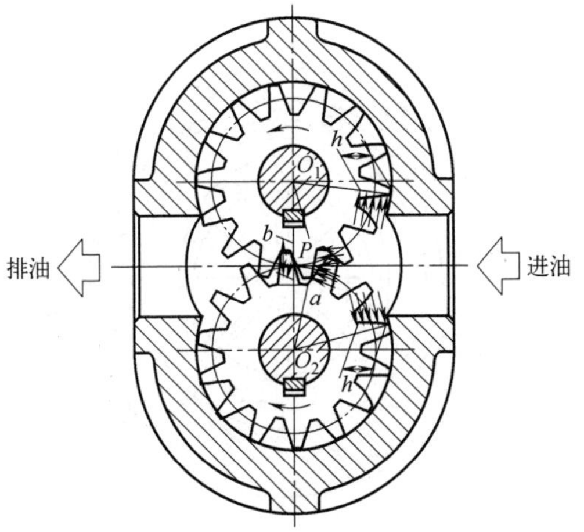

图 4-2　外啮合齿轮马达的工作原理

面只有一部分处于高压腔。因此，每个齿轮上处于高压腔中的各齿面所受的总切向液压力对各自回转中心的力矩不平衡，从而使两齿轮按图 4-2 所示的方向旋转。同时，位于齿槽中的工作液体被带到低压腔而流回油箱。如果改变进液方向，可以使马达反向旋转。

4.1.2.2 技术参数

(1) 排量 V_M

$$V_M = 2\pi m^2 ZB \tag{4-6}$$

(2) 平均输出转速 n_M

$$n_M = \frac{q_M}{2\pi m^2 ZB}\eta_{VM} \tag{4-7}$$

(3) 平均输出转矩 T_M

$$T_M = m^2 ZB\Delta p_M \eta_{mM} \tag{4-8}$$

式中 m——齿轮模数；

B——齿轮宽度；

Z——齿轮齿数；

q_M——输入流量；

η_{VM}、η_{mM}——马达的容积效率、机械效率；

Δp_M——马达的进、出口压力差。

4.1.3 叶片式马达

叶片式马达在结构上也可以分为双作用式和单作用式两种，但因双作用叶片式马达应用较广，故只对其工作原理加以介绍。

4.1.3.1 双作用叶片式马达的工作原理

双作用叶片式马达的工作原理如图 4-3 所示。当压力为 p 的工作液体从进油口进入马达两工作腔后，工作腔中的叶片 2、6 的两边所受总液压力平衡，对转子不产生转矩；而位于密封区的叶片 1、3、5、7 两边所受总液压力不平衡，使转子受到图 4-3 所示方向的转矩，马达因此而转动。当改变液体输入方向时，则马达反向旋转。

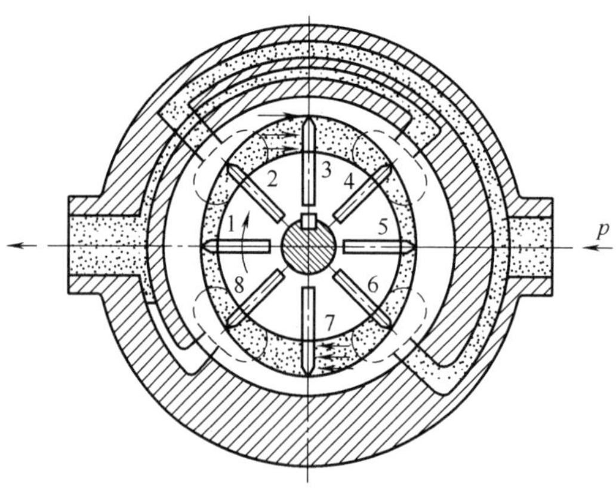

图 4-3 双作用叶片式马达工作原理

4.1.3.2　技术参数

(1) 排量 V_M

$$V_{\mathrm{M}}=2B(R-r)[\pi(R+r)-SZ] \tag{4-9}$$

(2) 平均输出转速 n_M

$$n_{\mathrm{M}}=\frac{q_{\mathrm{M}}\eta_{V\mathrm{M}}}{2B(R-r)[\pi(R+r)-SZ]} \tag{4-10}$$

(3) 平均输出转矩 T_M

$$T_{\mathrm{M}}=\Delta p_{\mathrm{M}}B(R-r)[\pi(R+r)-SZ]\frac{\eta_{\mathrm{mM}}}{\pi} \tag{4-11}$$

式中　B——转子宽度；

R——定子大圆弧半径；

r——定子小圆弧半径；

S——叶片厚度；

Z——叶片数；

q_M——输入流量；

η_{VM}、η_{mM}——马达容积效率和机械效率；

Δp_M——马达进、出口压力差。

4.1.3.3　双作用叶片式马达的结构特点

图 4-4 所示为一双作用叶片式马达的结构。该马达的转速范围为 100～200r/min，最大输出转矩为 70N・m，工作压力为 6MPa。与 YB 型双作用叶片泵相比，该马达在结构上有以下几个特点：

① 为了使叶片始终与定子表面贴紧以保证马达具有足够的初始密封性和启动转矩，每个叶片底部都装有燕式弹簧，由它把叶片顶紧在定子的内表面上；

② 为适应马达正、反转的要求，叶片在转子中均为径向安装；

③ 为保证马达正、反转时，叶片槽底部与压力液体相通以增加初始密封性，在马达壳体上安装有两个并联的单向阀，分别与马达的进、排油腔相通。

双作用叶片式马达具有体积小、转动惯量小、输出转矩均匀等优点，因此动作灵敏，适

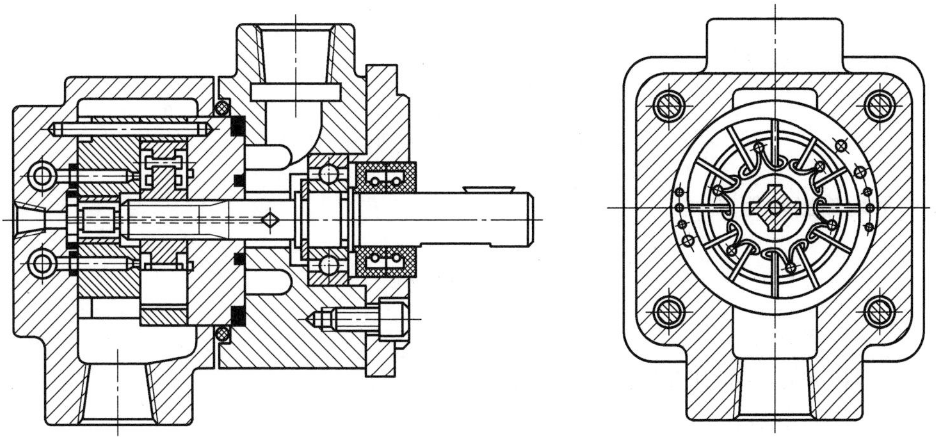

图 4-4　双作用叶片式马达结构示意图

于高频、快速的换向传动系统。但由于其容积效率低，和齿轮马达一样，也不适于低速大转矩的工作要求。

4.1.4 轴向柱塞马达

轴向柱塞马达也有斜盘式和斜轴式两种类型，其基本结构与同类型的柱塞泵一样。但由于轴向柱塞马达常采用定量结构，即固定斜盘或固定倾斜缸体，所以其结构比同类型的变量泵简单得多。

4.1.4.1 工作原理

图 4-5 为一斜盘式轴向柱塞马达的示意图。现通过高压腔中一个柱塞的受力分析说明其工作原理。当工作液体经配流盘 1 将处在高压腔位置的柱塞 2 推出，压在斜盘 3 上时，假定斜盘给予柱塞的反作用力为 N，则 N 可分解为两个分力：轴向分力 F_a 和径向分力 F_t。径向分力 F_t 产生转矩使缸体旋转，带动主轴 4 旋转并输出转矩。斜轴式轴向柱塞马达的工作原理与此相似。

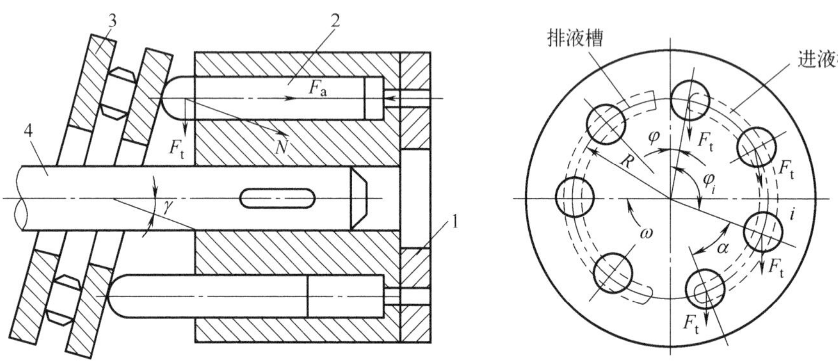

图 4-5 斜盘式轴向柱塞马达示意图

1—配流盘；2—柱塞；3—斜盘；4—主轴

4.1.4.2 斜盘式轴向柱塞马达的主要技术参数计算

(1) 排量 V_M

$$V_M=\frac{\pi}{4}d^2DZ\tan\gamma \tag{4-12}$$

(2) 平均输出转速 n_M

$$n_M=\frac{4q_M}{\pi d^2DZ\tan\gamma}\eta_{VM} \tag{4-13}$$

(3) 平均输出转矩 T_M

$$T_M=\frac{\Delta p_M}{8}d^2DZ\eta_{VM}\tan\gamma \tag{4-14}$$

式中 d——柱塞直径；

D——柱塞孔分布圆直径；

Z——柱塞个数；

γ——斜盘倾角；

其他符号如前所述。

对于斜轴式轴向柱塞马达，只需将上述各式的 $D\tan\gamma$ 换成 $D_1\sin\gamma$（D_1 为主轴盘球窝分布圆直径）即可计算出其各主要参数（忽略连杆相对柱塞轴线倾斜所引起的微小影响），故不再赘述。

4.1.5 内曲线多作用式径向柱塞马达

4.1.5.1 内曲线多作用式径向柱塞马达的基本结构和工作原理

如图 4-6 所示，内曲线多作用式径向柱塞马达（简称内曲线马达）主要由定子 1、转子 2、柱塞组 3、配流轴 4 等主要部件组成。定子的内壁是由若干段均匀分布且形状完全相同的曲面组成，定子曲面也称为导轨。每一相同形状的曲面又可分为对称的两边，一边为进油区段（即工作区段），另一边为回油区段（即非工作区段）。柱塞组通常包含柱塞、横梁、滚轮等若干零件。

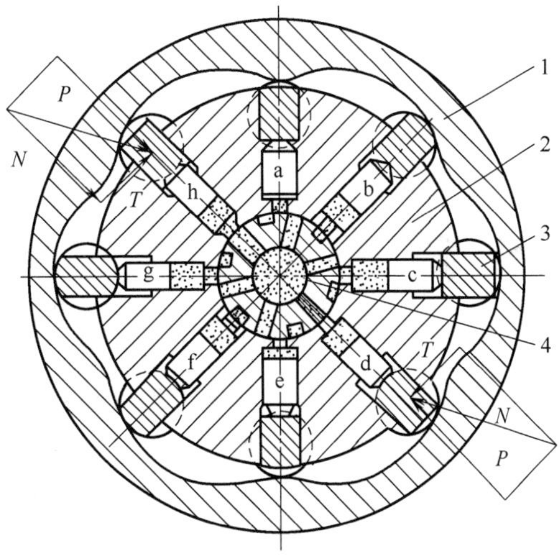

图 4-6 内曲线马达工作原理图

1—定子；2—转子；3—柱塞组；4—配流轴

在转子 2 上，沿径向均布有 Z 个柱塞孔，每个孔的底部有一配流窗口与配流轴上的配流口相通。柱塞装在转子的柱塞孔中，并可以在孔中往复运动。配流轴在圆周上有 $2X$ 个均匀分布的配流窗口，其中有 X 个窗口与进油口相通，另外 X 个窗口与回油口相通。这 $2X$ 个配流窗口的位置分别与 X 个导轨曲面的工作区段和 X 个非工作区段的位置严格对应。

来自液压泵的高压油首先进入配流轴，经配流窗口进入位于工作区段的各柱塞孔中，使相应的柱塞伸出并以滚轮顶在定子曲面（即导轨）上（如图 4-6 中 d、h 柱塞）。在滚轮与曲面的接触点上，曲面对柱塞组施加一个反作用力 N，其方向垂直于导轨曲面，并通过滚轮中心。反力 N 可分解为径向力 P 和切向力 T。径向力 P 与作用在柱塞底部的液压力相平衡，而切向力 T 则通过柱塞组作用于转子，产生转矩，使转子转动。柱塞在外伸的同时随缸体一起旋转，当柱塞（如图 4-6 中柱塞 c）到达曲面的凹顶点（即外死点）时，柱塞底部的油孔被配流轴封闭，与高低压腔都不相通，但此时仍有其他柱塞位于进油区段工作，使转子转动，所以当该柱塞超过曲面的凹顶点进入回油区段时，柱塞孔便与配流轴的回油口相通。在定子曲面的作用下，柱塞（如图 4-6 中柱塞 b、f）向内收缩，把油从回油窗口排出。当柱塞（如图 4-6 中柱塞 e）运动到内死点时，柱塞底部油孔也被配流轴封闭，与高低压腔都不相通。

柱塞每经过一个曲面，就往复运动一次，进油与回油交换一次。当有 X 段曲面时，每个柱塞要往复运动 X 次，故 X 称为马达的作用次数，图 4-6 所示为六作用内曲线马达。

当马达的进、回油换向时，马达将反转。这种马达既有轴转结构，也有壳转结构。

4.1.5.2 技术参数

(1) 排量 V_M

$$V_M=\frac{\pi}{4}d^2SXYZ \tag{4-15}$$

(2) 平均输出转速 n_M

$$n_M=\frac{4q_M}{\pi d^2SXYZ}\eta_{VM} \tag{4-16}$$

(3) 平均输出转矩 T_M

$$T_M=\frac{\Delta p_M}{8}d^2SXYZ\eta_{mM} \tag{4-17}$$

式中 S——作用一次柱塞行程；

X——作用次数；

Y——柱塞排数；

Z——每排柱塞数；

d——柱塞直径。

4.1.5.3 典型结构

内曲线马达的结构形式很多，除了有轴转、壳转之分，定量、变量之分，单排、双排之分外，若按柱塞组传递切向力的方式来分，又可以分为柱塞直接传递切向力的马达、横梁传递切向力的马达、滚轮传递切向力的马达，以及摇杆传递切向力的马达等几种。现仅举横梁传递切向力的马达为例加以说明。

图 4-7 所示横梁传递切向力的马达，其定子曲面对滚轮 3 的反作用力切向分力通过横梁 1 传递到转子 2。柱塞与横梁间无刚性连接，在液压力的作用下，柱塞外端的球头与横梁的底部接触。由于柱塞不承受侧向力，所以磨损情况与柱塞传递切向力的马达相比，得到很大改善。虽然横梁与转子径向槽侧壁有磨损，但这对柱塞与柱塞孔的密封性没有影响。这种结构的马达主要缺点是横梁与转子槽侧壁间的摩擦力大，因此其机械效率较低、径向尺寸较大，但由于这种马达能传递很大的转矩，所以在某些采掘机械中常被采用。

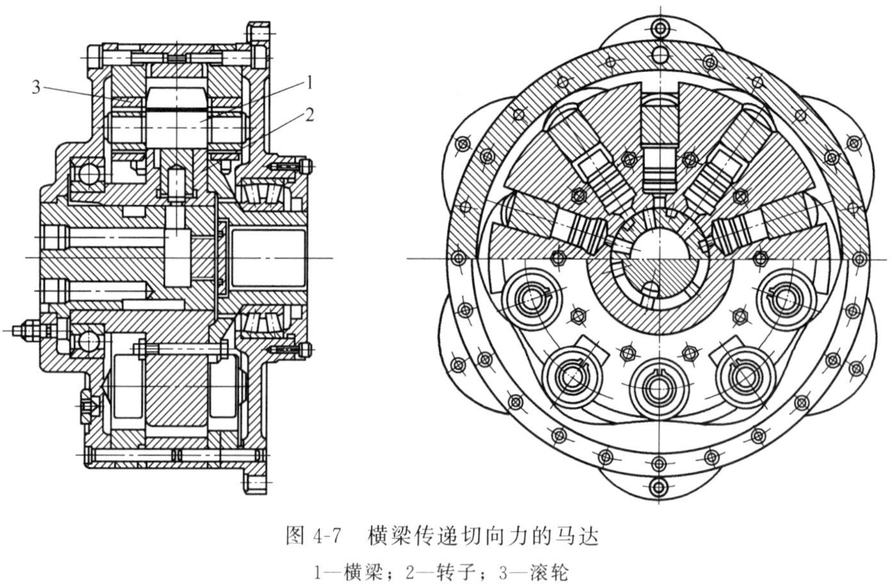

图 4-7 横梁传递切向力的马达

1—横梁；2—转子；3—滚轮

4.1.6　摆线马达

如图 3-11 所示的摆线内啮合齿轮泵输入压力油工作原理，它以马达工况运转，成为摆线转子马达。但这时马达的内、外转子仍以同方向旋转，排量较小，因而输出的转矩不大。若将这种马达的内齿圈（即外转子）固定不动，同时相应地改变配流方式，则可大大增加其排量，从而成为一种中速中转矩马达。现以应用在 MG-300W 及 AM-500 型等采煤机液压牵引部上的 BM 系列摆线马达为例，说明其结构特点和工作原理。

4.1.6.1　BM 系列摆线马达的结构和工作原理

摆线马达分为轴式配流和端面配流两种，BM 系列摆线马达为端面配流，其结构如图 4-8 所示。转子 1 上具有 Z_1（$Z_1=8$）个短幅外摆线齿形的轮齿，与具有 Z_2（$Z_2=9$）个圆弧形齿的内齿圈（定子）2 相啮合，形成 Z_2 个密封空间（图 4-9）。

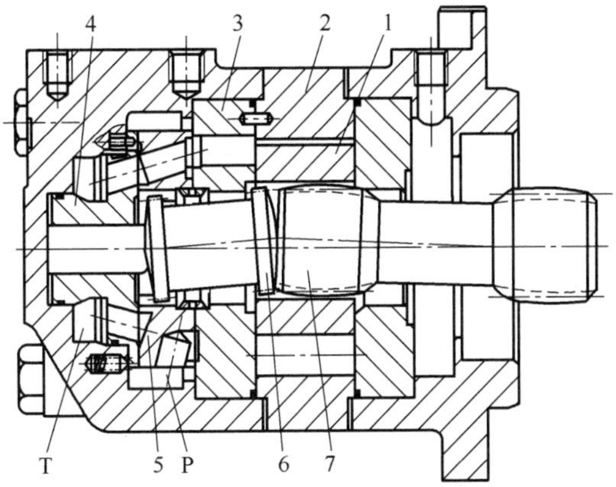

图 4-8　BM 系列摆线马达结构

1—转子；2—定子；3—配流板；4—补偿盘；5—配流盘；6—短花键联轴节；7—花键轴；P,T—孔道

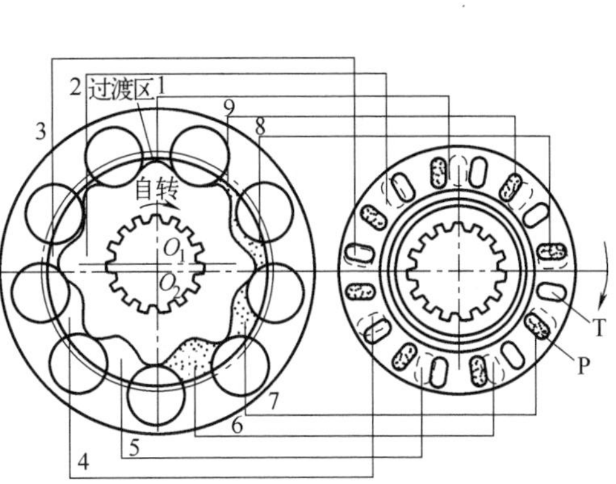

图 4-9　BM 系列摆线马达配流原理

1,2,3,4,5,6,7,8,9—密封空间；P—进液孔；T—回液孔

在固定不动的辅助配流板 3 上有 Z_2 个孔（图 4-10），分别与上述各密封空间相对应。固定不动的补偿盘 4 上也有 Z_2 个孔（图 4-11），其位置与辅助配流板相对应，但各孔恒与回液腔连通。

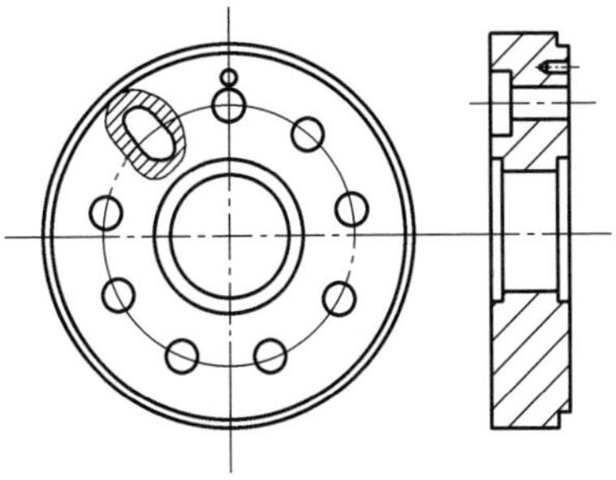

图 4-10　辅助配流板结构

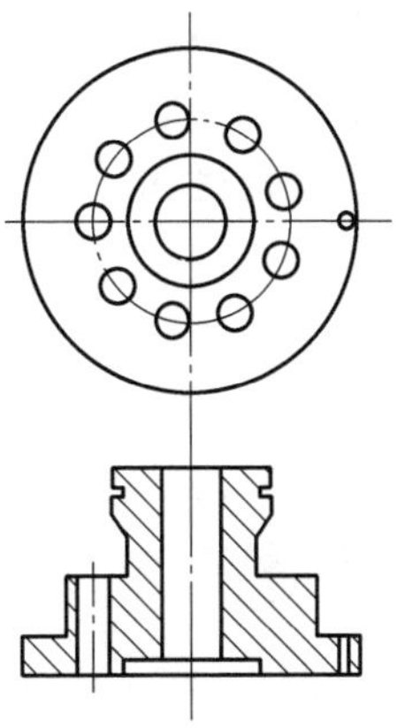

图 4-11　补偿盘结构

配流盘5上有两组孔道P和T（图4-12），每组各有Z_1条孔道。P组孔道直接与吸液腔连通，T组孔道则经补偿盘与回液腔连通（图4-8）。配流盘用短花键联轴节6与转子连接，并与转子同步转动。于是，其上的孔道P、T便轮流与辅助配流板及补偿盘上的孔道通断，实现对马达的配流。

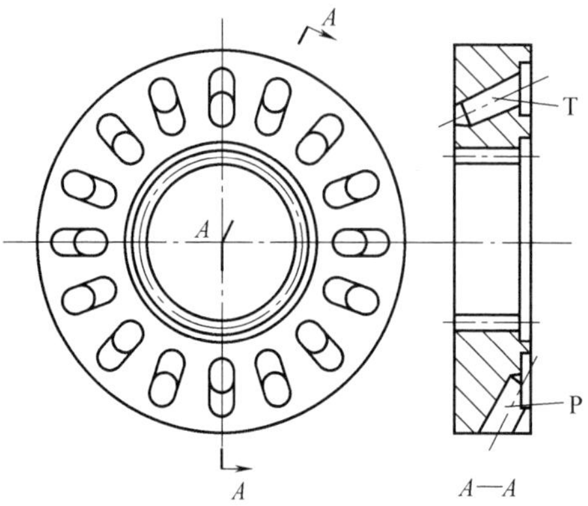

图4-12 配流盘结构

BM系列摆线马达的配流原理和过程如图4-9所示。图中虚线孔是与各密封空间相对应的辅助配流板上的孔，而进液孔和回液孔分别由配流盘上的P孔和T孔表示。图4-9所示位置密封空间1位于过渡区，进、回液配流孔与虚线孔隔断，这时密封空间6、7、8、9与进液孔接通，密封空间2、3、4、5则与回液孔接通，于是转子在高压液体作用下，将按使进液密封空间容积增大的方向自转。由于与转子相啮合的定子固定不动，因此转子在绕自身轴线O_1低速自转的同时，其中心O_1还绕定子中心O_2高速反向公转（这种马达也称行星转子式摆线马达）。随着转子自转的同时，各密封空间将依次与进、回液孔P和T接通。与P孔接通的顺序为6，7，8，9→7，8，9，1→8，9，1，2→…→6，7，8，9。显然，转子公转一周（每个密封空间完成一次进、回液工作循环），它自转过一个齿，所以转子公转Z_1转时，才自转一周，其公转与自转的速比为

$$i=\frac{Z_1}{1} \tag{4-18}$$

图4-8中的花键轴7将转子的自转运动输出，以驱动工作机构。如果改变马达的进、回液方向，则马达输出轴的旋转方向也将改变。

4.1.6.2 技术参数

(1) 排量 V_M（常用以下近似公式计算）

$$V_M=\pi(R_e^2-R_i^2)BZ_1 \tag{4-19}$$

式中 R_e——转子长半径；

R_i——转子短半径；

B——转子宽度；

Z_1——转子齿数。

(2) 平均输出转速 n_M

$$n_M=\frac{q}{\pi(R_e^2-R_i^2)BZ_1}\eta_{VM} \tag{4-20}$$

式中 q——马达的输入流量；

η_{VM}——马达的容积效率。

(3) 平均输出转矩 T_M

$$T_M=\frac{1}{2}\Delta p_M(R_e^2-R_i^2)BZ_1\eta_{mM} \tag{4-21}$$

式中 Δp_M——马达的有效工作压差。

摆线马达具有结构简单、体积小、质量轻、转速范围大、低速稳定性好等优点，应用比较广泛。

4.1.7　液压马达与液压泵的区别

液压马达是液压传动系统的一种液压执行元件，它将液压泵提供的液压能转变为其输出轴的机械能（转矩和转速）。因此从能量转换的观点看，马达与泵是可逆的，即任何液压泵都可作液压马达使用，反之亦然。但是，由于泵和马达的用途及工作条件不同，对它们的性能要求也不一样，所以相同结构类型的液压马达和液压泵仍有许多差别。

① 液压马达应能正、反转运行，其内部结构具有对称性（如轴向柱塞马达的配流盘采用对称结构，叶片马达的叶片必须径向安装等）；而液压泵通常是单向旋转的，结构上没有这一要求。

② 液压泵通常必须有自吸能力，而液压马达没有此要求，但要具备变化容积的初始密封性，以保证提供启动力矩。

③ 为适应调速需要，液压马达的转速范围应足够大，特别是对它的最低稳定转速有一定要求；液压泵都是在高速下稳定工作的，其转速基本不变。为保证马达具有良好的低速运转性能，通常采用滚动轴承或静压滑动轴承。

④ 为改善液压泵的吸液性能，避免出现气蚀，通常把吸液口做得比排液口大；而对液压马达则无这一要求。

由于以上原因，很多同类型的液压泵和液压马达是不能互逆使用的。

4.2　液压缸

液压缸的功用和液压马达类似，在液压传动系统中作为执行元件，带动工作机构实现直线往复运动。液压缸在采掘机械领域应用极为广泛，凡采用液压传动系统的采掘机械，其执行机构普遍配置液压缸。尤其在井下综合机械化采煤工作面中，液压支架的立柱系统及各类千斤顶装置均采用液压缸作为核心驱动元件。常用的液压缸按照其结构和连接的油路分类如表 4-1 所示。

表 4-1　常用液压缸类型

类型	名称	符号
单作用液压缸	柱塞式	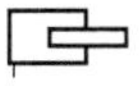
	活塞式	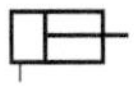
	伸缩套筒式	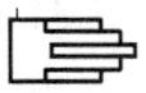
双作用液压缸	单活塞杆式	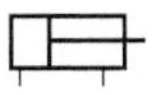
	双活塞杆式	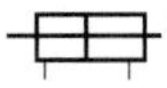
	伸缩套筒式	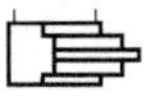
组合液压缸	齿条活塞式	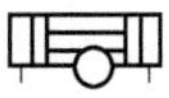

表中列出的单作用液压缸指这类液压缸的活塞杆只有一个方向动作（通常是向外伸出），靠液压力推动，回程则靠自重或外力（如弹簧力等）将活塞杆推回。双作用液压缸指液压缸的活塞杆不论伸出或收缩均靠液压力推动。由此可见，单作用液压缸只有一根油管，而双作用液压缸则由两根油管相连接。

4.2.1 双作用单活塞杆推力液压缸

图 4-13 所示为双作用单活塞杆推力液压缸，它的进、出油口的布置视其安装方式而定，可以采用缸筒固定，也可以采用活塞杆固定，工作台的移动范围是活塞（或缸筒）有效行程的两倍。活塞和密封件将缸筒分隔成左右两腔。当左侧油口进入压力液体时，推动活塞向右运动，活塞杆向外伸出，此时右腔的低压油液经右侧油口流回油箱；反之，当右侧油口进压力液体时，则推动活塞向左运动，活塞杆缩回，这时液压缸左腔的低压油经左侧油口流回油箱。

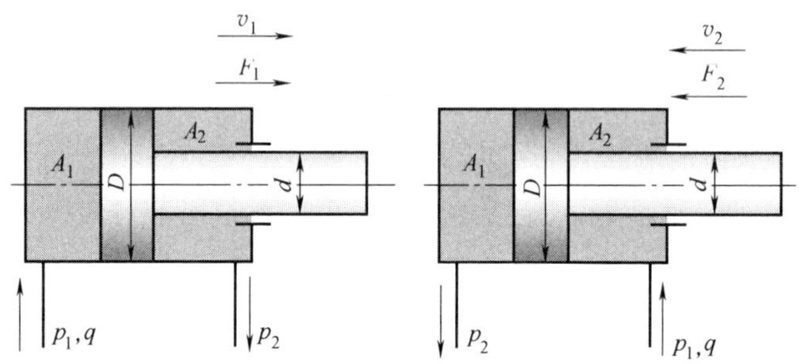

(a) 缸无杆腔进油　　(b) 缸有杆腔进油

图 4-13 双作用单活塞杆推力液压缸

双作用单活塞杆推力液压缸的特点是活塞两侧的有效作用面积不等，在相同的液压力和流量作用时，活塞杆双向的出力和运动速度不同：出力大时速度慢，出力小时速度快。这一性能符合一般工作机械的要求，因此得到广泛应用，采掘机械中的大多数液压缸均属于这种结构。这类液压缸的推力、拉力、运动速度的计算式如下。

(1) 普通油路连接时（图 4-13）

若不计机械效率，液压缸的推力 F_1、拉力 F_2 分别为：

$$F_1=\frac{\pi}{4}D^2p \tag{4-22}$$

$$F_2=\frac{\pi}{4}(D^2-d^2)p \tag{4-23}$$

式中 p——液压缸进口的液体压力；

D——活塞直径；

d——活塞杆直径。

不计容积损失时，活塞杆的伸、缩速度 v_1、v_2 为：

$$v_1=\frac{4q}{\pi D^2} \tag{4-24}$$

$$v_2=\frac{4q}{\pi(D^2-d^2)} \tag{4-25}$$

式中　q——进入液压缸的流量。

若计机械效率和容积损失，F_1、F_2、v_1、v_2 分别为：

$$F_1=(p_1A_1-p_2A_2)\eta_m=\frac{\pi}{4}[(p_1-p_2)D^2+p_2d^2]\eta_m \tag{4-26}$$

$$F_2=(p_1A_2-p_2A_1)\eta_m=\frac{\pi}{4}[(p_1-p_2)D^2-p_1d^2]\eta_m \tag{4-27}$$

$$v_1=\frac{q}{A_1}\eta_V=\frac{4q\eta_V}{\pi D^2} \tag{4-28}$$

$$v_2=\frac{q}{A_2}\eta_V=\frac{4q\eta_V}{\pi(D^2-d^2)} \tag{4-29}$$

(2) 差动连接时（图 4-14）

当液压缸的前、后两腔都和高压油液连通时，由于活塞两侧作用面积不等，在两侧总压力差的作用下活塞杆向外伸出，故这种油路称为差动连接。这时，活塞杆腔流出的工作液体也流入无活塞杆腔，其活塞杆的推力 F 和伸出速度 v 分别为：

$$F_3=p_1(A_1-A_2)=p_1\frac{\pi}{4}d^2 \tag{4-30}$$

$$A_1v_3=q+A_2v_3 \tag{4-31}$$

则有

$$v_3=\frac{q}{A_1-A_2}=\frac{q}{\frac{\pi}{4}d^2} \tag{4-32}$$

可见，双作用单活塞杆推力液压缸在差动连接时，活塞杆可以得到比普通连接时更快的伸出速度，但推力却小得多。

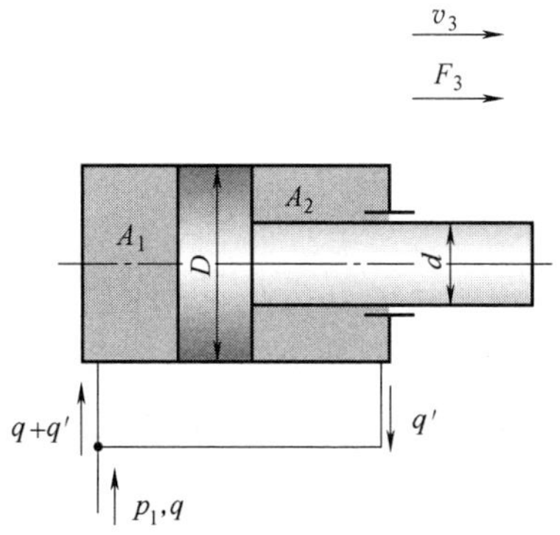

图 4-14　差动连接双作用单活塞杆推力液压缸

4.2.2　双伸缩液压缸

伸缩缸由两个或多个活塞套装而成，前一级缸的活塞杆是后一级缸的缸筒。伸出时，可以获得很长的工作行程，缩回时可保持很小的结构尺寸。

当液压缸的伸出行程要求很大，而收缩后的纵向尺寸要求较小时，应采用双伸缩液压缸。图 4-15 所示为用作厚煤层液压支架立柱的双作用双伸缩液压缸。它由一级缸、二级缸、活柱、大小导向套、底阀、大小活塞等组成。当压力液体从油口 A 进入缸体底部时，推动二级缸并带动活柱一起伸出，这时大活塞右侧的低压油液经一、二级缸间的间隙由油口 B 流回油箱，直至二级缸大活塞右端靠上大导向套为止，完成二级缸（即第一级活塞）的外伸动作。此后，因进入缸底的工作液压力进一步升高，将底阀（单向阀）开启，压力液体从底阀进入活柱小活塞的底腔，推动活柱外伸。这时，小活塞右腔的回液流经活柱的径向孔和轴向孔，最后由活柱上的油口 C 流回油箱。活柱收缩时的液流方向则相反：压力液从油口 B、C 进入，回液从油口 A 流回油箱。这时，二级缸先收缩（因大活塞有效面积大），当其大活塞接触到一级缸缸体底部时，缸底的凸块将底阀顶开，使小活塞底腔的回液经底阀、一级缸缸底，从油口 A 流回油箱。

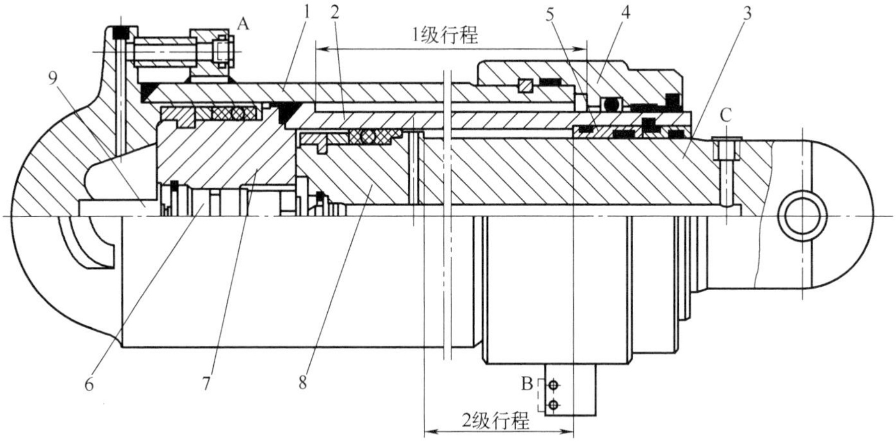

图 4-15 双作用双伸缩液压缸

1—一级缸；2—二级缸；3—活柱；4—大导向套；5—小导向套；6—底阀；7—大活塞；8—小活塞；9—凸块

4.2.3 齿条式液压缸

齿条式液压缸是一种带齿条-齿轮传动的组合液压缸，它可以将活塞的往复直线运动转变为齿轮的回转运动。这种回转运动大都应用在工作机构的回摆运动装置中，如某些部分断面掘进机的工作机构左右摆动和短壁工作面采煤机工作机构摇臂的回转运动都是由齿条式液压缸实现的。

图 4-16 所示为齿条式液压缸的示意图。它由缸体、带齿条活塞杆的双头活塞、齿轮、轴及两端调节螺钉等组成，也是双作用液压缸。当活塞作往复运动时，通过齿条带动齿轮和轴作正、反向回转运动。拧动两端的调节螺钉，可以调节活塞的行程，从而改变输出轴回摆角度。

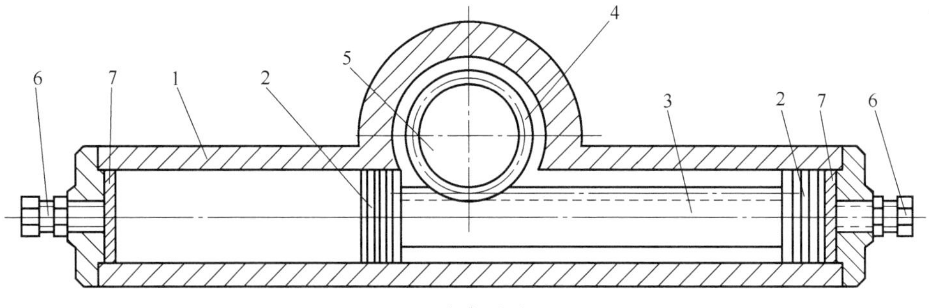

图 4-16 齿条式液压缸

1—缸体；2—活塞；3—齿条活塞杆；4—齿轮；5—轴；6—调节螺钉；7—挡块

齿条液压缸转轴输出的转矩 T 和角速度 ω 的计算式分别为：

$$T=\frac{\pi\Delta pD^2D_t\eta_m}{8} \tag{4-33}$$

$$\omega=\frac{8q\eta_V}{\pi D^2D_t} \tag{4-34}$$

式中　Δp——液压缸两腔的压力差；

D——活塞直径；

D_t——齿轮节圆直径；

η_m——液压缸机械效率；

η_V——液压缸容积效率；

q——进入液压缸的流量。

4.2.4　其他液压缸

(1) 增压缸

增压缸也称增压器。图 4-17 所示为一种由活塞缸和柱塞缸组成的增压缸，它利用活塞和柱塞有效面积的不同使液压传动系统中的局部区域获得高压。当输入活塞缸的液体压力为 p_1、活塞直径为 D、柱塞直径为 d 时，柱塞缸中输出的液体压力为高压，其值为

$$p_3=p_1\left(\frac{D}{d}\right)^2\eta_m \tag{4-35}$$

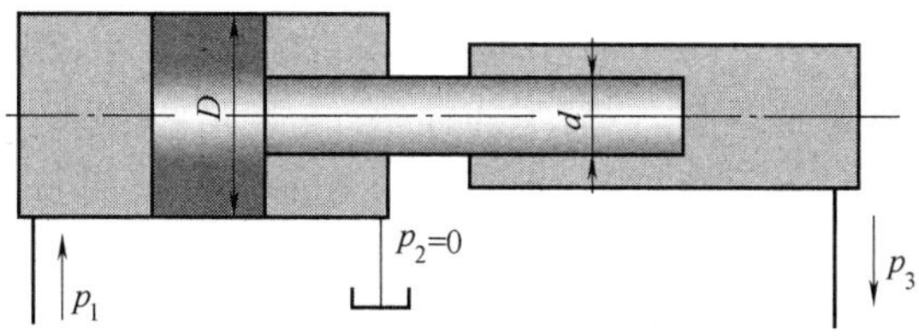

图 4-17　增压缸

(2) 双杆活塞缸

图 4-18 (a) 所示为缸筒固定的双杆活塞缸。它的进、出油口布置在缸筒两端，两活塞杆的直径相等，因此，当工作压力和输入流量不变时，两个方向上输出的推力 F、速度 v 相等，其值分别为：

$$F_1=F_2=(p_1-p_2)A\eta_m=(p_1-p_2)\frac{\pi}{4}(D^2-d^2)\eta_m \tag{4-36}$$

$$v_1=v_2=\frac{q}{A}\eta_V=\frac{4q\eta_V}{\pi(D^2-d^2)} \tag{4-37}$$

式中　A——活塞的有效面积；

D、d——活塞和活塞杆的直径；

q——输入流量；

p_1、p_2——缸的进、出口压力；

η_m、η_V——缸的机械效率、容积效率。

这种安装形式，工作台移动范围约为活塞有效行程的三倍，占地面积大，适用于小型机械。

图 4-18 (b) 所示为活塞固定的双杆活塞缸。它的进、出油液可经活塞杆内的通道输入液压缸或从液压缸流出，也可以用软管连接，进、出口位于液压缸的两端。它的推力和速度与缸筒固定形式的相同。但是其工作台移动范围为缸筒有效行程的两倍，故可用于较大型机械。

双杆活塞缸可设计成工作时一个活塞杆受拉而另一个活塞杆不受力的形式，因此这种液压缸的活塞杆可以做得细些。

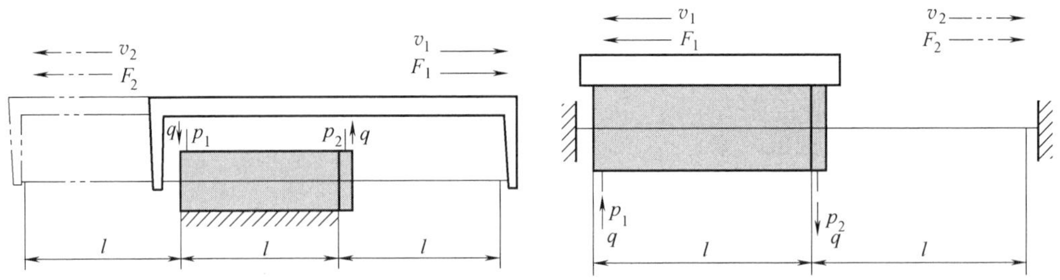

(a) 缸筒固定，活塞移动　　(b) 活塞固定，缸筒移动

图 4-18　双杆活塞缸

4.3 液压缸的典型结构和组成

4.3.1 液压缸的典型结构举例

图 4-19 所示为单杆活塞式液压缸，它由缸筒 5、活塞 12、活塞杆 8、前缸盖 1、后缸盖 7、活塞杆导向装置 9、前缓冲柱塞 4、后缓冲柱塞 11 等元件组成。活塞与活塞杆通过螺纹连接，并用止动销 13 固定。前法兰 14、后法兰 10 用螺纹与缸筒连接，前缸盖 1、后缸盖 7 分别通过前法兰 14、后法兰 10 和螺钉（图中未示出）压紧在缸筒的两端。为了提高密封性能并减小摩擦力，在活塞与缸筒之间、活塞杆与导向装置之间、导向装置与后缸盖之间、前后缸盖与缸筒之间装有各种动、静密封圈。当活塞移动到左右终端附近时，液压缸回油腔的油液只能通过缓冲柱塞上通流面积逐渐减小的轴向三角槽和可调锥阀 2、6 流回油箱，对移动部件起制动和缓冲作用。液压缸中空气经排气装置（图中未画出）排出。

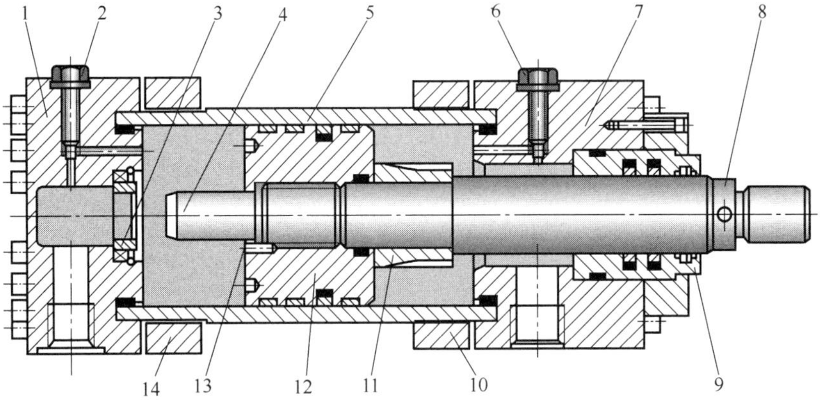

图 4-19　单杆活塞式液压缸结构

1—前缸盖；2,6—锥阀；3—前缓冲套；4—前缓冲柱塞；5—缸筒；7—后缸盖；8—活塞杆；9—活塞杆导向装置；10—后法兰；11—后缓冲柱塞；12—活塞；13—止动销；14—前法兰

4.3.2 液压缸的组成

从图 4-19 中可以看到，液压缸的结构可以分为缸筒和缸盖、活塞和活塞杆、缓冲装置、排气装置、密封装置五个部分，现分述如下。

4.3.2.1　缸筒和缸盖

缸筒和缸盖的常见连接形式及结构如图 4-20 所示。图 4-20（a）所示为法兰连接，结构简单，加工和装拆方便，但外形尺寸和质量都大。图 4-20（b）所示为半环连接，加工和装拆方便，但是，这种结构须在缸筒外部开有环形槽，以削弱其强度，有时要为此增加缸筒的壁厚。图 4-20（c）所示为外螺纹连接，图 4-20（d）所示为内螺纹连接。螺纹连接装拆时要使用专用工具，适用于尺寸较小的缸筒。图 4-20（e）所示为拉杆式连接，容易加工和装拆，但外形尺寸较大，且较重。图 4-20（f）所示为焊接式连接，结构简单、尺寸小，但缸底处内径不易加工，且可能引起变形。

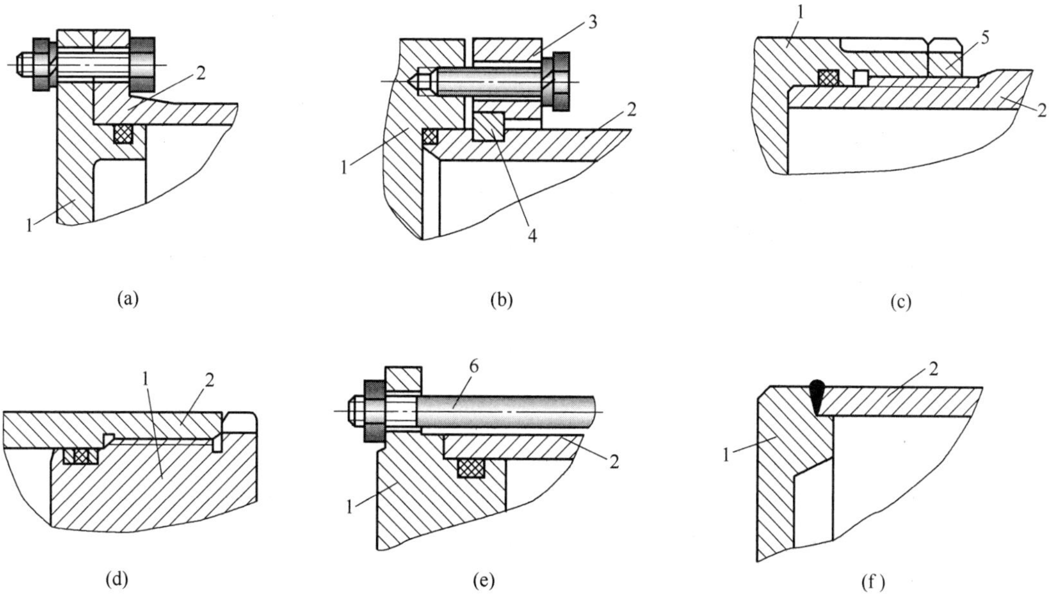

图 4-20　缸筒和缸盖的常见连接形式及结构

1—缸盖；2—缸筒；3—压板；4—半环；5—防松螺母；6—拉杆

4.3.2.2　活塞和活塞杆

活塞和活塞杆的结构形式很多：有整体活塞和分体活塞；有实心活塞杆和空心活塞杆。活塞与活塞杆的连接有螺纹式连接和半环式连接等，如图 4-21 所示。前者结构简单，但必须有螺母防松装置；后者结构复杂，但工作较可靠。此外，也有用锥销连接的。

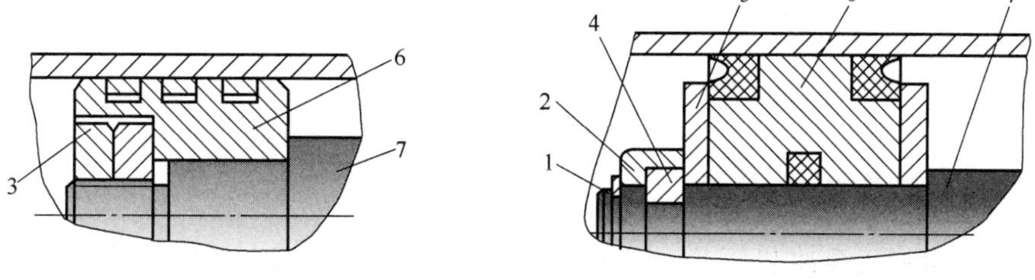

(a) 螺纹式连接　　(b) 半环式连接

图 4-21　活塞和活塞杆的结构

1—弹簧卡圈；2—轴套；3—螺母；4—半环；5—压板；6—活塞；7—活塞杆

4.3.2.3 缓冲装置

缓冲装置利用活塞或缸筒移动到接近终点时，将活塞和缸盖之间的一部分油液封住，迫使油液从小孔或缝隙中挤出，从而产生很大的阻力，使工作部件平稳制动，并避免活塞和缸盖的相互碰撞。液压缸缓冲装置的工作原理如图 4-22 所示。理想的缓冲装置应在其整个工作过程中保持缓冲压力恒定不变，实际上，缓冲装置很难满足这点。

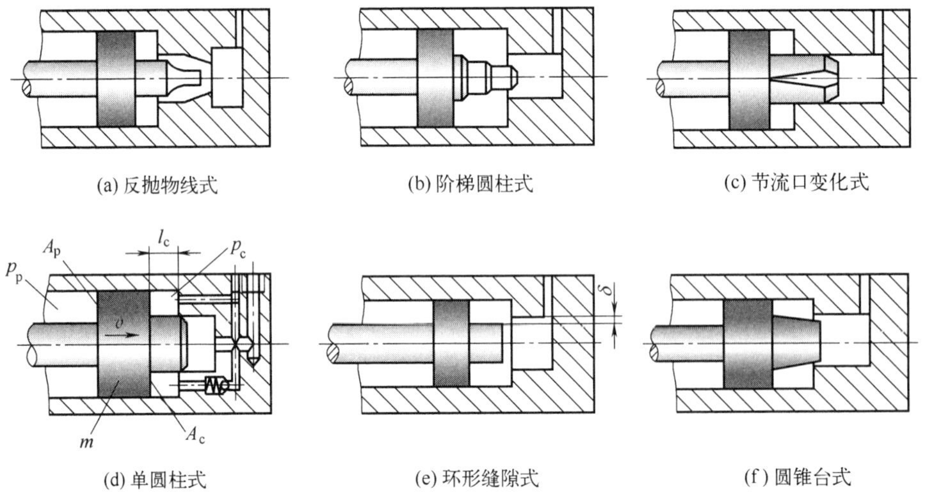

图 4-22 液压缸缓冲装置的工作原理（缓冲柱塞形式）

图 4-23 所示为上述各种形式缓冲装置的缓冲压力曲线。由图 4-23 可见，反抛物线式性能曲线最接近理想曲线，缓冲效果最好。但是，这种缓冲装置需要根据液压缸的具体工作情况进行专门设计和制造，通用性差。阶梯圆柱式的缓冲效果也很好。最常用的则是节流口可调的单圆柱式和圆锥台式。

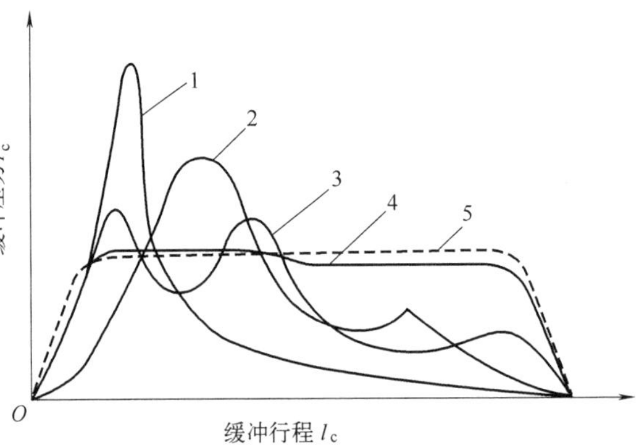

图 4-23 各种缓冲装置的缓冲压力曲线

1—单圆柱式；2—圆锥台式；3—阶梯圆柱式；4—反抛物线式；5—理想曲线

① 节流口可调式缓冲装置，如图 4-22（d）所示。当活塞上的缓冲柱塞进入端盖凹腔后，圆环形回油腔中的油液只能通过针形节流阀流出，使活塞制动。调节节流阀的开口，可改变制动阻力的大小。这种缓冲装置起始缓冲效果好，随着活塞向前移动，缓冲效果逐渐减弱，因此它的制动行程较长。

② 节流口变化式缓冲装置，如图 4-22（c）所示。活塞的缓冲柱塞上开有变截面的轴向三角形节流槽。当活塞移近端盖时，回油腔油液只能经过三角槽流出，因而使活塞受到制动作用。随着活塞的移动，三角槽通流截面逐渐变小，阻力作用增大，因此，缓冲作用均匀，冲击压力较小，制动位置精度高。

【例 4-1】 试推导图 4-22（c）、（d）所示缓冲装置的各种特性式。

解：（1）节流口可调式缓冲装置［图 4-22（d）］

节流口可调式缓冲装置中，节流口面积 A_T 调定后为常数。

$$p_c A_c = -m\frac{dv}{dt} = -m\frac{d\left(\frac{v^2}{2}\right)}{dx} \tag{4-38}$$

$$q_c = A_c v = C_d A_c\sqrt{\frac{2\Delta p}{\rho}} = C_d A_T\sqrt{\frac{2\Delta p_c}{\rho}} \tag{4-39}$$

式中　p_c——缓冲腔压力；

A_c——缓冲腔工作面积；

m——活塞等移动件质量；

v——移动件的速度；

A_T——节流口通流截面面积；

C_d——节流口流量系数；

ρ——油液的密度；

x——移动件的位移。

将式（4-39）代入式（4-38），当 $x=0$ 时，$v=v_0$（v_0 为缓冲开始时的速度），得

$$v = v_0\exp\left[-\frac{A_c\rho}{2m}\left(\frac{A_c}{C_d A_T}\right)^2 x\right] \tag{4-40}$$

将式（4-40）代入式（4-38），当 $x=0$ 时 $a=a_0$，$p_c=p_0$（a_0 为缓冲开始时的加速度，p_0 为缓冲起始时的缓冲压力），得

$$p_c = p_0\exp\left(-\frac{A_c p_0}{mv^2}x\right) \tag{4-41}$$

（2）节流口变化式缓冲装置［图 4-22（c）］

节流口变化式缓冲装置中 A_T 为变量。由于要求 p_c 在整个缓冲过程中保持为常值（因而有加速度 a），$v^2=v_0^2-2a_0x$，因此

$$v = v_0\sqrt{1-\frac{2a_0}{v_0^2}x} \tag{4-42}$$

将式（4-42）代入式（4-39），整理后得

$$A_T = \frac{A_c v_0}{C_d}\sqrt{\frac{\left(1-\frac{2a_0}{v_0^2}x\right)\rho}{2p_c}} \tag{4-43}$$

这表明节流槽纵截面必须呈抛物线形。

4.3.2.4 排气装置

排气装置用来排除积聚在液压缸内的空气。一般把排气装置安装在液压缸两端盖的最高处。常用排气装置如图 4-24 所示。

4.3.2.5 密封装置

密封装置的作用是防止液压缸工作介质的泄漏和外界尘埃与异物的侵入。液压缸内泄漏会使容积效率下降，达不到所需的工作压力；液压缸外泄漏则会造成工作介质浪费和环境污染。密封装置选用、安装不当，又直接影响液压缸的摩擦力和机械效率，还影响液压缸的动、静态性能。因此，正确且合理地使用密封装置是保证液压缸正常动作的关键，应予以高度重视。

(1) 间隙密封

如图 4-25 所示，间隙密封依靠运动件间的微小间隙来防止泄漏。为了提高这种装置的密封能力，常在活塞 3 的表面上增加几条细小环形槽，以增大油液通过间隙时的阻力。其结构简单、摩擦阻小、可耐高温，但泄漏大、加工要求高、磨损后无法恢复原有密封能力，因此只能在尺寸较小、压力较低、相对运动速度较高的缸筒和活塞间使用。

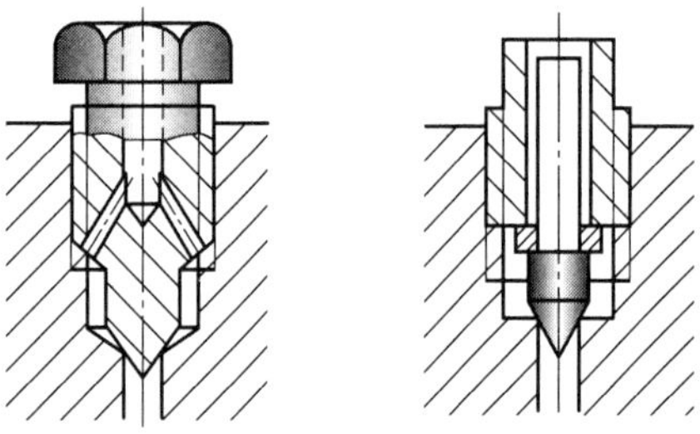

(a) 排气阀　(b) 排气塞

图 4-24 常用排气装置

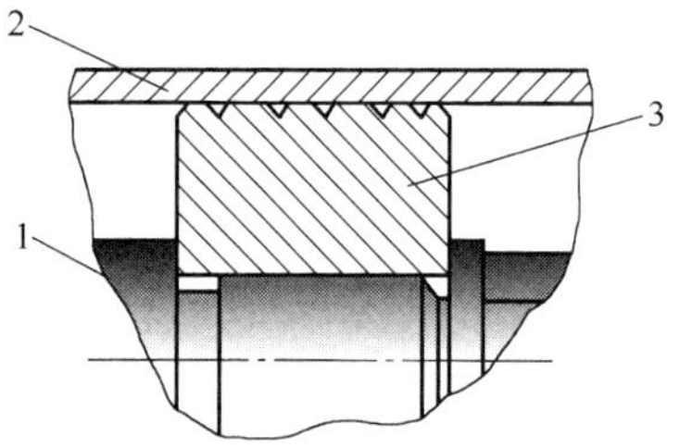

图 4-25 间隙密封

1—活塞杆；2—缸筒；3—活塞

采用间隙密封的液压缸可以利用活塞与缸筒相对运动时产生的液压对中力，而设计成低摩擦液压缸，如图 4-26 所示。这种液压缸有可能实现液体摩擦，从而最大限度地减小摩擦力，提高机械效率，并显著提高液压缸的低速性能，不会产生爬行现象。

(2) 密封件密封

密封件密封利用橡胶或塑料的弹性使各种截面的环形圈贴紧在静、动配合面之间来防止泄漏。其结构简单、制造方便、磨损后有自动补偿能力、性能可靠，在缸筒和活塞之间、缸盖和活塞杆之间、活塞和活塞杆之间、缸筒和缸盖之间都能使用。

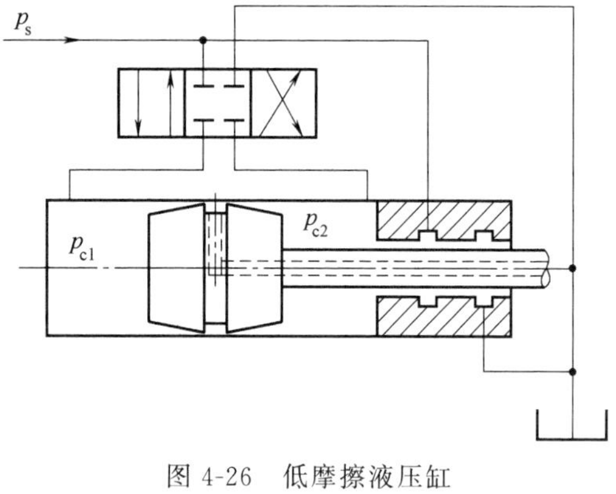

图 4-26 低摩擦液压缸

① 常用密封件。O 形密封圈的截面为圆形，是一种最常用的密封元件。相比于其他形式密封圈，其主要特点为：a. 结构小巧、安装部位紧凑、装拆方便；b. 具有自密封能力，无需经常调整；c. 静、动密封均可使用，用于静密封时几乎没有泄漏，用于动密封时阻力

比较小，但很难做到不泄漏；d. 使用单件 O 形圈可对两个方向起密封作用；e. 若使用或安装不当，容易造成 O 形圈被剪切、扭曲等故障，导致密封失效，故用于动密封时一般需加保护挡圈；f. 价格低廉。O 形密封圈详细内容见 6.1.1 节。

Y 形密封圈的截面呈 Y 形，是一种典型的唇形密封圈。按两唇高度是否相等，可分为轴孔通用的等高唇 Y 形密封圈和不等高唇的轴用与孔用 Y 形密封圈。Y 形密封圈的特点为：a. 密封性能良好，由于介质压力的作用而具有一定的自动补偿能力；b. 摩擦阻力小，运动平稳；c. 耐压性好，适用压力范围广；d. 宜用作大直径的往复运动密封件；e. 结构简单，价格低廉；f. 安装方便。

V 形密封圈的截面呈 V 形，是一种应用最早且至今用途仍比较广泛的单向密封装置。根据制作材质的不同，可分为纯橡胶 V 形密封圈和夹织物（夹布橡胶）V 形密封圈等。V 形密封装置由压环、V 形密封圈和支承环三部分组成。它主要用于液压缸活塞和活塞杆的往复动密封，其特点为：a. 耐压性能好，使用寿命长；b. 根据使用压力的高低，可以合理地选择 V 形密封圈的数量以满足密封要求，并可调整压紧力来获得最佳密封效果；c. 根据密封装置使用要求的不同，可以交替安装不同材质的 V 形密封圈，以获得不同的密封特性和最佳综合效果；d. 维修和更换密封圈方便；e. 密封装置的轴向尺寸大，摩擦阻力大。

② 新型密封件。20 世纪 80 年代以来出现了一批新型密封件，它们进一步提高了密封可靠性、运动精度和综合性能。有代表性的几种新型密封件如表 4-2 所示。

表 4-2　新型密封件

名称	密封部位		截面形状	特点
	活塞	活塞杆		
星形（X 形）密封圈	可用	可用	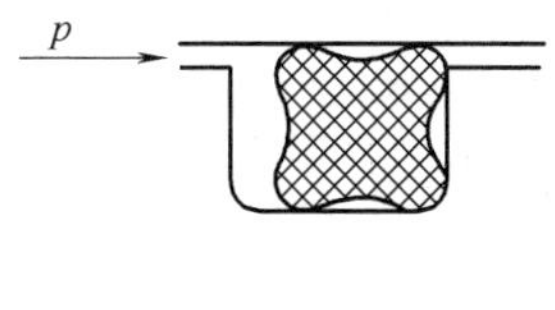	有四个唇口。在往复运动时，不会翻转、扭曲；所需径向预缩量小、接触应力小、摩擦力也小；接触应力分布均匀，密封效果良好；密封圈分型面可设在两唇边之间，飞边不影响密封作用；动、静密封均可使用
Zurcon-L 密封圈	不可用	可用	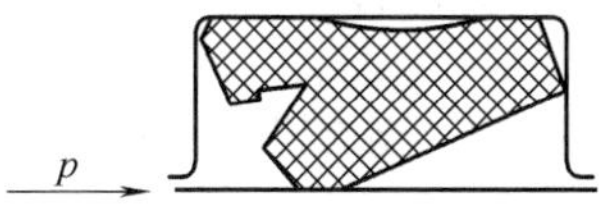	截面呈倒 L 形。在整个工作压力范围内应力分布状态稳定，且具有流体动力回收性能；密封唇不受压力作用，摩擦力小；抗挤出性好；动、静态密封性能好；耐磨性好，使用寿命长
M2 型 Turcon-Variseal 密封圈	可用	可用	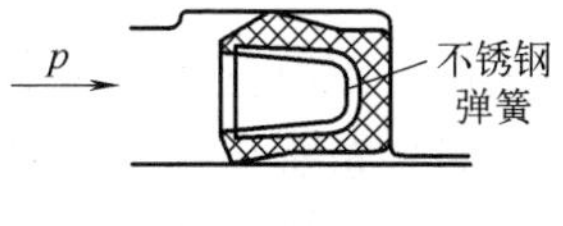	U 形密封圈内装不锈钢弹簧，为单作用密封元件；从零压到高压都能可靠密封；密封圈材料为高性能热塑性复合物；摩擦力小，精确控制时不会产生爬行；尺寸稳定性好，能承受温度急剧变化；耐磨性好，使用寿命长；可用于往复运动和旋转动密封

③ 组合式密封件。组合式密封件由两个或两个以上元件组成。其中一部分是润滑性能好、摩擦因数小的元件，另一部分是充当弹性体的元件，从而大大改善综合密封性能。同轴密封圈是结构与材料全部实施组合形式的往复运动用密封元件。它由改性聚四氟乙烯滑环和作为弹性体的橡胶环（如 O 形圈、矩形圈、星形圈等）组合而成。其按用途可分为活塞用

同轴密封圈（格莱圈加O形密封圈）和活塞杆用同轴密封圈（斯特圈加O形密封圈），其结构形式如图4-27所示。格莱圈和斯特圈以聚四氟乙烯为滑环基材，通过添加铜粉、碳纤维等填充物提升机械性能。由于聚四氟乙烯具有自润滑性，因此同轴密封圈在各类密封圈中，是动摩擦力较小的一种。

格莱圈也可用于旋转密封，如图4-28所示。为了提高密封表面的比压，在密封面上加工有环形沟槽，既可改善密封效果，又可通过形成润滑油腔降低摩擦力。格莱圈背面呈凹弧形，可增加接触面，防止自身旋转。

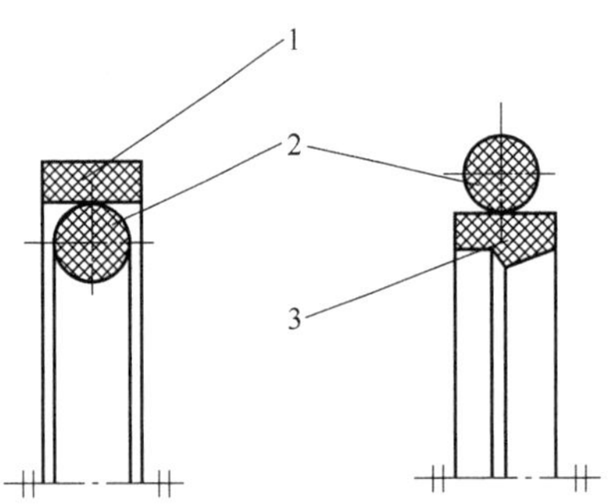

(a) 活塞用　(b) 活塞杆用

图4-27　同轴密封圈

1—格莱圈；2—O形密封圈；3—斯特圈

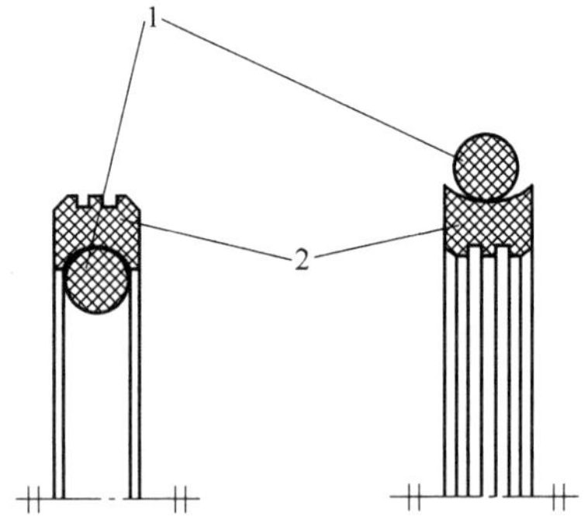

(a) 外圆密封　(b) 内圆密封

图4-28　格莱圈用于旋转密封

1—O形密封圈；2—格莱圈

同轴密封圈在材质、截面形状等方面仍在不断改进，新型同轴密封圈层出不穷，如图4-29所示。

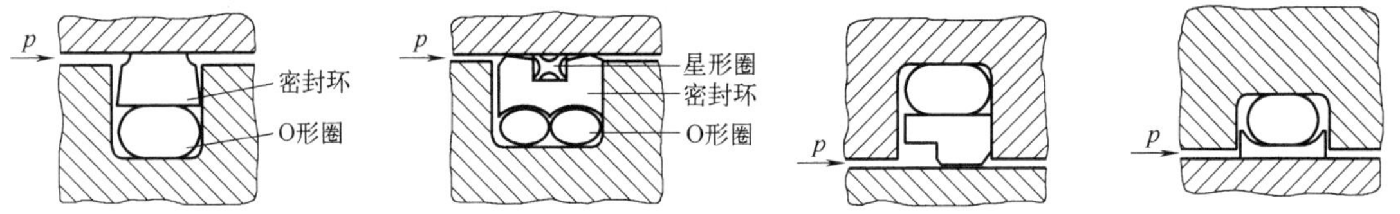

(a) T形Turcon格莱圈(孔用)　(b) Turcon-AQ密封圈(孔用)　(c) Turcon斯特圈(轴用)　(d) Turcon双三角密封圈(轴用)

图4-29　新型同轴密封圈

4.4 液压缸的设计和计算

液压缸的设计是在对整个液压系统进行工况分析，编制负载图，选定工作压力之后进行的：先根据使用要求选择结构类型，然后按负载情况、运动要求、最大行程等确定其主要工作尺寸，进行强度、稳定性和缓冲验算，最后进行结构设计。

(1) 液压缸设计中应注意的问题

液压缸的设计和使用的正确与否，直接影响它的性能和是否发生故障。常见的是液压缸安装不当、活塞杆承受偏载、液压缸或活塞下垂、活塞杆的压杆失稳等问题。所以，在设计液压缸时，必须注意以下几点：

① 尽量使活塞杆在受拉状态下承受最大负载，或在受压状态下具有良好的纵向稳定性。

② 考虑液压缸行程终了处的制动问题和液压缸的排气问题。液压缸内若无缓冲装置和排气装置，系统中必须有相应的措施，但是并非所有的液压缸都要考虑这些问题。

③ 正确确定液压缸的安装、固定方式：承受弯曲的活塞杆不能用螺纹连接，要用止口连接；液压缸不能在两端用键或销定位，只能在一端定位，以防阻碍它在受热时的膨胀；若冲击载荷使活塞杆压缩，定位件须设置在活塞杆端，若活塞杆拉伸则设置在缸盖端。

④ 液压缸各部分的结构应根据推荐的结构形式和设计标准进行设计，尽可能做到结构简单、紧凑，加工、装配和维修方便。

(2) 液压缸主要尺寸的确定

① 缸筒内径 D 根据负载大小和选定的工作压力，或运动速度和输入流量，按本章有关算式确定后，再从《流体传动系统及元件 缸径及活塞杆直径》(GB/T 2348—2018) 中选取相近尺寸加以圆整。

② 活塞杆直径 d 按工作时的受力情况确定，如表 4-3 所示。对单杆活塞缸，活塞杆直径 d 也可由 D 和 λ_v 来决定，并按相关规范进行圆整。

表 4-3　中低压液压缸活塞杆直径推荐

活塞杆受力情况	受拉伸	受压缩，工作压力 p_1/MPa		
		$p_1 \leqslant 5$	$5 < p_1 \leqslant 7$	$p_1 > 7$
活塞杆直径 d	$(0.3 \sim 0.5)D$	$(0.5 \sim 0.55)D$	$(0.6 \sim 0.7)D$	$0.7D$

③ 缸筒长度 L 由最大工作行程决定。

(3) 强度校核

对于液压缸的缸筒壁厚 δ、活塞杆直径 d 和缸盖处固定螺钉的直径，在高压系统中，必须进行强度校核。

① 缸筒壁厚 δ 的校核。在中低压液压传动系统中，缸筒壁厚往往由结构工艺要求决定，一般不需校核。在高压系统中，须按下列情况进行校核。

当 $D/\delta > 10$ 时为薄壁，δ 可按式 (4-44) 校核。

$$\delta \geqslant \frac{p_y D}{2[\sigma]} \tag{4-44}$$

式中　D——缸筒内径；

p_y——试验压力，当缸的额定压力 $p_n \leqslant 16\text{MPa}$ 时，取 $p_y = 1.5p_n$，$p_n > 16\text{MPa}$ 时，取 $p_y = 1.25p_n$；

$[\sigma]$——缸筒材料的许用应力，$[\sigma] = R_m/n$，R_m 为材料的抗拉强度，n 为安全系数，一般取 $n = 5$。

当 $D/\delta < 10$ 时为薄壁，δ 可按式 (4-39) 校核。

$$\delta \geqslant \frac{D}{2}\left(\sqrt{\frac{[\sigma] + 0.4p_y}{[\sigma] - 1.3p_y}} - 1\right) \tag{4-45}$$

② 活塞杆直径 d 的校核。

$$d \geqslant \sqrt{\frac{4F}{\pi[\sigma]}} \tag{4-46}$$

式中　F——活塞杆上的作用力；

$[\sigma]$——活塞杆材料的许用应力，$[\sigma] = R_m/1.4$。

③ 缸盖固定螺钉直径 d_s 的校核。

$$d_s \geqslant \sqrt{\frac{5.2kF}{\pi z[\sigma]}} \tag{4-47}$$

$$[\sigma]=R_{eL}/(1.22-2.5)$$

式中 F——液压缸负载；

k——螺纹拧紧系数，取 1.12～1.5；

z——固定螺钉个数；

$[\sigma]$——螺钉材料许用应力；

R_{eL}——材料的下屈服强度。

(4) 稳定性校核

活塞杆受轴向压缩负载时，其负载 F 超过某一临界值 F_k，就会失稳。活塞杆稳定性按式（4-48）进行校核。

$$F \leqslant \frac{F_k}{n_k} \tag{4-48}$$

式中 n_k——安全系数，一般取 2～4。

当活塞杆的细长比 $l/r_k > \psi_1\sqrt{\psi_2}$ 时：

$$F_k=\frac{\psi_2 \pi^2 EJ}{l^2} \tag{4-49}$$

当活塞杆的细长比 $l/r_k \leqslant \psi_1\sqrt{\psi_2}$，且 $\psi_1\sqrt{\psi_2}=20$～120 时，则

$$F_k=\frac{fA}{1+\frac{\alpha}{\psi_2}\left(\frac{l}{r_k}\right)^2} \tag{4-50}$$

式中 l——安装长度，其值与安装方式有关；

r_k——活塞杆横截面最小回转半径，$r_k=\sqrt{J/A}$ 时；

ψ_1——柔性系数，其值见表 4-5；

ψ_2——由液压缸支承方式决定的末端系数，见表 4-4；

E——活塞杆材料的弹性模量，对钢，可取 $E=2.06\times10^{11}$ Pa；

J——活塞杆横截面惯性矩；

A——活塞杆横截面面积；

f——由材料强度决定的试验值，见表 4-5；

α——系数，具体数值见表 4-5。

表 4-4 液压缸支承方式和末端系数 ψ_2 的值

支承方式	支承说明	末端系数 ψ_2
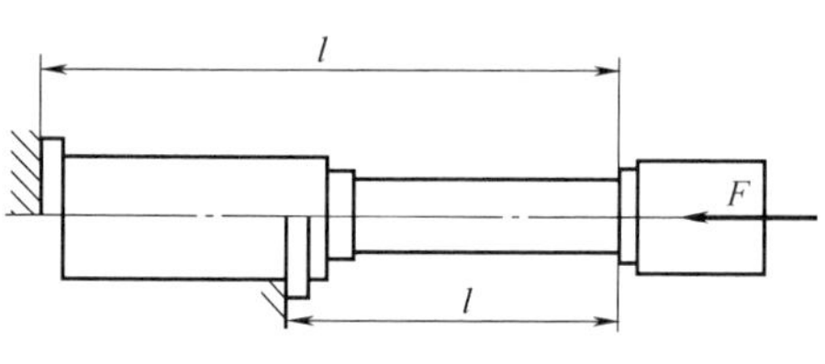	一端自由、一端固定	$\frac{1}{4}$

续表

支承方式	支承说明	末端系数 ψ_2
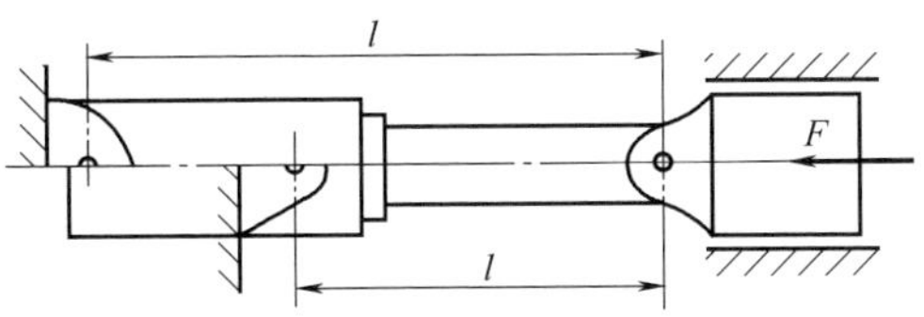	两端铰接	1
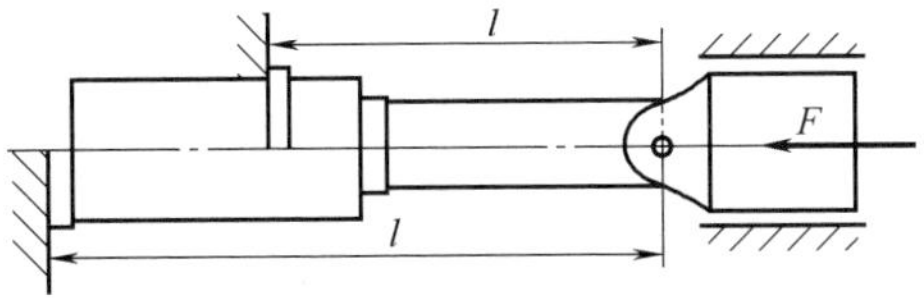	一端铰接、一端固定	2
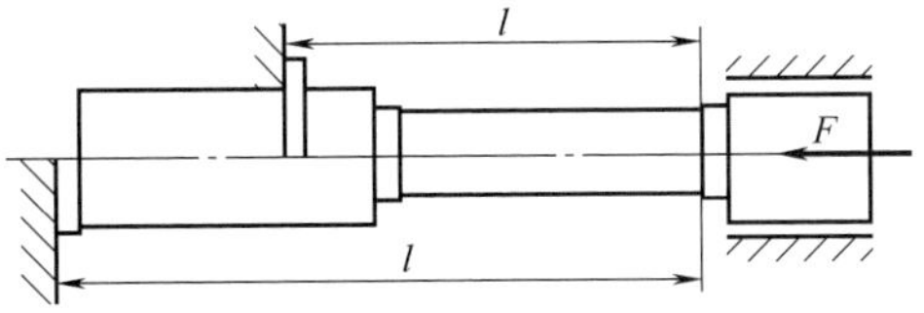	两端固定	4

表 4-5　f、α、ψ_1 的值

材料	f/MPa	α	ψ_1
铸铁	560	1/1600	80
锻钢	250	1/9000	110
低碳钢	340	1/7500	90
中碳钢	490	1/5000	85

(5) 缓冲计算

液压缸的缓冲计算主要是估计缓冲时液压缸内出现的最大冲击压力，以便用来校核缸筒强度、制动距离是否符合要求。当发现工作腔中的液压能和工作部件的动能不能全部被缓冲腔吸收时，制动过程中就可能出现活塞和缸盖相碰的现象。

液压缸缓冲时，背压腔内产生的液压能 E_1 和工作部件产生的机械能 E_2 分别为：

$$E_1=p_cA_cl_c \tag{4-51}$$

$$E_2=p_pA_pl_c+\frac{1}{2}mv^2-F_fl_c \tag{4-52}$$

式中　p_c——缓冲腔中的平均缓冲压力；
p_p——高压腔中的油液压力；
A_c、A_p——缓冲腔、高压腔的有效工作面积；
l_c——缓冲行程长度；
m——工作部件质量；
v——缓冲行程长度；
F_f——摩擦力。

式（4-52）表示工作部件产生的机械能 E_2 等于高压腔中的液压能与工作部件的动能之

和，再减去摩擦消耗的能量。当 $E_1=E_2$，即工作部件的机械能全部被缓冲腔液体吸收时，有

$$p_c=\frac{E_2}{A_c l_c} \tag{4-53}$$

若缓冲装置为节流口可调式缓冲装置，缓冲过程中的缓冲压力逐渐降低，假定缓冲压力线性降低，则最大缓冲压力（冲击压力）为

$$p_{max}=p_c+\frac{mv^2}{2A_c l_c} \tag{4-54}$$

若缓冲装置为节流口变化式缓冲装置，则由于缓冲压力始终不变，最大缓冲压力的值即如式（4-53）所示。

(6) 拉杆计算

有些液压缸的缸筒和两端缸盖是由四根或更多根拉杆组装成一体的。拉杆端部有螺纹，用螺母固紧到给拉杆造成一定的应力，以使缸盖和缸筒不会在工作压力下松开，产生泄漏。拉杆计算的目的是针对某一规定的分离压力值估算拉杆的预加载荷量。

若预加在拉杆上的拉力为 F_1，则拉杆的变形量（伸长量）为

$$\delta_T=\frac{F_1}{K_T} \tag{4-55}$$

式中　K_T——拉杆的刚度，$K_T=\dfrac{A_T E_T}{L_T}$；

A_T、L_T——拉杆的受力总截面面积和长度；

E_T——拉杆材料的弹性模量。

在拉杆预加力 F_1 的作用下，缸筒也要压缩变形，其变形量（压缩量）为

$$\delta_c=\frac{F_1}{K_c} \tag{4-56}$$

式中　K_c——缸筒的刚度，$K_c=\dfrac{A_c E_c}{L_c}$；

A_c、L_c——缸筒的受力总截面面积和长度；

E_c——缸筒材料的弹性模量。

当液压缸在压力 p 作用下工作时，拉杆中的拉力将增大至 F_T，缸盖和缸筒间的接触力变为 F_c。它们之间的关系为

$$F_T=F_c+pA_p \tag{4-57}$$

式中　A_p——活塞的有效工作面积。

这时拉杆的变形量增大了 Δ_T，即

$$\Delta_T=\frac{F_T-F_1}{K_T} \tag{4-58}$$

而缸筒的变形量减小了 Δ_c 的压缩量（或增加了 Δ_c 的伸长量），且有

$$\delta_c-\Delta_c=\varepsilon_c L_c \tag{4-59}$$

$$\varepsilon_c=\frac{F_c}{A_c E_c}-\frac{\mu(\sigma_h+\sigma_r)}{E_c}=\frac{F_c}{A_c E_c}-\frac{2\mu p A_p}{A_c E_c} \tag{4-60}$$

式中　ε_c——缸筒的轴向应变；

σ_h、σ_r——缸筒筒壁中的切向应力和径向应力；

μ——缸筒材料的泊松比。

显然，$\Delta_c=\Delta_T$，为此有

$$F_T=F_1+\frac{(1-2\mu)pA_p}{1+\frac{K_c}{K_T}}=F_1+\xi pA_p \tag{4-61}$$

式中 ξ——压力负载系数，它与拉杆和缸筒的材料性质及结构尺寸有关，即

$$\xi=\frac{1-2\mu}{1+\frac{A_cE_cL_T}{A_TE_TL_c}} \tag{4-62}$$

当液压缸中压力到达规定的分离压力 p_s 时，缸盖和缸筒分离，$F_c=0$，$F_T=p_sA_p$。由此可求得拉杆上应施加的预加载荷：

$$F_1=(1-\xi)p_sA_p \tag{4-63}$$

式（4-63）适用于活塞到达全行程终端，且活塞力全部由缸盖来承受的情况。活塞在零行程位置启动时，因需克服静摩擦和惯性负载，实际所需压力可达匀速运行时的2倍。

思考题

1. 什么是液压马达？
2. 液压马达与液压泵有什么异同？
3. 什么是液压马达的排量？它与液压泵的流量、系统的压力是否有关？
4. 如何改变液压马达的输出转速？如何实现液压马达的反转？
5. 液压马达的输出转矩与哪些参数有关？
6. 叶片泵与叶片马达结构上的主要区别是什么？
7. 简述斜盘式轴向柱塞马达的工作原理。
8. 内曲线多作用式径向柱塞马达是怎样工作的？
9. 简述BM系列摆线马达的结构和工作原理。
10. 简述液压缸在液压传动中的功用。常用的液压缸有哪些类型？
11. 什么是单作用液压缸、双作用液压缸？
12. 简述双作用单活塞杆液压缸的主要结构组成。
13. 以双作用单活塞杆液压缸为例，推导活塞杆往复运动的力和速度计算式。
14. 什么是液压缸的差动连接？差动连接液压缸有何特点？
15. 简述双伸缩液压缸的用途和动作原理。
16. 齿条式液压缸的功用是什么？试推导其输出转矩和角速度关系式。
17. 什么是液压马达？图4-30所示为三种结构形式的液压缸，活塞和活塞杆直径分别为 D、d，若进入液压缸的流量为 q，压力为 p，试分析各缸产生的推力、速度大小以及运动方向（注意运动件及其运动方向）。
18. 某液压马达的进油压力为10MPa，排量为200mL/r，总效率为0.75，机械效率为0.9，试求：

（1）该液压马达的几何转矩。

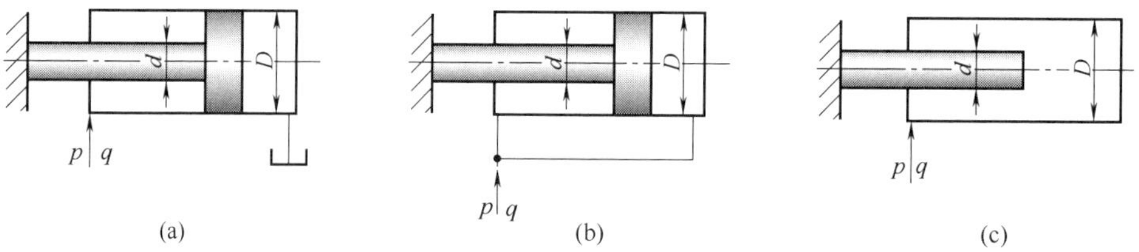

图 4-30 思考题 17 图

(2) 当液压马达的转速为 500r/min 时，输入该液压马达的流量。

(3) 当外负载为 200N·m (n=500r/min) 时，该液压马达的输入功率和输出功率。

19. 若要求某液压马达输出转矩为 52.5N·m，转速为 30r/min，液压马达排量为 105mL/r，液压马达的机械效率和容积效率均为 0.9，出口压力为 p_2=0.2MPa，试求该液压马达所需的流量和压力。

20. 单叶片摆动液压马达，叶片底端和顶端的半径分别为 R_1=50mm 和 R_2=120mm，叶片宽度为 b=40mm，回油压力为 p_2=0.2MPa，液压马达的机械效率 η_M=0.9，若负载转矩为 1000N·m，试求液压马达的油液输入压力 p_1。

21. 双叶片摆动液压马达的输入压力为 p_1=4MPa，q=25L/min，回油压力为 p_2=0.2MPa，叶片的底端半径为 R_1=60mm，顶端半径为 R_2=110mm，液压马达的容积效率和机械效率均为 0.9，若液压马达输出轴转速 n_M=13.55r/min，试求液压马达叶片宽度 b 和输出转矩 T。

22. 图 4-31 所示为一个与工作台相连的柱塞液压缸，工作台质量为 980kg，缸筒与柱塞间摩擦力为 F_f=1960N，D=100mm，d=70mm，d_0=30mm，试求工作台在 0.2s 内从静止加速到最大稳定速度 v=7m/min 时，液压泵的供油压力和流量。

23. 图 4-32 所示为两个单柱塞液压缸，液压缸内径为 D，柱塞直径为 d。其中一个柱塞液压缸的缸筒固定，柱塞克服负载移动；另一个柱塞固定，缸筒克服负载而运动。如果在这两个柱塞缸中输入同样流量和压力的油液，它们产生的速度和推力是否相等？为什么？

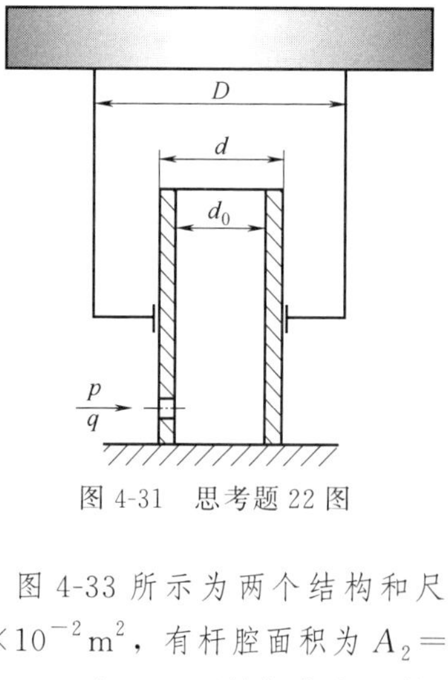

图 4-31 思考题 22 图

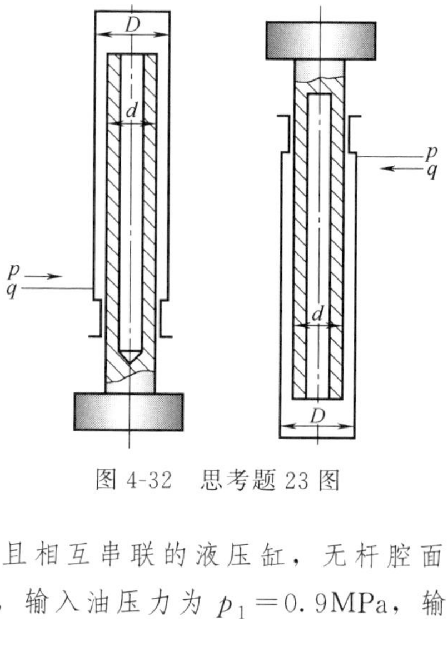

图 4-32 思考题 23 图

24. 图 4-33 所示为两个结构和尺寸均相同，并且相互串联的液压缸，无杆腔面积为 $A_1=1\times10^{-2}m^2$，有杆腔面积为 $A_2=0.8\times10^{-2}m^2$，输入油压力为 p_1=0.9MPa，输入流量为 q_1=12L/min。不计损失和泄漏，试求：

（1）两液压缸承受相同负载时（$F_1=F_2$）的负载和速度。

（2）液压缸 1 不承受负载时（$F_1=0$），液压缸 2 能承受的负载。

（3）液压缸 2 不承受负载时（$F_2=0$），液压缸 1 能承受的负载。

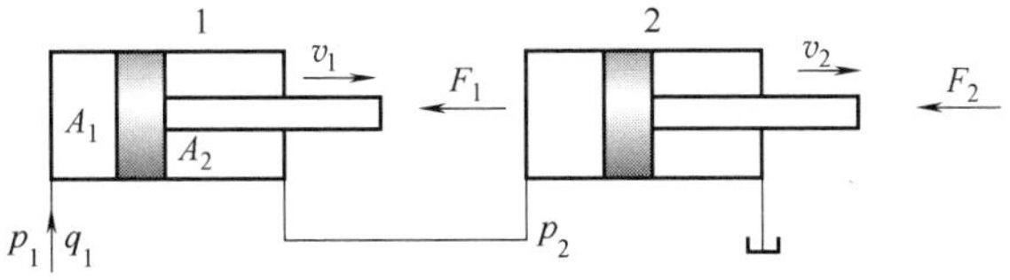

图 4-33　思考题 24 图

25. 如图 4-34 所示的液压缸，输入压力为 p_1，活塞直径为 D，柱塞直径为 d，试求输出压力 p_2。

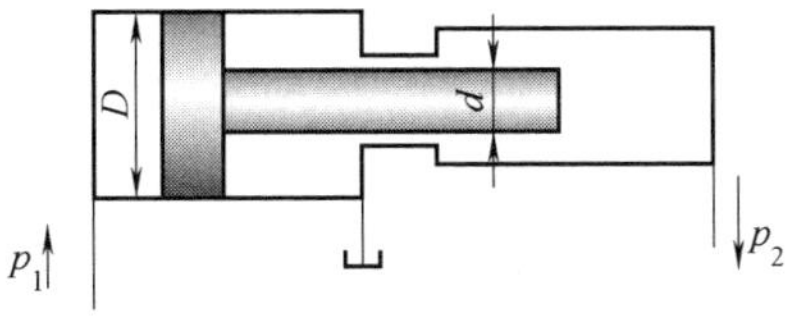

图 4-34　思考题 25 图

26. 一单杆活塞缸快进时采用差动连接，快退时油液输入液压缸的有杆腔，假设液压缸快进、快退的速度均为 0.1m/s，工进时杆受压，推力为 25000N。已知输入流量为 $q=25\text{L/min}$，背压为 $p_2=0.2\text{MPa}$。

（1）试求液压缸 D 和活塞杆直径 d。

（2）试求缸筒壁厚（缸筒材料为 45 号钢）。

（3）若活塞杆铰接，缸筒固定，安装长度为 1.5m，校核活塞杆的纵向稳定性。

27. 如图 4-35 所示的液压缸，缸径为 $D=63\text{mm}$，活塞杆径为 $d=28\text{mm}$，采用节流口可调式缓冲装置，环形缓冲腔小径为 $d_c=35\text{mm}$。当缓冲行程为 $l_c=25\text{mm}$，运动部件质量为 $m=2000\text{kg}$，运动速度为 $v_0=0.3\text{m/s}$，摩擦力为 $F_f=950\text{N}$，工作腔压力为 $p_P=7\text{MPa}$ 时，试求液压缸的最大缓冲压力。若缸筒强度不够，该怎么办？

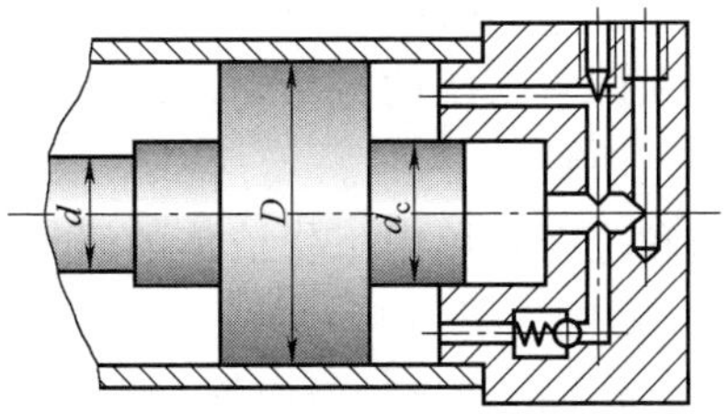

图 4-35　思考题 27 图

第 5 章
液压控制元件

5.1 概述

5.1.1 液压控制阀的作用

液压控制阀（又称液压阀）用来控制液压传动系统中油液流动方向或调节其压力和流量，以满足对执行机构（如液压缸和液压马达）所提出的压力、速度和换向的要求，从而使执行机构实现预期的动作。因此它可以分为方向阀、压力阀、流量阀三大类。一个形状相同的阀，因作用机制的不同，而具有不同的功能。压力阀和流量阀利用通流截面的节流作用调节系统压力和流量，而方向阀则利用流道的更换控制油液流动方向。因此，尽管液压阀存在着各种不同的类型，但它们之间还保持着一些基本共同点。例如：

① 在结构上，所有的阀都由阀体、阀芯（座阀或滑阀）和驱使阀芯动作的元、部件（如弹簧、电磁铁）组成。

② 在工作原理上，所有阀的开口大小，阀进、出口间的压力差以及流过阀的流量之间的关系都符合孔口流量公式，只是各种阀控制的参数各不相同。

5.1.2 液压控制阀的分类

一个液压传动系统中使用的液压控制阀很多，它们的具体作用和名称可能各不相同，但按照它们在系统中所起的作用可分为三类：

① 压力控制阀。用于控制工作液体的压力，以实现对执行机构力或力矩进行控制的要求。这类阀主要有溢流阀、安全阀、减压阀、卸荷阀、顺序阀、平衡阀等。

② 流量控制阀。用于控制和调节系统的流量，从而改变执行机构的运动速度。流量控制阀主要有节流阀、调速阀、分流阀等。

③ 方向控制阀。用于控制和改变系统中工作液体的流动方向，以实现执行机构运动方向的转换。方向控制阀可分为二通阀、三通阀、四通阀、多通阀等。阀的操纵方式有手动换向、液压换向、电磁换向、电液动换向、机械换向等。单向阀和截止阀都属于方向控制阀。

液压控制阀也可按其他不同的特征进行分类，如表 5-1 所示。

表 5-1 液压控制阀的分类

分类方法	种类	详细分类
按机能分类	压力控制阀	溢流阀、安全阀、减压阀、卸荷阀、顺序阀、平衡阀、比例压力控制阀、缓冲阀、仪表截止阀、限压切断阀、压力继电器等
	流量控制阀	节流阀、调速阀、分流阀、单向节流阀、集流阀、比例流量控制阀等
	方向控制阀	单向阀、液控单向阀、换向阀、行程减速阀、充液阀、梭阀、比例方向控制阀等

续表

分类方法	种类	详细分类
按结构分类	滑阀	圆柱滑阀、旋转阀、平板滑阀
	座阀	锥阀、球阀
	射流管阀	—
	喷嘴挡板阀	单喷嘴挡板阀、双喷嘴挡板阀
按操纵方法分类	手动阀	手把及手轮、踏板、杠杆
	机/液/气动阀	挡块及碰块、弹簧、液压、气动
	电动阀	普通、比例电磁铁控制，力马达、力矩马达、步进电动机、伺服电动机控制
按连接方式分类	管式连接	螺纹式连接、法兰式连接
	板式、叠加式连接	单层连接板式、双层连接板式、油路块式、叠加阀、多路阀
	插装式连接	螺纹式插装（二、三、四通插装阀）、盖板式插装（二通插装阀）
按控制方式分类	比例阀	电液比例压力阀、电液比例流量阀、电液比例换向阀、电液比例复合阀、电液比例多路阀
	伺服阀	单级电液流量伺服阀、两级（喷嘴挡板式、滑阀式）电液流量伺服阀、三级电液流量伺服阀、电液压力伺服阀、气液伺服阀、机液伺服阀
	数字控制阀	数字控制压力阀、数字控制流量阀与方向阀
按输出参数可调节性分类	开关控制阀	方向控制阀、顺序阀、限速切断阀、逻辑阀
	输出参数连续可调的阀	溢流阀、减压阀、节流阀、调速阀、各类电液控制阀（比例阀、伺服阀）

5.1.3　液压控制阀的阀口功能

各种液压阀的阀口功能因阀而异，一般可分为五种，分别用不同字母表示。它们所表示的功能说明如下：

压力油口（P）：压力油口一般指进入压力油的油口，但有些阀（如减压阀、顺序阀）的出油口也是压力油口。

回油口（O或T）：回油口是低压油口。阀内的低压油从此流出，流向下一个元件或油箱。

泄油口（L）：泄油口也是低压油口。阀体中漏到空腔中的低压油经它流回油箱。

工作油口（A或B）：工作油口一般指方向阀的A、B油口，由它连接执行元件。

控制油口（K）：使控制阀动作的外接控制压力油由控制油口进入。

液压控制阀常用的阀口形式及其通流截面的计算公式如表5-2所示。

表 5-2　常用阀口形式及其通流截面的计算公式

类型	阀口形式	通流截面计算公式
圆柱滑阀式[1]	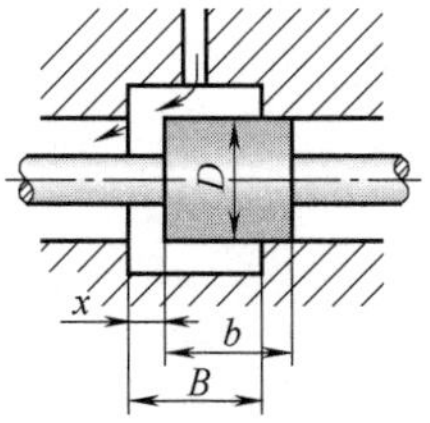	$A=\pi Dx$

续表

类型	阀口形式	通流截面计算公式
锥阀式	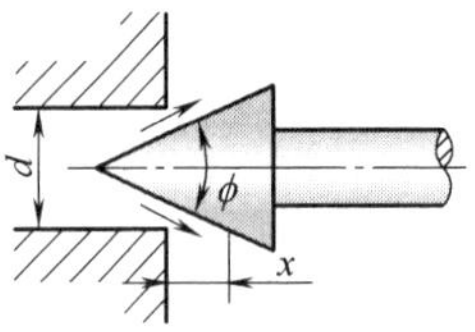	$A=\pi dx\sin\frac{\phi}{2}\left(1-\frac{x}{2d}\sin\phi\right)$
球阀式	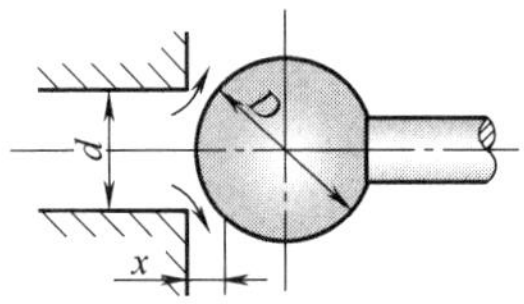	$A=\pi dx\left(\sqrt{\left(\frac{D}{2}\right)^2-\left(\frac{d}{2}\right)^2}+\frac{x}{2}\right)\Big/\sqrt{\left(\frac{d}{2}\right)^2+\left(\sqrt{\left(\frac{D}{2}\right)^2-\left(\frac{d}{2}\right)^2}+x\right)^2}$
截止阀式	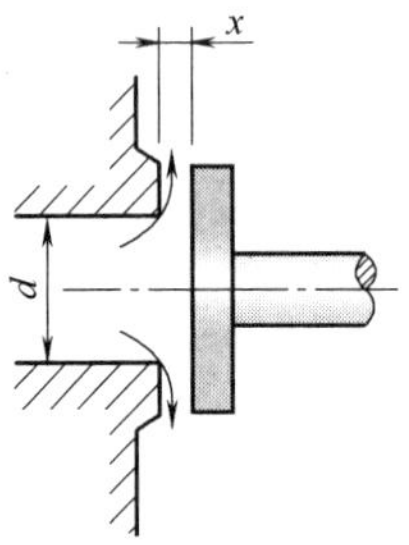	$A=\pi dx$
轴向三角槽式	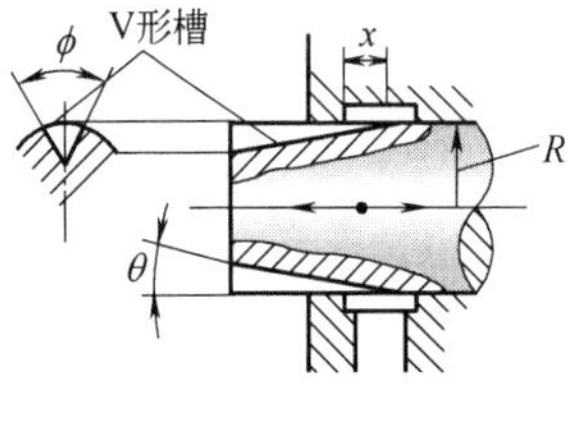	$A=n\frac{\phi}{2}x^2\tan2\theta$ n 为槽数

① 当阀芯在中间位置时，如沉割槽宽度 B 大于阀芯凸肩宽度 b，即 $B>b$，滑阀式的阀口表示有负遮盖（即正预开口）；$b=B$，为零遮盖（即零开口）；$b>B$，为正遮盖（即负预开口）。下同。

5.1.4 对液压控制阀的基本要求

液压传动系统中所采用的液压阀，应满足以下要求：

① 动作灵敏、使用可靠、工作时冲击和振动小。

② 油液流过时压力损失小。

③ 密封性能好。

④ 结构紧凑，安装、调整、使用、维护方便，通用性好。

5.2 压力控制阀

常见压力控制阀的类型如图 5-1 所示。

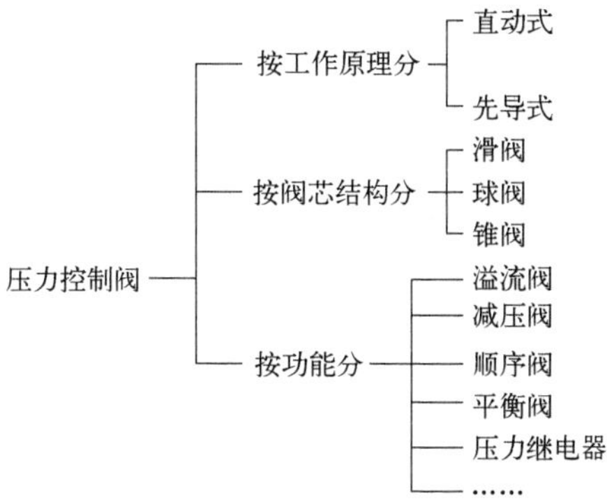

图 5-1　常见压力控制阀的类型

5.2.1　溢流阀（安全阀）

5.2.1.1　溢流阀的作用

溢流阀常用来调节系统的工作压力。

在采用定量泵的液压传动系统中，为了保证系统工作可靠，液压泵的额定流量常常选择稍大于系统所需的最大流量，而且在工作中执行机构还需要经常调速。这时应随时把系统中多余的流量溢回油箱，否则，系统工作压力将不断上升，以致破坏系统的正常工作。溢流阀此时的作用就是随时溢出系统中多余的流量，保持系统工作压力的稳定，即溢流稳压。

在容积调速系统中，溢流阀用来限制系统的最高工作压力。在正常工作压力下，溢流阀关闭；当系统压力超过溢流阀的调定压力时，溢流阀开启，以保护系统的安全。溢流阀（此时又称安全阀）在这里的作用就是安全保护。

起溢流稳压作用的溢流阀与起安全保护作用的安全阀工作状态不同，前者在工作过程中处于常开状态，且调定压力较低；而后者则处于常闭状态，且调定压力为系统最高压力，只有当系统压力超载时才动作。

对溢流阀的主要要求：调压范围大、调压偏差小、压力振摆小、动作灵敏、过流能力大、噪声小。

溢流阀的图形符号如图 5-2 所示。

国产溢流阀按其控制的压力范围不同分为三个系列，即：

① P 系列的低压溢流阀，适用压力范围为 0.2～2.5MPa；

② Y 系列的中压溢流阀，适用压力范围为 0.6～6.2MPa；

③ YF 系列的高压溢流阀，适用压力范围为 0.6～32MPa。

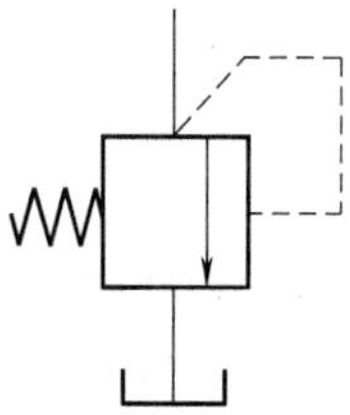

图 5-2　溢流阀图形符号

5.2.1.2　溢流阀的结构和工作原理

溢流阀按其结构可分为直动式和先导式两种。

(1) 直动式溢流阀

图 5-3 所示为直动式滑阀型溢流阀的工作原理及图形符号。它主要由阻尼孔 1、阀体 2、阀芯 3、阀盖 4、调压螺钉 5、弹簧座 6、弹簧 7 等零件组成。由于作用在阀芯进油口的压力直接与弹力相平衡，所以这种阀称为直动式溢流阀。高压液体从进油口进入，并作用于阀芯 3 上。当液体压力小于弹簧的调定压力时（弹簧力＞液体作用力），阀芯不能压缩弹簧，由

于密封圈与阀芯的接触面所构成的密封面发生作用，液体不能通过。当作用在阀芯 3 上的液压力大于弹簧力时，高压液体推动阀芯 3 向上移动，使弹簧压缩，阀口打开，油液溢流。当高压液体的压力降到作用力小于弹簧力时，在弹簧力的作用下，阀芯自动向下移动，使液体不能流通。通过溢流阀的流量发生变化时，阀芯位置也要变化，但因阀芯移动量极小，作用在阀芯上的弹簧力变化甚小，因此可以认为只要阀口打开，有油液流经溢流阀，溢流阀入口处的压力基本上就是恒定的。调节弹簧 7 的预紧力，便可调整溢流压力；改变弹簧的刚度，便可改变调压范围。

这种直动式滑阀型溢流阀的结构简单、灵敏度高，但压力受溢流流量的影响较大，不适合在高压、大流量条件下工作。

图 5-4 所示为 DBD 型直动式锥阀型溢流阀的结构，图中锥阀 6 下部为阻尼活塞。采取适当措施后，直动式溢流阀也可用于高压、大流量条件下工作，如该阀的压力可达 31.5MPa，最大流量可达 330L/min。

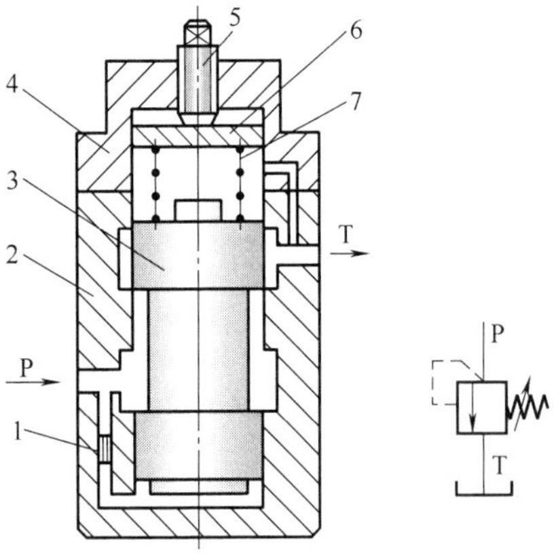

图 5-3 直动式滑阀型溢流阀的工作原理及图形符号

1—阻尼孔；2—阀体；3—阀芯；4—阀盖；
5—调压螺钉；6—弹簧座；7—弹簧

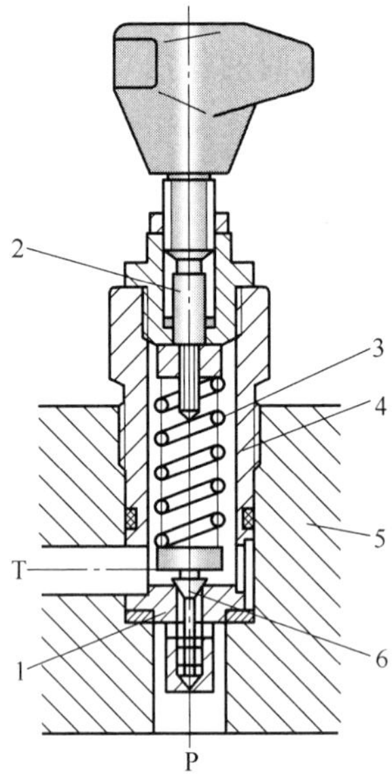

图 5-4 DBD 型直动式锥阀型溢流阀的结构

1—阀座；2—调节杆；3—弹簧；
4—套管；5—阀体；6—锥阀

锥阀和球阀式阀芯的结构简单，密封性好，但阀芯和阀座的接触力较大。滑阀式阀芯用得较多，但泄漏量较大。

(2) 先导式溢流阀

图 5-5 为 YF 系列先导式高压溢流阀的结构图。它主要由阀体 1、主阀阀座 2、主阀阀芯 3、主阀弹簧 4、先导阀阀芯 5、远程控制口螺堵 6、先导阀弹簧 7、调压螺钉 8、先导阀阀座 9 等组成。

高压液体从进油口 P 进入主阀左腔 a，其中一部分液体经阻尼孔 b 到达主阀右腔 c，再经通道 e 进入先导阀前腔 d，作用在先导阀的锥形阀芯 5 上。当进液压力不足以克服先导阀弹簧 7 的弹簧力时，先导阀处于关闭状态。此时溢流阀中无液体流动，a、c 两油腔中的压力相等。由于主阀阀芯 3 的右腔油压作用面积比左腔的略大，在主阀弹簧 4（此弹簧仅用于

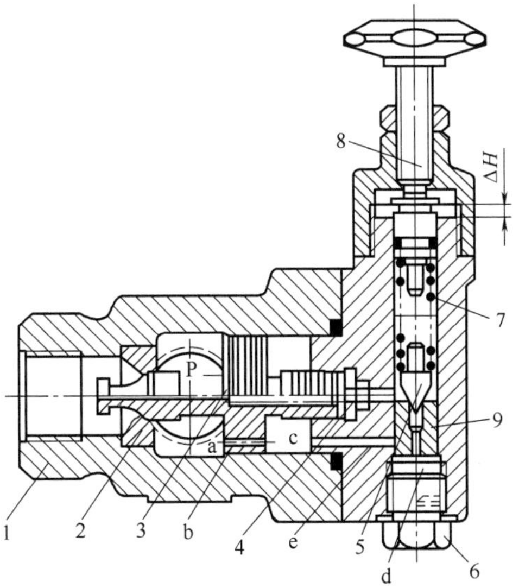

图 5-5 YF 系列先导式高压溢流阀

1—阀体；2—主阀阀座；3—主阀阀芯；4—主阀弹簧；5—先导阀阀芯；
6—远程控制口螺堵；7—先导阀弹簧；8—调压螺钉；9—先导阀阀座；
P—进油口；a—主阀左腔；b—阻尼孔；c—主阀右腔；d—先导阀前腔；e—通道

克服阀芯的摩擦力，故为“软”弹簧）的作用下，主阀阀芯压在主阀阀座 2 上，使溢流阀关闭，不溢流。

当进油压力升高，使作用在先导阀阀芯上的力超过先导阀弹簧 7 的调定力时，高压油将先导阀阀芯 5 顶开，油液经由先导阀阀口、主阀阀芯的中心孔流回油箱。这时由于压力油流经阻尼孔 b，产生压降，因此，主阀阀芯的左腔 a 和右腔 c 之间产生压力差，以克服主阀弹簧 4 的弹簧力，使主阀阀芯右移，阀口开启而溢流，系统压力下降。这种溢流阀的主要溢流流量是从主阀溢流口溢出的，通过先导阀的流量很少。从上述分析可以看出，先导阀起着控制主阀的作用。

通过调压螺钉 8 可以调整先导阀弹簧 7 的压缩量以调节系统压力。必要时可更换不同刚度的弹簧来满足调压范围的要求，所以这种阀的调压范围较大。

如果取下远程控制口螺堵 6，并接上控制管路，可以对溢流阀进行远控调压或远程卸荷。例如，当该油口通过一截止阀与油箱连接时，只要开通截止阀，溢流阀就会开启溢流，起到低压卸荷（即使系统压力约等于零）作用。

5.2.1.3 溢流阀的应用

(1) 作为溢流阀

图 5-6 为一简单的节流调速系统。工作时，活塞的运动速度取决于流过节流阀 2 的流量，液压泵提供的多余油液从溢流阀 4 流回油箱，这时溢流阀 4 是常开的。溢流阀的作用是随时把系统中多余的油液放回油箱，保持系统压力的基本稳定（即系统压力恒定）。

(2) 作为安全阀

图 5-7 为溢流阀在变量泵系统中作为安全阀使用的情况。因为系统采用了变量泵，所以活塞的运动速度由调节变量泵的输出流量来保证，系统中无多余流量。此时溢流阀是常闭

的。当负载增大，系统压力超过溢流阀的调定压力时，溢流阀开启，油液流回油箱，从而防止液压传动系统过载，保证液压传动系统的安全。

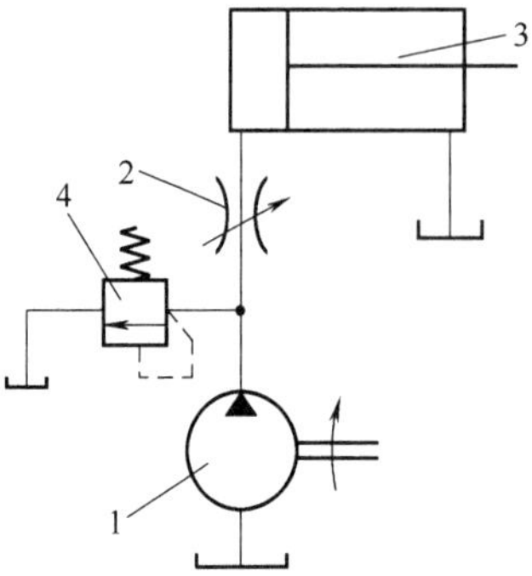

图 5-6 节流调速系统中的溢流阀

1—定量泵；2—节流阀；3—液压缸；4—溢流阀

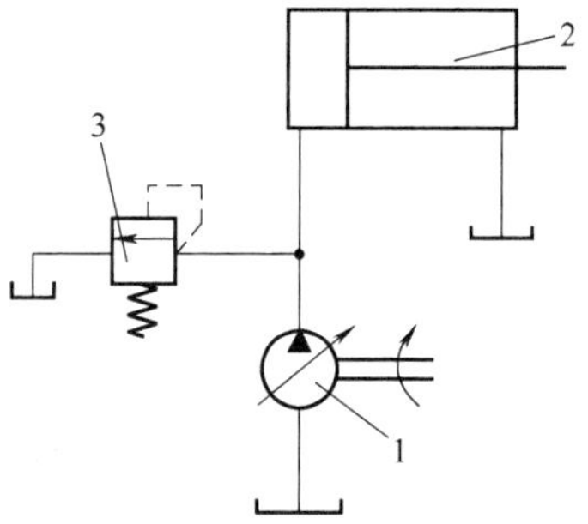

图 5-7 变量泵系统中的安全阀

1—变量泵；2—液压缸；3—安全阀

(3) 作为卸荷阀

只有先导式溢流阀才能作为卸荷阀使用。图 5-8 为溢流阀卸荷回路。在系统正常工作时，手动二位二通阀处于切断位置。溢流阀与定量泵并联，此时溢流阀起溢流稳压作用。当液压缸停止运动时，手动二位二通阀接通溢流阀的远程控制油口和油箱。于是溢流阀在近于零压下溢流，液压泵卸荷空运转。

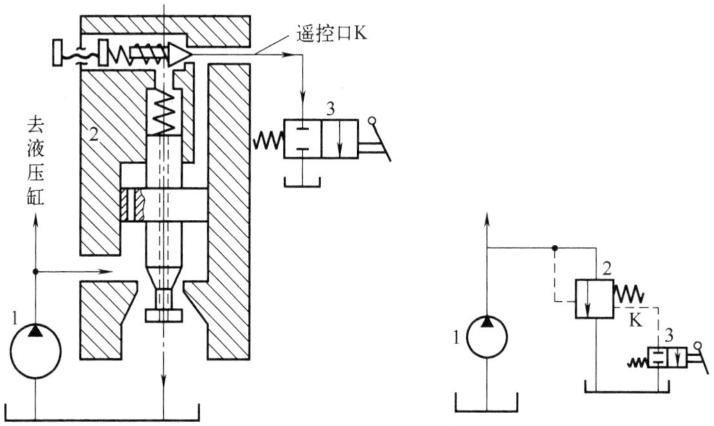

图 5-8 溢流阀卸荷回路

1—定量泵；2—溢流阀；3—手动二位二通阀

5.2.2 减压阀

减压阀分为定值减压阀、定差减压阀、定比减压阀三种，其中最常用的是定值减压阀。如不指明，通常所称的减压阀即为定值减压阀。

5.2.2.1 减压阀的功能和要求

在同一系统中，往往有一个泵要向几个执行元件供油，而各执行元件所需的工作压力不尽相同。若某执行元件所需的工作压力较泵的供油压力低时，可在该分支油路中串联一减压阀。油液流经减压阀后，压力降低，且可以使与减压阀出口处相接的某一回路的压力保持恒定。这种减压阀称为定值减压阀。

减压阀用于单泵供液且同时需要两种以上工作压力的传动系统中，通常在辅助回路中应用较多。减压阀的作用是将主回路中高压工作液体的压力降为所需要的压力值，以满足系统分支液压元件的工作需要。通常要求减压阀能自动保持其输出压力值基本不变。

对减压阀的要求：出口压力维持恒定，不受进口压力、通过流量大小的影响。

5.2.2.2　减压阀的结构和工作原理

减压阀也有直动式和先导式两种。

(1) 直动式减压阀

图 5-9 所示为直动式二通减压阀的工作原理及图形符号。当阀芯处在原始位置上时，阀口 a 打开，阀的进、出口连通。直动式减压阀的阀芯由出口处的压力控制，出口压力未达到调定压力时阀口全开，阀芯不动。当出口压力达到调定压力时，阀芯上移，阀口开度 x_R 减小。如忽略其他阻力，仅考虑阀芯上的液压力和弹簧力相平衡的条件，则可以认为出口压力基本维持在某一定值（调定值）。这时如出口压力降低，阀芯下移，阀口开度 x_R 开大，阀口处阻力减小，压降减小，使出口压力回升，达到调定值。反之，如出口压力升高，则阀芯上移，阀口开度 x_R 减小，阀口处阻力增大，压降增大，使出口压力下降到调定值。

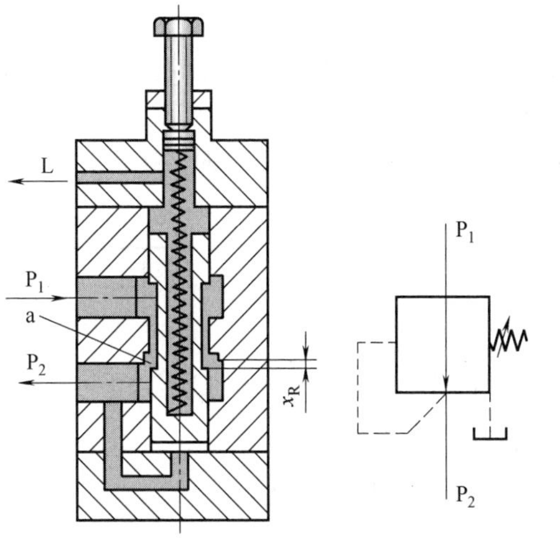

图 5-9　直动式二通减压阀的工作原理及图形符号

a—阀口；x_R—阀口开度；P_1—进油腔；P_2—出油腔；L—泄油腔

(2) 先导式减压阀

图 5-10 所示为先导式减压阀的结构及图形符号。阀的下部端盖上装有缓冲活塞，防止出口压力突然减小时主阀阀芯产生撞击现象，也可减缓出口压力的波动。

先导式减压阀和先导式溢流阀的不同之处如下：

① 减压阀保持出口处压力基本不变，而溢流阀保持进口处压力基本不变。

② 在不工作时，减压阀进、出口互通，而溢流阀进、出口不互通。

③ 为保证减压阀出口压力调定值恒定，它的先导阀弹簧腔需通过泄油口单独外接油箱；而溢流阀的出油口是连通油箱的，所以它的先导阀弹簧腔和泄漏油可通过阀体上的通道和出油口接通，不必单独外接油箱（也可外泄）。

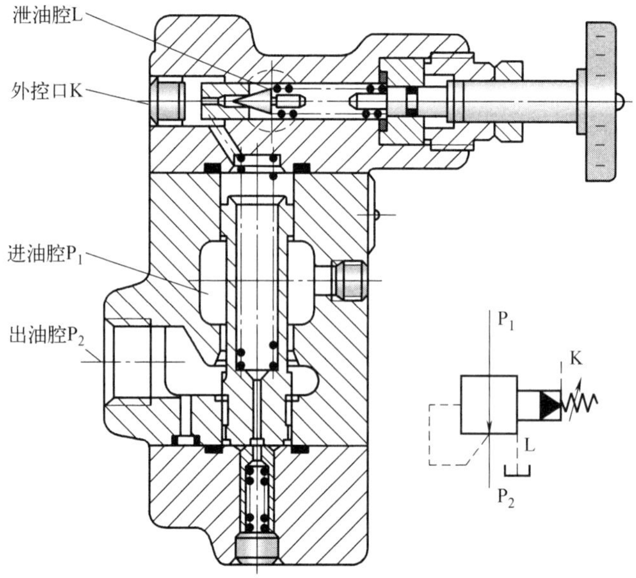

图 5-10 先导式减压阀的结构及图形符号

5.2.2.3 减压阀的应用

减压阀主要用在系统的夹紧、电液动换向阀的控制压力油、润滑等回路中。图 5-11 是一机床工件夹紧用的液压回路。液压泵除了向主工作液压缸提供压力油外，还经过减压阀 2、单向阀 3 向夹紧液压缸 4 供液，从而实现了单液压泵向多执行元件提供不同压力油液的目的。

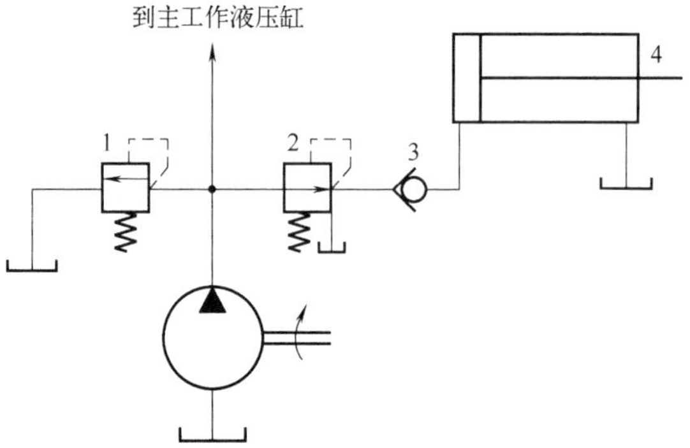

图 5-11 机床夹紧回路

1—溢流阀；2—减压阀；3—单向阀；4—夹紧液压缸

此外，减压阀也可用来限制工作机构的作用力，减少压力波动带来的影响，改善系统的控制性能。必须指出，应用减压阀必有压力损失，将会增加功耗，使油液发热。当分支油路压力比主油路压力低很多，且流量又很大时，常采用高、低压泵分别供油，而不宜采用减压阀。

定差减压阀和定比减压阀主要用来与其他阀组成组合阀，如定差减压阀可保证节流阀进、出口间的压差维持恒定。这种减压阀和节流阀串联连接组成的调速阀，其工作原理将在后面提及。图 5-12 所示为定比减压阀的结构及图形符号。定比减压阀的进口压力和出口压力之比维持恒定。

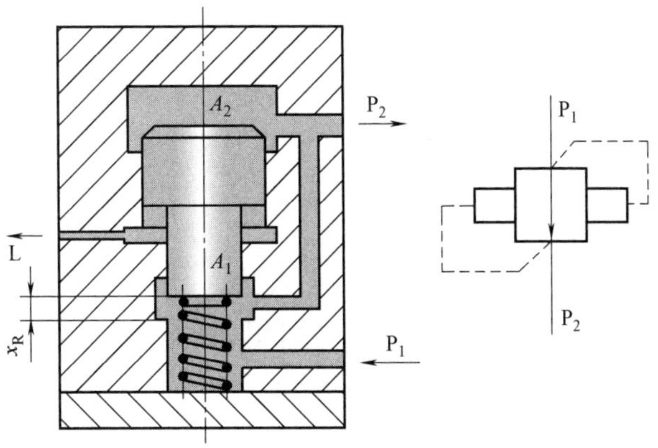

图 5-12　定比减压阀的结构及其图形符号

x_R—阀口开度；P_1—进油腔；P_2—出油腔；L—泄油腔

阀芯在稳态下的力平衡方程为

$$p_1A_1+k_s(x_c-x_R)=p_2A_2 \tag{5-1}$$

式中　p_1、p_2——进口、出口压力；

A_1、A_2——阀芯面积；

x_R——阀口开度；

x_c——阀口关闭（即 $x_R=0$）时的弹簧预压缩量；

k_s——弹簧刚度。

弹簧力很小可忽略，则有

$$\frac{p_2}{p_1}=\frac{A_1}{A_2} \tag{5-2}$$

由式（5-2）可见，在 A_1/A_2 一定时，减压阀能维持进、出口压力间的定比关系，而改变阀芯的压力作用面积 A_1、A_2，便可得到不同的压力比。

5.2.3　顺序阀

顺序阀是用油液的压力来控制油路的通断，从而自动控制液压传动系统中各执行元件动作先后顺序的液压元件，因常用于控制多个执行元件的顺序动作而得名。通过改变控制方式、泄油方式和二次油路的接法，顺序阀还具有其他功能，如用作背压阀、平衡阀或卸荷阀。根据控制液体的来源不同，可分为直控顺序阀和远控顺序阀。这两种阀的结构基本一样，只是控制油口有所变化。

5.2.3.1　顺序阀的结构和工作原理

顺序阀也有直动式和先导式之分，根据控制压力来源的不同，分为内控式和外控式；根据泄油方式不同，有内泄式和外泄式两种。

(1) 直动式顺序阀

图 5-13（a）为一直动式内控顺序阀的结构及图形符号。工作液体由进油口进入，经轴向孔口进入阀芯的下腔。当进液压力达到弹簧调定的压力时，工作液体推动阀芯向上运动，使进、出油口相通。为保证阀芯的正常运动，泄漏到弹簧空间中的油液必须及时排出，因此直动式顺序阀还设有一泄油口 L，使用时应用油管接至油箱。

如果将顺序阀的底盖旋转 90°装配，则孔口与阀芯下腔不连通，此时若打开远程控制油口并接通控制油路，该阀就变为远程控制顺序阀了，如图 5-13（b）所示。

只需把顺序阀的出油口和泄油口与油箱连接，顺序阀就可改为卸荷阀。当通过控制油路向控制活塞下腔提供一定压力的油液时，可将阀芯上移，使系统连接油箱而卸荷，如图 5-13（c）所示。

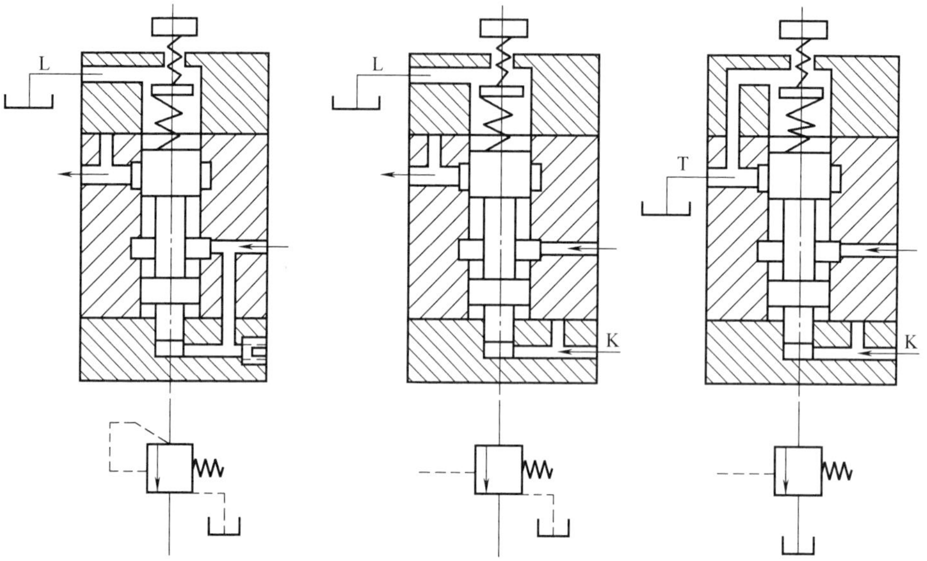

(a) 内控顺序阀　(b) 远程控制顺序阀　(c) 顺序阀作为卸荷阀

图 5-13　直动式顺序阀的结构及图形符号

(2) 先导式顺序阀

图 5-14 所示为先导式（内控式）顺序阀结构及图形符号，其工作原理与先导式溢流阀相似，不同之处在于它的出口处不接油箱，而通向二次油路，因而它的泄油口 L 必须单独连接回油箱。

在内控式顺序阀进油路压力 p_1 达到阀的设定压力之前，阀口一直是关闭的，达到设定

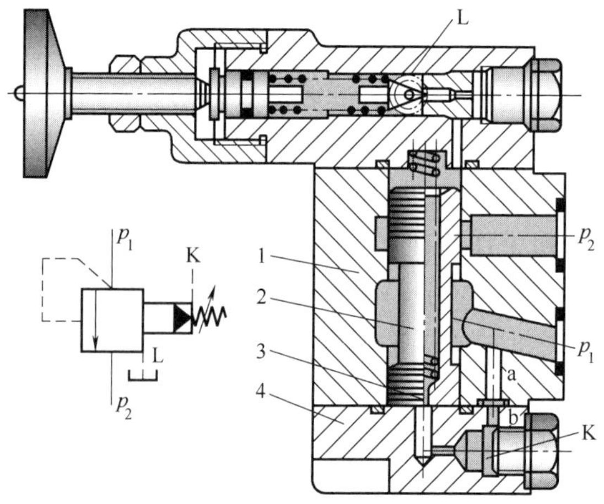

图 5-14　先导式顺序阀结构及图形符号

1—阀体；2—阀芯；3—阻尼孔；4—盖板

压力后阀口才开启，使压力油进入二次油路，驱动另一个执行元件。

将图 5-14 中的盖板 4 转过 90°安装（即 a 孔和 b 孔断开），卸去螺堵，即为外控式顺序阀，其阀口的开启与否和一次油路处来的进口压力没有关系，仅取决于控制压力的大小。

5.2.3.2　顺序阀的应用

顺序阀的主要性能和溢流阀相仿。为使执行元件准确地实现顺序动作，要求顺序阀的调压偏差小，因而调压弹簧的刚度小一些更好。另外，顺序阀关闭时，在进口压力作用下各密封部位的内泄漏应尽可能小，否则可能引起误动作。

顺序阀在液压传动系统中的主要应用如下：

① 控制多个执行元件的顺序动作。

② 与单向阀组成平衡阀，保持垂直放置的液压缸不因自重而下落。

③ 外控式顺序阀可用于双泵供油系统中，当系统所需流量较小时，使大流量泵卸荷。卸荷阀是由先导式外控顺序阀与单向阀组成的。

④ 用内控式顺序阀接在液压缸回油路上，产生背压，以使活塞的运动速度稳定。

图 5-15 为顺序阀作为卸荷阀使用时的回路。当系统压力达到顺序阀 1 的调定压力时，顺序阀打开，使液压泵卸荷空运转。此时，系统由蓄能器 3 供液。随着蓄能器中油液的减少，系统压力降低。当系统压力低于顺序阀的调定压力时，顺序阀即关闭，液压泵继续向系统供油。

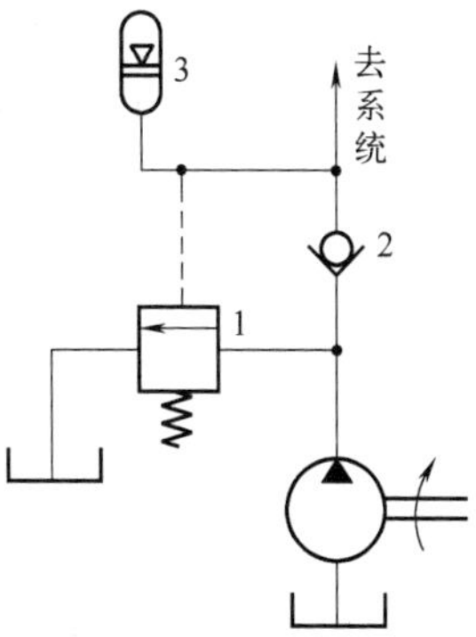

图 5-15　顺序阀作为卸荷阀使用时的回路

1—顺序阀；2—单向阀；3—蓄能器

5.2.4　压力继电器

压力继电器是利用油液压力信号来启闭电气触点，从而控制电路通断的液电转换元件。它在油液压力达到其设定压力时，发出电信号，从而控制各种电气元件（如电磁阀、电动机、时间继电器等）的动作，实现泵的加载或卸荷、执行元件的顺序动作、系统的安全保护和联锁等功能。压力继电器广泛用于电液自动控制系统。

5.2.4.1　压力继电器的结构和工作原理

图 5-16 所示为柱塞式压力继电器工作原理及图形符号。当油液压力达到压力继电器的设定压力时，作用在柱塞 1 上的力通过顶杆 2 合上微动开关 4，发出电信号。

压力继电器的主要性能如下：

① 调压范围：调压范围指能发出电信号的最低工作压力和最高工作压力范围。

② 灵敏度和通断调节区间：压力升高时继电器接通电信号的压力（称开启压力），与压力下降时继电器复位切断电信号的压力（称闭合压力）之差，为压力继电器的灵敏度。为避免压力波动时压力继电器时通时断，要求开启压力和闭合压力之间有一可调的差值，称为通断调节区间。

③ 重复精度：在一定的设定压力下，多次升压（或降压）过程中，开启压力（或闭合压力）本身的差值称为重复精度。

④ 升压或降压动作时间：压力由卸荷压力升到设定压力，微动开关触点闭合发出电信号的时间，称为升压动作时间，反之称为降压动作时间。

5.2.4.2 压力继电器的应用

压力继电器在液压传动系统中应用广泛，如刀具移到指定位置过程中碰到挡铁或负载过大时的自动退刀，润滑系统发生故障时的工作机械自动停机，系统工作程序的自动换接等，都是典型的例子。

图 5-17 所示为由电磁阀 1 和溢流阀 2 组成的电磁溢流阀作为卸荷阀时使用的卸荷回路，电磁阀由压力继电器 3 控制。当系统压力达到压力继电器的调定压力时，压力继电器便会动作，接通开关，发出电信号，使电磁溢流阀中的电磁阀通电动作，溢流阀在低压下溢流，此时液压泵 4 处于卸载空转状态。系统由蓄能器 5 供液，随着蓄能器中油液的减少其压力降低，当压力低于压力继电器的调定压力时，压力继电器动作，断开开关，使电磁阀断电，溢流阀关闭。此时系统由液压泵供液。

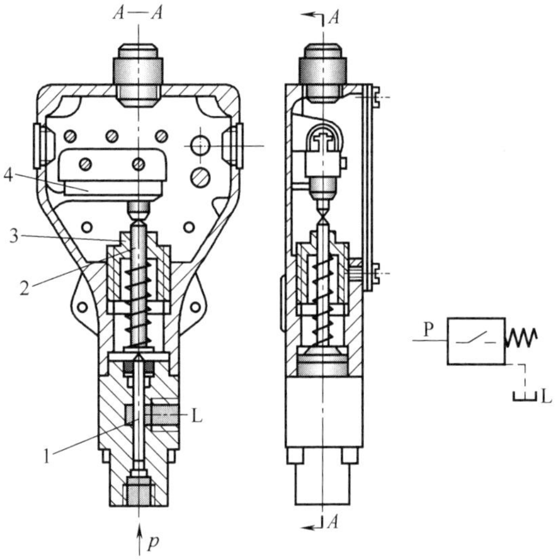

图 5-16 柱塞式压力继电器工作原理及图形符号

1—柱塞；2—顶杆；3—调节螺钉；4—微动开关

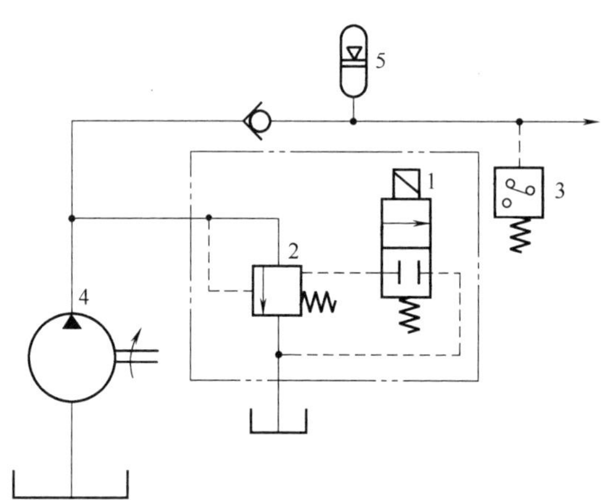

图 5-17 电磁溢流阀作为卸荷阀时使用的卸荷回路

1—电磁阀；2—溢流阀；3—压力继电器；4—液压泵；5—蓄能器

5.2.5 平衡阀

图 5-18 所示为在工程机械领域得到广泛应用的一种平衡阀的结构。重物下降时的液流方向为 B→A，X 为控制油口。当没有输入控制油时，由重物形成的压力油作用在锥阀 2 上，B 口与 A 口未连通，重物被锁定。当输入控制油时，推动活塞 4 右移，顶开锥阀 2 内部的先导锥阀 3。由于先导锥阀 3 右移，切断了弹簧组件 8 所在容腔与 B 口高压腔的通路，该腔快速卸压。此时，B 口还未与 A 口连通。当控制活塞 4 右移至其右端面与锥阀 2 端面接触时，控制活塞 4 左端圆盘正好与活塞附件 5 接触形成一个组件，并在控制油作用下压缩控制弹簧 9 继续右移，打开锥阀 2，B 口与 A 口相通，其通流截面依靠阀套 7 上几排小孔逐渐增大，从而平衡阻尼。控制活塞 4 左端中心部分还配置了一套阻尼组件 6，使平衡阀在反向通油时可平稳工作。

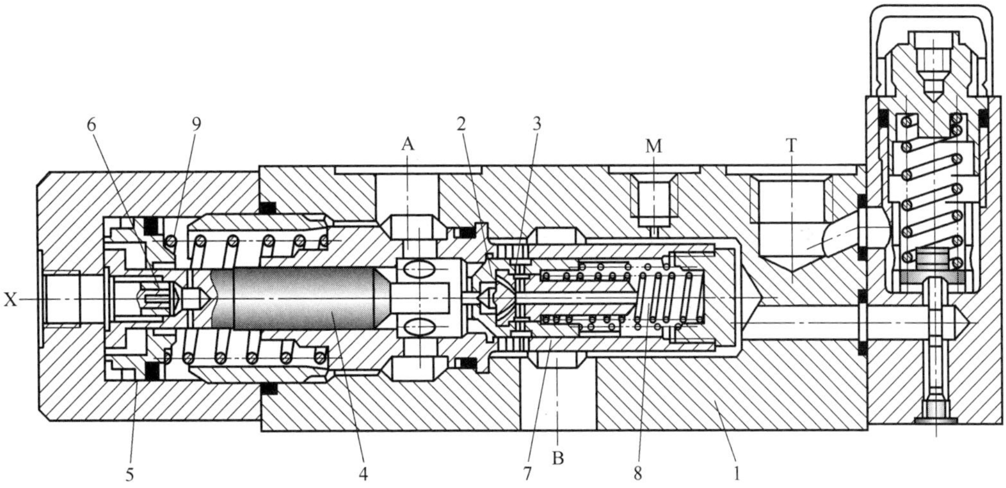

图 5-18　平衡阀的结构

1—阀体；2—锥阀；3—先导锥阀；4—控制活塞；5—活塞附件；
6—阻尼组件；7—阀套；8—弹簧组件；9—控制弹簧

5.3　流量控制阀

流量控制阀依靠改变阀口通流面积的大小来改变液阻，控制通过流量控制阀的流量，达到调节执行元件（液压缸或液压马达）运动速度的目的。常用的流量控制阀有普通节流阀、调速阀等。

液压传动系统中使用的流量控制阀应满足：具有足够的调节范围；能保证稳定的最小流量；温度和压力变化对流量的影响要小；调节方便；泄漏小等。

5.3.1　节流阀

节流阀主要用于由定量泵供油的小流量系统中。它通过改变通流面积来改变节流阀的流量，从而改变液压缸或液压马达的运动速度。此外，节流阀也可以用来进行加载或提供背压。

5.3.1.1　节流阀的工作原理和结构

图 5-19 所示为一种普通节流阀的结构及图形符号。这种节流阀的节流通道呈轴向三角槽式。油液从进油口 P_1 流入，经孔道 a 和阀芯 2 左端的三角槽进入孔道 b，再从出油口 P_2 流出。调节手把 4 通过推杆 3 使阀芯 2 做轴向移动，改变节流口的通流截面积，调节流量。阀芯 2 在弹簧 1 的作用下始终贴紧在推杆 3 上。

5.3.1.2　节流阀的静态特性

(1) 流量特性

节流阀的流量特性取决于节流口的结构形式。由于任何一种具体的节流口都不是薄壁孔或细长孔，因此节流阀的流量特性常用下式来描述：

$$q_T = CA_T(p_1 - p_2)^{\varphi} = CA_T\Delta p^{\varphi} \tag{5-3}$$

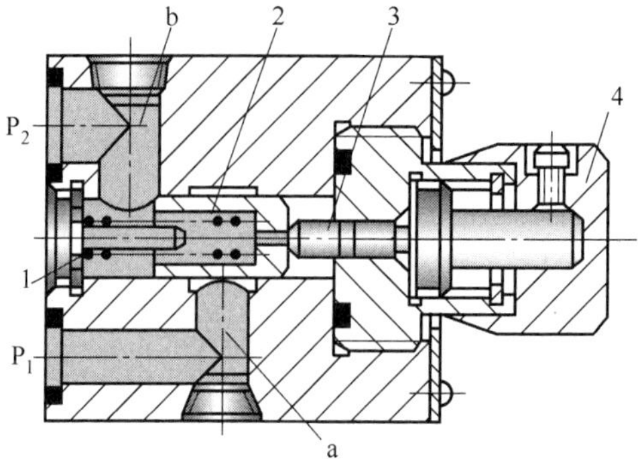

图 5-19　普通节流阀的结构及图形符号

1—弹簧；2—阀芯；3—推杆；4—调节手把

式中　C——由节流口形状、液体流态、油液性质等因素决定的系数，具体数值由试验得出；

A_T——节流口的通流截面积；

φ——由节流口形状决定的节流阀指数，其值为 0.5～1.0，由试验求得。

由上式可知，当节流口形状一定，前后压力差不变时，通过节流口的流量与节流口的通流截面积成正比，即节流口开大流量就大，反之流过的流量就小。节流阀基于这一原理实现对液压执行元件速度的调节。

① 压差对流量稳定性的影响：在使用中，当节流阀的通流截面积调整好以后，实际上由于负载的变化，节流阀前后的压差也在变化，使流量不稳定。式（5-3）中的 φ 越大，Δp 的变化对流量的影响也越大，因此节流口制成薄壁孔（$\varphi \approx 0.5$）比制成细长孔（$\varphi \approx 1$）好。

② 温度对流量稳定性的影响：油温的变化会引起油液黏度的变化，从而对流量产生影响。这在细长孔式节流口上十分明显。对薄壁孔式节流口来说，当雷诺数 R_e 大于临界值时，流量系数 C 不受油温影响，但当压差和通流截面积较小时，C 与 R_e 有关，流量会受油温变化的影响。

(2) 最小稳定流量和流量调节范围

当节流阀的通流截面积很小时，在保持所有因素都不变的情况下，通过节流口的流量会出现周期性的脉动，甚至造成断流，这就是节流阀的阻塞现象。节流口的阻塞会使液压传动系统中执行元件的速度不均匀。因此每个节流阀都有一个能正常工作的最小流量限制，称为节流阀的最小稳定流量。国产 L 型三角槽式节流阀的最小流量为 0.05L/min，最大压力为 6.3MPa，额定流量有 10L/min、25L/min、63L/min、100L/min 等几种。

节流口发生阻塞的主要原因是油液中含有杂质，或油液因高温氧化后析出的胶质等黏附在节流口的表面上，当附着层达到一定厚度时，会造成节流阀断流。

减小阻塞现象的有效措施是采用水力半径大的节流口；另外，选择化学稳定性好和抗氧化稳定性好的油液，并注意过滤，定期更换油液。这些措施都有助于防止节流口阻塞。

流量调节范围指通过阀的最大流量和最小稳定流量之比，一般在 50 以上。

(3) 调节特性

节流阀的调节应该轻便、准确。在小流量调节时，如通流截面相对于阀芯位移的变化率较小，则调节的精确性较高。

5.3.1.3　节流阀的应用

节流阀在液压传动系统中可与定量泵、溢流阀、执行元件等组成节流调速系统。调节节流阀开口，便可调节执行元件运动速度的快慢。节流阀也可在试验系统中用作加载装置等。

图 5-20 是 LDF 型单向节流阀的结构图和图形符号。它实际上是单向阀与节流阀并联后组合成的一个液压元件，使其只在一个方向上有节流作用。

LDF 单向节流阀主要由调节螺钉 1、阀芯 2、弹簧 3 等组成。当工作液体从 P_2 口流入时，因为弹簧 3 很软，所以很容易将阀芯推开而通过，此时阀口不起节流作用，只起单向阀作用。当液体从 P_1 口流入时，它将从三角沟槽式节流口流回 P_2。LDF 单向节流阀流量大小由三角沟槽节流口的通流面积决定，而通流面积的大小可通过调节螺钉 1 调整。

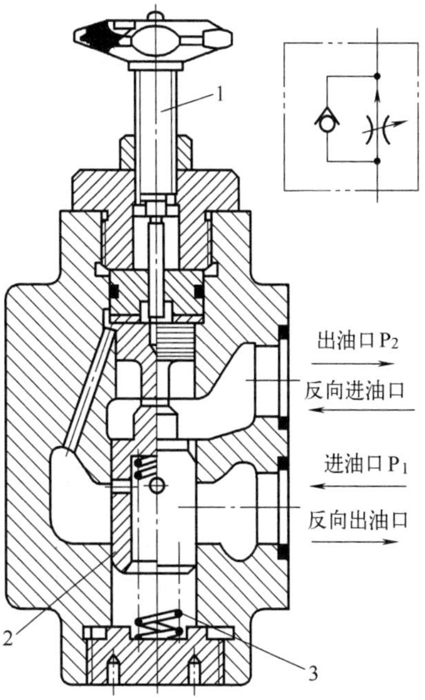

图 5-20　LDF 单向节流阀

1—调节螺钉；2—阀芯；3—弹簧

使用节流阀对执行机构调速存在一个缺点，即执行机构的工作速度随外载荷的变化而变化。由流量特性可知，节流口前后的压力差 $\Delta p = p_1 - p_2$ 随负荷的变化而改变，从而影响流量的变化，造成执行机构工作速度的不稳定。因此，节流阀调速只限于外载荷变化不大或对速度稳定性要求不高的场合。为了克服节流阀的这一缺点，可以采用流量稳定的调速阀。

5.3.2　调速阀

调速阀在液压传动系统中的应用范围和节流阀类似，它适用于执行元件负载变化大且运动速度要求稳定的系统，也可用在容积-节流调速回路中。

5.3.2.1　调速阀的工作原理

图 5-21 所示为调速阀的工作原理及图形符号。液压泵出口（即调速阀进口）压力 p_1 由溢流阀调整，基本保持恒定。调速阀出口处的压力 p_2 由活塞上的负载 F 决定。当 F 增大时，调速阀进、出口压差 $p_1 - p_2$ 将减小。如果液压传动系统采用的是普通节流阀，则由于压差的变动，通过节流阀的流量受到影响，因而活塞运动的速度不能保持恒定。因此，这种阀称为调速阀不太确切，称为稳流量阀似乎更符合实际。

调速阀通过在节流阀的前面串接一个定差式减压阀，使油液先经减压阀产生一次压力降，将压力降到 p_m；再利用减压阀阀芯的自动调节作用，使节流阀前后压差 $\Delta p = p_m - p_2$ 基本保持不变。

减压阀阀芯上端的油腔 b 通过孔道 a 和节流阀后的油腔相通，压力为 p_2，而其肩部腔 c 和下端油腔 d 通过孔道 f、e 与节流阀前的油腔相通，压力为 p_m。活塞上负载 F 增大时，p_2 升高，于是作用在减压阀阀芯上端的液压力增大，阀芯下移，减压阀开度 x_R 增大，压降减小，因而使 p_m 升高，最终使节流阀前后的压差 $p_m - p_2$ 保持不变。反之亦然。这样就使通过调速阀的流量恒定不变，活塞运动的速度稳定，不受负载变化的影响。

上述调速阀是先减压后节流型的结构。调速阀也可以采用先节流后减压型结构，两者的工作原理和作用情况基本相同。应该指出的是：

① 调速阀中的定差减压阀在反向流动时不起作用，因此调速阀只能单方向使用。

② 当调速阀进、出油口的压差小于一定值时，调速阀不起作用。通常要求 p_1-p_3 不小于 0.4～0.5MPa。

③ 与节流阀类似，调速阀与单向阀并联可以组成单向调速阀。

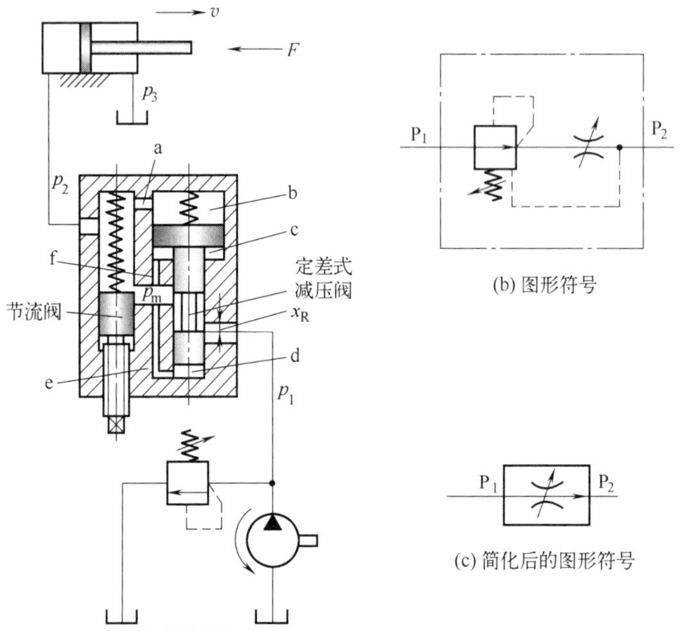

(a) 工作原理　(b) 图形符号　(c) 简化后的图形符号

图 5-21　调速阀的工作原理及图形符号

5.3.2.2 调速阀的静态特性

调速阀的流量特性可由下述基本关系式推导出来。式中带下标 R 的为减压阀参数，带下标 T 的为节流阀参数。

当忽略减压阀阀芯的自重和摩擦力时，阀芯上受力平衡方程为

$$k_s(x_c-x_R)=2C_{dR}w_Rx_R(p_1-p_m)\cos\varphi+(p_m-p_2)A_R \tag{5-4}$$

式中　x_c——阀芯开度 $x_R=0$ 时的弹簧预压缩量。

减压阀和节流阀的开口都是薄壁孔形式，所以通过减压阀和节流阀的流量分别为：

$$q_R=C_{dR}w_Rx_R\sqrt{\frac{2}{\rho}(p_1-p_m)} \tag{5-5}$$

$$q_T=C_{dT}w_Tx_T\sqrt{\frac{2}{\rho}(p_m-p_2)} \tag{5-6}$$

于是

$$q_T=C_{dT}w_Tx_T\sqrt{\frac{2k_sx_c}{\rho A_R}}\left(\frac{1-\dfrac{x_R}{x_c}}{1+\dfrac{2C_{dT}^2w_T^2x_T^2}{A_RC_{dR}w_Rx_R}\cos\varphi}\right)^{\frac{1}{2}} \tag{5-7}$$

考虑

$$\frac{x_R}{x_c} \ll 1, \quad \frac{2C_{dT}^2 w_T^2 x_T^2}{A_R C_{dR} w_R x_R}\cos\varphi \ll 1 \tag{5-8}$$

则

$$q_T \approx C_{dT} w_T x_T \sqrt{\frac{2k_s x_c}{\rho A_R}} \tag{5-9}$$

由式（5-9）可见，在满足式（5-8）的条件下，通过调速阀的流量可以基本保持不变。

调速阀和节流阀的流量特性曲线如图 5-22 所示。调速阀由减压阀和节流阀串联组成，正常工作时需保持 0.4～0.5MPa 的最小压差。其原理是：当系统压差低于此范围时，减压阀的弹簧力会推动阀芯处于最下端位置（全开状态），此时减压阀失去压力补偿功能，导致节流阀前后压差无法稳定。只有当压差达到或超过 0.4MPa 时，减压阀才能通过调节阀口开度来维持节流阀两端压差恒定，从而确保流量控制精度。

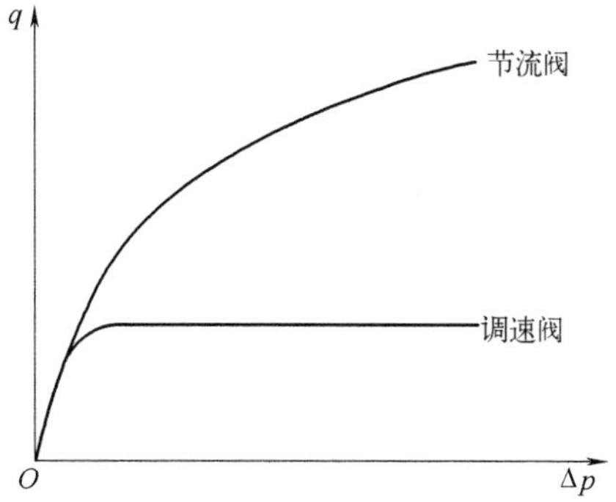

图 5-22　调速阀和节流阀的流量特性曲线

5.3.3　分流阀

分流阀（又称同步阀）是常见的流量控制阀之一。分流阀的作用是保证两个或多个执行元件在负载各不相同时也能实现同步运动。与其他同步元件相比，分流阀具有结构简单、体积小、使用方便、成本低等优点，因此广泛被采用。

根据分流程度的不同，分流阀可分为以下两类：

① 等量分流阀。它把流量向几个出油口平均分配，每一出口为入口总流量的 $1/n$。

② 比例分流阀。它按一定比例向各出油口分配流量。

图 5-23 所示分流阀主要由两个固定节流口 a、b，阀芯 1，阀体 2，两个对中弹簧 3 等零件组成。阀芯的中部台阶把阀分为完全对称的左右两部分。左边的油腔 6 通过阀芯上的轴向

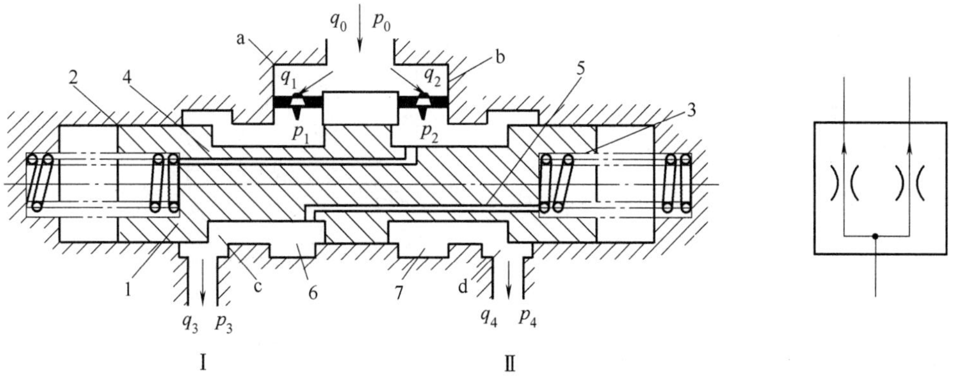

图 5-23　分流阀的工作原理及图形符号

1—阀芯；2—阀体；3—对中弹簧；4，5—轴向孔；6，7—油腔；

a，b—固定节流口；c，d—可变节流口

孔 5 与阀芯右端的弹簧腔相通；右边的油腔 7 通过阀芯上的另一轴向孔 4 与阀芯左端的弹簧腔相通。

当阀芯位于中间位置时，阀芯两端的台阶与阀体组成两个完全一样的可变节流口 c 和 d。压力油 p_0 进入进油口并经过两个完全相同的固定节流口 a、b，分别进入油腔 6、7，然后从可变节流口 c、d 经出油口Ⅰ和Ⅱ分别通往两个执行机构。如果两执行机构所承受的负载相同，则分流阀的出油口压力 p_3、p_4 相等。因为可变节流口 c、d 完全相同（阀芯处于中间位置），所以油腔 6、7 中的压力 p_1、p_2 也相等。这样两固定节流口前后的压差 $\Delta p_1=p_0-p_1=p_0-p_2=\Delta p_2$，流量 $q_1=q_2$，从而使两执行机构能同步运动。

当两执行机构所承受的载荷大小不相等时（假定出油口压力 $p_3>p_4$），则压差 p_1-p_3 减小，由流量特性关系式可知，q_1 减小而 q_2 增大（$q_0=q_1+q_2$）。流量的变化使固定节流口 a、b 上的压降也发生变化，油腔 6 的压力 p_1 上升，油腔 7 的压力 p_2 下降。油腔 6 中的油液经阀芯上轴向孔作用于阀芯右端。因为 $p_1>p_2$，所以阀芯向左移动，使可变节流口 c 增大而可变节流口 d 变小，最终使两可变节流口上的压降也发生变化：$\Delta p_3=p_1-p_3$ 减小，$\Delta p_4=p_2-p_4$ 增大，使 p_1 减小而 p_2 增大。当油腔 6 和 7 的压力分别减小和升高到 $p_1=p_2$ 时，阀芯处于新的平衡位置。此时两固定节流口的压降相等，所以流过的流量也相等，即两出油口 $q_1=q_2$，从而使执行机构能适应负载的变化，保持运动同步。

5.3.4 旁通式调速阀

旁通式调速阀也称溢流节流阀。图 5-24 所示旁通式调速阀由定差溢流阀与节流阀并联而成。当负载压力变化时，由于定差溢流阀的补偿作用，节流阀两端压差保持恒定，从而使流量与节流阀的通流面积成正比，而与负载压力无关。由图 5-24 可见，进口处高压油压力为 p_1，一部分高压油通过节流阀 4 的阀口由出油口流出（压力降到 p_2），进入液压缸 1 克服负载 F 以速度 v 运动；另一部分则通过溢流阀 3 的阀口流回油箱。溢流阀上端的油腔与节流阀后的压力油 p_2 相通，下端的油腔与节流阀前的压力油 p_1 相通。忽略阀芯自重和摩擦力，溢流阀阀芯的受力平衡方程为

$$p_2A+k_s(x_0+x_R+x_c)+F_{fs}=p_1A_1+p_1A_2 \tag{5-10}$$

式中 k_s——溢流阀弹簧刚度；

x_0——溢流阀阀芯在底部限位时的弹簧预压缩量；

x_R——阀开口度；

x_c——溢流阀开启（$x_R=0$）时阀芯的位移；

F_{fs}——溢流阀阀芯稳态液动力；

其他各符号的意义如图 5-24 所示。

式（5-10）中，阀芯面积 $A=A_1+A_2$，设计时使 $x_0+x_c\gg x_R$，若忽略稳态液动力 F_{fs}，则有

$$p_1-p_2\approx\frac{k_s(x_0+x_c)}{A} \tag{5-11}$$

即节流阀两端压差 p_1-p_2 基本保持恒定。

在稳态工况下，当负载压力 F 增大时，p_2 即上升，溢流阀阀芯向下运动，溢流阀阀口 x_R 减小，进口压力 p_1 上升，溢流阀阀芯处于新的力平衡状态，节流阀阀口两端压差 p_1-p_2 保持不变；反之，当负载力 F 减小时，p_2 下降，但 p_1 也下降，压差 p_1-p_2、流量和

速度也保持不变。

当调节节流阀开度 x_T，例如增大时，通过节流阀的流量和活塞运动速度 v 均将增大，溢流阀口 x_R 将减小，但 p_1-p_2 仍保持不变，同理可分析 x_T 减小的情况。

图 5-24 中 2 为安全阀。当负载压力 p_2 超过其调定压力时，安全阀将开启，流过安全阀的流量在节流阀阀口处的压差增大，使溢流阀阀芯克服弹簧力向上运动，溢流阀口 x_R 将开大，泵通过溢流阀阀口的溢流量增大，进口压力 p_1 得到限制。

调速阀和溢流节流阀虽都是通过压力补偿来保持节流阀两端压差不变，但在性能和应用上有一定差别。调速阀应用在由液压泵和溢流阀组成的定压油源供油节流调速系统中，可以安装在执行元件的进油路、回油路或旁油路上。旁通式调速阀只能用在进油路上，泵的供油压力 p_1 随负载压力 p_2 而改变，因此系统功率损失小、效率高、发热量小，这是其最大的优点。此外，旁通式调速阀本身具有溢流和安全功能，因而与调速阀不同，进口处不必单独设置溢流阀。但是，旁通式调速阀中流过的流量比调速阀的大（一般是系统的全部流量），阀芯运动时阻力较大，弹簧刚度较大，使节流阀前后压差 Δp 增大（须达 0.3～0.5MPa），因此它的稳定性稍差。

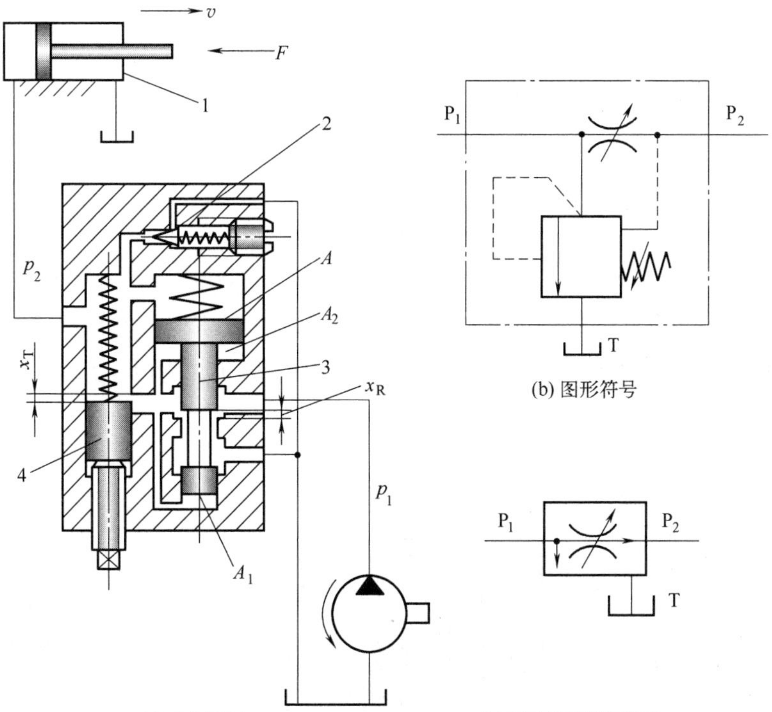

(a) 工作原理　　(c) 简化后的图形符号

图 5-24　旁通式调速阀及其图形符号

1—液压缸；2—安全阀；3—溢流阀；4—节流阀

5.4　方向控制阀

方向控制阀是液压传动系统中必不可少的液压元件。方向控制阀用来控制液压传动系统中工作液体的流向和通断。其主要用途如下：

① 控制一条管路内工作液体的流动，使其通过、关断、阻止反向流通。

② 连接多条管路，选择液流的方向。

③ 控制执行元件的起动、停止以及前进、后退等。

方向控制阀按其用途可分为单向阀和换向阀两大类。常见的方向控制阀类型如图 5-25 所示。

- 方向控制阀
  - 单向阀
    - 普通单向阀
    - 液控单向阀
  - 换向阀
    - 按通路分类：二通、三通、四通、五通……
    - 按工作位置数分类：二位、三位、四位……
    - 按控制/操纵方式分类
      - 电磁换向阀
      - 电液换向阀
      - 液动换向阀
      - 手动换向阀
      - 机动换向阀
      - 气动换向阀

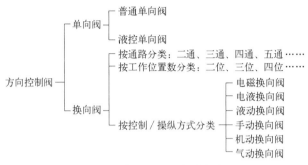

图 5-25 常见的方向控制阀类型

5.4.1 单向阀

单向阀的作用是控制工作液体只能向单一方向流动，而不允许反向流通。单向阀中又可以分为普通单向阀和液控单向阀两类。

5.4.1.1 普通单向阀

普通单向阀的作用是使油液只能沿一个方向流动，不许它反向倒流。图 5-26（a）所示为一种管式普通单向阀的结构。压力油从阀体左端的通口 P_1 流入时，克服弹簧 3 作用在阀芯 2 上的力，使阀芯向右移动，打开阀口，并通过阀芯上的径向孔 a、轴向孔 b 从阀体右端的通口 P_2 流出。但是，当压力油从阀体右端的通口 P_2 流入时，它和弹簧力一起使阀芯锥面压紧在阀座上，使阀口关闭，油液无法从 P_2 口流向 P_1 口。图 5-26（b）所示是管式普通单向阀的图形符号。

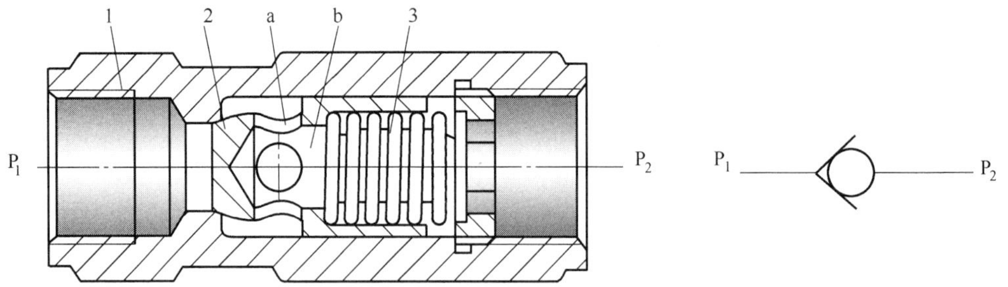

(a) 结构原理　　(b) 图形符号

图 5-26 管式普通单向阀

1—阀体；2—阀芯；3—弹簧；a—径向孔；b—轴向孔

普通单向阀中的弹簧主要用来克服阀芯的自重和摩擦力，所用弹簧很软，弹簧力也很小，所以一般普通单向阀的开启压力都不大。普通单向阀的阀芯有两种：锥形和球形。锥阀密封性好、工作可靠，一般用于中、高压大流量系统；而球阀密封性差，适用于低压、小流量的场合。

在普通单向阀中，通油方向的阻力应尽可能小，而不通油方向应有良好的密封性。另外，普通单向阀的动作应灵敏，工作时不应有撞击和噪声。普通单向阀弹簧的刚度一般都选得较小，使阀的正向开启压力仅需 0.03～0.05MPa。如采用刚度较大的弹簧，使其开启压力达 0.2～0.6MPa，便可用作背压阀。

普通单向阀的性能参数主要有正向最小开启压力、正向流动时的压力损失以及反向泄漏量等。这些参数都与阀的结构和制造质量有关。

普通单向阀常被安装在泵的出口，可减轻系统压力冲击对泵的影响，另外泵不工作时可防止系统油液经泵倒流回油箱。普通单向阀还可用来分隔油路，防止干扰。单向阀和其他阀组合，便可组成复合阀。

5.4.1.2　液控单向阀

图 5-27 是 IY 型液控单向阀的结构原理及图形符号。它主要由阀体、控制活塞 1、活塞杆 2、阀芯 3、弹簧等元件组成。此外，它与普通单向阀相比还多了一个控制油口 K。活塞右腔 a 直接与 P_1 口连通的结构，称为内泄式；若是单独引回油箱的结构，则称为外泄式。液控单向阀的特点是在必要时允许液体反向流动。

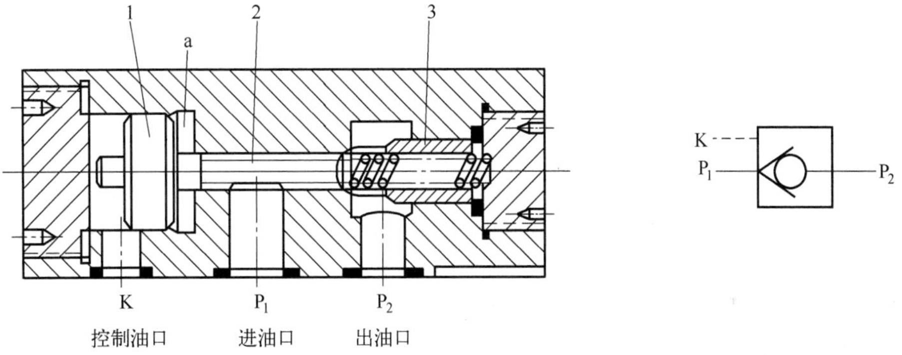

(a) 结构原理　　(b) 图形符号

图 5-27　IY 型液控单向阀结构原理图及图形符号

1—控制活塞；2—活塞杆；3—阀芯

当控制油口不接通压力液体时，油液由 P_1 口进入，向右推开阀芯，从 P_2 口流出，这与普通单向阀是一样的。如果控制油口接通压力液体，则控制活塞在此压力液体的作用下向右移动，活塞杆将阀芯顶开，使进出油口连通，液体即可反向通过。泄油口的作用是保证活塞动作灵活，不因油液泄漏而影响活塞运动。

液控单向阀的一般性能与普通单向阀相同，但有反向开启最小控制压力要求。当 P_1 口压力为零时，普通型的反向开启最小控制压力为（0.4～0.5）p_2，而带卸荷阀芯的为 0.05p_2，两者相差近 10 倍。必须指出，反向流动时的压力损失比正向流动时小，因为正向流动时，除克服流道损失外，还须克服阀芯上的液动力和弹簧力。

液控单向阀在系统中的主要用途如下：

① 对液压缸进行锁闭；

② 作为立式液压缸的支承阀；

③ 在某些情况下起保压作用。

此外，有一种液控单向阀，其控制压力的作用是使阀芯关闭，但这种阀仅在特殊场合中使用。

液控单向阀常用于执行元件的闭锁回路中。在实际应用中往往使用两个液控单向阀构成组合阀，称为双向液压锁（简称液压锁）。液压锁可以在液压泵停止工作以后，仍使液压缸或其他执行元件长时间停在某一位置。图 5-28（a）是液压锁应用的一个例子。在液压支架、采煤机的调高机构以及许多工程机械中常常采用液压锁来闭锁执行元件。图 5-28（b）为液压锁的结构图。

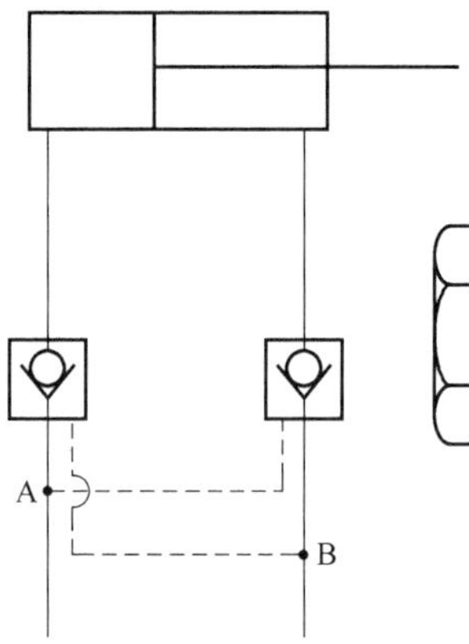

(a) 锁紧回路

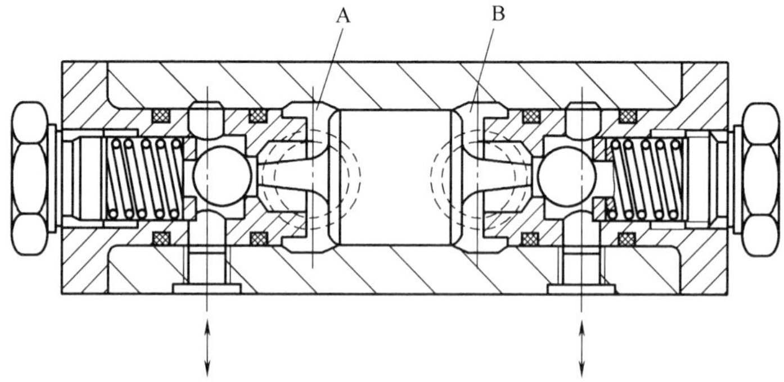

(b) 结构

图 5-28　液压锁的锁紧回路及结构

图 5-28（a）所示的锁紧回路工作原理为：当 A、B 分别接通进、回油路时，由 A 进入的压力液体一路经左边的液控单向阀到液压缸左腔，推动活塞向右移动；另一路（图中虚线）通向右边液控单向阀的控制口，将单向阀阀口开启，使液压缸右腔的油反向流经此阀而流回油箱。一旦 A 口停止供液，两液控单向阀均关闭，液压缸活塞左、右腔油液即被封闭，活塞则被锁定在所需位置。当 A、B 互换进、回油路时，以类似的过程使活塞向左移动。

5.4.2　换向阀

5.4.2.1　换向阀的作用和分类

换向阀的作用是利用阀芯与阀体相对位置的变化，来变换通油孔道的相互连接关系，从而达到控制液流流动方向的目的。对换向阀的主要要求：①流体流经换向阀时的压力损失要小；②互不相通的通口间，泄漏要小；③换向要平稳、迅速且可靠。

换向阀的应用很广，种类也很多。根据阀芯相对阀体的运动方式，一般可分为转阀式换向阀和滑阀式换向阀两种。

转阀式换向阀（又称转阀）靠转动阀芯改变它与阀体的相对位置来改变油液流动的方向。

滑阀式换向阀（又称滑阀）是目前应用最普遍的一种换向阀。它是靠直线移动阀芯，改变阀芯在阀体内的相对位置来改变油流方向的。如图 5-29 所示为一滑阀的结构和工作原理。在阀体 1 上开有五条环形槽，阀芯 2 是有三个凸肩的圆柱体，阀芯与阀体配合安装且可轴向相对移动。当阀芯处于图 5-29（a）位置时，压力油从 P 口流入，经 B 流出；回油从 A 流入，经 O 流出。当阀芯处于图 5-29（b）位置时，压力油从 P 口流入，经 A 流出；回油从 B 口流入，经 O 流出。通过改变油液流动方向，改变执行元件 4 的运动方向。

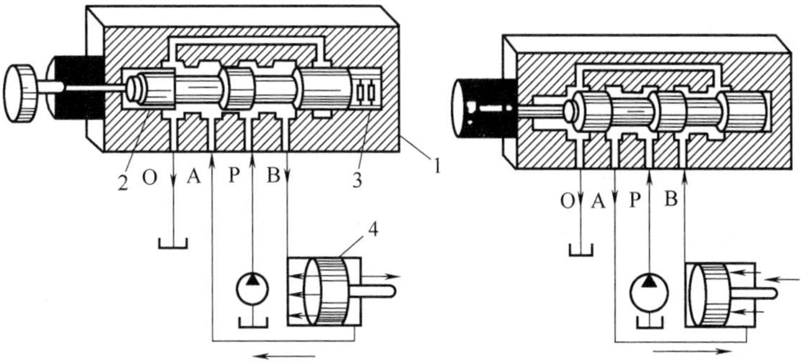

图 5-29　滑阀工作原理

1—阀体；2—滑阀；3—弹簧；4—执行元件

换向阀阀芯的工作位置数量通常分二位和三位，在功能符号中用一个方框符号来代表其一个工作位置，方框数量表示“位”数。换向阀进、出油口的数量（通路数）又可分为二通、三通、四通、五通等几种。在图形符号一个方框的上边和下边有几条与外界连接的通路线，就表示为几“通”。方框中的箭头表示内部油路相通；方框中的符号“T”表示内部油路不通。位和通路的组合，可构成二位二通、二位三通、二位四通、三位四通、三位五通等有各种不同工作功能的换向阀，如表 5-3 所示。二位二通阀只能接通或关断油路，而没有换向功能。二位三通和二位四通阀除具有油路开关作用外，还有换向功能。三位四通换向阀是应用最为广泛的一种换向阀。

表 5-3　换向阀常用种类

名称	结构原理	图形符号	特性
二位二通阀	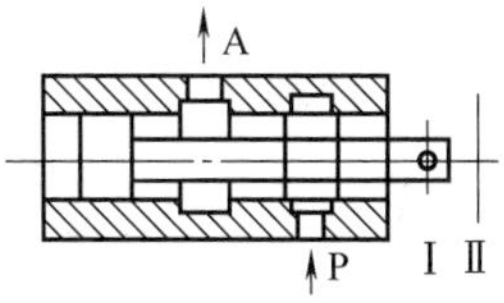	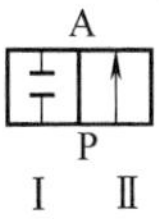	只起开关作用，不能换向
二位三通阀	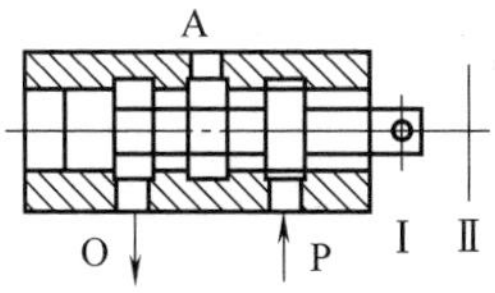		只起开关作用，同时执行元件在外力作用下可以换向
二位四通阀	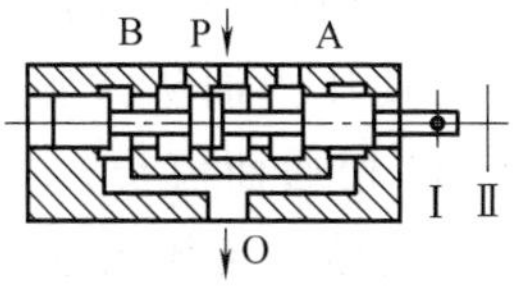		都是通路，可以换向，不能断路
三位三通阀	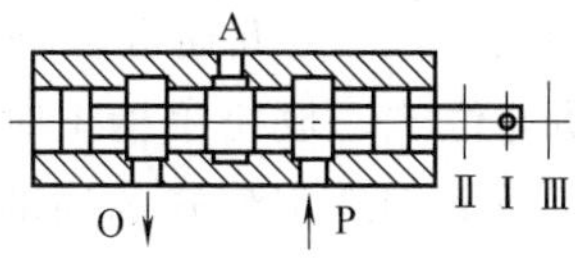		同两位三通阀，但Ⅰ位完全闭死

续表

名称	结构原理	图形符号	特性
三位五(四)通阀	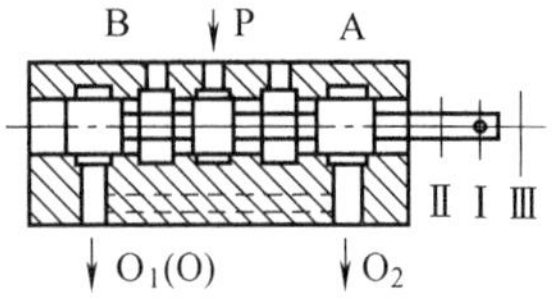		可以开关,并换向

按照改变阀芯位置的操作方式不同，换向阀又可分为以下几种类型：

① 手动换向阀。通过手动调整杠杆直接操纵阀芯移动，这种阀在中小型工程机械和矿山机械中应用较多。

② 机动换向阀。利用移动的机械部件操纵阀芯的移动。常用于与机械动作联锁自合，如液压牛头刨床中的换向回路。

③ 电磁换向阀。利用电磁铁推动阀芯移动来实现油液的换向，使用电磁换向阀操纵省力，便于提高自动化程度。

④ 液动换向阀。利用控制油路的压力油来改变阀芯与阀体的相对位置。

⑤ 电液动换向阀。电液动换向阀是电磁换向阀与液动换向阀的组合阀。其中电磁阀起先导作用，以改变液动阀的阀芯位置，而液动阀控制主油路换向。电液换向阀可用于大流量或自动化程度要求高的场合。

图 5-30 是常用换向阀操纵方式符号图。

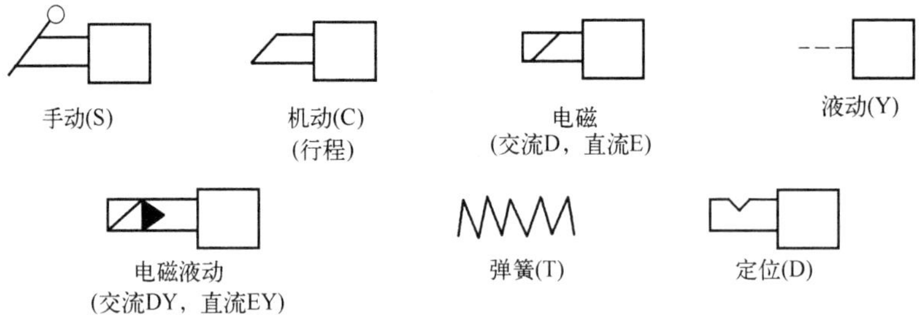

图 5-30 常用换向阀操纵方式符号

5.4.2.2 几种常见的换向阀

(1) 手动换向阀

图 5-31 所示为一手动转阀工作原理。当阀芯 1 处在图示位置时，压力油从 P 口进入，通过阀芯上的环形槽 c、轴向油槽 b 与油口 A 相通，使压力油从 A 流出；回油则从 B 口进入，通过阀芯上的轴向油槽 e、环形槽 a 与回油口 O 相通而流出。如果将阀芯转过 90°，A 口就通过油槽 P 与回油口 O 相通，而油口 B 通过油槽 d 与压力油口 P 相通，从而实现换向。

手动滑阀一般有二位三通、二位四通、三位四通、三位五通等多种类型。图 5-32 是 S 型三位四通手动滑阀及符号。图 5-32 (a) 为自动复位式，放松手柄 1 时，右端的弹簧 3 能够自动将阀芯 2 恢复到中间位置；图 5-32 (b) 为弹簧钢珠定位式的局部图，利用钢珠 4 和弹簧 5 可使阀芯在三个位置上实现定位。

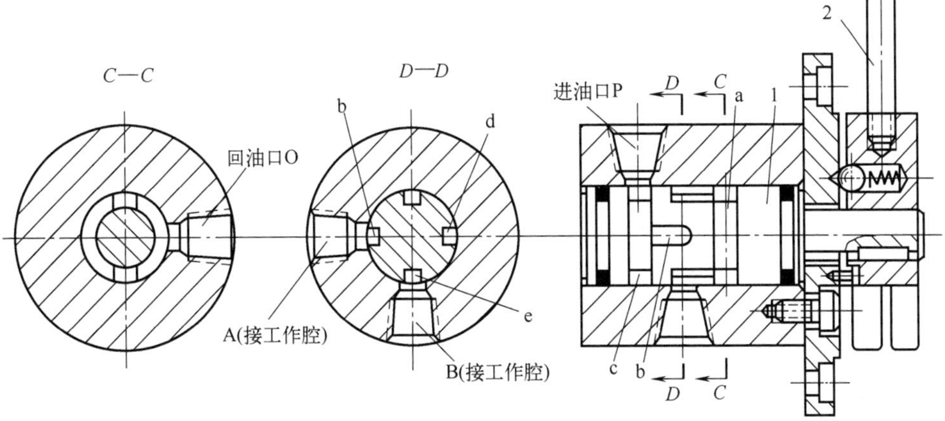

图 5-31　手动转阀工作原理

1—阀芯；2—手柄

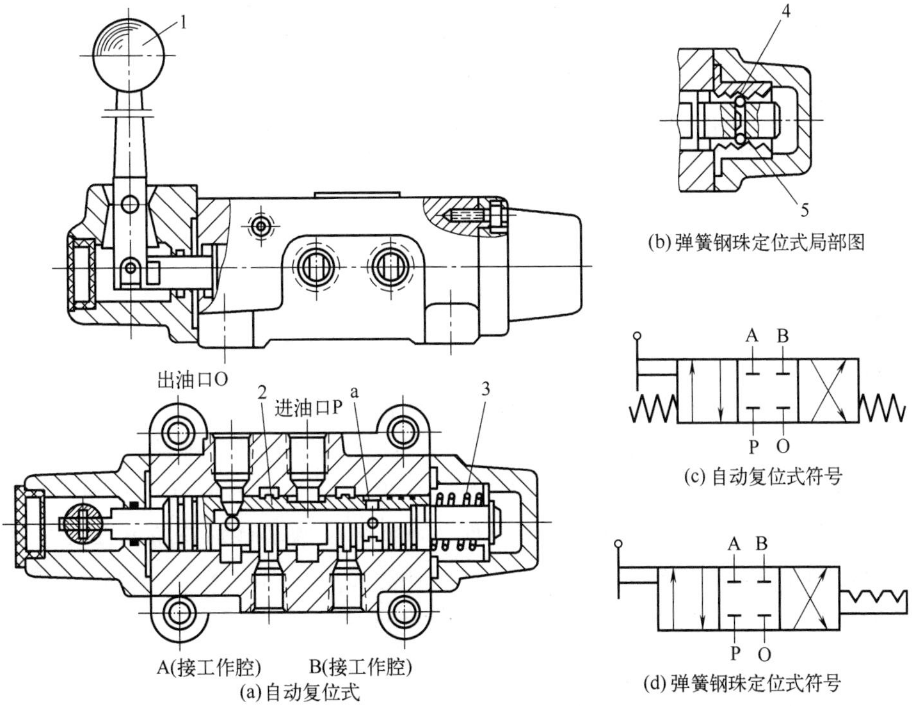

图 5-32　S 型手动滑阀

1—放松手柄；2—阀芯；3,5—弹簧；4—钢珠

当扳动手柄 1 使阀芯 2 向右侧移动时，P 和 A 连通，B 和 O 连通；当扳动手柄使阀芯向左侧移动时，P 和 B 连通，B 通过环形油槽 a 及阀芯的中心孔与 O 接通，实现执行元件的换向。

手动换向滑阀常用于采掘机械和工程机械的行走机构中。

(2) 电磁滑阀

电磁滑阀（又称电磁阀）是依靠电磁铁的吸力推动滑阀换位的。按使用电源的不同，有交流和直流两种。交流电磁阀代号为D，使用电压为220V或380V；直流电磁阀代号为E，使用电压为24V或110V。电磁阀也有二位二通、二位三通、二位四通、三位四通、三位五通等类型。

图5-33所示为三位四通交流电磁阀。它由阀体1、阀芯2、推杆3、弹簧4、两个交流电磁铁5等组成，两电磁铁分别安装在阀体的两端。

当电磁铁断电时，阀芯2在复位弹簧4的作用下处于中间位置（如图5-33所示）。这时P、O、A、B各油口都断开。当右侧电磁铁通电时，其衔铁通过推杆3将阀芯推向左端位置，使油口A与P接通，B与O接通。当左侧电磁铁通电时，阀芯被推到右端位置，这时，油口B与P及A与O分别连通，与右侧电磁铁通电时的连通情况相反，从而使执行元件的运动换向。

采掘机械液压传动系统中常常使用电磁阀，以便集中控制。电磁阀用于井下设备时，必须采用防爆电磁阀。

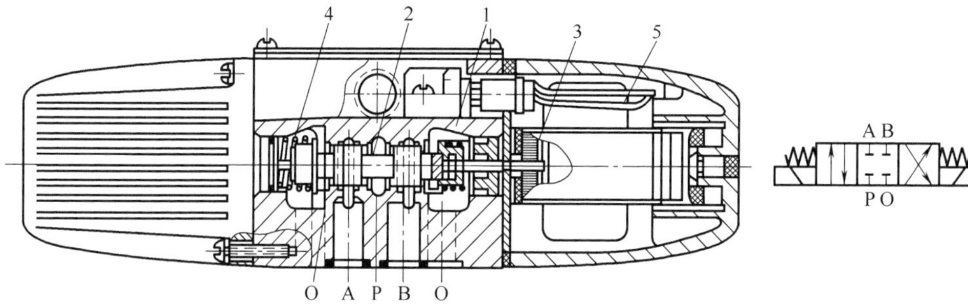

图5-33 三位四通电磁阀及符号

1—阀体；2—阀芯；3—推杆；4—复位弹簧；5—交流电磁铁

(3) 液动滑阀

当通过换向阀的油液流量比较大时，难以靠电磁铁的推力改变阀芯位置，此时可利用控制油路压力油来改变阀芯的位置，这样的换向阀就是液动滑阀。

图5-34是三位四通液动滑阀的结构及符号。当控制油路的压力油从阀的右端油口K_2进入滑阀右腔口时，液压力使阀芯移到左端位置，使P与B连通，A与O连通。当控制油路的压力油从阀左端油口K_1进入滑阀左腔b时，液压力使阀芯移到右端位置，使P与A连通，B与O连通，实现了油路的换向。当两个控制压力油口K_1、K_2都不通过压力油时，在两端弹簧的作用下，阀芯回复到中间位置，如图5-34所示。

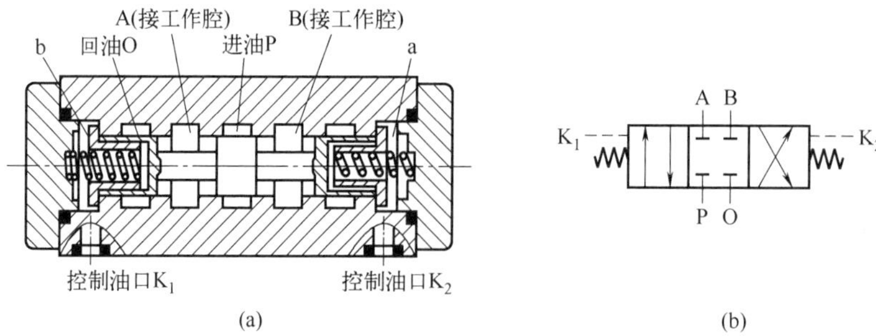

图5-34 三位四通液动滑阀的结构及符号

5.4.2.3　三位换向阀的滑阀机能

根据三位换向阀使用要求的不同，阀芯在中间位置时各油口间有各种不同的连通形式，这种在中间位置时的连通形式称为滑阀机能。不同的滑阀机能决定了液压泵和执行元件（常指液压缸）在中位时的工作状况。表 5-4 所列为常用的几种机能。下面仅对其中部分机能的特点作简要说明。

(1) O 型机能

阀芯处于中间位置时，各油口全闭，又称中间封闭型机能。此时与之连接的液压缸或液压马达被锁紧，液压泵不能卸荷，与之并联的执行元件动作不受影响。由于执行元件的进、出油腔内部充满油液，因此在启动时比较平稳。

(2) H 型机能

阀芯处于中间位置时，各油口全通，又称中间开启型机能。此时所连接的执行元件处于浮动状态，液压泵卸荷，其他执行元件不能与之并联使用。由于执行元件进、出油腔的油液已流回油箱，起动时会有冲击。

(3) M 型机能

阀芯处于中间位置时，A、B 两油口分别关闭，而 P 和 O 连通，又称 PO 连接型机能。它具有 O 型和 H 型机能的综合特点，即执行机构锁紧、液压泵卸荷、不能与其他执行元件并联使用、执行元件启动平稳。

(4) Y 型机能

阀芯处于中间位置时，P 口关闭，其余油口连通，又称 ABO 连接型机能。此时和它连接的执行元件处于浮动状态，液压泵不卸荷。因此可并联其他执行元件。

(5) P 型机能

阀芯处于中间位置时，回油口关闭，泵口 P 和两液压缸口 A、B 连通，又称 PAB 连接型机能，它可以形成差动回路。由于泵不卸荷，因此可并联其他执行元件。

表 5-4　三位换向阀的几种滑阀机能

代号	名称	结构简图	符号
O	中间封闭型机能	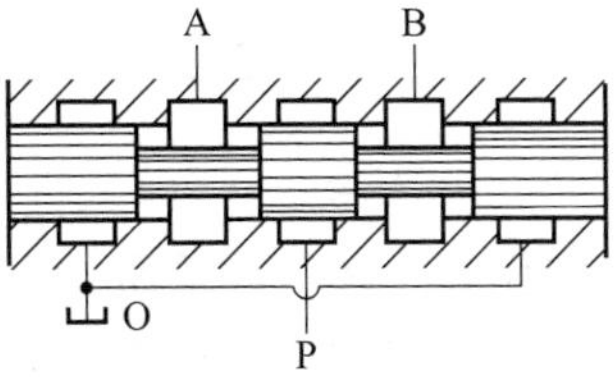	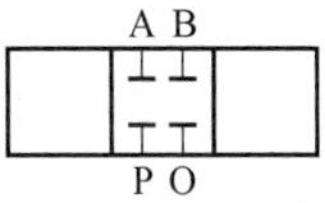
H	中间开启型机能	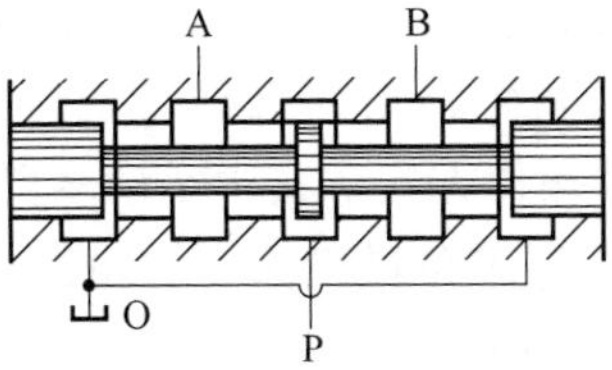	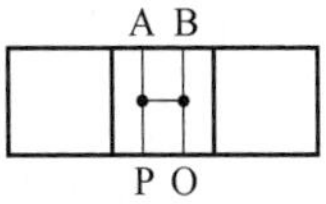
Y	OAB 连接型机能	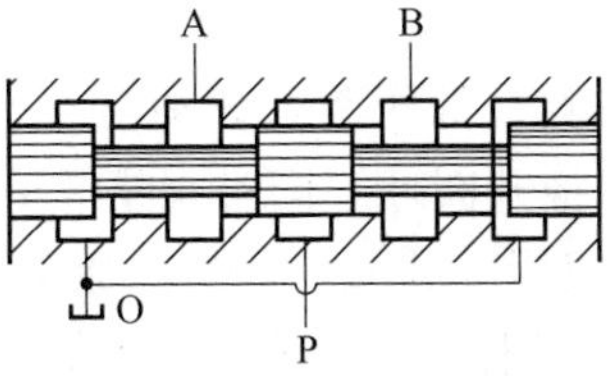	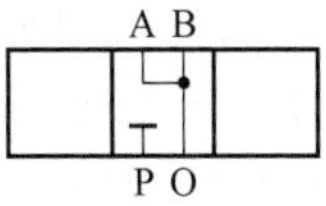

续表

代号	名称	结构简图	符号
P	PAB 连接型机能	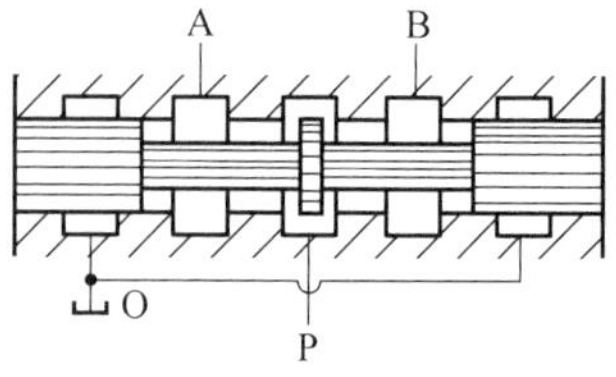	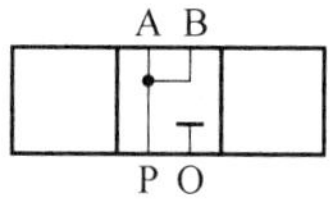
K	PAO 连接型机能	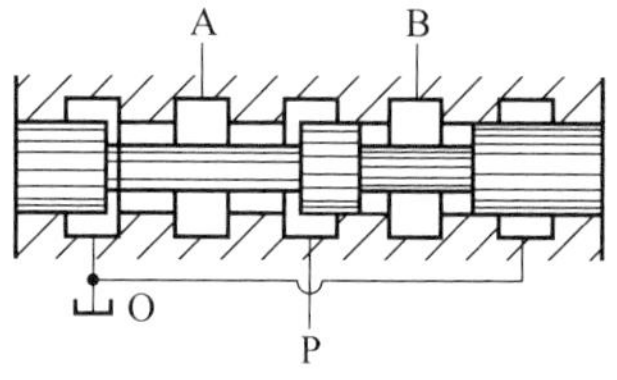	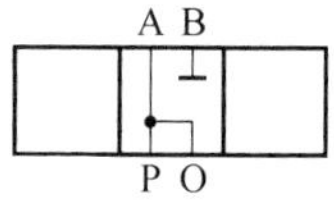
J	BO 连接型机能	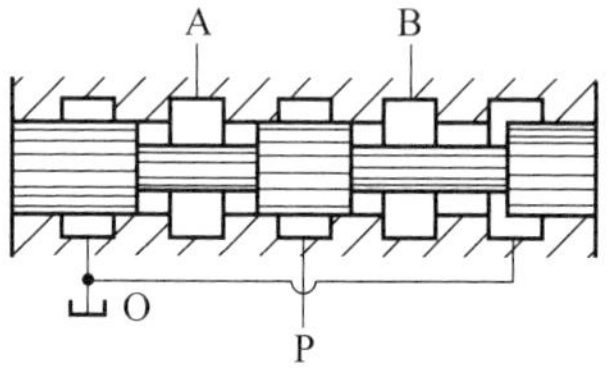	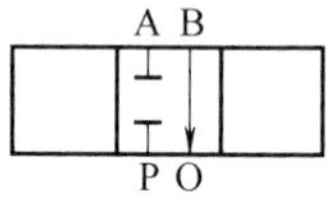
M	PO 连接型机能	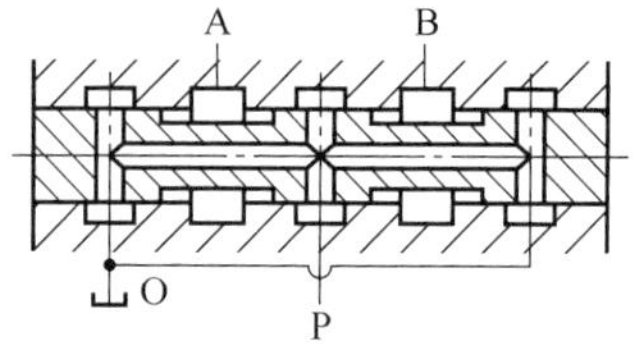	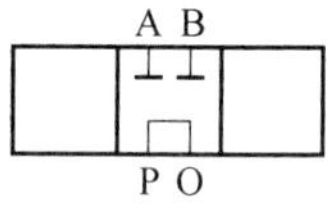

5.4.2.4 多路换向阀

多路换向阀是由两个以上换向阀作为主体的组合阀（属于叠加阀），可分为整体式和片式两种。必要时，也可以将其他阀（如溢流阀、单向阀等）组合在一起。多路换向阀具有结构紧凑、压力损失小、移动滑阀所需推力小等优点。因此多路换向阀适用于对多个执行元件进行集中控制，如液压支架、露天机械、工程机械及其他行走机械上。多路换向阀也有手动、液动、气动、电磁操作等多种操作方式，其中手动多路换向阀应用较广泛。

图 5-35 所示为液压支架的 ZC 型多路操纵阀，它由结构相同的多个片组成（图 5-35 所示为其中的一片），每片可控制支架的一组立柱或千斤顶（即液压缸）的动作。每片由四个单向阀组成两个二位三通阀（图 5-35 所示剖面可看到其一半），相当于一个 Y 型机能的三位四通阀。球阀 2 左侧是高压腔，右侧是低压腔，分别与总供液管 P 和回液管 O 相通。当逆时针扳动手把 9 时，顶杆 5 左移，推开阀球，同时阀垫 6 关闭顶杆右端的阀口，于是高压工作液由 P 经球阀口和接头 10 进入液压缸的一腔，另一腔的低压工作液则由接头 4 经另一组三通阀（图 5-35 所示未剖出部分）顶杆的径向和轴向孔，从顶杆右端阀口流至回液管 O。

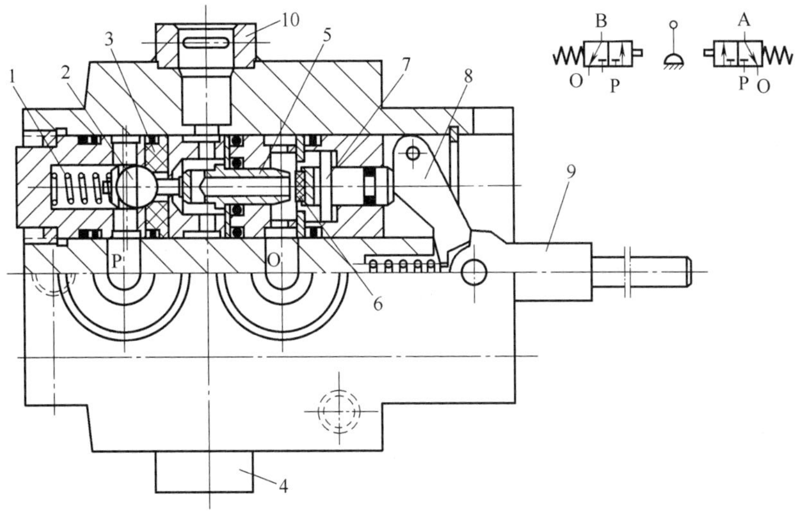

图 5-35　ZC 型多路操纵阀

1—弹簧；2—阀球；3—阀座；4，10—接头；5—顶杆；6—阀垫；7—压杆；8—杠杆；9—手把

5.5　电液伺服阀

电液伺服阀是一种变电气信号为液压信号以实现流量或压力控制的转换装置。它充分发挥了电气信号传递快、线路连接方便、适于远距离控制，易于测量、比较、校正的优点，以及液压动力输出大、惯性小、反应快的优点。这两者的结合使电液伺服阀成为一种控制灵活、精度高、快速性好、输出功率大的控制元件。

按输出和反馈的液压参数不同，电液伺服阀分为流量伺服阀和压力伺服阀两大类，前者的应用远比后者广泛，因此本书只讨论流量伺服阀。

5.5.1　电液伺服阀的工作原理

电液伺服阀用伺服放大器进行控制。伺服放大器的输入电压信号来自电位器、信号发生器、同步机组和计算机的数模转换器等输出的电压信号；其输出的电流信号与输入电压信号成正比。伺服放大器是具有深度电流负反馈的电子放大器，主要包括比较元件（即加法器或误差检测器）、电压放大元件、功率放大元件三部分。电液伺服阀在系统中一般不用作开环控制，系统的输出参数必须进行反馈，形成闭环控制，因而比较元件至少要有控制和反馈两个输入端，有的电液伺服阀还有内部状态参数的反馈。

图 5-36 所示为一典型的电液伺服阀，由电-机械转换器、液压控制阀、反馈机构三部分组成。

电-机械转换器的直接作用是将伺服放大器输入的电流转换为力矩或力（前者称为力矩马达，后者称为力马达），进而转化为在弹簧支承下电液伺服阀运动部件的角位移或直线位移，以控制阀口通流面积的大小。

图 5-36（a）的上部及图 5-36（b）表示电-机械转换器的结构。衔铁 7 和挡板 2 连为一体，由固定在阀体 9 上的弹簧管 3 支承。挡板下端的球头插入滑阀 10 的凹槽，前后两块永久磁铁 5 与导磁体 6、8 形成一固定磁场。当线圈 4 内无控制电流时，导磁体 6、8 与衔铁间

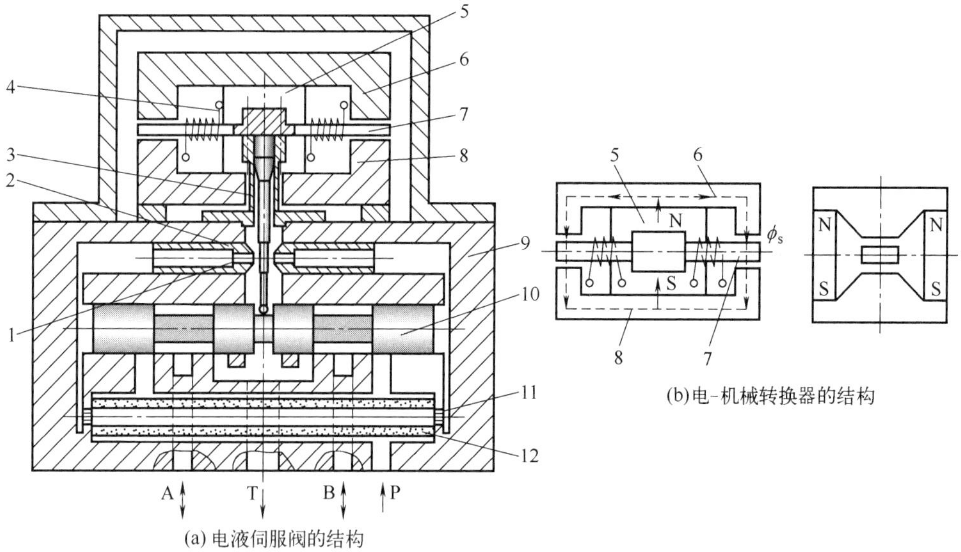

图 5-36 电液伺服阀

1—喷嘴；2—挡板；3—弹簧管；4—线圈；5—永久磁铁；6,8—导磁体；7—衔铁

9—阀体；10—滑阀；11—节流孔；12—过滤器

形成的四个工作气隙中，磁通量大小相等，均为 Φ_g，且方向一致，此时衔铁所受合力为零，保持力平衡状态并处于中位。当控制电流通入线圈时，对角方向上的两组气隙产生磁通差异：其中一组对角气隙的磁通量增大，另一组对角气隙的磁通量相应减小。这种磁通量差异导致衔铁受到单向磁拉力作用，进而克服复位弹簧（或弹性元件）的弹力产生偏转。衔铁的偏转运动会带动挡板同步动作，使挡板与两个喷嘴 1 之间的间隙发生反向变化：一个喷嘴间隙因挡板靠近而减小，另一个喷嘴间隙则因挡板远离而增大。

该电液伺服阀的液压阀部分为双喷嘴挡板先导阀控制的功率级滑阀式主阀。压力油经 P 口直接为主阀供油，但进入喷嘴挡板的油液需经过滤器 12 进一步过滤。

当挡板偏转使其与两个喷嘴间的间隙不等时，间隙小的一侧，喷嘴腔压力升高；反之，间隙大的一侧，喷嘴腔压力降低。这两腔压差作用在滑阀的两端面上，使滑阀产生位移，阀口开启。这时压力油经 P 口和滑阀的一个阀口并经通口 A 或 B 流向液压缸，液压缸的排油则经通口 B 或 A 和另一阀口，并经通口 T 与回油相通。

滑阀移动时带动挡板下端球头一起移动，从而在衔铁挡板组件上产生力矩，构成力反馈机制，因此这种阀又称力反馈伺服阀。稳态时衔铁挡板组件在驱动电磁力矩、弹簧管的弹性反力矩、喷嘴液动力产生的力矩、阀芯位移产生的反馈力矩作用下保持平衡。在当输入控制电流增大时，电磁力矩同步增大，推动阀芯产生轴向位移，导致阀口通流面积增加。在一定阀口压差（例如 7MPa）下，通过阀的流量与阀芯位移呈近似线性关系，即阀的流量输出与输入电流成正比。当输入电流极性反转时，电磁力矩方向改变，驱动阀芯反向位移，实现流量方向的闭环控制。

电液伺服阀的反馈方式除上述的力反馈外还有阀芯位置直接反馈、阀芯位移电反馈、流量反馈、压力反馈（压力伺服阀）等多种形式。电液伺服阀内的某些反馈主要用于改善其动态特性，如动压反馈等。

上述电液伺服阀液压部分为二级阀，伺服阀也有单级伺服阀和三级伺服阀，三级伺服阀主要用于大流量场合。图 5-36 所示由喷嘴-挡板阀和滑阀组成的力反馈型电液伺服阀是最典型的、最普遍的电液转换装置。电液伺服阀的电-机械转换器除动铁式外，还有动圈式和压电陶瓷等形式。

5.5.2　电液伺服阀常用的结构形式

液压伺服阀中常用的液压控制元件结构有滑阀、射流管、喷嘴-挡板三种。

5.5.2.1　滑阀

根据滑阀控制边数量（起控制作用的阀口数），可将滑阀分为单边、双边、四边滑阀三种典型结构，如图 5-37 所示。

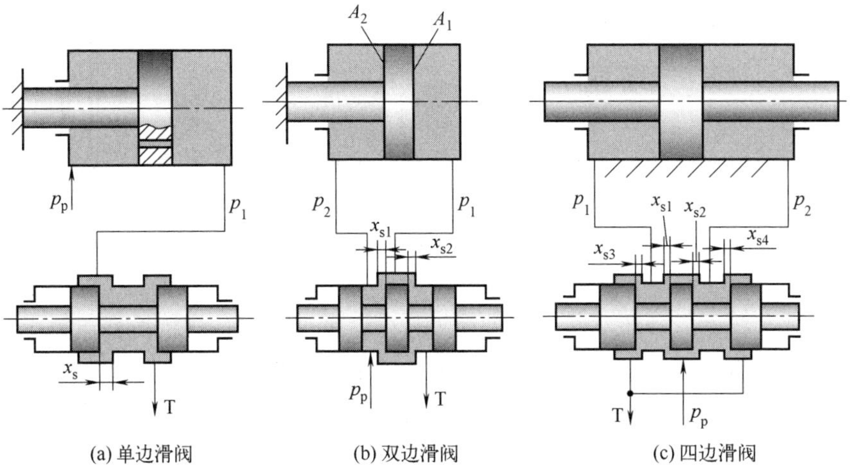

图 5-37　单边、双边及四边滑阀

图 5-37（a）所示为单边滑阀控制式液压回路，它仅配置一个控制边。活塞上的阻尼孔使液压缸左右两腔相通。通过控制边的单一节流口 x_s 控制缸中油液的压力和流量，从而改变缸的运动速度和方向。

图 5-37（b）所示为双边滑阀控制式液压回路，它配置有两个控制边。压力油一路进入液压缸左腔，另一路经滑阀进油节流口 x_{s1} 进入液压缸右腔，右腔的回油则通过滑阀的回油节流口 x_{s2} 流回油箱。当滑阀移动时，进油节流口 x_{s1} 与回油节流口 x_{s2} 的开度呈反比例变化：若 x_{s1} 开度增大，则 x_{s2} 开度必然减小，反之亦然。这种节流口开度的动态调节直接控制液压缸右腔的进出油流量，从而改变右腔压力，因而改变了液压缸的运动速度和方向。

图 5-37（c）所示为四边滑阀控制式液压回路，它配置有四个控制边，形成双进油双回油的对称控制结构。x_{s1} 和 x_{s2} 控制压力油进入液压缸左、右油腔，x_{s3} 和 x_{s4} 控制左、右油腔通向油箱。当滑阀移动时，x_{s1} 和 x_{s4} 增大，x_{s2} 和 x_{s3} 减小，或相反，这样就实现了对进入液压缸左、右腔的油液压力和流量的控制，从而控制液压缸的运动速度和方向。

可见，单边、双边、四边滑阀的控制作用是相同的。单边式、双边式只用于控制单杆的液压缸；四边式用于控制双杆的液压缸。控制边数多时控制质量好，但结构工艺性差。一般来说，四边式控制用于精度和稳定性要求较高的系统；单边式、双边式控制则用于精度要求一般的系统。滑阀式伺服阀装配精度要求较高、价格较高、对油液的污染也较敏感。

四边滑阀根据在平衡位置时阀口初始开度的不同，可以分为三种类型，即负预开口、零开口、正预开口。

伺服阀阀芯除了做直线移动的滑阀之外，还有一种阀芯做旋转运动的转阀，它的作用原理与上述滑阀类似。

5.5.2.2 射流管

图 5-38 所示为射流管装置的工作原理。它由液压缸 1、接收板 2、射流管 3 组成。射流管 3 可绕垂直于图面的轴线左右摆动一个不大的角度。接受板 2 上有两个并列的接受孔道 a、b，它们把射流管 3 端部锥形喷嘴中射出的压力油分别通向液压缸 1 的左右两腔。当射流管 3 处于两个接受孔道的中间位置时，两个接受孔道内油液的压力相等，液压缸 1 不动；当有输入信号使射流管 3 向左偏转一个很小的角度时，两个接受孔道内的压力不再相等，液压缸 1 左腔的压力大于右腔的压力，液压缸 1 便向左移动，直到跟着液压缸 1 移动的接受板 2 使射流孔又处于两接受孔道的中间位置时为止；反之亦然。可见，在这种伺服元件中，液压缸运动的方向取决于输入信号的方向，运动的速度取决于输入信号的强弱。

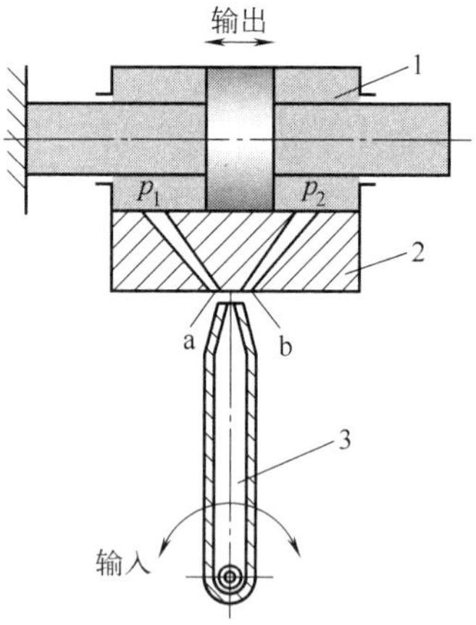

图 5-38 射流管装置的工作原理

1—液压缸；2—接收板；3—射流管

射流管装置的优点：结构简单，元件加工精度要求低；射流管出口处面积大，抗污染能力强；射流管上没有不平衡的径向力，不会产生“卡住”现象。

射流管装置的缺点：射流管运动部分惯量较大，工作性能较差；射流能量损失大，零位无功损耗大，效率较低；供油压力高时容易引起振动，且沿射流管轴向有较大的轴向力。因此，这种伺服元件主要用于多级伺服阀的第一级控制装置。

5.5.2.3 喷嘴-挡板

图 5-39 所示为喷嘴-挡板装置的工作原理。它由液压缸 1、挡板 2、喷嘴 3 组成。液压泵来的压力油 p_P 一部分直接进入液压缸 1 有杆腔，另一部分经过固定节流孔 a 进入液压缸 1 的无杆腔，并有一部分经喷嘴-挡板间的间隙 δ 流回油箱。当输入信号使挡板 2 的位置（即 δ）改变时，喷嘴-挡板间的节流阻力发生变化，液压缸 1 无杆腔的压力 p_1 也发生变化，液压缸 1 产生相应的运动。

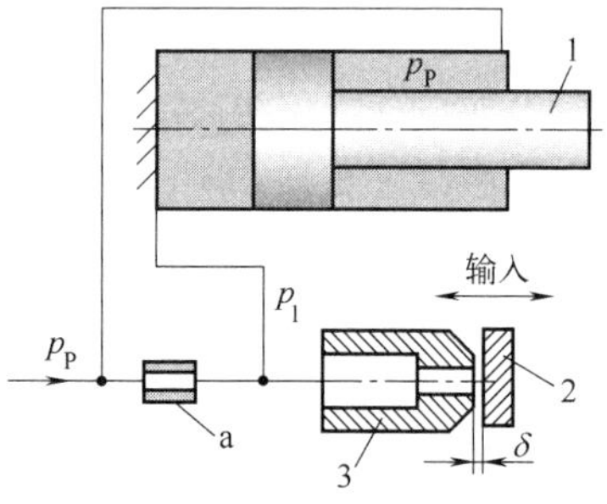

图 5-39 喷嘴-挡板装置的工作原理

1—液压缸；2—挡板；3—喷嘴

上述结构是单喷嘴-挡板式的，此外还有双喷嘴-挡板式结构，它的工作原理与单喷嘴-挡板式相似。

喷嘴-挡板式控制的优点：结构简单、运动部分惯性小、位移小、反应快、精度和灵敏度高、加工要求不高、没有径向不平衡力、不会发生“卡住”现象，因而工作较可靠。

喷嘴-挡板式控制的缺点：无功损耗大、喷嘴-挡板间距离很小时抗污染能力差，因此宜在多级放大式伺服元件中用作第一级（前置级）控制装置。

如果射流管或喷嘴-挡板装置作为伺服阀的第一级控制装置时，则受其控制的不是液压缸，而是伺服阀的第二放大级。一般第二放大级是滑阀。

5.5.3　电液伺服阀的特性分析

5.5.3.1　静态特性

(1) 伺服阀的流量-压力特性

伺服阀的流量-压力特性是指它在负载下阀芯做某一位移时通过阀口的流量 q_L 与负载压力 p_L 之间的关系。以图 5-40 所示的理想零开口阀为例，假定阀口棱边锋利、油源压力稳定、油液是理想液体、阀芯和阀套间的径向间隙忽略不计、执行元件是双杆液压缸。当阀芯向右移动时，阀口 1、3 打开，阀口 2、4 关闭，在伺服阀进油、回油路上各有一个节流开口，进油开口处压力从 p_P 降为 p_1，回油开口处从 p_2 降为零。液流的方程为

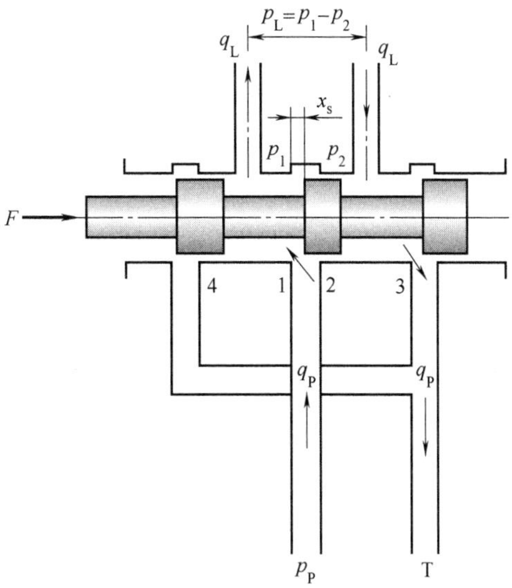

图 5-40　零开口伺服阀计算简图

$$q_P=q_1=q_L=q_3 \tag{5-12}$$

式中　q_P、q_L——在负载下通过伺服阀和通向液压缸的流量；

q_1、q_3——通过阀口 1、3 的流量，且：

$$q_1=C_dA_1\sqrt{\frac{2}{\rho}(p_P-p_1)} \tag{5-13}$$

$$q_3=C_dA_3\sqrt{\frac{2}{\rho}p_2} \tag{5-14}$$

式中　A_1、A_3——阀口 1、3 处的通流面积。

其他符号意义同前。

伺服阀的各个控制口大多是配作且对称的，因此 $A_1=A_3$，且 $q_1=q_3$。由于 $p_P=p_1+p_2$（可由 $q_1=q_3$ 推得），且负载压力 $p_L=p_1-p_2$，故有 $p_1=(p_P+p_L)/2$，$p_2=(p_P-p_L)/2$。在这种情况下：

$$q_L=C_dA_1\sqrt{\frac{2}{\rho}\frac{p_P-p_L}{2}}=C_dwx_s\sqrt{\frac{p_P-p_L}{\rho}} \tag{5-15}$$

将上式两边同乘 $x_{s\max}$，化成量纲为 1 的公式，得

$$\frac{p_L}{p_P}=1-\frac{\left(\dfrac{q_L}{C_dwx_{s\max}\sqrt{\dfrac{p_P}{\rho}}}\right)^2}{\left(\dfrac{x_s}{x_{s\max}}\right)^2} \tag{5-16}$$

式（5-16）是一组抛物线方程，其图形如图 5-41 所示。图中上半部分是伺服阀右移时的情况，下半部分是伺服阀左移时的情况。由图 5-41 可见，伺服阀流量-压力曲线关于原点对称，即伺服阀的控制性能在两个方向上相同。

其他开口形式伺服阀的流量-压力特性可以仿照上述方法进行分析。

由图 5-41 可得伺服阀的流量-压力系数：

$$K_C = -\frac{\partial q_L}{\partial p_L}\bigg|_{x_s=\text{const}} = \frac{C_d w x_s}{2\sqrt{\rho(p_P - p_L)}} \tag{5-17}$$

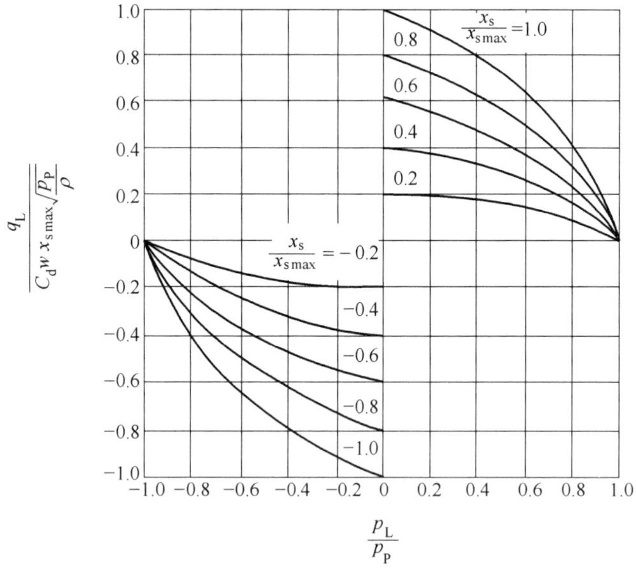

图 5-41　零开口伺服阀的流量-压力特性曲线

(2) 流量特性

伺服阀的流量特性如图 5-42 所示。其中，图 5-42 (a) 所示为零开口阀的理论流量曲线和实际流量曲线；图 5-42 (b)、(c) 所示分别为负预开口阀和正预开口阀的流量曲线。

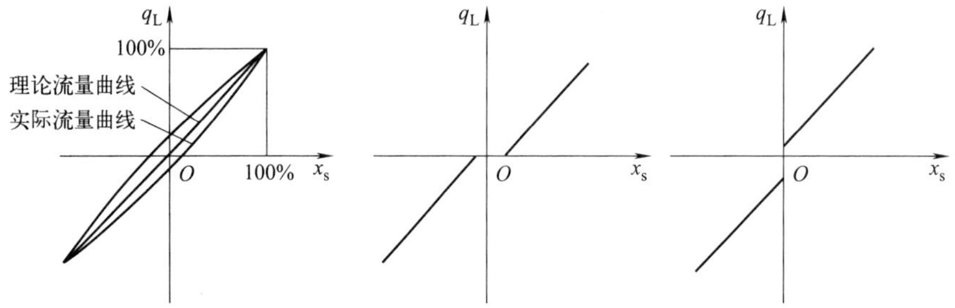

图 5-42　伺服阀的流量特性

由图 5-42 可得阀的流量增益（流量放大系数），其定义为

$$K_q = \frac{\partial q_L}{\partial x_s}\bigg|_{p_L=\text{const}} \tag{5-18}$$

对于理想零开口阀：

$$K_q = C_d w\sqrt{\frac{p_P - p_L}{\rho}} \tag{5-19}$$

(3) 压力特性

图 5-43 所示为伺服阀的压力特性曲线。由图可得阀的压力增益（压力放大系数），其定义为

$$K_p=\frac{\partial q_L}{\partial x_s}\Big|_{q_L=\text{const}}$$

由于$\frac{\partial q_L}{\partial x_s}=-\frac{\partial q_L}{\partial p_L}\times\frac{\partial p_L}{\partial x_s}$，由此可推得

$$K_p=\frac{K_q}{K_C} \tag{5-20}$$

对理想零开口阀：

$$K_p=\frac{2(p_P-p_L)}{x_s} \tag{5-21}$$

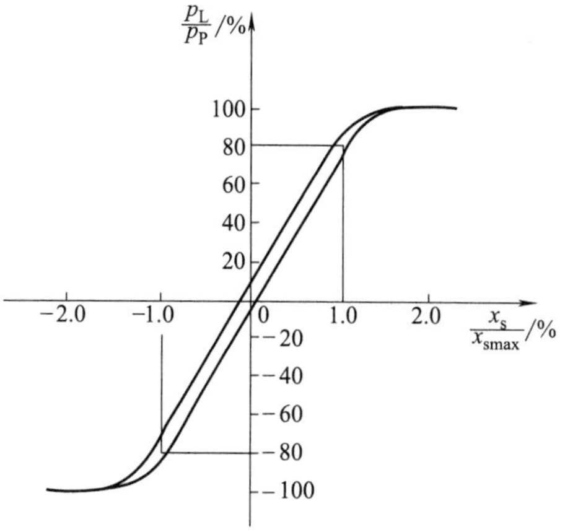

图 5-43 伺服阀的压力特性曲线

系数 K_q、K_C、K_p 称为液压伺服阀的特性系数。这些系数不仅表示了液压伺服系统的静态特性，而且在分析伺服系统的动态特性时也非常重要。流量增益影响系统的稳定性；流量-压力系数影响系统的阻尼比和系统刚度；阀的压力增益则表明阀芯在很小位移时，系统能否有启动较大负载的能力，故对灵敏度有影响。

阀在原点附近的特性系数称为零位特性系数。几种常用液压伺服阀的零位特性系数如表5-5所示。

表 5-5 几种常用液压伺服阀的零位特性系数

零位特性系数	单边滑阀	双边滑阀	零开口四边滑阀	正开口四边滑阀
K_{q0}	$C_d w\sqrt{\frac{P_P}{\rho}}$	$2C_d w\sqrt{\frac{P_P}{\rho}}$	$C_d w\sqrt{\frac{P_P}{\rho}}$	$2C_d w\sqrt{\frac{P_P}{\rho}}$
K_{C0}	$\frac{2C_d w x_{s0}}{\sqrt{\rho P_P}}$	$\frac{2C_d w x_{s0}}{\sqrt{\rho P_P}}$	0	$\frac{2C_d w x_{s0}}{\sqrt{\rho P_P}}$
K_{p0}	$\frac{P_P}{2x_{s0}}$	$\frac{P_P}{x_{s0}}$	∞	$\frac{2P_P}{x_{s0}}$

表5-5中单边滑阀和双边滑阀的零位特性系数表达式，针对的是由它们驱动的液压缸小腔有效工作面积与大腔有效工作面积之比为0.5的情况。而单边滑阀的 x_{s0}，是指在零负载且液压缸不动（$q_L=0$）这一平衡状态下的开口量。对于正开口四边滑阀，x_{s0} 指它的预开口量。

(4) 内泄漏特性

若为零开口滑阀，当滑阀处于中间位置时，通过径向缝隙产生的泄漏量：

$$q=\frac{\pi w c_r^3}{32\mu}p_P \tag{5-22}$$

式中 w——阀的面积梯度；

c_r——阀芯和阀孔间的径向缝隙；

μ——油液的动力黏度；

p_P——供油压力。

若为正开口滑阀，阀在中间位置时的泄漏量：

$$q=2C_d w x_{s0}\sqrt{\frac{p_P}{\rho}} \tag{5-23}$$

式中 C_d——流量系数；

x_{s0}——阀中位时的预开口量；

ρ——油液的密度。

当负开口四边滑阀的阀口有 1～3μm 的遮盖量时，可补偿部分径向缝隙泄漏的影响。

因为阀有内泄漏，所以对实际的零开口四边滑阀来说，它的零位流量-压力系数不为零，经推导得

$$K_{C0}=\frac{\pi w c_r^2}{32\mu} \tag{5-24}$$

式（5-24）表明 K_{C0} 和阀的结构尺寸有关。

同理，可推得它的零位压力放大系数不是无穷大，而是

$$K_{p0}=\frac{32\mu C_d\sqrt{\dfrac{p_P}{\rho}}}{\pi c_r^2} \tag{5-25}$$

可见，K_{p0} 虽和阀的结构尺寸无关，但却和径向缝隙 c_r 有关。c_r 增大时，K_{p0} 急剧减小。

必须指出，以上所述的是液压伺服阀的特性，如果是电液伺服阀，因为输入的是电流，所以只要用输入电流 I 代替阀的位移 x_s，便可得到电液伺服阀的特性。

由静态特性可以确定阀的一些指标，如线性度、对称度、滞环、分辨率、零漂、内漏等。

5.5.3.2 动态特性（频率特性）曲线

伺服阀的动态特性一般用频率特性表示，如图 5-44 所示。频宽通常以幅值比为－3dB、相位差为－90°时所对应的频率来度量，而分别命名为幅频宽和相频宽。频宽是衡量电液伺服阀动态特性的一个重要参数。为了使液压伺服系统有较好的性能，应有一定的频宽，但频带过宽，可能使电噪声和高频干扰信号传给系统，对系统工作不利。

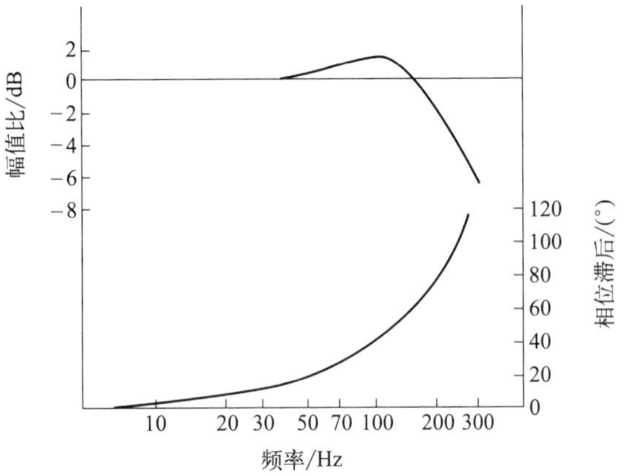

图 5-44 动态特性曲线

5.6 电液比例阀

电液比例阀是一种按输入电气信号连续地、按比例地对油液的压力、流量或方向进行控制的液压阀。与手动调节的普通液压阀相比，它能提高系统参数的控制水平。与电液伺服阀相比，虽在某些性能方面稍稍逊色，但它的结构简单、成本较低，所以被广泛应用于要求对液压参数进行连续控制或程序控制，但对控制精度和动态特性要求一般的液压传动系统中。

电液比例阀按控制功能可以分为电液比例压力阀、电液比例流量阀、电液比例方向阀、电液比例复合阀（如比例压力流量阀），按液压放大级的级数可以分为直动式和先导式，按阀内级间参数是否有反馈可以分为不带反馈型和带反馈型。带反馈型又分为流量反馈、位移

反馈、力反馈。此外，可以把一些反馈量转换成电量后再进行级间反馈，又可构成多种形式的反馈型比例阀，如位移电反馈、流量电反馈等。

5.6.1 比例阀的结构

比例阀主要由电-机械转换器（比例电磁铁）和阀两部分组成。比例阀有采用开环控制的，也有采用闭环控制的。

比例电磁铁是在传统湿式直流阀用开关电磁铁的基础上发展起来的。目前所应用的耐高压直流比例电磁铁具有图 5-45（a）所示的盆式结构。

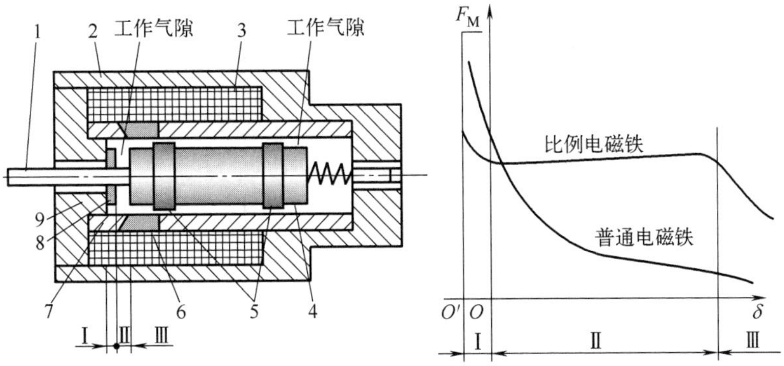

(a) 结构　　(b) 特性曲线

图 5-45　比例电磁铁的结构与特性曲线

1—推杆；2—壳体；3—线圈；4—衔铁；5—轴承环；6—隔磁环；7—导套；8—限位片；9—极靴；

Ⅰ—吸合区；Ⅱ—工作行程区；Ⅲ—空行程区

磁路结构的特点使之具有图 5-45（b）所示几乎水平的电磁力-行程特性，这有助于阀的稳定性。图 5-45 所示电磁铁的输出是电磁推力，故称为力输出型，还有一种带位移反馈的位置输出型比例电磁铁，如图 5-46 所示。后者由于有衔铁位移的电反馈闭环，因此当输入控制电信号一定时，不管与负载相匹配的比例电磁铁输出电磁力如何变化，其输出位移仍保持不变，所以它能抑制摩擦力等扰动影响，使之具有极为优良的稳态控制精度和抗干扰特性。

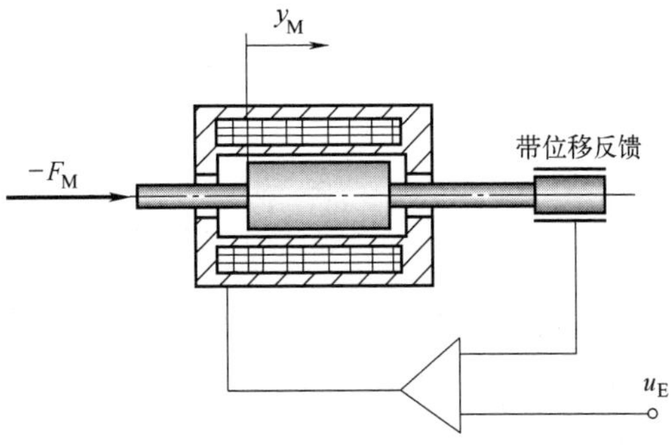

y_{Mmax}=2mm；F_{Mmax}=60N

图 5-46　带位移反馈的位置输出型比例电磁铁

与电液伺服阀相似，控制比例阀的比例放大器也是具有深度电流负反馈的电子控制放大器，其输出电流和输入电压成正比。比例放大器的构成与伺服放大器也相似，但要更复杂一些，如比例放大器一般均带有颤振信号发生器，还有零区电流跳跃（比例方向阀）等功能。

5.6.1.1 比例压力阀

(1) 直动式比例压力阀

用比例电磁铁取代压力阀的手调弹簧力控制机构便可得到比例压力阀，如图 5-47 所示。图 5-47（a）所示的比例压力阀采用普通力输出型比例电磁铁 1，其衔铁可直接作用于锥阀 4。图 5-47（b）所示为位移反馈型比例电磁铁，衔铁必须借助弹簧转换为力后才能作用于锥阀 4 进行压力控制。后者由于有位移反馈闭环控制，可抑制电磁铁内的摩擦等扰动，因而控制精度显著高于前者，当然复杂性和价格也随之增加。这两种比例压力阀，可用作小流量时的直动式溢流阀，也可取代先导式溢流阀和先导式减压阀中的先导阀，组成先导式比例溢流阀和先导式比例减压阀。

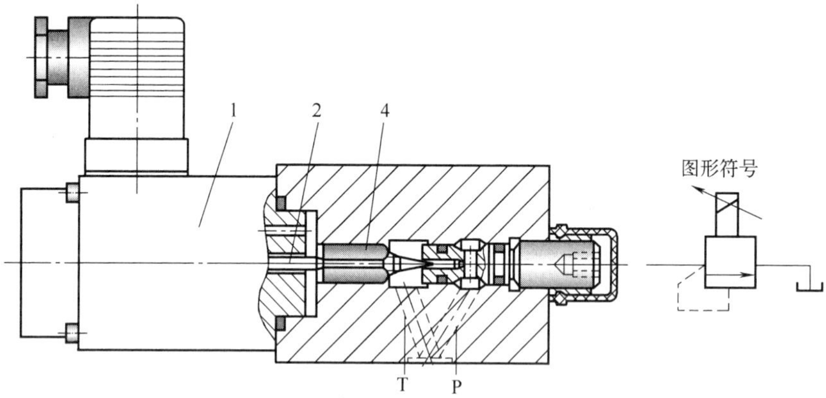

(a) 普通比例电磁铁控制

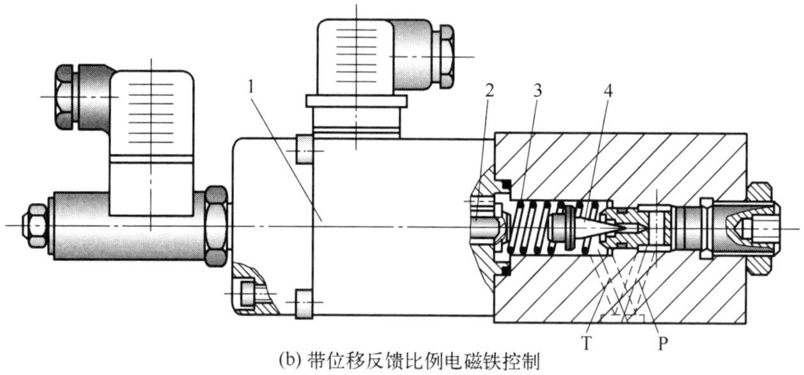

(b) 带位移反馈比例电磁铁控制

图 5-47　带位移反馈的位置输出型比例电磁铁

1—比例电磁铁；2—推杆；3—弹簧；4—锥阀

(2) 先导式比例压力阀

图 5-48 所示为两个应用输出压力直接检测反馈，以及在先导级与主级间动压反馈的比例压力阀。

两种阀的先导阀芯 4 均为有直径差的二节同心滑阀，大、小端面积差与压力反馈推杆 5 面积相等，稳态时动态阻尼孔 R_2 两侧液压力相等，先导阀芯大端受压面积（大端面积减去反馈推杆面积）和小端受压面积相等，因而先导阀芯两端静压平衡。

图 5-48（a）、（b）所示的主阀结构与传统先导式溢流阀和减压阀相同，均有 A、B 两通口。

如前所述，传统先导式压力阀的先导阀控制的是主阀上腔压力，先导阀所受弹簧力和主阀上腔压力相平衡，当流量变化引起主阀液动力变化以及减压阀进口压力 p_B 变化时会产生调压偏差。图 5-48 所示的先导式比例压力阀，若忽略先导阀液动力、阀芯自重、摩擦力等的影响，其输入电磁力与输出压力 p_A 作用在反馈推杆上的力相平衡，因而形成反馈闭环控制。当流量和减压阀的进口压力变化时，控制输出压力 p_A 均能保持恒定。

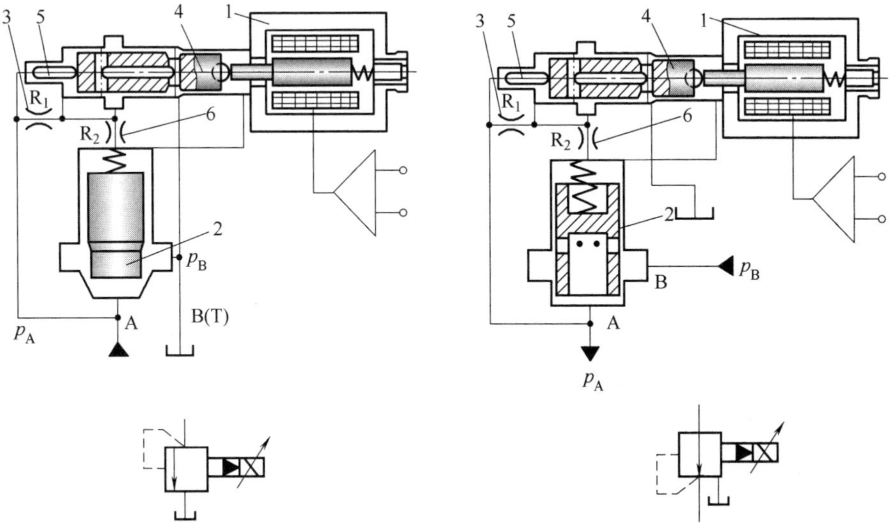

(a) 溢流阀　　(b) 减压阀

图 5-48　先导式比例压力阀

1—比例电磁铁；2—主阀芯；3,6—不可调节流阀；4—先导阀芯；5—压力反馈推杆

级间动压反馈原理是主阀芯运动时在动态阻尼孔 R_2 两端产生的压差作用在先导阀芯两端面，经先导阀的控制对主阀芯的运动产生阻尼作用。应用此原理的比例压力阀动态稳定性显著提高，不会出现传统压力阀易产生的振荡和啸叫现象。同时，改变动态阻尼孔 R_2 的孔径，可调节阀的快速性而对阀的稳态性能无任何影响。

5.6.1.2　比例流量阀

比例流量阀包括比例节流阀和比例调速阀，也有直动式和先导式之分。它通过电-机械转换器（如比例电磁铁）来调节阀口的通流面积，使输出流量与输入的电信号成比例。

图 5-49 所示为反馈型直动式比例流量阀的工作原理。图中实线表示利用弹簧来实现的位移-力反馈，虚线表示用位移传感器来实现的直接位置反馈。采用两路反馈可改善比例阀的静、动态控制性能。

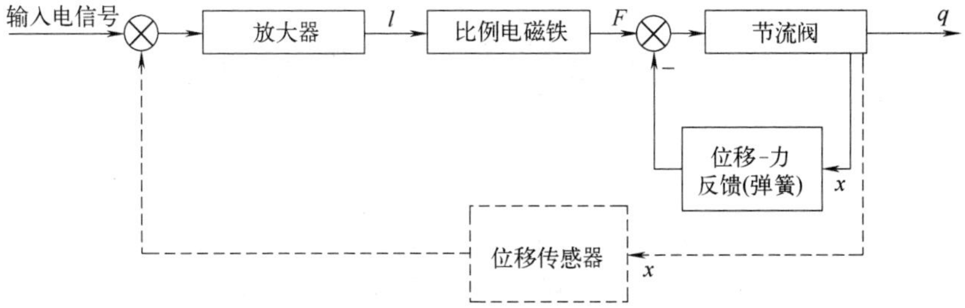

图 5-49　反馈型直动式比例流量阀的工作原理

5.6.1.3　比例方向阀

比例方向阀也有直动式和先导式之分，并且都有开环控制和阀芯位移反馈闭环控制两大类。有的比例方向阀还用定差减压阀或定差溢流阀对其阀口进行压差补偿，构成比例方向流量阀。

图 5-50 所示为先导式开环控制的比例方向（节流）阀，其先导阀和主阀均为四边滑阀。该阀的先导阀为一双向控制的直动式比例减压阀，其外供油口为 X，回油口为 Y。比例电磁铁未通电时，先导阀芯 4 在左右两个对中弹簧作用下处于中位，四阀口均关闭。当某一比例电磁铁（例如 A）通电时，先导阀阀芯左移，使其两个凸肩右边的阀口开启，先导压力油从 X 口经先导阀芯的阀口和左固定阻尼孔 5 作用在主阀芯 8 的左端面，压缩主阀对中弹簧 10 使主阀芯右移，主阀口 P 与 B 及 A 与 T 接通，主阀阀芯的右端面的油则经右固定阻尼孔和先导阀阀芯的阀口进入先导阀回油口 Y；同时，进入先导阀阀芯的压力油，又经阀芯的径向孔作用于阀芯的轴向孔，而其油压则形成对减压阀控制压力的反馈。若忽略先导阀和主阀的液动力、摩擦力、阀芯自重和弹簧力等的影响，先导减压阀的控制压力与电磁力成正比，进而又与主阀阀芯位移成正比。同理也可分析比例电磁铁 B 通电时的情况。因此，比例方向阀的工作原理是通过改变输入比例电磁铁的电流控制主阀阀芯的位移。图 5-50 中两个固定阻尼孔仅起动态阻尼作用，目的是提高阀的稳定性。

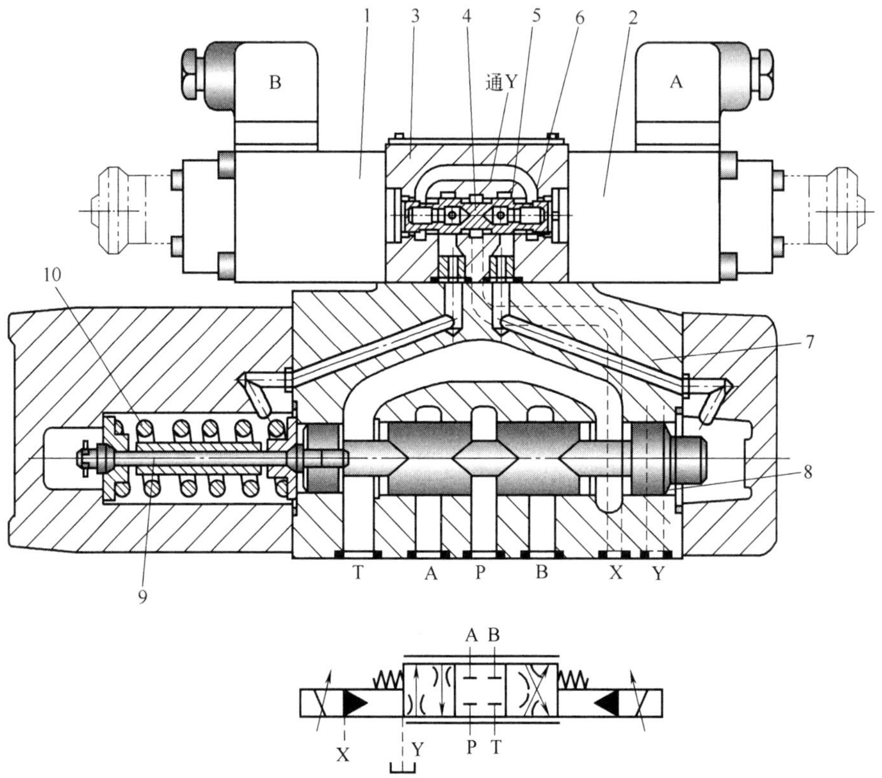

图 5-50 比例方向（节流）阀

1，2—比例电磁铁；3—先导阀阀体；4—先导阀阀芯；5—固定阻尼孔；6—反馈活塞；7—主阀阀体；8—主阀阀芯；9—弹簧座；10—主阀对中弹簧

5.6.2 比例阀的特点

比例阀是介于普通液压阀和电液伺服阀之间的一种控制阀，其结构简单、制造精度要求和价格均比电液伺服阀低、抗污染性好、维护保养方便，虽然动态快速性比电液伺服阀低，但在很多领域中已得到广泛应用。电液比例阀和电液伺服阀的对比如表 5-6 所示。

表 5-6　电液比例阀和电液伺服阀的对比

项目	电液比例阀	电液伺服阀
阀的功能	压力控制、流量控制、方向控制	多为四通阀，同时控制方向和流量
电-位移转换器	功率较大(约 30W)的比例电磁铁，用来直接驱动阀芯或压缩弹簧	功率较小(0.1～0.3W)的力矩马达，用来带动喷嘴-挡板或射流管放大器
过滤精度（参考 GB/T 14039—2002）	由于是由普通阀发展而来的，没有特殊要求	为了保护滑阀或喷嘴-挡板精密通流截面，要求进口过滤
线性度	在低压降(0.8MPa)下工作，通过较大流量时、阀体内部的阻力对线性度有影响(饱和)	在高压降(7MPa)下工作，阀体内部的阻力对线性度影响不大
遮盖	20%，一般精度，可以互换	0，极高精度，单件配作
响应时间	8～60ms	2～10ms
频率响应	10～150Hz	100～500Hz
电子控制	电子控制板与阀一起供应，比较简单	电子电路针对应用场合专门设计，包括整个闭环电路
应用领域	执行元件开环或闭环控制	执行元件闭环控制
价格	为普通阀的 3～6 倍	为普通阀的 10 倍以上

5.6.3　比例阀的选用

当系统某液压参数（如压力）的设定值超过三个时，使用比例阀对其进行控制是最恰当的。另外，利用斜坡信号作用在比例方向阀上，可以对机构的加速和减速实现有效的控制；利用比例方向阀和压力补偿器实现负载补偿，可精确控制机构的运动速度而不受负载影响。

5.7　液压阀的集成化

一个完整的液压传动系统，除液压泵和执行元件等工作元件外，还必须配置多种液压阀。传统上，系统中各液压元件之间主要通过管接头、连接板或法兰盘与油管实现连接。因此，大型复杂系统往往呈现油管纵横交错、元件布置松散的特征，导致安装和维修困难、管接头等处容易发生泄漏等问题。为解决这些缺陷，自 20 世纪 70 年代起，集成化液压阀（又称无管路连接阀）及相应集成回路技术应运而生。虽然集成阀技术克服了传统系统的许多缺点，但也带来一些新问题，如集成阀很难进行标准化、难以检查故障等。

叠加阀作为集成阀的重要分支，其工作原理与常规液压阀完全相同，只是为了便于各阀之间直接连接，在阀的外部结构上有所改变。叠加阀一般由各种必要的压力控制阀、流量控制阀、方向控制阀组成。每个阀体的上下端面均采用标准化板式连接面设计（与板式连接阀底面接口规格统一）。同系列阀的连接面上，油口位置、螺钉孔位置及其他连接尺寸完全统一。只要按照规定的顺序把各种必要的阀叠加起来，即可构成所需要的液压传动系统。前面介绍的多路换向阀就是一种简单的叠加阀。

图 5-51 所示为某采煤机牵引部的集成阀组。这种阀与叠加阀不同，它不是通过简单叠加独立阀体实现集成，而是把各个阀的阀芯嵌入整体式阀体内部，并通过阀体中的内部通道连接各个阀。此集成阀组由单向阀 1、背吸阀 2、背压阀 3（溢流阀）、可调节流阀 4、梭形阀 5（液动换向阀）、安全关闭阀 6、开关阀 7 等 7 种阀组成。该集成阀组大大简化了采煤机液压传动系统，使安装和维修变得比较方便。

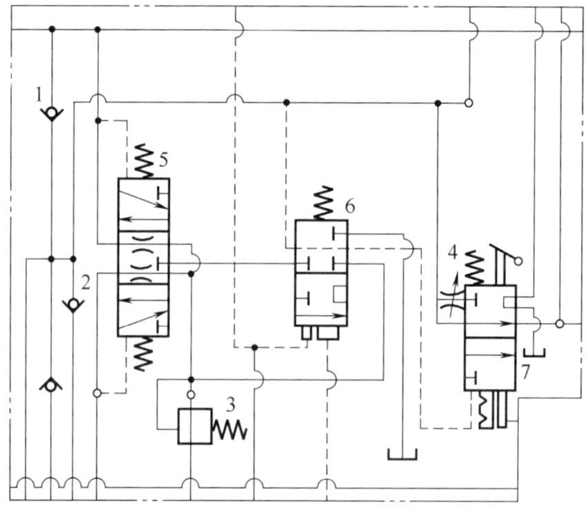

图 5-51 某采煤机的集成阀系统图

1—单向阀；2—背吸阀；3—背压阀；4—可调节流阀；5—梭形阀；6—安全关闭阀；7—开关阀

思考题

1. 什么是控制阀？它可分为哪几类？

2. 简述直动式溢流阀和先导式溢流阀的工作原理。

3. 作为安全阀使用的溢流阀与溢流定压的溢流阀有何异同？

4. 系统正常工作时，安全阀与溢流阀各处于何种状态？

5. 减压阀的作用是什么？定压减压阀是怎样实现定压减压的？

6. 先导式溢流阀主阀阀芯的阻尼孔有什么作用？可否加大或堵死，为什么？

7. 在液压传动系统中使用什么元件可以把液压信号转变为电信号？这种液-电信号的转变有什么用途？

8. 节流阀的工作原理是什么？为什么说用节流阀进行调速会出现速度不稳定现象？

9. 试述调速阀的工作原理。

10. 分流阀是如何实现速度同步的？

11. 试根据液控单向阀的工作原理画出液压缸的锁紧回路。

12. 什么是换向阀的“位”和“通”？

13. 按操纵方式，换向滑阀可分为哪几种类型？

14. 按阀芯的运动形式，换向阀可分为哪两大类？

15. 试画出三位滑阀的常见中位机能，并说出每一机能的特点。

16. 液压阀的集成化有什么利弊？

17. 绘出溢流阀、液控单向阀、三位四通 O 型机能电磁控制阀、减压阀、节流阀、调速阀的图形符号。

18. 如图 5-52 所示的圆柱形阀芯，$D=20\text{mm}$，$d=10\text{mm}$，阀口开度 $x=2\text{mm}$。压力油在阀口处的压降为 $\Delta p_1=0.3\text{MPa}$，在阀腔 a 点到 b 点的压降为 $\Delta p_2=0.03\text{MPa}$，油的密度为 $\rho=900\text{kg/m}^3$，通过阀口时的角度为 $\varphi=69°$，流量系数 $C_d=0.65$，试求油液对阀芯的作用力。

19. 图5-53所示液压缸直径为 $D=100\text{mm}$，活塞杆直径为 $d=60\text{mm}$，负载为 $F=2000\text{N}$，进油压力为 $p_P=5\text{MPa}$，滑阀阀芯直径为 $d_V=30\text{mm}$，阀口开度为 $x_V=0.4\text{mm}$，射流角为 $\varphi=69°$，阀口速度系数为 $C_V=0.98$，流量系数 $C_d=0.62$。不考虑沿程损失，试求阀芯受力大小、方向以及活塞运动的速度。

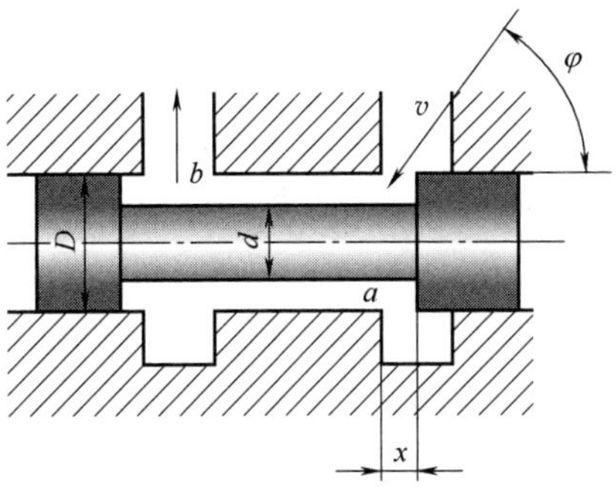

图5-52 思考题18图

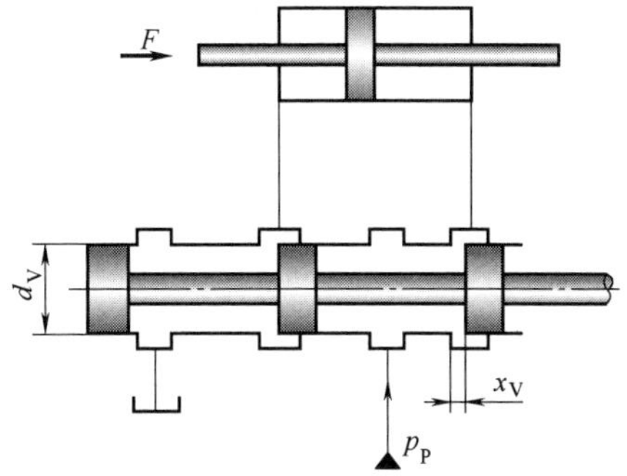

图5-53 思考题19图

第5章

20. 如图5-54所示的液压缸，$A_1=30\times10^{-4}\text{m}^2$，$A_2=12\times10^{-4}\text{m}^2$，$F=30000\text{N}$，液控单向阀用作闭锁以防止液压缸下滑。液控单向阀的控制活塞面积 A_K 是阀芯承压面积 A 的三倍。若摩擦力、弹簧力均忽略不计，试计算需要多大的控制压力才能开启液控单向阀？开启前液压缸中压力最高为多少？

21. 如图5-55所示的回路，内泄式液控单向阀的控制压力由电磁阀控制。试机时发现电磁铁断电后，液控单向阀无法迅速切断油路；此外，开启液控单向阀所需的控制压力 p_K 也较高。试分析原因并提出改进方法。

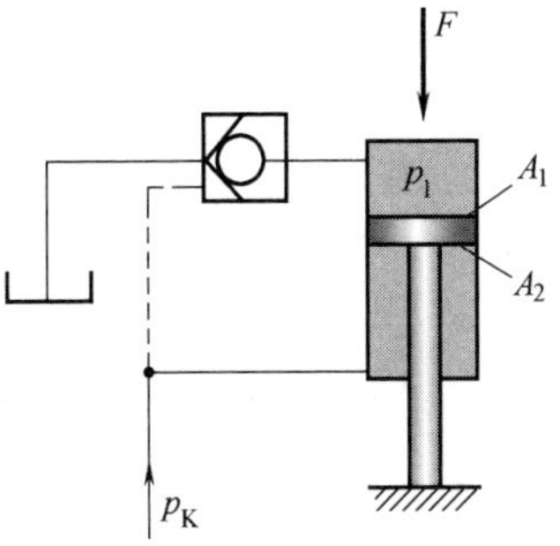

图5-54 思考题20图

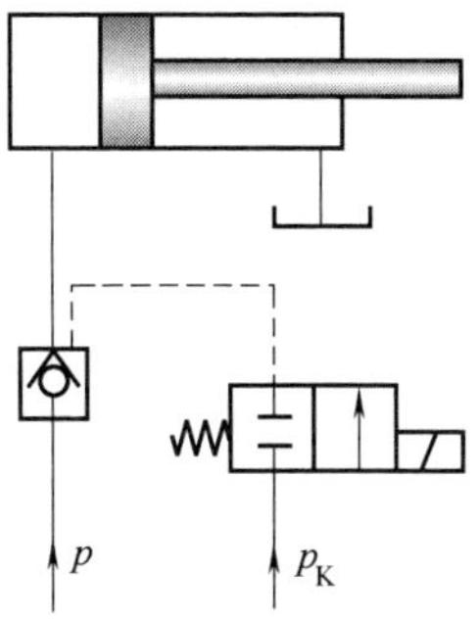

图5-55 思考题21图

22. 图5-56所示系统中，溢流阀的调整压力分别为 $p_A=3\text{MPa}$，$p_B=1.4\text{MPa}$，$p_C=2\text{MPa}$。试求当系统外负载为无穷大时，液压泵的出口压力。如将溢流阀B的遥控口堵住，液压泵的出口压力为多少？

23. 图5-57所示两系统中，溢流阀的调整压力分别为 $p_A=4\text{MPa}$，$p_B=3\text{MPa}$，$p_C=2\text{MPa}$。当系统外负载为无穷大时，液压泵的出口压力各为多少？对于图5-57(a)所示的系统，请说明溢流量是如何分配的。

24. 图5-58所示系统中，溢流阀的调定压力为5MPa，减压阀的调定压力为2.5MPa。试分析下列各工况，并说明减压阀阀口所处的状态。

(1) 当液压泵出口压力等于溢流阀调定压力时，夹紧缸使工件夹紧后，点 A、点 C 处的压力各为多少？

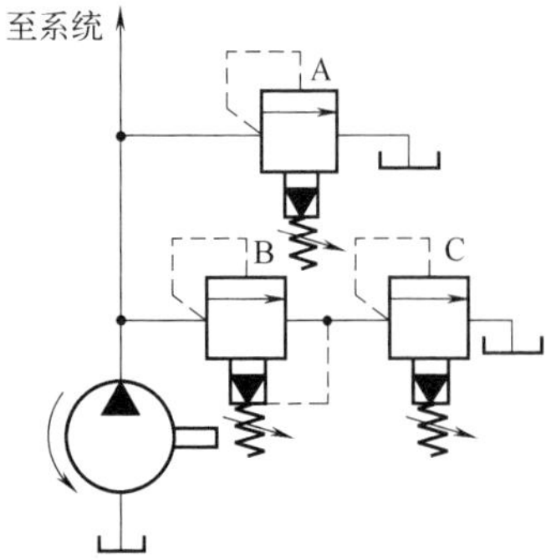

图 5-56 思考题 22 图

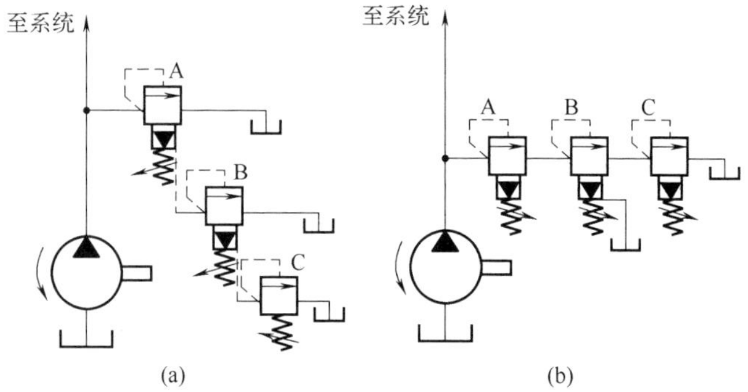

图 5-57 思考题 23 图

(2) 当工作缸快进，液压泵出口压力降到 1.5MPa 时（工件仍处于夹紧状态），点 A、点 C 处压力各为多少？

(3) 夹紧缸在夹紧工件前做空载运动时，点 A、点 B、点 C 处压力各为多少？

25. 如图 5-59 所示的减压回路，已知液压缸无杆腔、有杆腔的面积分别为 100×10^{-4} m、$50\times10^{-4}\mathrm{m}^2$，最大负载分别为 $F_1=14000\mathrm{N}$、$F_2=4250\mathrm{N}$，背压为 $p=0.15\mathrm{MPa}$，节流阀的压差为 $\Delta p=0.2\mathrm{MPa}$。

(1) 试求 A、B、C 各点的压力（忽略管路阻力）。

(2) 液压泵和液压阀 1、2、3 应选多大的额定压力？

(3) 若两缸的进给速度分别为 $v_1=3.5\times10^{-2}\mathrm{m/s}$、$v_2=4\times10^{-2}\mathrm{m/s}$，液压泵和各液压阀的额定流量应选多大？

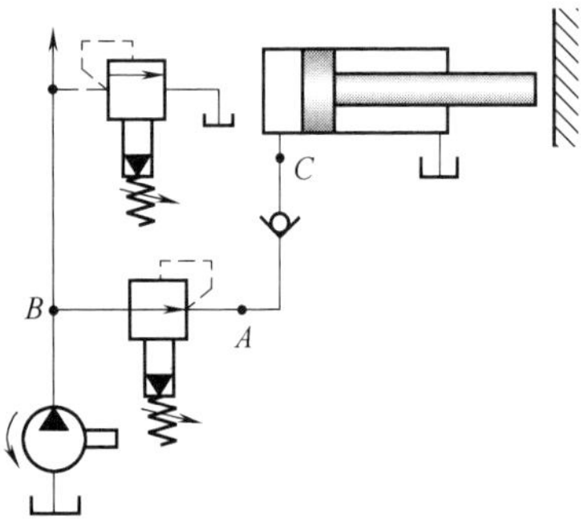

图 5-58 思考题 24 图

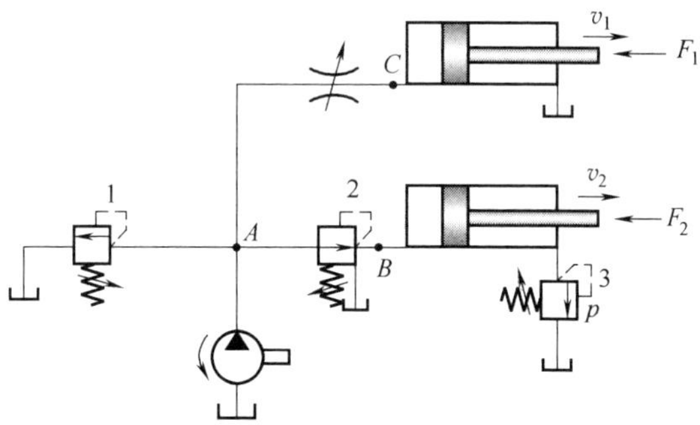

图 5-59 思考题 25 图

26. 如图 5-60 所示的回路，顺序阀和溢流阀串联，调整压力分别为 p_X 和 p_Y，当系统外负载为无穷大时，试问：

(1) 液压泵的出口压力为多少。

(2) 若把两阀的位置互换，液压泵的出口压力为多少。

27. 如图 5-61 所示的回路，顺序阀的调整压力 $p_X=3\mathrm{MPa}$，溢流阀的调整压力 $p_Y=5\mathrm{MPa}$，试问在下列情况下 A、B 点的压力各为多少。

(1) 液压缸运动，负载压力为 $p_L=4\mathrm{MPa}$ 时。

(2) 负载压力 p_L 变为 1MPa 时。

(3) 活塞运动到右端时。

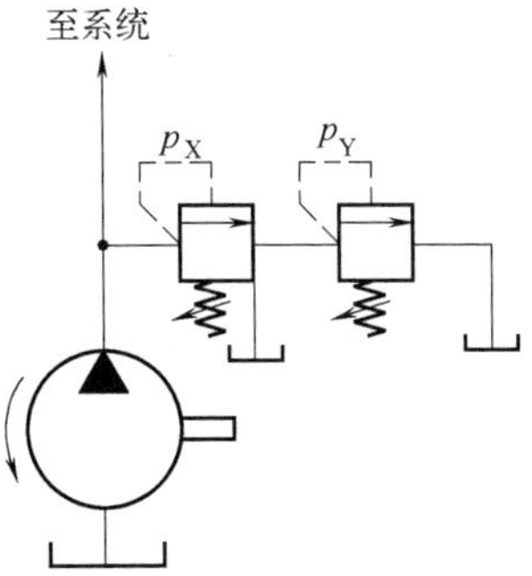

图 5-60 思考题 26 图

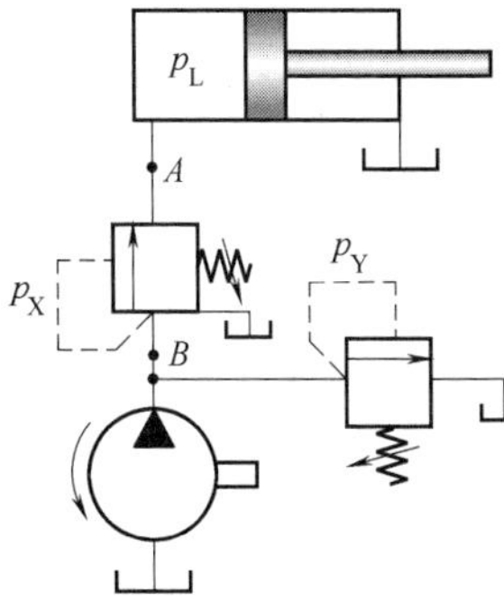

图 5-61 思考题 27 图

28. 如图 5-62 所示的系统，液压缸的有效面积为 $A_1=A_2=100\times10^{-4}\text{m}^2$，液压缸Ⅰ的负载为 $F_L=35000\text{N}$，液压缸Ⅱ运动时的负载为零，不计摩擦力、惯性力和管路损失，溢流阀、顺序阀和减压阀的调定压力分别为 4MPa、3MPa 和 2MPa，试求下列三种工况下 A、B 和 C 处的压力。

(1) 液压泵起动后，两换向阀处于中位时。

(2) 1YA 通电，液压缸Ⅰ运动时和到终端停止时。

(3) 1YA 断电，2YA 通电，液压缸Ⅱ运动时和碰到固定挡块停止运动时。

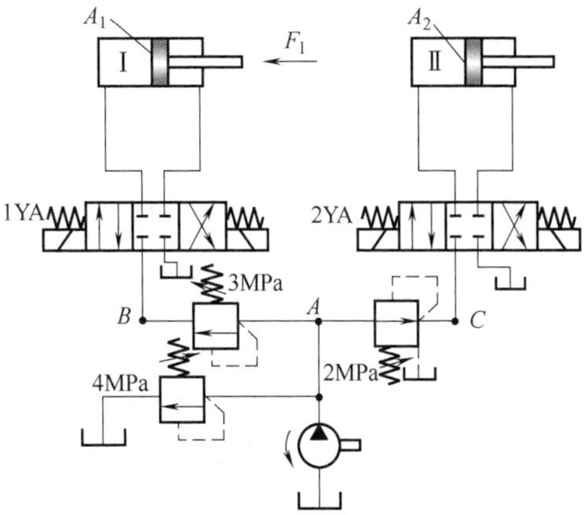

图 5-62 思考题 28 图

29. 如图 5-63 所示的八种回路，已知液压泵流量为 $q_P=10\text{L/min}$，液压缸无杆腔面积为 $A_1=50\times10^{-4}\text{m}^2$，有杆腔面积为 $A_2=25\times10^{-4}\text{m}^2$，溢流阀调定压力为 $p_Y=2.4\text{MPa}$，负载 F_L 及节流阀通流面积 A_T 均已标在图上，试分别计算各回路中活塞的运动速度和液压泵的工作压力（设 $C_d=0.62$，$\rho=870\text{kg/m}^3$）。

30. 液压缸活塞面积为 $A=100\times10^{-4}\text{m}^2$，负载在 500～40000N 的范围内变化，在液压缸进口处设置一个调速阀，使负载变化时活塞运动速度恒定。如果将液压泵的工作压力调为其额定压力 6.3MPa，这是否合适？

31. 零开口四边伺服阀的额定流量为 $2.5\times10^{-4}\text{m}^3/\text{s}$，供油压力为 $p_P=14\text{MPa}$，流量放大系数为 $K_q=1\text{m}^2/\text{s}$，流量系数为 $C_d=0.62$，油液密度为 $\rho=900\text{kg/m}^3$，试求阀芯的直径和开度。

32. 直径为 6mm 的阀芯，全周界通油，当阀芯移动 1mm 时，某一个阀口上有 7MPa 的压降。当系统供油压力分别为 14MPa、21MPa 时，该阀的流量增益有多大（ρ 和 C_d 与思考题 31 相同）？

33. 一个全周开口的零遮盖双边伺服阀，油液的密度为 $\rho=845\text{kg/m}^3$，阀芯直径为 $d=9\text{mm}$，阀口流量系数为 0.62，供油压力为 $p_P=12\text{MPa}$，无杆腔有效面积为 $A_h=0.004\text{m}^2$，有杆腔有效面积为 $A_r=0.002\text{m}^2$，液压缸运动速度为 $v=0.03\text{m/s}$，当负载压力 $p_L=\dfrac{2}{3}p_P$

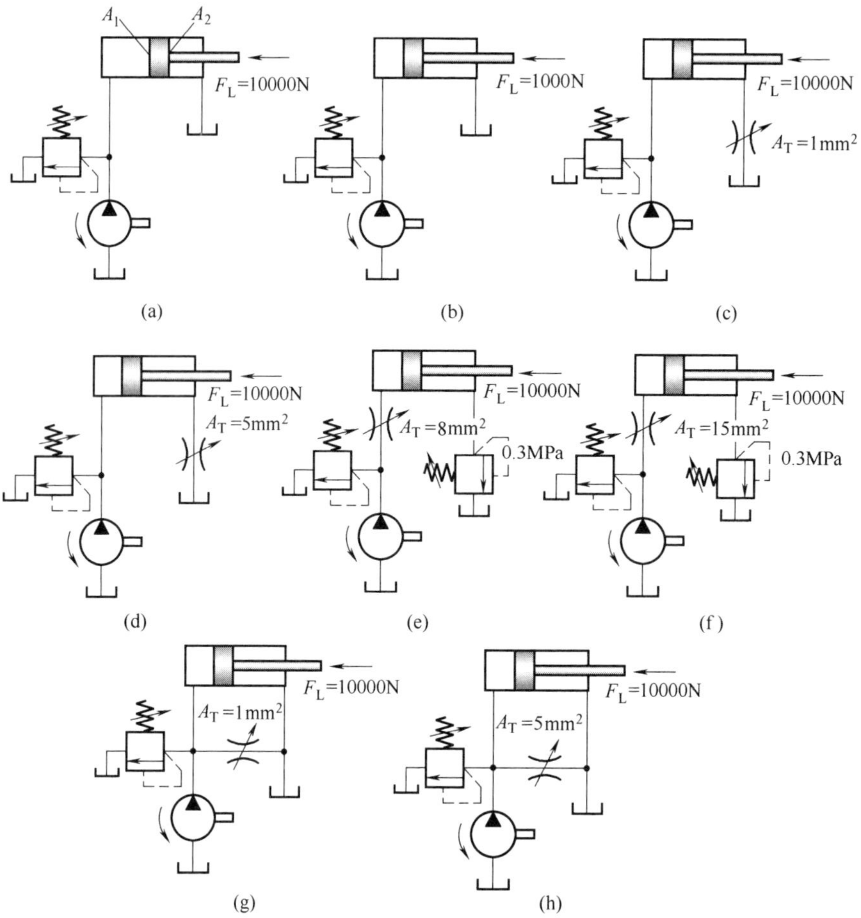

图 5-63　思考题 29 图

时，试计算阀芯的位移。

34. 试利用比例调速阀组成一个能实现“快进→工进（无级调速）→快退”的液压回路，且要求回路能承受负向负载。

35. 图 5-64 所示为由二通插装阀组成换向阀的两个示例。如果换向阀关闭时 A、B 有压差，试判断电磁铁通电和断电时，图 5-64（a）、（b）中的压力油能否开启插装阀而流动，并分析各自是作为何种换向阀使用的。

36. 试用二通插装阀组成图 5-65 所示三种形式的三位换向阀。

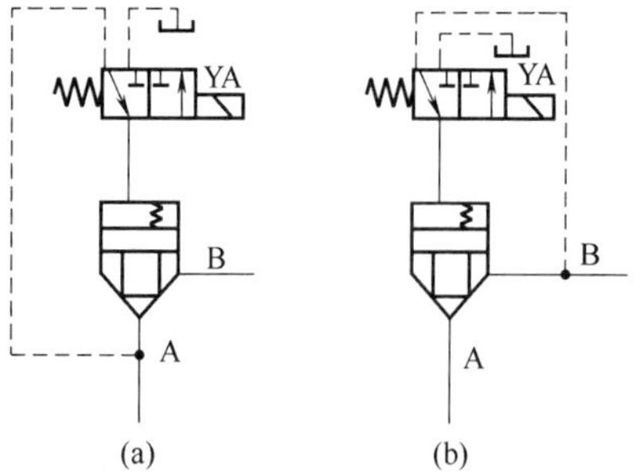

图 5-64　思考题 35 图

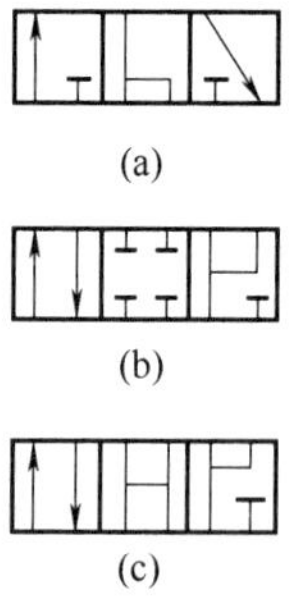

图 5-65　思考题 36 图

第 6 章
液压辅助元件

一个完整的液压传动系统除了有液压泵、液压马达、液压缸及液压控制阀等主要元件以外，还常常有许多辅助元件，如：密封装置，油箱、油管及管接头，过滤器、蓄能器、冷却器、加热器等。从液压传动的工作原理来看，这些辅助元件只起辅助作用，但它们对液压传动系统的正常工作又往往起着十分重要的作用，对系统的动态性能、工作稳定性、工作寿命、噪声、温升等都有直接影响，必须予以重视。其中，油箱须根据系统要求自行设计，其他辅助装置则做成标准件，供设计时选用。在分析一个液压传动系统时，对辅助液压元件必须给予足够的重视。

6.1 密封装置

漏油和油液污染是液压传动系统中常出现的问题，密封的作用是防止油液的泄漏（包括外部泄漏和内部泄漏）以及防止外界的脏物、灰尘、空气等进入液压传动系统。

密封方法一般可分为两大类，即接触密封和间隙密封，而接触密封又可分为动密封和静密封。接触密封利用密封元件与零件的紧密接触防止油液泄漏。动密封允许密封处有相对运动，如活塞上的密封等；静密封则不允许密封处有相对运动，如缸盖、泵盖、管道法兰等的接合面。间隙密封没有专门的密封元件，它是利用相对运动零件配合表面间的微小间隙起密封作用，又称为非接触密封。滑阀的阀芯与阀体之间、柱塞与柱塞孔之间采用的就是间隙密封。常用的密封元件有 O 形密封圈、唇形密封圈及活塞环等。其中 O 形密封圈既可以用于动密封也可以用于静密封，而其他两种密封元件则通常用于动密封。此外，对需要静密封的场合还可以使用密封带或密封胶进行密封。

6.1.1 O 形密封圈

O 形密封圈是一种圆形断面的耐油橡胶环，如图 6-1 所示。O 形密封圈结构简单、体积小、密封性和自封性好、阻力小、制造使用方便等优点，因而被广泛使用。

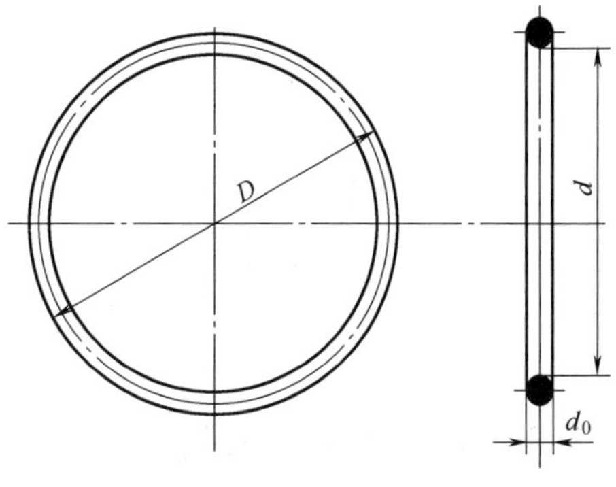

图 6-1 O 形密封圈

O 形密封圈的工作原理如图 6-2 所示。O 形圈在密封部位安装好以后，由于 $H<d_0$ [图 6-2 (b)]，在密封表面与密封槽的作用下被压缩 [图 6-2 (c)]。当油液压力较低时，O 形圈的弹性变形使 O 形圈与密封表面及槽底形成密封。当油液压力较高时，O 形圈被挤向一侧，并迫使它贴紧密封面 [图 6-2 (d)]。但当压力超过一定限度时，O 形圈变形过大而被挤入间隙 C [图 6-2 (e)]，使密封效果降低或失去密封作用，

所以当压力大于 10MPa（对动密封）或当压力大于 32MPa（对静密封）时应加挡圈。单向受压时，在非受压侧加一挡圈［图 6-2（f）］；双向受压时，在其两侧各加一个挡圈［图 6-2（g）］。

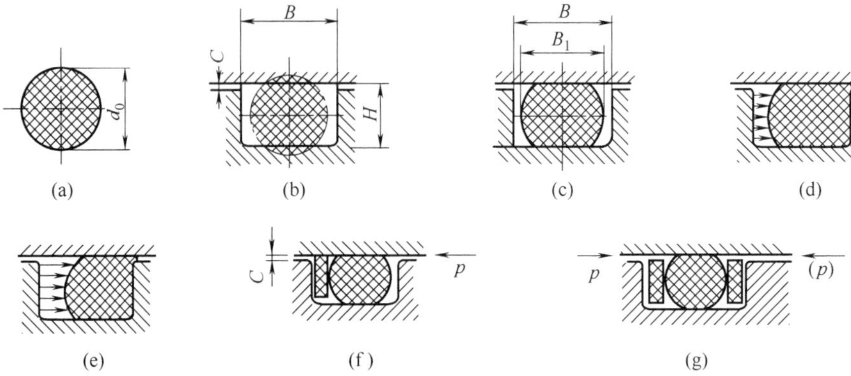

图 6-2　O 形密封圈的工作原理

6.1.2　唇形密封圈

唇形密封圈具有一对与密封面接触的唇边，且唇口应朝向压力高的一侧，以使唇边张开，增强密封性［图 6-3（a）］。当油液压力较低时，唇边在安装时的预压缩起密封作用；当油液压力较高时，压力作用在唇口上，将唇边贴紧在密封面上，起到增强密封的作用，而且压力越高贴得越紧。

唇形密封圈一般都用于动密封，特别是往复运动的密封。唇形密封圈按其断面形状可分为 Y 形、小 Y 形、U 形、V 形、L 形、J 形、鼓形、蕾形、山形等多种类型。图 6-3 是常见唇形密封圈的断面形状。

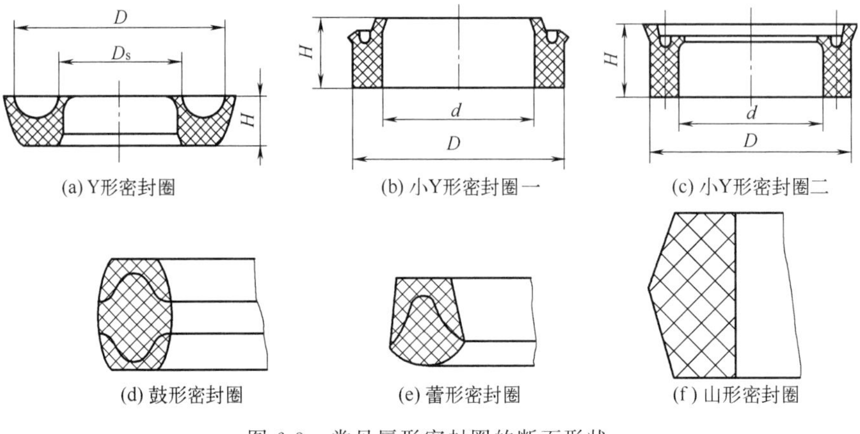

图 6-3　常见唇形密封圈的断面形状

6.1.3　其他密封装置及密封材料

活塞环也叫胀圈，是利用矩形断面金属环弹性变形的胀力压紧密封表面从而实现密封的。它的特点是寿命长、阻力小、耐高温、允许较高的相对速度，但由于活塞环有切口，所以一个活塞上至少要安装两个活塞环，且应错开切口。

防尘圈用以刮除活塞杆上的尘土等污物，以防污物进入液压传动系统。图 6-4 为一种常见防尘圈。对于活塞杆外伸部分来说，由于它很容易把脏物带入液压缸，使油液受到污染、密封件被磨损，因此常在活塞杆密封处增添防尘圈，并放在向着活塞杆外伸的一端。

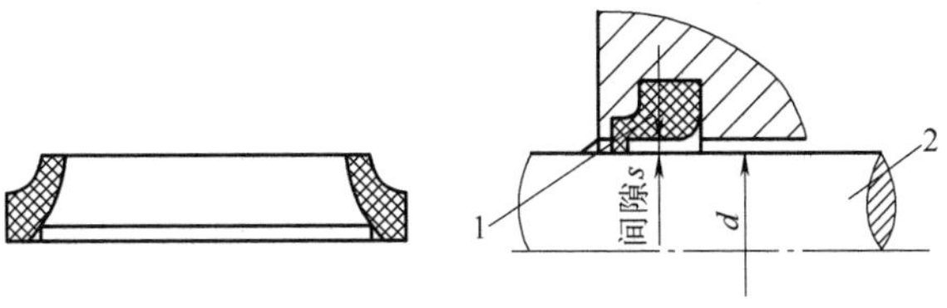

(a) 无骨架防尘圈　　(b) 防尘圈的工作状况

图 6-4　防尘圈

1—防尘圈；2—活塞杆

密封带适用于各种液体、气体管路螺纹接头处的密封。其特点是操作简便、密封效果好、安装拆卸方便。使用时只要先清除螺纹部分的杂物，将密封带在螺纹部分紧紧地缠绕一两圈，然后把缠上密封带的螺纹拧在接头上即可。这种密封带由聚四氟乙烯材料制成，具有较好的耐油性和耐化学性，能在－100～＋250℃的环境下使用。

密封胶是一种较新型的密封材料。它在干燥固化前具有流动性，可充满两结合面之间的缝隙，其密封效果较好。目前密封胶在机械产品中已得到越来越广泛的应用。按其密封原理和化学成分，可把密封胶分为液态密封胶和厌氧密封胶两大类。前者在一定的外加紧固力下起密封作用；而后者的密封效果不取决于紧固力，只取决于胶液固化后的内聚力，固化后把两密封结合面胶接在一起，从而起到密封作用。

6.2 油箱、油管及管接头

6.2.1 油箱

(1) 功用

油箱在液压传动系统中的主要功用如下：

① 储存供系统循环所需的油液。

② 散发系统工作时所产生的热量。

③ 释放出混在油液中的气体。

④ 为系统中元件的安装提供位置。

油箱不应该是一个纳污的地方，应及时去除油液中沉淀的污物，在油箱中的油液必须是符合液压传动系统清洁度要求的油液，因而对油箱的设计、制造、使用、维护等方面提出了更高的要求。

(2) 结构

液压传动系统中的油箱有整体式油箱、分离式油箱、开式油箱、闭式油箱等。

整体式油箱利用主机的内腔作为油箱，结构紧凑、易于回收漏油，但维修不便、散热条件不好，且会使主机产生热变形。分离式油箱单独设置，与主机分开，减小了油箱发热和液压源的振动对主机工作精度的影响，应用较为广泛。开式油箱是指液面和大气相通的油箱，其应用最广。而闭式油箱液面和大气隔绝，油箱整个密封，在顶部有一充气管，可送入0.05～0.07MPa 的纯净压缩空气。闭式油箱的优点在于泵的吸油条件较好，但系统的回油管、泄油管要承受背压，闭式油箱还须配置安全阀、电接点压力表等以稳定充气压力，所以它只在特殊场合下使用。

图 6-5 所示为油箱的典型结构。油箱内部用隔板 7 将吸油管 3、过滤器 9 与泄油管 2、回油管 1 隔开。顶部、侧面和底部分别装有空气过滤/注油器 4、液位计/温度计 12、排放污油的堵塞 8。液压泵及其驱动电动机的安装板固定在油箱顶面上。

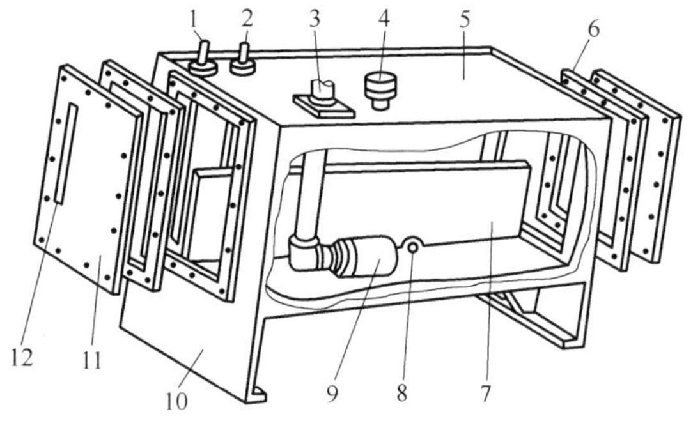

图 6-5　油箱的典型结构

1—回油管；2—泄油管；3—吸油管；4—空气过滤/注油器；5—安装板；6—密封衬垫；7—隔板；8—堵塞；9—过滤器；10—箱体；11—端盖；12—液位计/温度计

(3) 容量

油箱的容量是指油面高度为油箱高度 80%时的油箱有效容积，应根据液压传动系统的发热、散热平衡原则来计算。对于一般情况而言，油箱的容量可按液压泵的额定流量估算，例如，对于机床和其他一些固定式装置，油箱的容量 V（单位为 L）可按下式估算：

$$V=\xi q_{\mathrm{P}} \tag{6-1}$$

式中　q_{P}——液压泵的额定流量，L/min；

ξ——与压力有关的经验数据，低压系统 ξ 取 2～4，中压系统 ξ 取 5～7，高压系统 ξ 取 10～12。

(4) 设计时的注意事项

根据工作情况的不同，油箱可以单独设置（如乳化液泵站），也可以利用机器内部的空间作为油箱（如采煤机），但油箱必须有足够的有效容积。此有效容积通常要大于液压泵每分钟流量的 3 倍，对行走装置可取为 1.5～2 倍。一般低压系统取为每分钟流量的 2～4 倍，中高压系统取为每分钟流量的 5～7 倍。为使单独设置的油箱能有效地起到储油、散热、沉淀杂质、分离气泡等作用，对其结构有下列要求：

① 吸油管和回油管应尽量相距远些，两管之间需用隔板隔开以延长油液循环路径，确保油液有足够的时间分离气泡、沉淀杂质、消散热量。隔板高度最好为箱内油面高度的 3/4。吸油管入口处必须安装粗过滤器，且粗过滤器与回油管管端在油位最低时仍应没在油中，以防止吸油时卷吸空气或回油冲入油箱时搅动油面导致气液混合。回油管管端宜斜切 45°，以增大出油口截面积并降低油流速度，同时斜切口应朝向箱壁以引导油液沿壁面流动，强化散热效果。当回油量较大时，宜将回油管出口处高出油面，使油液通过倾角 5°～15°的斜槽分散排出，一方面可减慢流速，另一方面可排走油液中的空气。对于高频启停系统，可采用扩散室进一步减缓回油流速并降低冲击搅拌作用。泄油管管端可斜切 45°并面壁安装，但必须保持管口高出油位，以避免虹吸现象及污染主回油系统。管端与箱底、箱壁间距离均不宜小于管径的 3 倍。粗过滤器距箱底不应小于 20mm。

② 为了防止油液被污染，油箱上各盖板、管口处都要妥善密封。注油器上要加滤油网。防止油箱出现负压而设置的通气孔上必须安装空气滤清器。空气滤清器的容量至少应为液压泵额定流量的 2 倍。油箱内回油集中部分及清污口附近宜装设一些磁性块，以去除油液中的铁屑和带磁性颗粒。

③ 为易于散热、便于对油箱进行搬移及维护保养，箱底离地至少应有 150mm。箱底应

适当倾斜，在最低部位处设置堵塞或放油阀，以便排放污油。箱体上注油口的近旁必须设置液位计。过滤器的安装位置应便于装拆。箱内各处应便于清洗。

④ 油箱中如要安装热交换器，必须考虑它的安装位置，以及测温、控制等措施。

⑤ 分离式油箱一般用2.5～4mm厚的普通钢板或不锈钢板焊成。箱壁越薄，散热越快。大尺寸油箱要加焊角板、肋条，以增加刚性。当液压泵及其驱动电动机和其他液压件都要装在油箱上时，油箱顶盖应相应地加厚。

⑥ 普通钢板制成的油箱，其内壁应涂上耐油防锈的涂料或进行磷化处理，外壁如无色彩要求可涂上一层极薄的黑漆（厚度不超过0.025mm），以获得较好的辐射冷却效果。

6.2.2 油管

液压传动系统中常用的油管可分为硬管和软管两类。

硬管用于连接无相对运动的液压元件，主要有冷拔无缝钢管、焊接钢管、铜管、尼龙管、硬塑料管等。在低压（不超过1.6MPa）系统中可使用焊接钢管，在高压系统中则多采用无缝钢管。钢管价格便宜、承受压力高，但装配时不能任意弯曲，所以钢管多用于对装配空间限制少、产品比较定型以及大功率的传动装置中。铜管适用范围较广，其中紫铜管承受压力较低（低于6.5～10MPa），直径也较小，而黄铜管可承受较高的压力（可达25MPa）。紫铜管对变形的适应性较好，在装配时可根据需要进行弯曲，比较方便，但紫铜管价格较贵。铜管的主要缺点是抗振能力差。

软管主要用于连接有相对运动的液压元件，在采煤机和液压支架上都可以见到这类油管。低压软管是中间夹有几层编织棉线或麻线的橡胶管，而高压软管是中间夹有几层钢丝编织层或钢丝缠绕层的橡胶管。常用的高压软管中，编织层多为1～2层。一层钢丝的软管，内径有6～32mm等多种规格，可承受6～20MPa的压力（口径越小耐压越高）；二层钢丝的软管，耐压可达60MPa。此外，还有三、四层钢丝的超高压软管，它们内径通常较小。此外，钢丝缠绕式软管，耐压能力更高。为了不影响软管的使用寿命，软管必须安装正确。软管的弯曲半径应不小于其外径的9倍，弯曲点与接头的距离不得小于外径的6倍。

6.2.3 管接头

管接头的类型很多，根据被连接管的材料和油液压力不同，可选用不同的结构。通常可把管接头分为硬管管接头和软管管接头两大类。

(1) 硬管管接头类型

① 卡套式管接头。这种管接头的结构如图6-6（a）所示。当拧紧螺母时，卡套两端的锥面使卡套产生弹性变形而夹紧油管，接头和元件之间用螺纹连接。这种接头装配方便，可用于高压系统，但是要使用高精度冷拔无缝钢管。

② 扩口式管接头。如图6-6（b）所示，装配管接头时，应先将油管端部扩口，拧紧螺母时，扩口部分被楔紧而实现密封。这种管接头适用于铜管和薄壁钢管，用于压力低于5MPa的液压传动系统中。

③ 焊接式管接头。如图6-6（c）所示，这种管接头利用紧贴的锥面实现密封。它适用于连接管壁较厚的管，可用于压力低于8MPa的液压传动系统中。

(2) 软管管接头类型

① 螺纹连接高压软管接头。如图6-7所示，剥去外皮的带钢丝编织层的高压软管4被扣

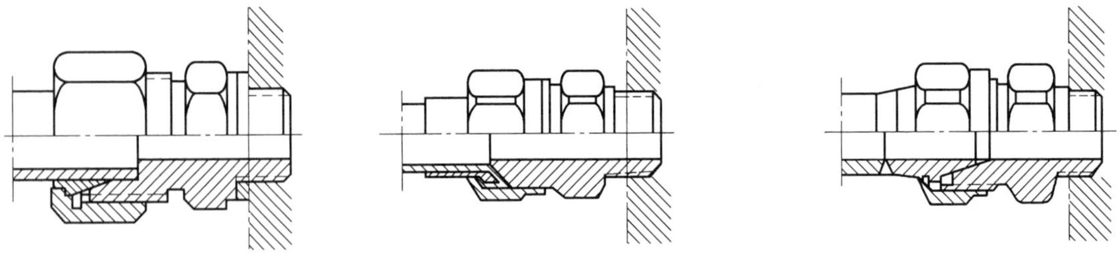

图 6-6 硬管管接头

压在外套 3 和芯子 2 中间，软管与接头不可拆，接头与接头之间通过螺纹连接。接头间的密封靠芯子上的锥形孔与另一软管芯子锥形端的紧密对压实现。

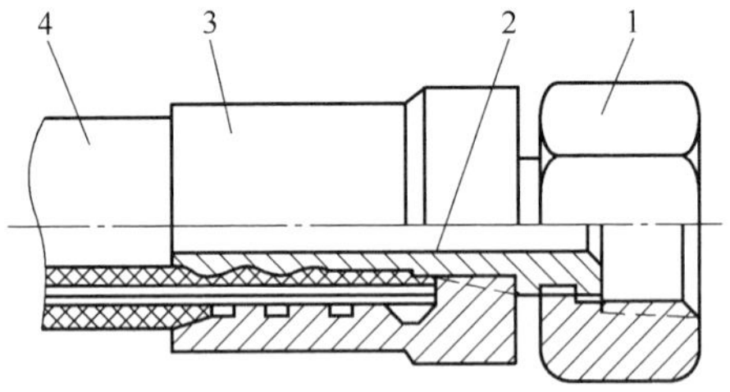

图 6-7 螺纹连接高压软管接头

1—螺母；2—芯子；3—外套；4—高压软管

② 快速插销连接软管接头。KJ 型快速插销连接软管接头的结构如图 6-8 所示，它利用芯子 1 上的 O 形圈 2 与接头套中的圆柱面配合来实现接头间的密封，为防接头脱开，用 U 形卡 3 把芯子和接头套连接起来。这种接头的密封性好、拆装方便，所以应用广泛。液压支架上的管接头多为快速插销连接软管接头。

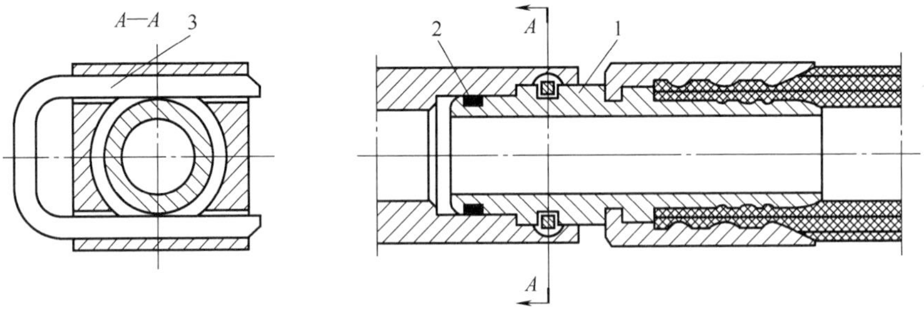

图 6-8 KJ 型快速插销连接软管接头

1—芯子；2—O 形圈；3—U 形卡

6.3 过滤器

6.3.1 过滤器的功能和类型

液压传动系统中，油液不可避免会混入杂质，使液压元件相对滑动部分的磨损加剧、阀芯卡死、节流小孔堵塞，加速密封材料的磨损，最终缩短液压传动系统的使用寿命。过滤器的功用在于滤除混在油液中的杂质，使进入系统中的油液污染度降低，保持油液清洁，保证系统能正常工作。

过滤器按其滤芯材料的过滤机制来分，有表面型过滤器、深度型过滤器、吸附型过滤器三种。

① 表面型过滤器：表面型过滤器的过滤作用是由一个几何面来实现的。污染杂质被截留在滤芯靠近油液上游的一面。滤芯材料具有均匀的标定小孔，可以滤除比小孔尺寸大的杂质。由于污染杂质积聚在滤芯表面上，因此很容易发生阻塞。编网式滤芯、线隙式滤芯均属于这种类型。

② 深度型过滤器：深度型过滤器滤芯材料为多孔可透性材料，其内部形成三维网状曲折通道结构。当油液通过时，大于表面孔径的杂质直接被截留在外表面，较小的污染杂质随油液进入滤材内部，撞到通道壁上，由于吸附作用而被滤除。滤材内部曲折的通道也有利于污染杂质的沉积。纸芯、毛毡、烧结金属、陶瓷、各种纤维制品等属于这种类型。

③ 吸附型过滤油器：吸附型过滤油器滤芯材料可把油液中的杂质吸附在其表面上。磁芯即属于此类。

常用的过滤器及其特点如表 6-1 所示。

表 6-1　常用的过滤器及其特点

类型	名称及结构简图	特点说明
表面型	网式过滤器 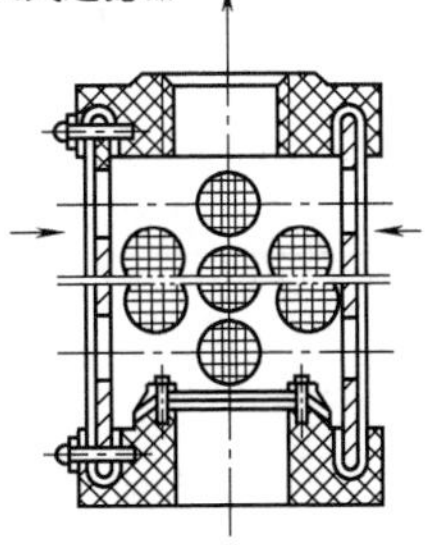	1. 过滤精度与网孔大小有关。在液压泵吸油管路上常采用过滤精度为 80～180μm 的铜丝网 2. 压力损失不超过 0.01MPa 3. 结构简单、通流能力大、清洗方便，但过滤精度低
	线隙式过滤器 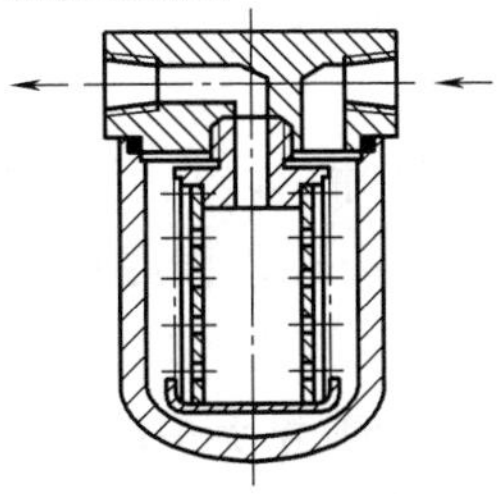	1. 滤芯由绕在骨架上的一层金属线组成，依靠线间微小间隙来挡住油液中杂质的通过 2. 吸油用的过滤器过滤精度为 80～100μm，压力损失约为 0.02MPa；回油用的过滤器过滤精度为 30～50μm，压力损失为 0.07～0.35MPa 3. 结构简单、通流能力大、过滤精度高，但滤芯材料强度低，不易清洗
深度型	纸芯式过滤器 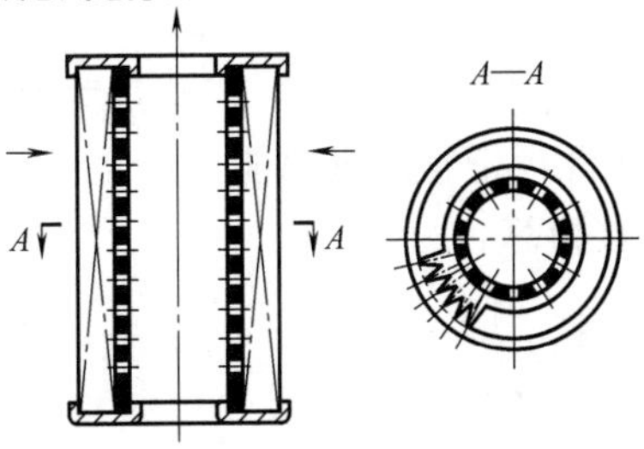	1. 结构与线隙式相同，但滤芯为平纹或波纹的酚醛树脂、木浆微孔滤纸制成的纸芯。为了增大过滤面积，纸芯常制成折叠形 2. 压力损失为 0.08～0.35MPa 3. 过滤精度为 10～20μm，高精度的可达 1μm，但堵塞后无法清洗，必须更换纸芯 4. 通常用于精过滤

续表

类型	名称及结构简图	特点说明
深度型	烧结式过滤器 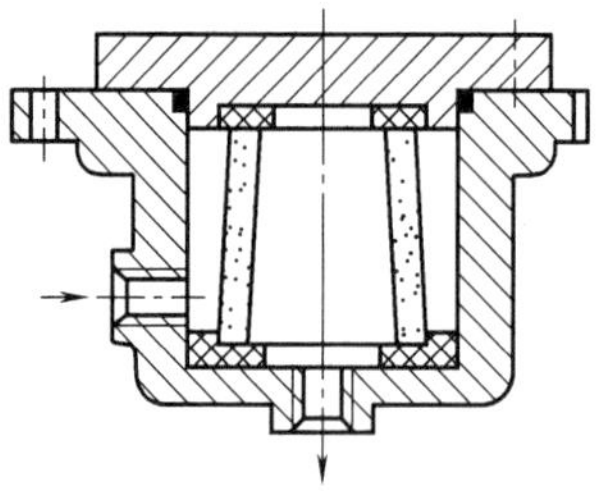	1. 滤芯由金属粉末烧结而成，利用金属颗粒间的微孔来挡住油中杂质通过。改变金属粉末的颗粒大小，可以制出不同过滤精度的滤芯 2. 压力损失为 0.1～0.2MPa 3. 过滤精度为 10～60μm，滤芯能承受高压，但金属颗粒易脱落，堵塞后不易清洗 4. 适用于精过滤
吸附型	磁性过滤器 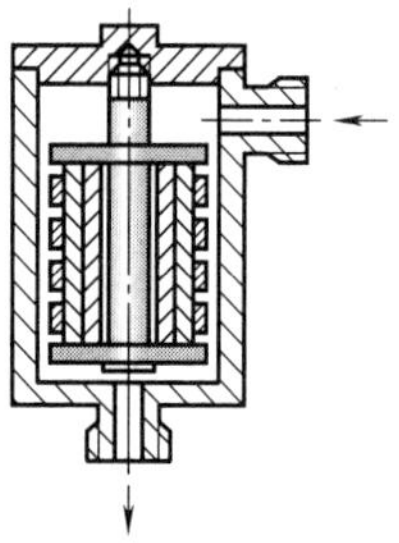	1. 滤芯由永久磁铁制成，能吸住油液中的铁屑、铁粉或带磁性的磨料 2. 可与其他形式的滤芯组合，制成复合式过滤器 3. 对加工钢铁件的机床液压传动系统特别适用

6.3.2 过滤器的主要性能指标

(1) 过滤精度

在液压传动系统中，完全去除油液中所有污染颗粒既不现实也无必要，通常根据系统的工作要求和元件的精度要求，设定油液中固体污染物的最大允许粒径与浓度限值。过滤精度表示过滤器对不同尺寸污染颗粒的滤除能力，用绝对过滤精度、过滤比、过滤效率等指标来评定。

绝对过滤精度是指过滤器能够过滤的最小球形颗粒尺寸，以直径 d 作为公称直径时，过滤器的绝对过滤精度等级分为四种：粗过滤器（$d \leqslant 100\mu m$）、普通过滤器（$d \leqslant 10\mu m$）、精过滤器（$d \leqslant 5\mu m$）、超精过滤器（$d \leqslant 1\mu m$）。

过滤比（β_x 值）是指过滤器上游油液单位容积中大于或等于某给定尺寸的颗粒数 N_u 与下游油液单位容积中大于同一尺寸的颗粒数 N_d 之比，即对某一尺寸 x（单位为 μm）的颗粒来说，其过滤比 β_x 的表达式为

$$\beta_x = \frac{N_u}{N_d} \tag{6-2}$$

由式（6-2）可见，β_x 越大，过滤精度越高。当 $\beta_x \geqslant 75$ 时，x 即被认为是过滤器的过滤精度。过滤比能确切地反映过滤器对不同尺寸颗粒污染物的过滤能力。

过滤效率 E_c 可以通过下式由过滤比 β_x 值直接换算：

$$E_c = \frac{N_u - N_d}{N_u} = 1 - \frac{1}{\beta_x} \tag{6-3}$$

(2) 压降特性

过滤器是利用滤芯上的小孔和微小间隙来过滤油液中杂质的，因此，油液流过滤芯时必

然产生压降（即压力损失）。一般说来，在滤芯尺寸和流量一定的情况下，压降随过滤精度的提高而增大，随油液黏度的增大而增大，随过滤面积的增大而减小。过滤器有一个最大允许压力降值，以保护过滤器不受破坏或系统压力不致过高。

(3) 纳垢容量

纳垢容量是指过滤器在压降达到其规定限值之前可以滤除并容纳的污染物数量，这项性能指标可以由多次通过性试验来确定。过滤器的纳垢容量越大，使用寿命越长，所以它是反映过滤器使用寿命的重要指标。一般说来，过滤器的过滤面积越大，纳垢容量就越大。增大过滤面积，可以使纳垢容量成比例地增加。

过滤器有效过滤面积 A（单位为 m^2）可按下式计算：

$$A=\frac{\mu q}{\alpha \Delta p} \tag{6-4}$$

式中　μ——油液的动力黏度，Pa・s；

q——过滤器的通流能力，m^3/s；

Δp——过滤器的压降，MPa；

α——过滤器的单位面积通流能力，m^3/m^2。

α 由试验确定，网式滤芯，$\alpha=0.34$；线隙式滤芯，$\alpha=0.17$；纸质滤芯，$\alpha=0.006$；烧结式滤芯，$\alpha=\frac{1.04d^2\times 10^3}{\delta}$，其中 d 为粒子平均直径，δ 为滤芯的壁厚。

式（6-4）表明了过滤面积与油液流量、黏度、压降、滤芯形式之间的关系。

第6章

6.3.3 过滤器的选择

过滤器可根据过滤精度、许用差压、流通能力、工作压力等条件，从产品样本中挑选。一般要作如下考虑：

① 确定过滤精度时，应使其满足系统中关键元件对过滤精度的要求，还应考虑经济性和实际可行性。

② 滤芯的强度应与所受油压相适应，以免滤芯受油压作用而损坏。

③ 所选过滤器的通流能力必须满足系统的要求，即过滤器必须足以通过系统中过滤器处的最大流量，而且还要有一定的裕度。一般安装在吸油管路中的网式过滤器通流能力应大于 2 倍的液压泵流量。

④ 如果单个过滤器不能满足要求，也可以用两个过滤器并联使用。

各种过滤器的应用场合和特性见表 6-2。

表 6-2　过滤器用途及特性

类型	用途	网孔 /μm	过滤精度 /μm	压力差 /Pa	特性
网式过滤器	装在液压泵吸油管路上，用以保护液压泵	74～200	80～180	<100	结构简单、通油能力好，但过滤效果差
线隙式过滤器	一般用于中、低压系统	线隙 100～200	30～100	30～60	结构简单、过滤效果好、通油能力好，但不易清洗

续表

类型	用途	网孔 /μm	过滤精度 /μm	压力差 /Pa	特性
纸质过滤器	用于要求过滤质量高的液压传动系统中，最好与其他过滤器合用	30～72	5～30	50～120	过滤效果好、精度高，但易堵塞、无法清洗、需常换滤芯
烧结式过滤器	用于要求过滤质量高的液压传动系统中	—	7～100	30～200（随精度及流量而变）	能在温度很高、压力较大的情况下工作，抗腐蚀性强
片式过滤器	用于一般过滤，油流速度不超过 0.5～1m/s	间隙 80～300	50～100	＜30～70	强度大、不易损坏、通油能力好，但铜片材料价格较高、过滤效果差、易堵塞
磁性过滤器	用于吸附铁屑，与其他过滤器合用	—	—	—	结构简单、滤清效果好

6.3.4 过滤器在系统中常见的安装位置

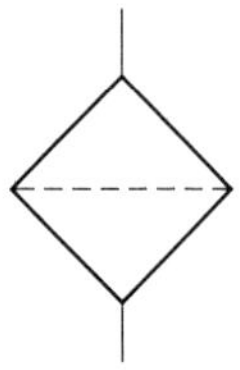

图 6-9 过滤器图形符号

图 6-9 为过滤器的图形符号。

过滤器在液压传动系统中的安装位置及有关的简单说明如图 6-10 所示。

(1) 安装在吸油管路上（图 6-11）

这种安装位置可保护液压传动系统中的所有元件，特别是使液压泵不受杂质影响，但液压泵的吸油阻力会增大，并且当过滤器堵塞时，液压泵的工作状况会恶化。这种位置通常安装粗过滤器。

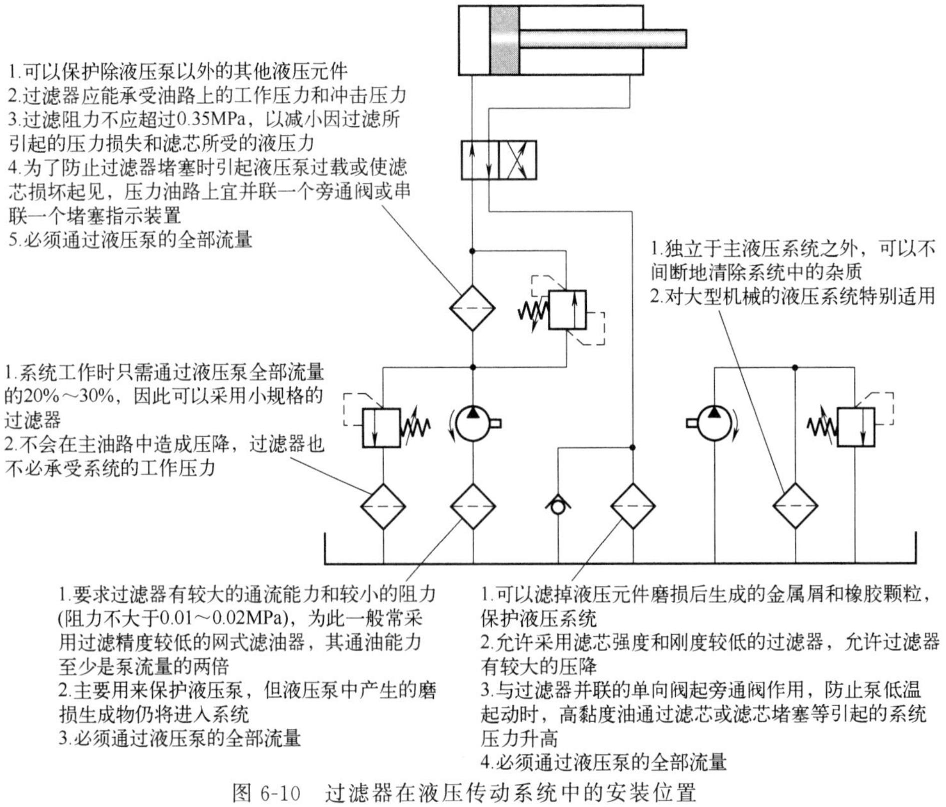
1.可以保护除液压泵以外的其他液压元件
2.过滤器应能承受油路上的工作压力和冲击压力
3.过滤阻力不应超过0.35MPa，以减小因过滤所引起的压力损失和滤芯所受的液压力
4.为了防止过滤器堵塞时引起液压泵过载或使滤芯损坏起见，压力油路上宜并联一个旁通阀或串联一个堵塞指示装置
5.必须通过液压泵的全部流量
1.独立于主液压系统之外，可以不间断地清除系统中的杂质
2.对大型机械的液压系统特别适用
1.系统工作时只需通过液压泵全部流量的20%～30%，因此可以采用小规格的过滤器
2.不会在主油路中造成压降，过滤器也不必承受系统的工作压力
1.要求过滤器有较大的通流能力和较小的阻力(阻力不大于0.01～0.02MPa)，为此一般常采用过滤精度较低的网式滤油器，其通油能力至少是泵流量的两倍
2.主要用来保护液压泵，但液压泵中产生的磨损生成物仍将进入系统
3.必须通过液压泵的全部流量
1.可以滤掉液压元件磨损后生成的金属屑和橡胶颗粒，保护液压系统
2.允许采用滤芯强度和刚度较低的过滤器，允许过滤器有较大的压降
3.与过滤器并联的单向阀起旁通阀作用，防止泵低温起动时，高黏度油通过滤芯或滤芯堵塞等引起的系统压力升高
4.必须通过液压泵的全部流量

图 6-10 过滤器在液压传动系统中的安装位置

(2) 安装在液压泵排油口管路上（图 6-12）

这种安装位置可保护除液压泵外的其他液压元件，但由于此时的过滤器在高压下工作，所以需要滤芯具有一定的强度和刚度。为避免因滤芯淤塞而使滤芯被击穿，一般在过滤器旁并联一单向阀或顺序阀作为保护，其开启压力应略低于过滤器的最大允许压差。在这个位置上通常安装的是精过滤器。

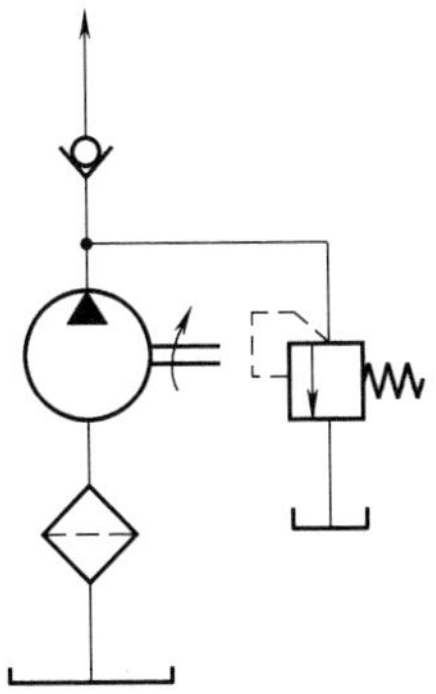

图 6-11　进油口滤油

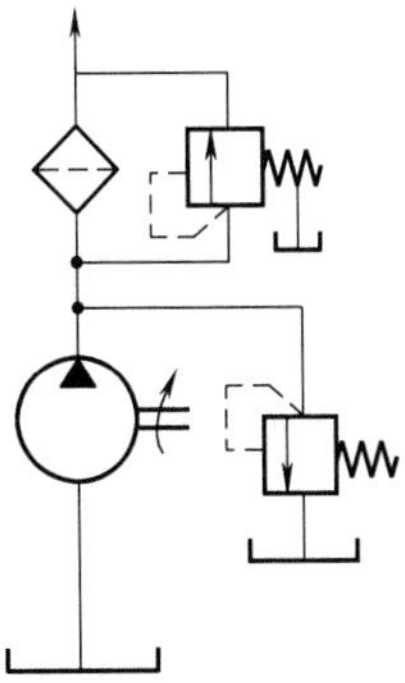

图 6-12　排油口滤油

(3) 安装在回油管路上（图 6-13）

这种安装位置上的过滤器不能直接防止杂质进入系统各元件中，但可以保证流回油箱的油液是清洁的。其主要优点是它既不会在主油路造成压降，也不承受系统的工作压力。

此外，还有其他的安装位置，如安装在支流管路上（图 6-14）、安装在辅助液压泵的排油管路上等。

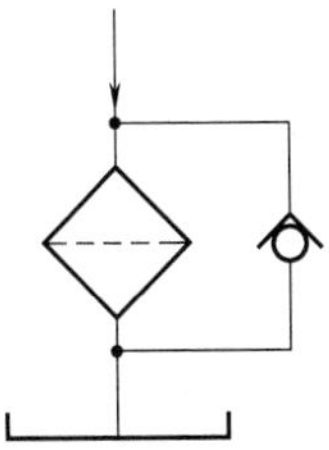

图 6-13　回油口滤油

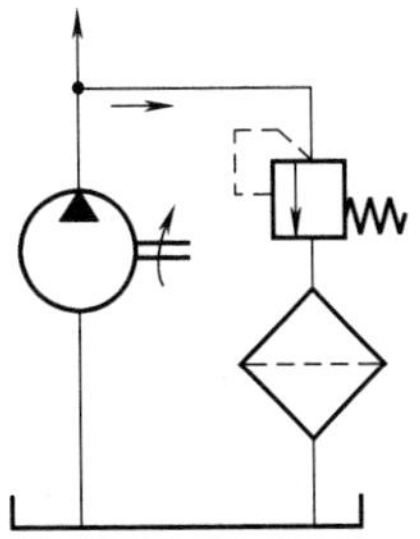

图 6-14　支路回油滤油

液压传动系统中除了整个系统所需的过滤器外，还常常在一些重要元件（如伺服阀、精密节流阀等）的前面单独安装一个专用的精过滤器来确保它们正常工作。

6.3.5　过滤器的清洗和更换

对纸质滤芯来说不存在清洗问题，当滤芯过脏时，更换新的滤芯即可。网式和线隙式滤芯过脏时，可先用溶剂脱脂、毛刷清扫、水压清洗，然后压气吹净、干燥、组装。有的滤芯也可以定期用机械方式清扫一次。滤芯的清洗方法可根据滤芯材料及使用状态适当调整。

6.4 蓄能器

6.4.1 蓄能器的功用和分类

蓄能器的功用主要是储存油液的压力能。在液压传动系统中，蓄能器常见功能如下：

① 在短时间内供应大量压力油液，如实现周期性动作的液压传动系统（见图 6-15），当系统不需要大量油液时，可以把液压泵输出的多余压力油液储存在蓄能器内，需要时再由蓄能器快速释放给系统。这样就可以使系统选用流量等于循环周期内平均流量 q_m 的较小液压泵，以减少电动机的功率消耗，降低系统温升。

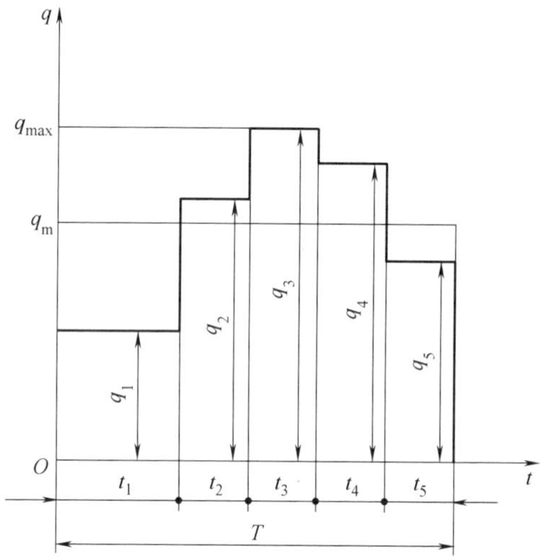

图 6-15 周期性动作系统中的流量供应情况

T——一个循环周期

② 维持系统压力。在液压泵停止向系统提供油液的情况下，蓄能器能把储存的压力油液供给系统，补偿系统泄漏或充当应急能源，使系统在一段时间内维持系统压力，避免停电或系统发生故障时油源突然中断所造成的机件损坏。

③ 减小液压冲击或压力脉动。蓄能器既能吸收系统在液压泵突然启动或停止、液压阀突然关闭或开启、液压缸突然运动或停止时所出现的液压冲击，也能吸收液压泵工作时的压力脉动，大大减小其幅值。

蓄能器主要有弹簧式和充气式两种，它们的结构简图和特点如表 6-3 所示。

表 6-3 蓄能器的种类和特点

种类		结构简图	特点和说明
弹簧式		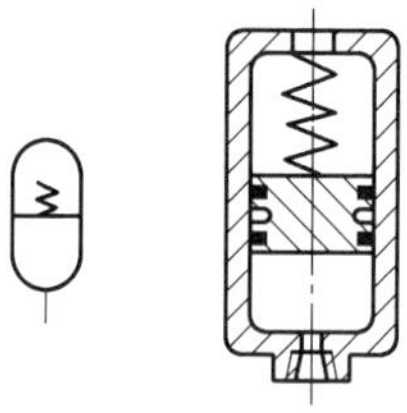	1. 利用弹簧的压缩和伸长来储存、释放压力能 2. 结构简单、反应灵敏，但容量小 3. 供小容量、低压（$p \leqslant 1 \sim 1.2$MPa）回路缓冲之用，不适用于高压或高频的工作场合
充气式	气瓶式	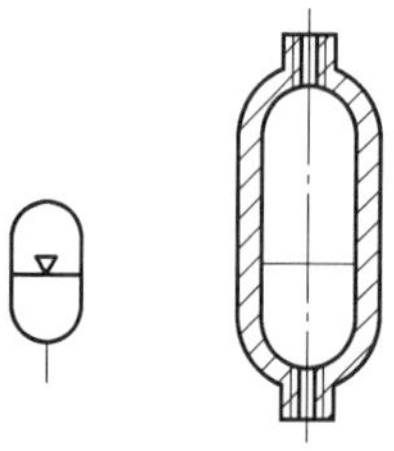	1. 利用气体的压缩和膨胀来储存、释放压力能；气体和油液在蓄能器中直接接触 2. 容量大、惯性小、反应灵敏、轮廓尺寸小，但气体容易混入油内，影响系统工作的平稳性 3. 只适用于大流量的中、低压回路

续表

种类	结构简图		特点和说明
充气式	活塞式	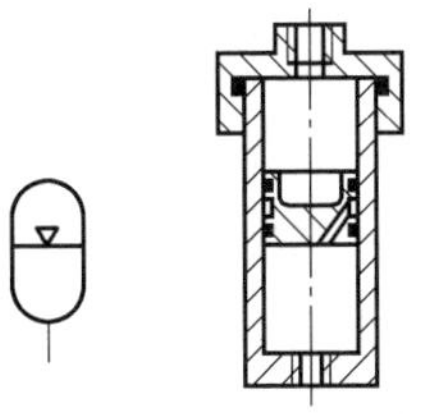	1. 利用气体的压缩和膨胀来储存、释放压力能；气体和油液在蓄能器中由活塞隔开 2. 结构简单、工作可靠、安装容易、维护方便，但活塞惯性大、活塞和缸壁间有摩擦、反应不够灵敏，密封要求较高 3. 用来储存能量，或供中、高压系统吸收压力脉动之用
	气囊式	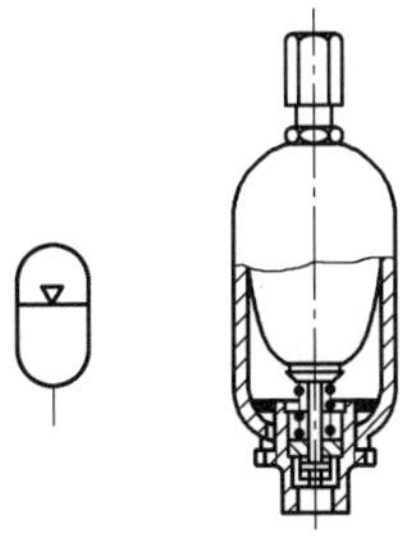	1. 利用气体的压缩和膨胀来储存、释放压力能；气体和油液在蓄能器中由气囊隔开 2. 带弹簧的菌状进油阀使油液能进入蓄能器，并能防止气囊自油口被挤出。充气阀只在蓄能器工作前气囊充气时打开，在蓄能器工作时则关闭 3. 结构尺寸小、质量轻、安装方便、维护容易、气囊惯性小、反应灵敏，但气囊和壳体制造都较难 4. 折合型气囊容量较大，可用来储存能量；波纹型气囊适用于吸收冲击
	隔膜式	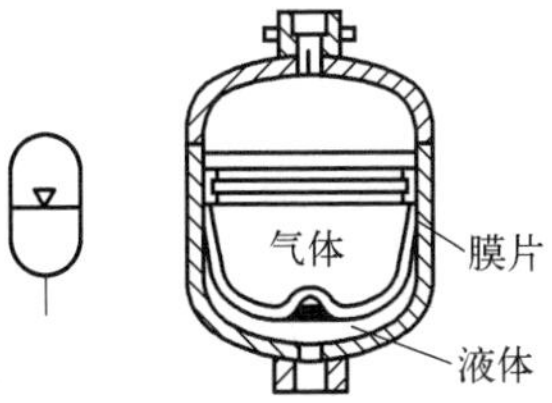	1. 利用气体的压缩和膨胀来储存、释放压力能；气体和油液在蓄能器中由膜片隔开 2. 液气隔离可靠、密封性能好、无泄漏 3. 隔膜动作灵敏、容积小(0.16～2.8L) 4. 用于补偿系统泄漏，吸收流量脉动和压力冲击，最高工作压力为 21MPa
	盒式	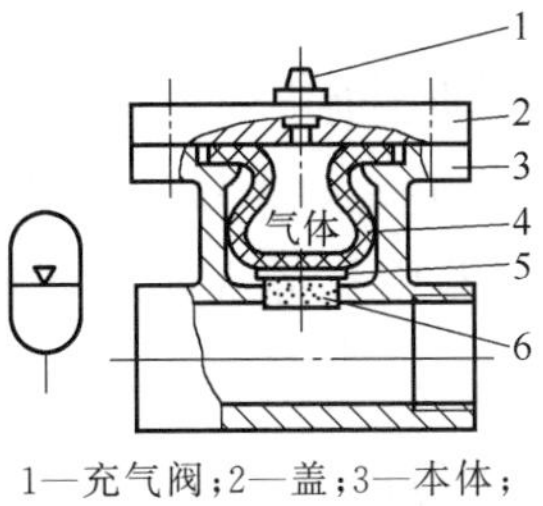1—充气阀；2—盖；3—本体；4—橡胶袋；5—挡块；6—颈柱	1. 利用气体的压缩和膨胀来储存、释放压力能；气体和油液在蓄能器中由颈柱和橡胶袋隔开；油液的压力通过颈柱压缩橡胶袋 2. 液气隔离可靠，橡胶袋容积小 3. 装在液压泵的出口处作为吸振器，最高工作压力为 21MPa
	直通气囊式	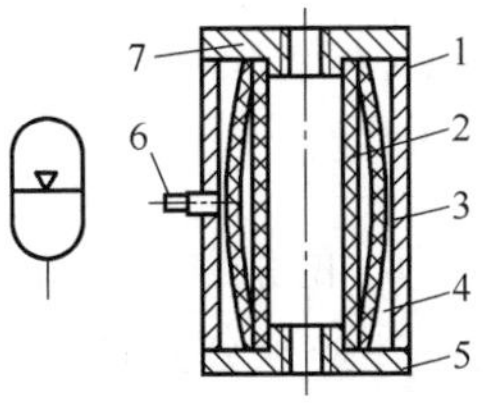1—外管；2—多孔内管；3—橡胶管；4—气腔；5，7—端盖；6—充气阀	1. 利用气体的压缩和膨胀来储存、释放压力能；气体和油液在蓄能器中由橡胶管隔开 2. 油液从内管流过、气体容量小、可直接安装在管路上，节省空间 3. 用于吸收脉动、降低噪声，最高工作压力为 21MPa

6.4.2 蓄能器的容积计算

蓄能器的总容积是指气腔和液腔的容积之和。它的大小与自身用途有关，下面以气囊式蓄能器为例进行说明。

(1) 用于储存和释放压力能时（图 6-16）

蓄能器的容积 V_0 由充气压力 p_0、工作中要求输出的油液体积 V_w、系统的最高工作压力 p_1 和最低工作压力 p_2 决定。气体状态方程为

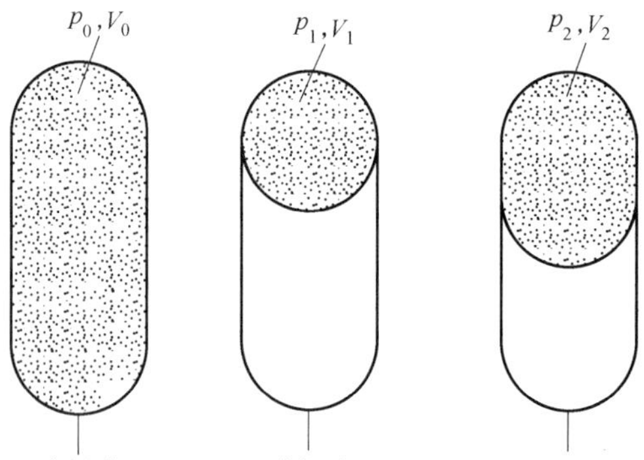

图 6-16 气囊式蓄能器储存和释放能量的过程

$$p_0V_0^n=p_1V_1^n=p_1V_2^n=\text{常数} \tag{6-5}$$

式中 V_1、V_2——气体在最高和最低压力下的体积。

n——多变指数，其值由气体工作条件决定，当蓄能器用以补偿泄漏、保持压力时，它释放能量过程很慢，可以认为气体在等温条件下工作，$n=1$；当蓄能器瞬时提供大量油液时，释放能量速度很快，可以认为气体在绝热条件下工作，$n=1.4$。

由于 $V_w=V_1-V_2$，故由式（6-5）可得

$$V_0=\frac{V_w\left(\frac{1}{p_0}\right)^{\frac{1}{n}}}{\left(\frac{1}{p_2}\right)^{\frac{1}{n}}-\left(\frac{1}{p_1}\right)^{\frac{1}{n}}} \tag{6-6}$$

理论上，p_0 值可与 p_2 相等，但为了保证系统压力为 p_2 时蓄能器还有能力补偿泄漏，宜使 $p_0<p_2$。一般对折合型气囊，$p_0=(0.8\sim0.85)p_2$；对波纹型气囊，$p_0=(0.6\sim0.65)p_2$。如能使气囊工作时的容腔在其充气容腔的 1/3～2/3 的区段内变化，则它可更加耐用。

(2) 用于吸收因阀换向而在管路中产生的液压冲击时

这时，蓄能器的容积 V_0 可以近似，由充气压力 p_0、系统中允许的最高工作压力 p_1、瞬时吸收的液体动能 $\rho Alv^2/2$ 来确定。由于蓄能器中气体在绝热过程中压缩所吸收的能量为

$$\int_{V_0}^{V_1}p\,\mathrm{d}V=\int_{V_0}^{V_1}p_0\left(\frac{V_0}{V}\right)^{1.4}\mathrm{d}V=-\frac{p_0V_0}{0.4}\left[\left(\frac{p_1}{p_0}\right)^{0.286}-1\right]=\frac{1}{2}\rho Alv^2 \tag{6-7}$$

故得

$$V_0=\frac{\rho Alv^2}{2}\left(\frac{0.4}{p_0}\right)\left[\left(\frac{p_1}{p_0}\right)^{0.286}-1\right]^{-1} \tag{6-8}$$

式（6-8）未考虑油液压缩性和管道弹性，式中 p_0 的值常取系统工作压力的 90%。

在工程实际中，蓄能器的容积 V_0 也可以采用下述经验公式计算：

$$V_0=0.004p_2q(0.0164l-t)/(p_2-p_1) \tag{6-9}$$

式中 q——阀口关闭前管道内流量，L/min；

l——产生冲击波的管道长度，m；

p_1——阀口开、闭前的工作压力，MPa；

p_2——系统允许的最高冲击压力，MPa，一般取 $p_2 \approx 1.5 p_1$；

t——阀口由打开到关闭的持续时间，s，$t < 0.0164l$。

(3) 用于吸收液压泵压力脉动时

这时，蓄能器的容积与其动态特性及相应管路的动态特性有关。

6.4.3 蓄能器的使用和安装

蓄能器在液压回路中的安放位置随其功用而不同：吸收液压冲击或压力脉动时宜放在冲击源或脉动源旁；补油保压时宜放在尽可能接近有关执行元件处。

使用蓄能器须注意以下几点：

① 充气式蓄能器中应使用惰性气体（一般为氮气），允许工作压力视蓄能器的结构形式而定，例如，气囊式蓄能器的允许工作压力为 3.5～32MPa。

② 不同的蓄能器各有其适用的工作范围。例如，气囊式蓄能器的气囊强度不高，不能承受很大的压力波动，且只能在－20～70℃的温度范围内工作。

③ 气囊式蓄能器原则上应垂直安装（油口向下），只有在空间位置受限制时，才允许倾斜或水平安装。

④ 装在管路上的蓄能器须用支板或支架固定。

⑤ 蓄能器与管路系统之间应安装截止阀，供充气、检修时使用。蓄能器与液压泵之间应安装单向阀，防止液压泵停转时蓄能器内储存的压力油液倒流入泵中。

6.5 热交换器

6.5.1 冷却器

液压传动系统在工作过程中不可避免地会产生能量损失，如：液压泵、液压马达（液压缸）的容积损失和机械损失，油液在管路中和阀类元件中的压力损失等。这些损失大都转变为热能，使系统温度升高，从而导致油液黏度降低，增加泄漏。如果油液温度过高（>80℃），将严重影响系统的正常工作。因此，液压传动系统的油温常常要求控制在65℃以内。对某些液压装置（如行走机械等），由于其结构的限制（如油箱小、散热条件差），或由于采用闭式回路，大部分油液不能回到油箱冷却等，因此，均应安装冷却器使油液强制冷却。冷却器通常安装在回油管路上或回油侧的油箱中。油液流经冷却器时的压力损失一般为 0.01～0.1MPa。

冷却器可分为风冷和水冷两大类。常用的水冷冷却器又有蛇管式、多管式、板式、片式等类型。图 6-17 所示为多管式冷却器的结构。油液从进油口 5 流入，从出油口 3 流出；而冷却水从进水口 7 流入，通过多根水管后由出水口 1 流出。冷却器内设置了隔板 4，在水管外部流动的油液，其行进路线因隔板的上下布置变得迂回曲折，从而增强热交换效果。这种冷却器的冷却效果较好。

翅片管式冷却器通过在冷却水管的外表面上安装许多横向或纵向的散热翅片，大大扩大了散热面积，增强了热交换效果。图 6-18 所示的翅片管式冷却器，通过在圆管或椭圆管外嵌套许多径向翅片，增强热交换效果，它的散热面积比光滑管大 8～10 倍。椭圆管的散热效果比圆管更好。

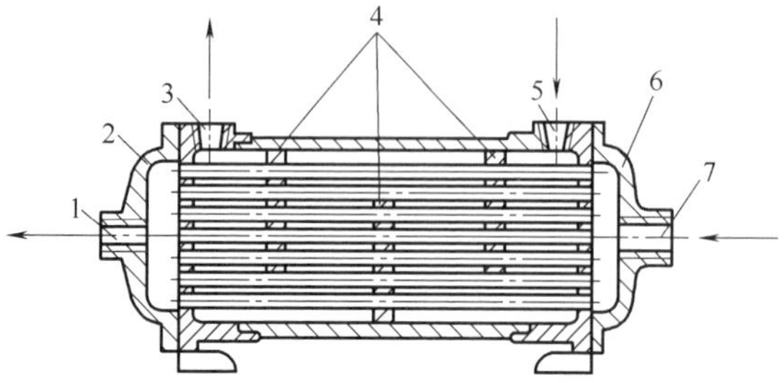

图 6-17　多管式冷却器的结构图

1—出水口；2，6—端盖；3—出油口；4—隔板；5—进油口；7—进水口

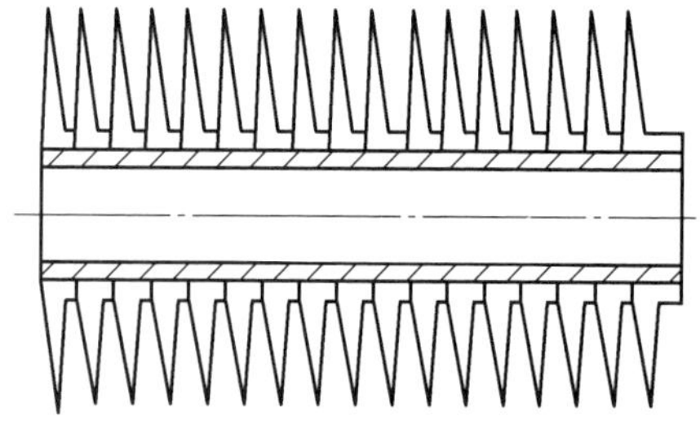

图 6-18　翅片管式冷却器

液压传动系统也可以用风冷却，其中，翅片式风冷却器结构紧凑、体积小、强度高、效果好。如果用风扇鼓风，则冷却效果更好。

在要求较高的装置上，可以采用冷媒式冷却器。它利用冷媒介质在压缩机中绝热压缩后进入散热器放热，以及蒸发器吸热的原理，带走油液中的热量，使油液冷却。这种冷却器冷却效果好，但价格过于昂贵。

液压传动系统最好装有油液的自动控温装置，以确保油液温度准确控制在要求的范围内。

冷却器一般安装在回油管或低压管路上。图 6-19 所示为冷却器在液压传动系统中的各种安装位置。

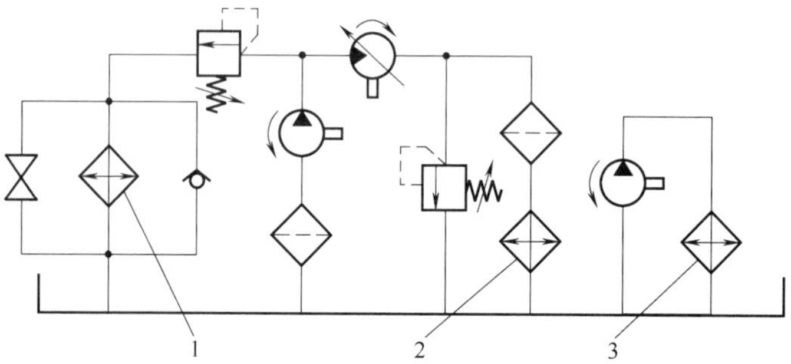

图 6-19　冷却器在液压传动系统中的各种安装位置

1—冷却器装在主溢流阀溢流口，溢流阀产生的热油直接获得冷却，同时也不受系统冲击压力影响，单向阀起保护作用，截止阀可在启动时使液压油液直接流回油箱；2—冷却器直接装在主回油路上，冷却速度快，但当系统回路有冲击压力时，要求冷却器能承受较高的压力；3—单独的液压泵将热的工作介质通入冷却器，冷却器不受液压冲击的影响

6.5.2 加热器

液压传动系统工作以前，如果油液温度低于 10℃（如冬季露天设备中的油液），由于油液黏度较大，将使液压泵的吸油能力降低，系统不能正常工作。因此必须安装加热器，通过

外部加热使油液温度升高。

油液可用热水或蒸汽来加热，也可用电加热。电加热因为结构简单、使用方便、能按需要自动调节温度，因而得到了广泛使用。如图 6-20 所示，电加热器用法兰安装在油箱壁上，发热部分全部浸在油液内。加热器应安装在箱内油液流动处，以利于热量交换。同时，单个电加热器的功率容量也不能太大，一般不超过 $3W/cm^2$，以免其周围油液因局部过度受热而变质。在电路上应设置联锁保护装置，当油液没有完全包围加热元件，或没有足够的油液进行循环时，加热器应不能工作。

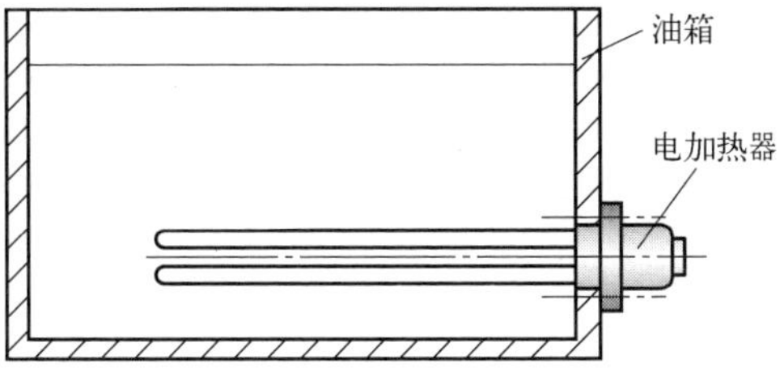

图 6-20　电加热器的安装位置

思考题

1. 为什么说辅助液压元件对系统的正常工作有着十分重要的影响？举例说明。
2. 密封装置的作用是什么？
3. 什么是间隙密封、接触密封？
4. O 形密封圈是如何工作的？
5. 活塞环是如何实现密封的？
6. 油箱在液压传动系统中的作用是什么？
7. 什么是油箱的有效容积？油箱的有效容积应如何确定？
8. 试说出液压传动系统中常用几种油管的特点。
9. 高压软管的结构是怎样的？其耐压能力与油管直径有什么关系？
10. 管接头的类型有哪几种？各有什么特点？
11. 过滤器的作用是什么？试画出其图形符号
12. 常用过滤器有哪些类型？
13. 过滤器的常用安装位置有哪些？
14. 选用过滤器时应考虑哪些要求？
15. 什么是过滤器的过滤精度？
16. 蓄能器在液压传动系统中的作用是什么？
17. 试述气囊蓄能器的工作原理，并画出其图形符号。
18. 为什么有的系统需要安装冷却器？油温过高有什么害处？
19. 加热器的作用是什么？
20. 某液压传动系统的叶片泵流量为 40L/min，吸油口安装 XU-80×100-J 线隙式过滤器（该型号表示额定流量 $q_n = 80L/min$，过滤精度为 100μm，压力损失为 $\Delta p_n = 0.06MPa$）。试判断该过滤器是否会引起泵吸油不充分现象。

21. 某蓄能器的充气压力为 $p_0=9\mathrm{MPa}$，用流量为 $q=5\mathrm{L/min}$ 的泵充油，当压力升到 $p_1=20\mathrm{MPa}$ 时快速向系统排油，当压力降到 $p_2=10\mathrm{MPa}$ 时排出油液的体积为 5L，试确定蓄能器的容积 V_0（所给压力均为绝对压力）。

22. 气囊式蓄能器容量为 2.5L，气体的充气压力为 2.5MPa，试求当工作压力从 $p_1=7\mathrm{MPa}$ 变化到 $p_2=4\mathrm{MPa}$ 时，蓄能器输出的油液体积（按等温过程计算）。

23. 有一液压回路，换向阀前管道长为 20m，内径为 35mm，流过的流量为 200L/min，工作压力为 5MPa，若瞬时关闭换向阀时，冲击压力不超过正常工作压力的 5%，试确定蓄能器的容量（油液的密度为 $900\mathrm{kg/m^3}$）。

24. 某液压传动系统采用 YB-A36B 型叶片泵，压力为 7MPa，流量为 40L/min，试选择油管的尺寸。

25. 若液压传动系统中的吸油管型号为 $\phi 42\mathrm{mm}\times 2\mathrm{mm}$，压油管型号为 $\phi 28\mathrm{mm}\times 2\mathrm{mm}$，且都是无缝钢管，试问它可用于多大压力和流量的系统？

第 7 章 常用基本回路

实际的液压传动系统大多由一个或几个主回路和许多简单的、各有特定功能的操作控制基本回路组成。尽管各个系统的作用、性能、工况各不相同，但构成这些系统的许多回路都有着相同的工作原理、工作特性和作用。因此，熟悉和掌握这些回路的特点，对熟练地分析液压传动系统是十分有用的。

7.1 主回路

主回路是指油液从液压泵到液压马达（液压缸），再从液压马达（液压缸）回到液压泵的流动循环路线。根据油液流动循环路线的不同，主回路可以分为开式循环系统和闭式循环系统两种基本类型。如果按照系统中液压泵和执行元件的数量来分，主回路又有单泵-单执行元件、单泵-多执行元件和多泵系统等类型。

7.1.1 开式和闭式循环系统

(1) 开式循环系统

图 7-1 所示是一最简单的液压泵-液压缸开式循环系统。电动机驱动液压泵从油箱吸油，液压泵排出的压力油液通过三位四通换向阀进入液压缸一端的腔中，并推动活塞运动；液压缸另一腔中的低压油液则经换向阀再流回油箱。液压泵排油口处的溢流阀用来稳定系统的工作压力并防止系统超载。

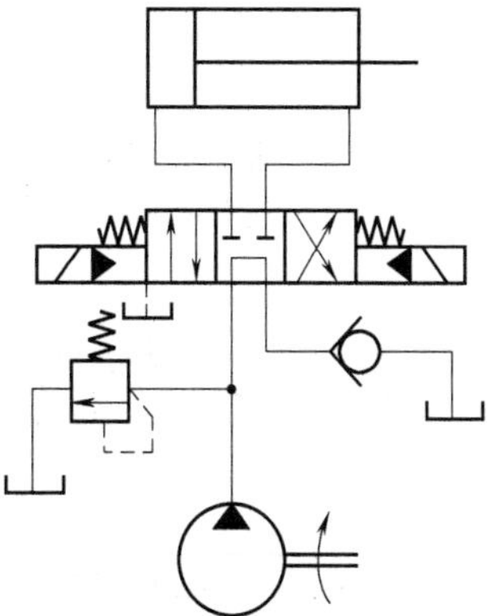

图 7-1 开式循环系统

开式循环系统有以下特点：液压泵从油箱吸油，而液压马达（液压缸）的回油则是直接返回油箱的；执行元件的开、停和换向由换向阀控制。此外，开式循环系统还具有系统简单、油液散热条件好等优点，但开式循环系统所需油箱的容积较大、系统比较松散，而且油液与空气长期接触，空气容易混入。

由于开式循环系统的上述特点，它多用于固定设备，如各种机床和压力机的液压传动系统。

(2) 闭式循环系统

图 7-2 所示为闭式循环系统。变量液压泵 1 排出的压力油直接进入液压马达 3，液压马达的回油又直接返回泵的吸油口，这样工作油液在液压泵和液压马达之间不断循环流动。为了补偿泄漏造成的容积损失，闭式循环系统必须设置辅助液压泵 4，负责向主液压泵供油，同时置换部分已发热的油液，以降低系统的温度。图 7-2 中溢流阀 5 用来调节补油泵 4 的

压力。

与开式循环系统相比，闭式循环系统有下列特点：系统结构复杂、油液的散热条件差，但油箱容积小、系统比较紧凑、系统的封闭性能好。因为回油路也具有一定的压力（背压），所以空气和灰尘很难侵入工作液体，这样就大大延长了液压元件和油液的使用寿命。此外，在闭式循环系统中，液压马达转速和转向的调节一般是由双向变量泵来控制的。

闭式循环系统常用于大功率传动的行走机械中，如采煤机的液压牵引系统和其他许多工程机械的液压传动系统。

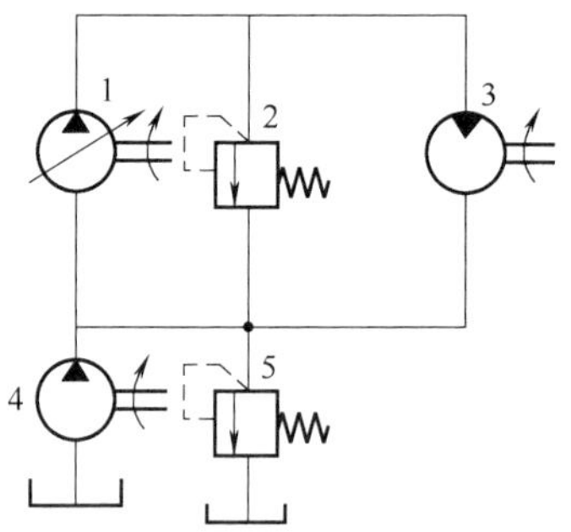

图 7-2 闭式循环系统

1—变量液压泵；2—安全阀；3—液压马达；4—辅助液压泵；5—溢流阀

7.1.2 单泵多执行元件系统的主回路形式

在单泵多执行元件系统中，按照执行元件与液压泵连接关系不同，可分为并联回路、串联回路和串并联回路三种主回路形式。

(1) 并联回路

液压泵排出的压力油同时进入两个以上执行元件，而它们的回油共同流回油箱，这种回路称为并联回路［图 7-3（a）］。这种回路的特点是各执行元件中的油液压力均相等，而且都等于液压泵的调定压力；而流量可以不相等，但其流量之和应等于泵的输出流量。另一特点是各执行元件可单独操作，而且互相影响小。

并联回路中常常采用多路阀操纵各执行元件的动作。

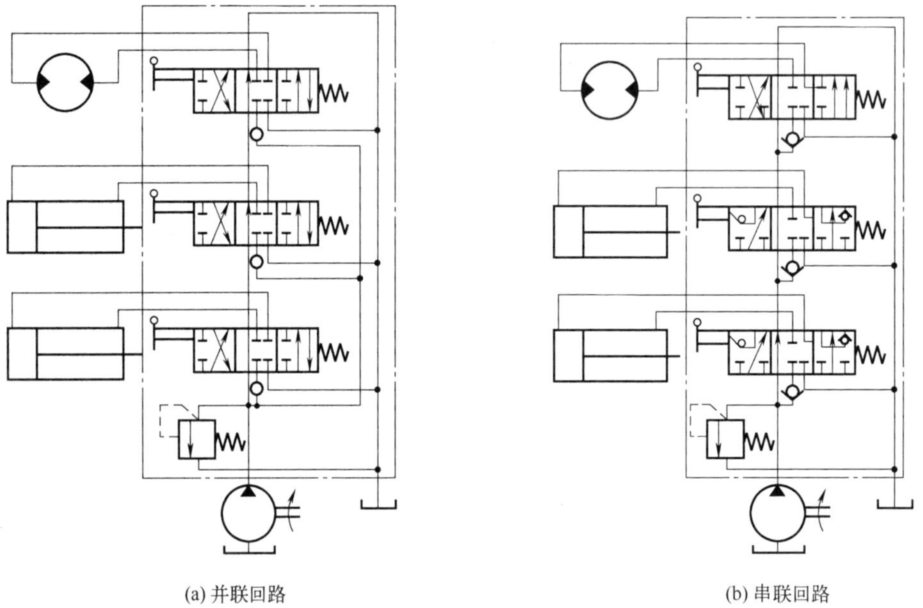

(a) 并联回路　　(b) 串联回路

图 7-3 并联、串联回路

(2) 串联回路

液压泵排出的压力油进入第一个执行元件，而此元件的回油又作为下一个执行元件的进油，这种连接的油路称为串联回路，如图 7-3（b）所示。串联回路的特点是：进入各执行元件的流量相等，各执行元件的压力之和等于液压泵的工作压力。

(3) 串并联回路

系统中执行元件有的串联，有的并联，这种连接的回路称为串并联回路。这种回路兼有串联回路和并联回路的特点。

7.2 压力控制回路

压力控制回路的作用是利用各种压力控制阀来控制油液压力，以满足执行元件（液压缸和液压马达）对力和转矩的要求，或达到减压、增压、卸荷、顺序动作和保压等目的。压力控制回路的分类很多，这里只介绍三种比较常见的压力控制回路，即调压回路、减压回路和卸荷回路。

(1) 调压回路

图 5-6 是液压传动系统中常见的一种溢流阀调压回路，它通过调整溢流阀的开启压力来控制系统压力保持定值。在这种回路中，溢流阀 4 处于常开状态，节流阀 2 控制着液压缸的运动速度，随着液压缸速度的变化，溢流阀的溢流量时大时小，但系统压力基本保持恒定。

(2) 减压回路

在单泵液压传动系统中，可以利用减压阀来满足不同执行元件或控制油路对压力的不同要求。这样构成的回路叫减压回路。图 5-11 所示的机床夹紧回路就是一种减压回路。在煤矿机械中也常可以见到类似的减压回路。采煤机液压紧链装置中就使用了减压阀，通过减压阀将乳化液泵站的高压乳化液变为一定压力的工作液体后再进入紧链液压缸。

(3) 卸荷回路

卸荷回路是指当液压传动系统的执行元件停止运动以后，不让液压泵停止转动，而使其以很低的压力（或零压）运转的一种回路。这种回路可使功率消耗降低，减少液压泵的磨损和系统发热。这里介绍两种常见的卸荷回路。

① 采用换向阀的卸荷回路。图 7-1 所示就是采用 M 型滑阀机能换向阀的液压泵卸荷回路。从图中可看出，当换向阀处于中位时，液压泵排出的油经换向阀直接返回油箱，达到液压泵卸荷的目的。采用 H 型或 K 型滑阀机能的换向阀也可以使液压泵卸荷。这种换向阀卸荷的方法比较简单。

② 采用蓄能器保持系统中的油压并使液压泵卸荷的回路。如果在液压泵卸荷的同时，又要求系统仍保持高压，便可采用此回路。如图 7-4 所示，液压泵 1 输出的油液经单向阀 2 同时进入系统和蓄能器 4。当执行元件（液压缸或液压马达）停止运动时，系统压力升高，使压力继电器 3 动作而发出电信号，该信号使电磁阀 7 通电换位，于是溢流阀 8 开启，溢流阀起卸荷作用，液压泵输出的油液经溢流阀以低压返回油箱，使液压泵卸荷。这时蓄能器使系统继续保持高压并补偿系

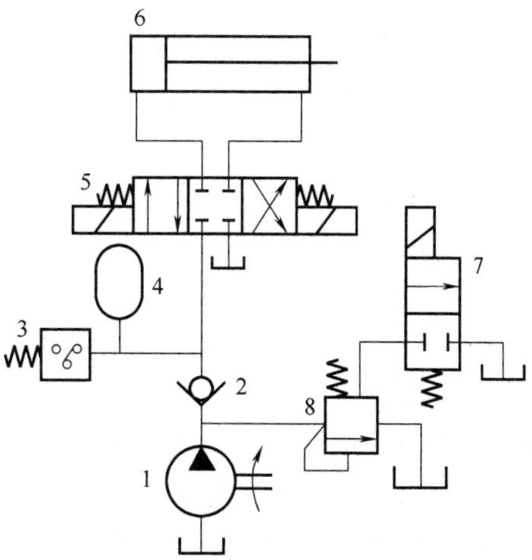

图 7-4　蓄能器保压卸荷回路

1—液压泵；2—单向阀；3—压力继电器；4—蓄能器；5—三位四通换向阀；6—液压缸；7—电磁阀；8—溢流阀

统的泄漏。当蓄能器中的压力过低时，继电器发出信号，使电磁阀断电复位，溢流阀关闭，液压泵再向系统提供压力油。

7.3 速度控制回路

在液压传动系统中，实现功率传递的调速回路占有头等重要的地位，这是因为液压传动的根本任务就在于此。因此，本章专门介绍这种回路的结构、性能和应用。

对任何液压传动系统来说，调速回路是它的核心部分。这种回路可以通过事先调整或在工作过程中自动调节来改变执行元件的运行速度，但是它的主要功能是传递动力（功率）。因而从本质上来看，它命名为动力回路更确切、更全面，才能把某些主机（例如压力机）的液压传动系统中同样是传递功率但不须调速的主回路也概括进去。

调速回路的调速特性、机械特性和功率特性基本决定了它所在液压传动系统的性质、特点和用途，为此必须详加分析和讨论。事实上，这就是在对液压传动系统的静态特性进行概括和描述。当液压传动系统含有一个以上调速回路时，它在不同工作阶段呈现的性质和特点，由当时起主导作用的调速回路来决定。

调速回路按其调速方式的不同，分成节流调速回路、容积调速回路和容积节流调速回路。

7.3.1 节流调速回路

用流量控制阀进行调速的回路叫节流调速回路。根据流量控制阀在回路中的不同位置，又可把节流调速分为进油路节流调速、回油路节流调速和旁油路节流调速三种基本回路。

现以进油路节流调速回路为例，对节流调速的工作原理和特性加以说明。如图 5-6 所示，在进油路节流调速回路中，流量控制阀串联在液压泵和执行元件之间。从液压泵排出的油液经节流阀进入液压缸的工作腔，通过调节节流阀的通流截面积，即可调节进入液压缸的流量，从而改变活塞的运动速度，多余的油液则经溢流阀返回油箱。液压缸在工作过程中，其工作腔压力随外负载变化而变化，液压泵的出口压力则由常开的溢流阀来调定，因而基本保持不变。

由流量特性关系式 $q=kf\Delta p^m$ 可知，液压缸（或液压马达）的运动速度（与流量 q 有关）与节流阀的通流截面积 f 成正比。若 f 保持不变，当液压缸外负载增加时，节流阀前后的压力差 Δp 会减小，以致经节流阀的流量降低，则液压缸速度变慢；反之，将使液压缸速度变快。可见它的负载-速度特性不理想。

在节流调速系统中，液压泵的流量和压力通常按执行元件的最大速度和最大负载来选用。当系统在低速、轻载下工作时，大量多余油液从溢流阀流回油箱，白白消耗能量，使油温升高，这是节流调速的一大缺点。在进油节流调速回路中，由于液压缸的回油腔本身没有造成背压的条件，所以运动平稳性差。相比之下，回油路节流调速由于把节流阀串联在回油路上，限制液压缸的回油量，因此具有较好的运动平稳性。掘进机工作机构的升降速度通常就是由回油路节流调速回路控制的。

节流调速回路具有系统简单等优点，但由于存在着很大的溢流损失和节流损失，造成油温上升，因此不适用于大功率系统。

7.3.2 容积调速回路

容积调速回路是通过改变液压泵或液压马达的排量来实现调速目的的回路。这种调速方法由于没有节流和溢流损失，因而效率高，适用于传递功率较大的矿山机械和工程机械。根据所采用的液压泵和液压马达的不同，容积式调速回路有三种基本形式，即变量泵-定量马达（液压缸）调速回路、定量泵-变量马达调速回路、变量泵-变量马达调速回路。

7.3.2.1 变量泵-定量马达（液压缸）调速回路

图7-5所示为不同执行元件的变量泵系统。通过改变变量泵的排量 V（即改变液压泵的流量 q），便可以改变液压缸3［图7-5（a）］或液压马达3［图7-5（b）］的速度。溢流阀在系统中起安全保护作用。变量泵-定量马达（液压缸）调速回路有下列特性：

① 若不计容积损失（液压泵的流量全部进入执行元件），则液压缸活塞的速度 v 和液压马达的转速 n_M 分别为：

$$v=\frac{q}{A}=\frac{nV}{A} \tag{7-1}$$

$$n_M=\frac{q}{V_M}=\frac{nV}{V_M} \tag{7-2}$$

式中　q——液压泵流量；

n——液压泵转速；

V——液压泵排量；

A——活塞有效面积；

V_M——液压马达排量。

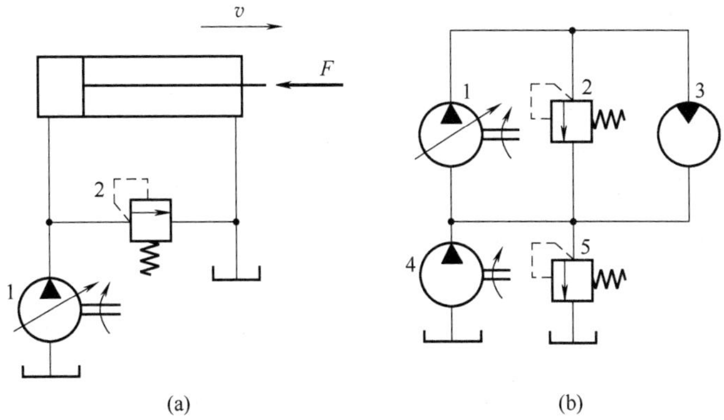

图7-5　变量泵-定量执行元件调速回路

1—变量液压泵；2—安全阀；3—液压马达；4—补油泵；5—溢流阀

由于液压泵的转速 n、活塞有效面积 A 和液压马达排量 V_M 在工作中都不变，因此，液压缸和液压马达的速度与液压泵排量 V 成正比。它们的最大速度仅取决于变量泵的最大排量；最小速度则取决于变量泵的最小排量和液压马达的低速稳定性能。通常，这种容积调速回路的液压马达调速范围比较大，可达40。

② 当由安全阀确定的变量泵的最高工作压力为 p_B 时，液压缸能产生的最大推力 F_{max} 和液压马达能产生的最大转矩 T_{max} 分别为：

$$F_{\max}=p_{B}A \tag{7-3}$$

$$T_{\max}=\frac{p_{B}V_{M}}{2\pi} \tag{7-4}$$

从上述公式可知：不论它们的速度如何，它们各自的最大推力和最大转矩均不变，故又称这种调速为恒推力和恒转矩调速。

③ 设系统的总效率为1（即不计容积损失、压力损失和机械损失），则执行元件的功率等于液压泵的输出功率（$P=pq=pnV$）。当负载一定时(即工作压力 p 为常数)，执行元件的输出功率只随液压泵流量（即排量）改变，并且呈线性关系。图7-6是液压马达（或液压缸）输出功率、速度及转矩（或推力）与液压泵排量的关系曲线。

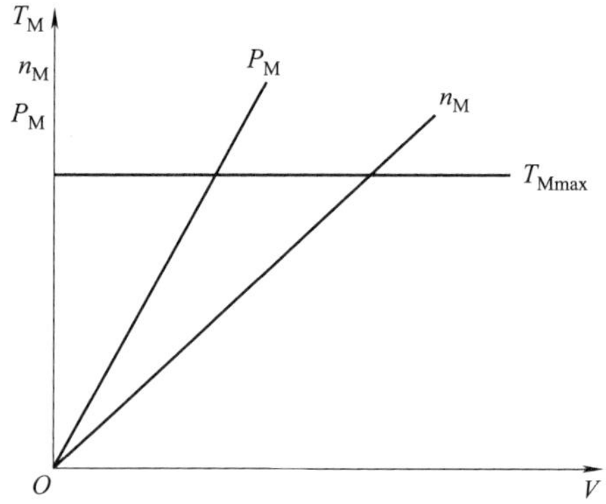

图7-6 变量泵-定量马达调速回路的特性曲线

7.3.2.2 定量泵-变量马达调速回路

定量泵-变量马达调速回路如图7-7所示。定量主泵1的流量 q 不变，而液压马达3的排量 V_M 可以改变，安全阀2限制系统的最高工作压力。这种调速回路的调速特性如下：

① 由液压马达的转速公式 $n_M=\frac{q}{V_M}$ 可知，液压马达的转速与其排量成反比关系。减小排量可使马达的转速提高；反之，则能降低液压马达转速。液压马达最大和最小排量分别决定了其最小和最大转速。

② 由于液压马达的转矩 T 与其排量 V_M 成正比，因此，对液压马达的最小排量要有所限制，否则会因转矩过小而拖不动负载。这也就限制了液压马达的最高转速，所以这种调速回路的调速范围较小，一般只有3～4。

③ 在这种调速回路中，由于液压泵的流量 q 不变，液压泵的最高压力 p_B 不变（由安全阀调定），所以液压泵的输出功率（$P=p_Bq$）也不变。若不计系统的总效率，则此功率就等于液压马达的输出功率且与液压马达的转速（排量）无关。可见液压马达在整个转速范围内所输出的最大功率是定值，故又称这种调速为恒功率调速。定量泵-变量马达调速回路的特性曲线如图7-8所示。

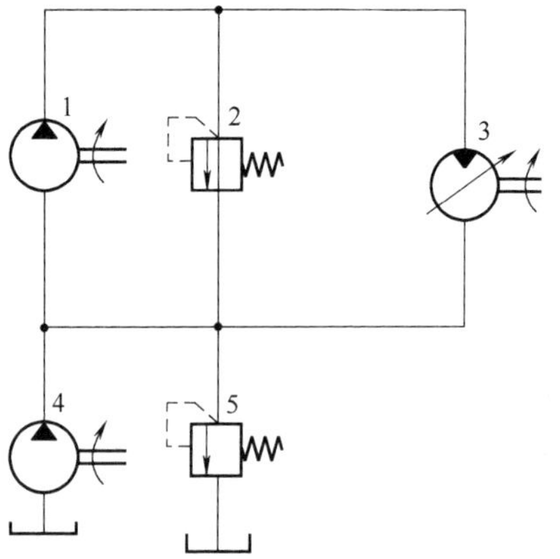

图7-7 定量泵-变量马达调速回路

1—液压泵；2—安全阀；
3—液压马达；4—补油泵；5—溢流阀

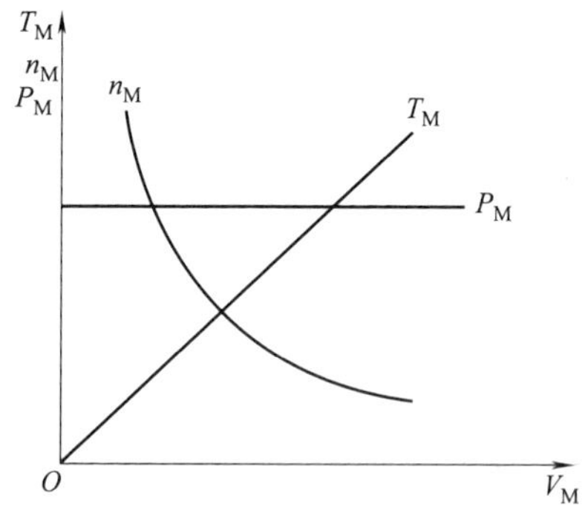

图7-8 定量泵-变量马达调速回路特性曲线

④ 这种调速回路若要改变液压马达的转向，则不允许液压马达变量机构经过零位。因为在零位时，理论上，液压马达的转速将会无限增加，而液压马达的转矩则等于零。因此，这种调速回路一般须用换向阀实现液压马达的换向。

7.3.2.3　变量泵-变量马达调速回路

对于图 7-9 所示的变量泵-变量马达调速回路，不仅液压泵可以变量，液压马达的排量也可以改变。这就扩大了液压马达的调速范围。许多工作机构往往在低速时要求有较大的转矩，在高速时要求转矩较小，变量泵-变量马达调速回路能满足这一要求。其调速可分为两个阶段：从低速向高速调节时，先将液压马达的排量调定到最大值，使液压马达具有较大的启动力矩。然后增大液压泵的排量，使液压马达转速可由零增加到 n_0（液压泵排量达最大值时的液压马达转速）。如果想进一步提高转速，可通过逐渐减小液压马达的排量来实现。因此，其调速范围比前两种调速回路的调速范围要大，通常可达 100。

实际上变量泵-变量马达调速回路的调速方法就是前两种容积调速方法的组合：第一阶段的调速过程就是变量泵-定量马达回路的调速过程，是恒转矩阶段；第二阶段的调速过程就是定量泵-变量马达回路的调速过程，是恒功率阶段。同样需要指出的是，这种系统的液压马达换向也只能通过变量泵来实现。图 7-10 为变量泵-变量马达调速回路的特性曲线。

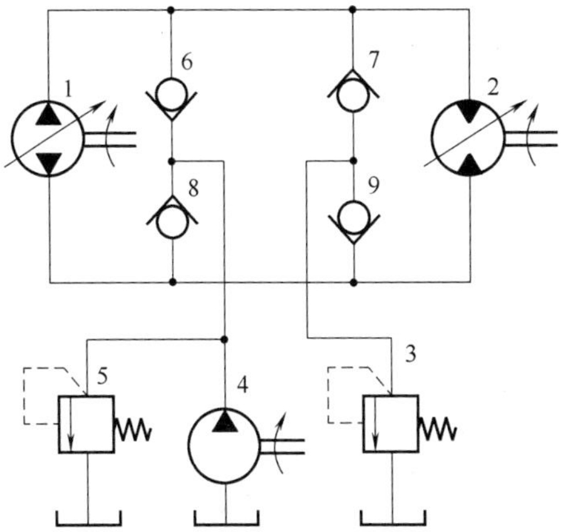

图 7-9　变量泵-变量马达调速回路

1—主泵；2—马达；3—安全阀；4—补油泵；5—溢流阀；6,7,8,9—单向阀

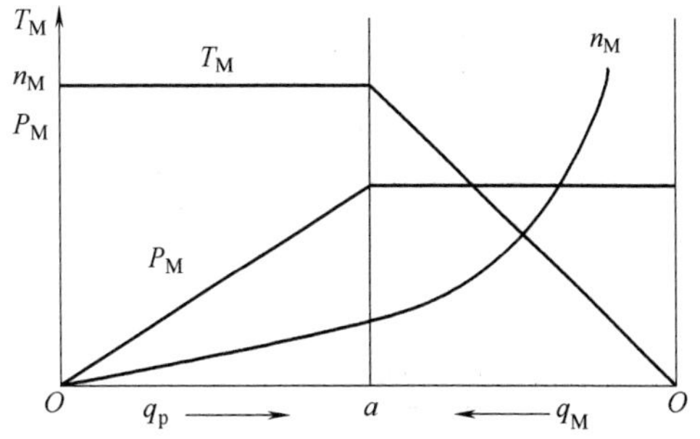

图 7-10　变量泵-变量马达调速回路的特性曲线

以上三种容积调速回路中，第一种调速回路，即变量泵-定量马达调速回路，应用最为广泛。采煤机牵引部大都采用这种调速回路。

7.3.3　容积节流调速回路

容积节流调速回路采用压力补偿型变量泵与流量控制元件（通常为节流阀或调速阀）的组合控制方式。其工作原理为：通过流量控制元件设定液压缸两腔的流量差值来调节活塞运动速度，同时压力补偿器实时调整变量泵的排量，使泵的输出流量自动与液压缸所需流量实现动态匹配。这种调速回路没有溢流损失、效率较高，速度稳定性也比单纯的容积调速回路好。常见的容积节流调速回路有定压式和变压式两种。

7.3.3.1 定压式容积节流调速回路

图 7-11 所示为定压式容积节流调速回路。这种回路使用了限压式变量叶片泵 1 和调速阀 2，变量泵输出的压力油经调速阀进入液压缸 3 的工作腔，回油则经背压阀 4 返回油箱。活塞运动速度由调速阀中节流阀的通流截面积 A_T 来控制，变量泵输出的流量 q_p 则与进入液压缸的流量 q_1 自动适应：当 $q_p > q_1$ 时，泵的供油压力上升，使限压式叶片泵的流量自动减小到 $q_p \approx q_1$；反之，当 $q_p < q_1$ 时，泵的供油压力下降，该泵又会自动使 $q_p \approx q_1$。由此可见，调速阀不仅使进入液压缸的流量保持恒定，还使泵的供油量基本恒定不变（因而也使泵的供油压力恒定不变），从而使液压泵和液压缸的流量匹配。这种回路中的调速阀也可以装在回油路上。

定压式容积节流调速回路的速度刚性、运动平稳性、承载能力和调速范围都和与它对应的节流调速回路相近。

图 7-12 所示为定压式容积节流调速回路的调速特性曲线。由图可见，这种回路虽无溢流损失，但仍有节流损失，其大小与液压缸工作腔压力 p_1 有关。当进入液压缸的工作流量为 q_1 时，泵的供油流量应为 $q_p = q_1$，供油压力为 p_p。因此，液压缸工作腔压力的正常工作范围是

$$p_2 \frac{A_2}{A_1} \leqslant p_1 \leqslant (p_p - \Delta p) \tag{7-5}$$

式中　Δp——保持调速阀正常工作所需的压差，一般在 0.5MPa 以上。

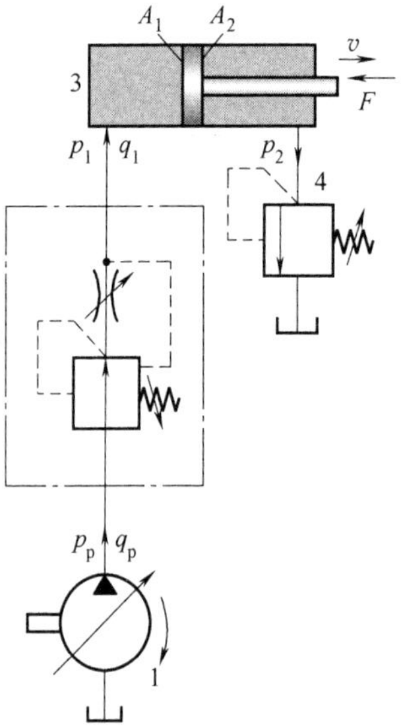

图 7-11　定压式容积节流调速回路

1—限压式变量叶片泵；2—调速阀；3—液压缸；4—背压阀

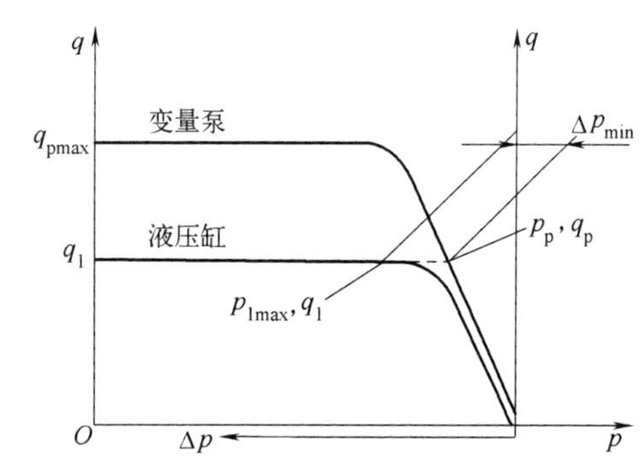

图 7-12　定压式容积节流调速回路的调速特性曲线

当 $p_1 = p_{1max}$ 时，回路中的节流损失最小（见图 7-12）。p_1 越小，节流损失越大。这种调速回路的效率：

$$\eta_C = \frac{\left(p_1 - p_2 \dfrac{A_2}{A_1}\right) q_1}{p_p q_p} = \frac{p_1 - p_2 \dfrac{A_2}{A_1}}{p_p} \tag{7-6}$$

需要注意，式（7-6）没有考虑泵的泄漏损失。当限压式变量叶片泵达到最高压力时，其泄漏量可达最大输出流量的8%。泵的输出流量 q_p 越小，泵的压力 p_p 越高；负载越小，则式（7-6）中的 p_1 越小，在调速阀中的压力损失相应增大。因此，当速度小（即 q_p 小）、负载小时，这种调速回路的效率较低。这种回路最宜用在负载变化不大的中小功率场合，如组合机床的进给系统等处。

7.3.3.2 变压式容积节流调速回路

图7-13所示为变压式容积节流调速回路。这种回路使用稳流量泵1和节流阀2，它的工作原理与定压式容积节流调速回路很相似。节流阀控制着进入液压缸3的流量 q_1，并使变量泵输出流量 q_p 自动和 q_1 相适应。当 $q_p > q_1$ 时，泵的供油压力上升，泵内左右两个控制柱塞进一步压缩弹簧，推动定子向右移动，减小泵的偏心距，使泵的供油量下降到 $q_p \approx q_1$。反之，当 $q_p < q_1$ 时，泵的供油压力下降，弹簧推定子和左右柱塞向左移动，增大泵的偏心距，使泵的供油量增大到 $q_p \approx q_1$。

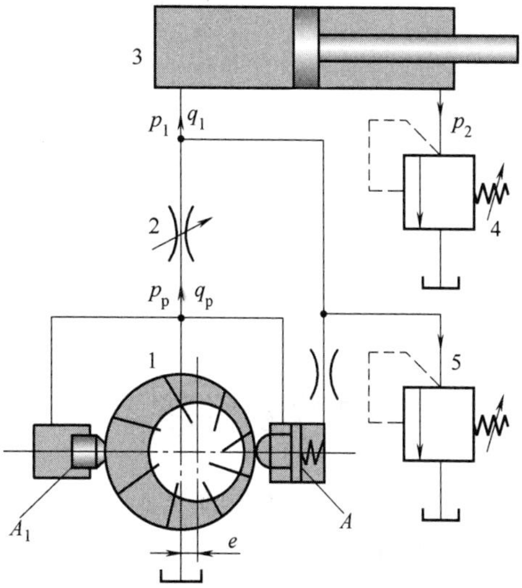

图7-13 变压式容积节流调速回路

1—稳流量泵；2—节流阀；3—液压缸；4—背压阀；5—安全阀

在变压式容积节流调速回路中，输入液压缸的流量基本不受负载变化的影响，这是因为节流阀两端的压差 $\Delta p_T = p_p - p_1$ 由作用在稳流量泵控制柱塞上的弹簧力确定，这和调速阀的原理相似。因此，这种回路的速度刚性、运动平稳性、承载能力都和采用限压式变量泵的回路接近。它的调速范围也只受节流阀调节范围限制。此外，这种回路因能补偿由负载变化引起的泵泄漏变化，因此它在低速小流量的场合下使用显得特别优越。

变压式容积节流调速回路不但没有溢流损失，而且泵的供油压力随负载变化，回路中的功率损失只有节流阀处压降 Δp_T 所造成的节流损失一项，它比定压式容积节流调速回路调速阀处的节流损失更小，因此发热少、效率高。当 $p_2 = 0$ 时，变压式容积节流调速回路的效率表达式为

$$\eta_C = \frac{p_1 q_1}{p_p q_p} = \frac{p_1}{p_1 + \Delta p_T} \tag{7-7}$$

变压式容积节流调速回路宜用在负载变化大、速度较低的中小功率场合，如某些组合机床的进给系统中。

上述两种容积节流调速回路，由于液压泵的输出流量能与阀的调节流量自动匹配，节省能量消耗，因此也称为流量适应回路。

7.3.4 三类调速回路的比较和选用

(1) 调速回路的比较

液压传动系统中的调速回路应能满足以下要求，这些要求是评价调速回路的依据。

① 能在规定的调速范围内调节执行元件的工作速度。

② 在负载变化时，已调好的速度变化越小越好，并应在允许的范围内变化。

③ 具有驱动执行元件所需的力或转矩。

④ 使功率损失尽可能小、效率尽可能高、发热尽可能小（这对保证运动平稳性也有利）。

（2）调速回路的选用

调速回路的选用与主机采用液压传动的目的有关，应综合考虑各方面的因素。下面用机床作为例子来进行说明。

首先，考虑的是执行元件的运动速度和负载性质。一般说来，速度慢的执行元件采用节流调速回路；速度稳定性要求高的执行元件采用调速阀式调速回路，要求低的用节流阀式调速回路；负载小、负载变化小的执行元件采用节流调速回路，反之则采用容积调速回路或容积节流调速回路。

其次，考虑的是功率大小。一般认为 3kW 以下的采用节流调速回路，3～5kW 的采用容积节流调速回路或容积调速回路，5kW 以上的则采用容积调速回路。

最后，从设备费用上考虑。要求费用低廉时采用节流调速回路，允许费用高些时则采用容积节流调速回路或容积调速回路。

7.4 方向控制回路

方向控制回路的作用是控制系统中液流的通断及流向，以实现液压马达或液压缸的起动、停止和换向。

（1）换向回路

开式系统通常用换向阀来进行换向，图 7-1 所示为采用电磁换向阀的换向回路，系统中执行元件的动作由操作人员直接操纵换向阀来控制。闭式系统常使用双向变量泵（如斜盘泵、斜轴泵等）使执行元件换向，如图 7-9 所示。换向时，只要交换液压泵的进、出油口，即原进油口变为排油口，而原排油口变为进油口，就可使执行元件换向。大部分采煤机液压牵引部分的换向，都是使用双向变量泵实现的。

（2）定向回路

定向回路又称整流回路，在这种回路中，液压泵（如齿轮泵）不论转向如何，都能保证回路吸油管路恒为吸油管路，排油管路恒为排油管路。定向回路常用于辅助补油回路中，电动机转向改变时，不会影响其向主回路补油。

图 7-14 为一定向回路。图中假设液压泵的上端为吸油口，下端为排油口，则油箱中的油液将经过单向阀 1 被吸入液压泵，液压泵排出的压力油只能推开单向阀 3 流入主系统。当电动机的转向改变时，液压泵（如齿轮泵）进、出油口互换。此时，油箱中的油液经单向阀 2 被吸入液压泵，液压泵排出的压力油则推开单向阀 4 流入主系统。因此，无论液压泵的吸、排油口怎样变换，此油路都能向主系统正常补油。

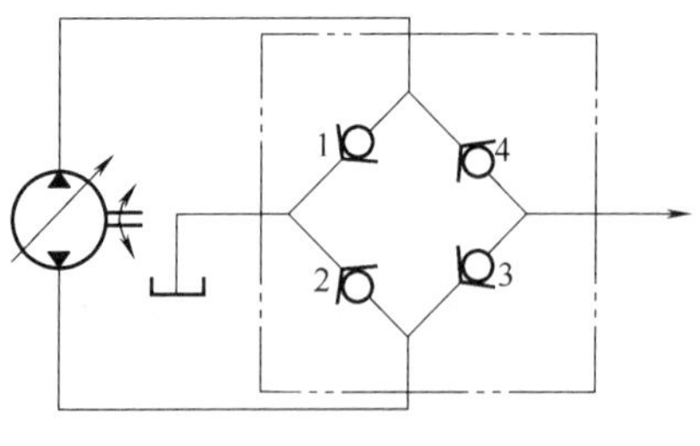

图 7-14 定向回路

思考题

1. 什么叫主回路？开式回路和闭式回路各有什么特点？

2. 节流调速有几种基本形式？为什么说节流调速不适合用于传递大功率的系统？

3. 容积调速有什么优点？

4. 试分析三种基本容积调速回路的特性。

5. 换向阀锁紧回路中，换向阀可采用哪几种形式的滑阀机能？

6. 定向回路是如何保证进、出油口不变的？

7. 调压回路的作用是什么？

8. 试说明卸荷回路的使用意义。

9. 减压回路通常用于什么场合？

10. 按下列要求画出简单的液压回路：①实现液压缸换向；②实现液压缸换向，并要求液压缸在运行时可随时停止；③要求液压缸的双向速度不等，且可分别调节。

11. 当在锁紧回路中采用液压锁对液压缸进行锁紧时，其换向阀应采用哪种滑阀机能？为什么？

12. 图7-15所示的进口节流调速回路，已知液压泵的供油流量为 $q_p=6\text{L/min}$，溢流阀调定压力为 $p_p=3.0\text{MPa}$，液压缸无杆腔面积为 $A_1=20\times10^{-4}\text{m}^2$，负载为 $F=4000\text{N}$，节流阀为薄壁孔口，开口面积为 $A_T=0.01\times10^{-4}\text{m}^2$，流量系数为 $C_d=0.62$，油液密度为 $\rho=900\text{kg/m}^3$。

（1）试求活塞的运动速度 v。

（2）试求溢流阀的溢流量和回路的效率。

（3）当节流阀开口面积增大到 $A_{T1}=0.03\times10^{-4}\text{m}^2$ 和 $A_{T2}=0.05\times10^{-4}\text{m}^2$ 时，分别计算液压缸的运动速度和溢流阀的溢流量。

13. 图7-16所示调速回路中的活塞在往返运动中受到的阻力 F 大小相等，方向与运动方向相反，试问：

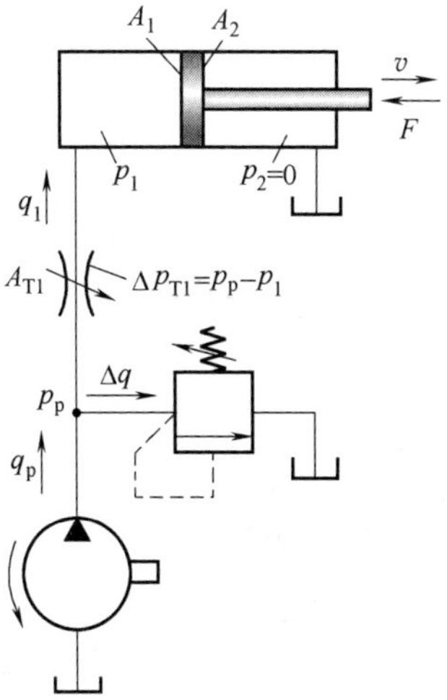

图7-15 思考题12图

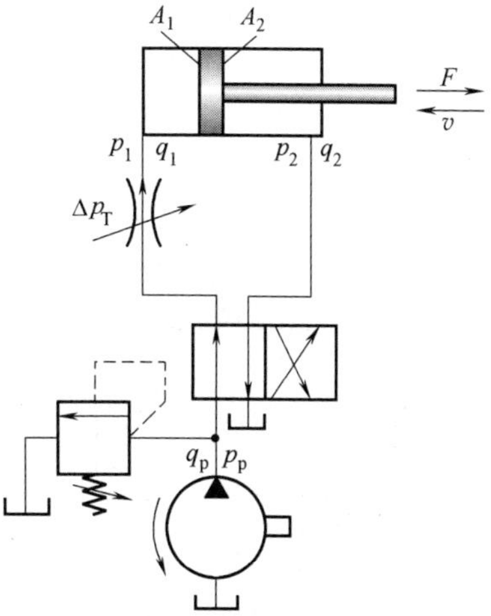

图7-16 思考题13图

（1）活塞向左和向右的运动速度哪个大？

（2）活塞向左和向右运动时的速度刚性哪个大？

14. 图 7-17 所示为液压马达进口节流调速回路，液压泵排量为 120mL/r，转速为 1000r/min，容积效率为 0.95。溢流阀使液压泵压力限定为 7MPa。节流阀阀口的最大通流面积为 $27\times10^{-6}\text{m}^2$，流量系数为 0.65。液压马达的排量为 160mL/r，容积效率为 0.95，机械效率为 0.8，负载转矩为 61.2N·m，试求马达的转速和从溢流阀流回油箱的流量。

15. 图 7-18 所示的出口节流调速回路，已知液压泵的供油流量为 $q_p=25\text{L/min}$，负载为 $F=40000\text{N}$，溢流阀调定压力为 $p_p=5.4\text{MPa}$，液压缸无杆腔面积为 $A_1=80\times10^{-4}\text{m}^2$，有杆腔面积为 $A_2=40\times10^{-4}\text{m}^2$，液压缸工进速度为 $v=0.18\text{m/min}$，不考虑管路损失和液压缸的摩擦损失，试计算：

（1）液压缸工进时液压回路的效率。

（2）当负载 $F=0$ 时，活塞的运动速度和回油的压力。

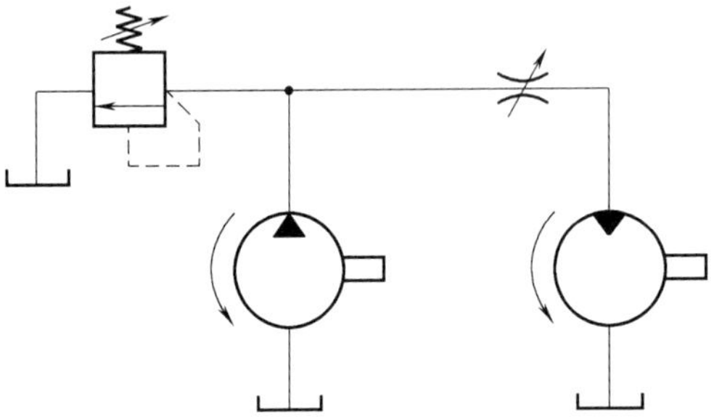

图 7-17 思考题 14 图

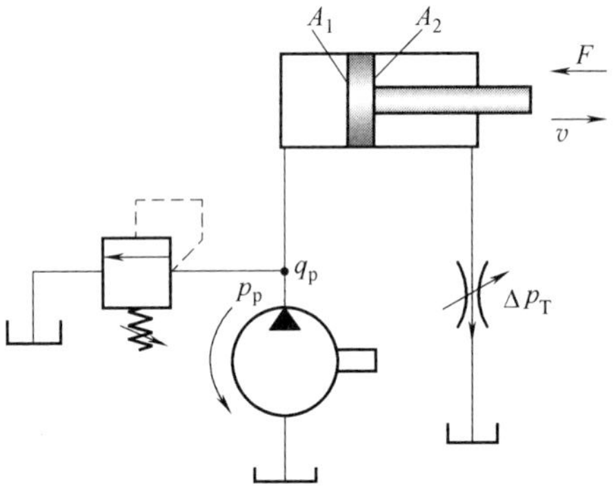

图 7-18 思考题 15 图

16. 在图 7-19 所示的调速阀出口节流调速回路中，已知 $q_p=25\text{L/min}$，$A_1=100\times10^{-4}\text{m}^2$，$A_2=50\times10^{-4}\text{m}^2$，$F$ 由零增至 30000N 时活塞向右移动的速度基本无变化，$v=0.2\text{m/min}$，若调速阀要求的最小压差为 $\Delta p_{min}=0.5\text{MPa}$。

（1）不计调压偏差时溢流阀调整压力 p_Y 为多少？液压泵的工作压力为多少？

（2）液压缸可能达到的最高工作压力为多少？

（3）回路的最高效率为多少？

17. 图 7-20 所示的回路能否实现节流调速？为什么？

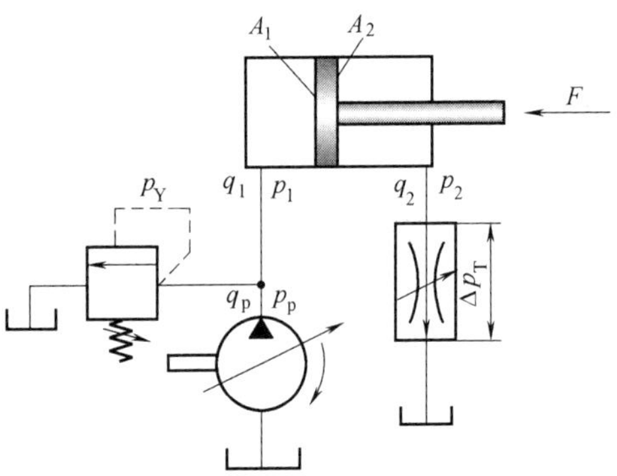

图 7-19 思考题 16 图

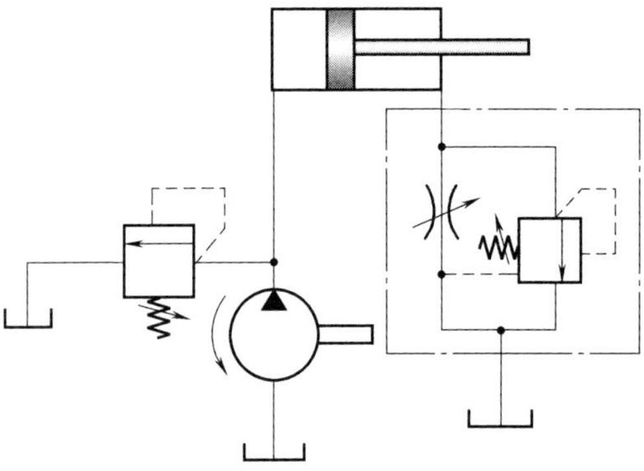

图 7-20 思考题 17 图

18. 在图 7-21 所示的容积调速回路中，如果变量泵的转速为 $n_p = 1000\text{r/min}$，排量为 $V_p = 40\text{mL/r}$，变量泵的容积效率为 $\eta_V = 0.8$，机械效率为 $\eta_m = 0.9$，泵的工作压力为 $p_p = 6\text{MPa}$，液压缸大腔面积为 $A_1 = 100 \times 10^{-4}\text{m}^2$，小腔面积为 $A_2 = 50 \times 10^{-4}\text{m}^2$，液压缸的容积效率为 $\eta' = 0.98$，机械效率为 $\eta'_m = 0.95$，管道损失忽略不计，试求：

（1）回路速度刚性。

（2）回路效率。

（3）系统效率。

19. 图 7-22 所示为变量泵-定量马达式调速回路，低压辅助液压泵输出压力为 $p_Y = 0.4\text{MPa}$，变量泵最大排量为 $V_{pmax} = 100\text{mL/r}$，转速为 $n_p = 1000\text{r/min}$，容积效率为 $\eta_{VP} = 0.9$，机械效率为 $\eta_{mP} = 0.85$。液压马达的相应参数为 $V_M = 50\text{mL/r}$，$\eta_{VM} = 0.95$，$\eta_{mM} = 0.9$。不计管道损失，当液压马达的输出转矩 $T_M = 40\text{N} \cdot \text{m}$、转速 $n_M = 160\text{r/min}$ 时，试求变量泵的排量、工作压力和输入功率。

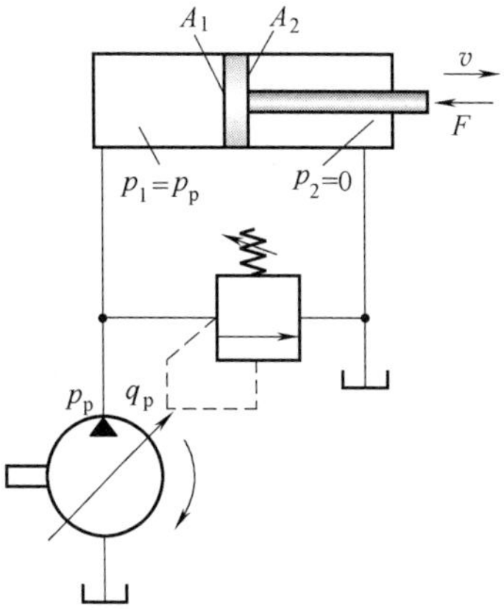

图 7-21　思考题 18 图

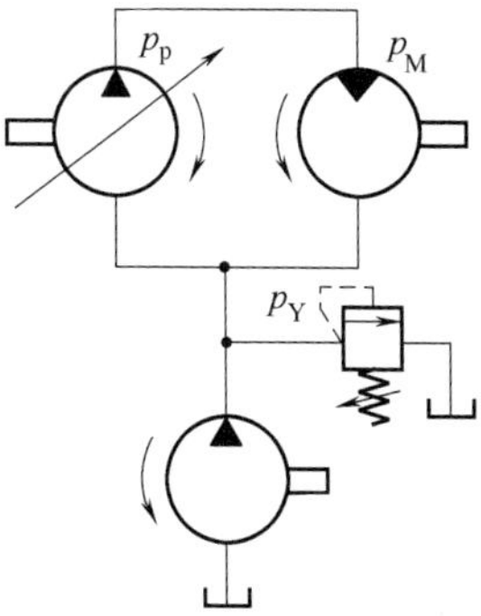

图 7-22　思考题 19 图

20. 有一变量泵-定量马达式调速回路，液压泵的最大排量为 $V_{pmax} = 115\text{mL/r}$，转速为 $n_p = 1000\text{r/min}$，机械效率为 $\eta_{mp} = 0.9$，总效率为 $\eta_p = 0.84$；液压马达的排量为 $V_M = 148\text{mL/r}$，机械效率为 $\eta_{mM} = 0.9$，总效率为 $\eta_M = 0.84$；回路最大允许压力为 $p_r = 8.3\text{MPa}$。若不计管道损失，试求：

（1）液压马达最大转速及该转速下的输出功率和输出转矩。

（2）驱动液压泵所需的转矩。

21. 在图 7-23 所示的容积调速回路中，变量液压泵的转速为 1200r/min，排量 V_p 在 0～8mL/r 之间可调节，安全阀调整压力为 4MPa；变量液压马达排量 V_M 在 4～12mL/r 之间可调节。若在调速时要求液压马达输出尽可能大的功率和转矩，试分析（所有损失均不计，注意 V_p、V_M 使 n_M 变化的方向）：

（1）如何调整液压泵和液压马达才能实现这个要求？

（2）液压马达的最高转速、最大输出转矩和最大输出功率可达多少？

22. 如图 7-24 所示的限压式变量泵和调速阀的容积节流调速回路，若变量泵的拐点坐标为（2MPa，10L/min），且 $p_p = 2.8\text{MPa}$ 时 $q_p = 0$，液压缸无杆腔面积为 $A_1 = 50 \times 10^{-4}\text{m}^2$，有杆腔面积 $A_2 = 25 \times 10^{-4}\text{m}^2$，调速阀的最小工作压差为 0.5MPa，背压阀调压

值为 0.4MPa：

(1) 当调速阀通过 $q_1=5\text{L/min}$ 的流量时，回路的效率为多少？

(2) 若 q_1 不变，负载减小 4/5 时，回路的效率为多少？

(3) 如何才能提高负载减少后的回路效率？能提高多少？

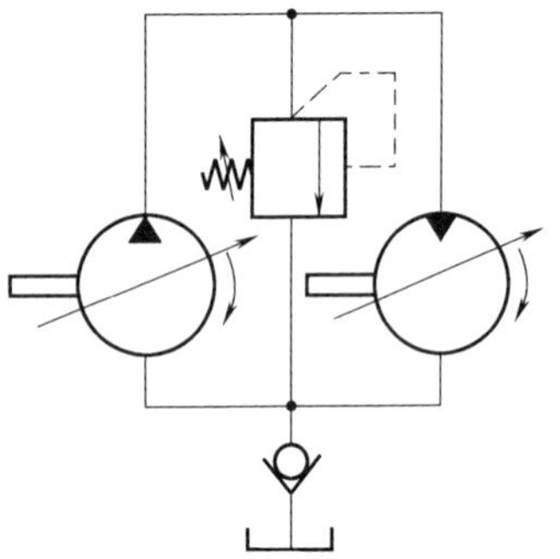

图 7-23 思考题 21 图

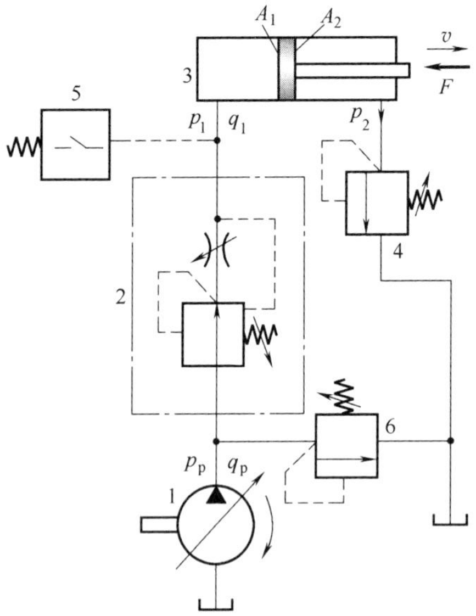

图 7-24 思考题 22 图

1—变量泵；2—调速阀；3—液压缸；4—背压阀；5—压力继电器；6—安全网

23. 图 7-25 (a) 所示的容积-节流调速回路与图 7-25 (b) 所示的容积-节流调速回路在结构上、作用上有何不同？哪一种更合理？

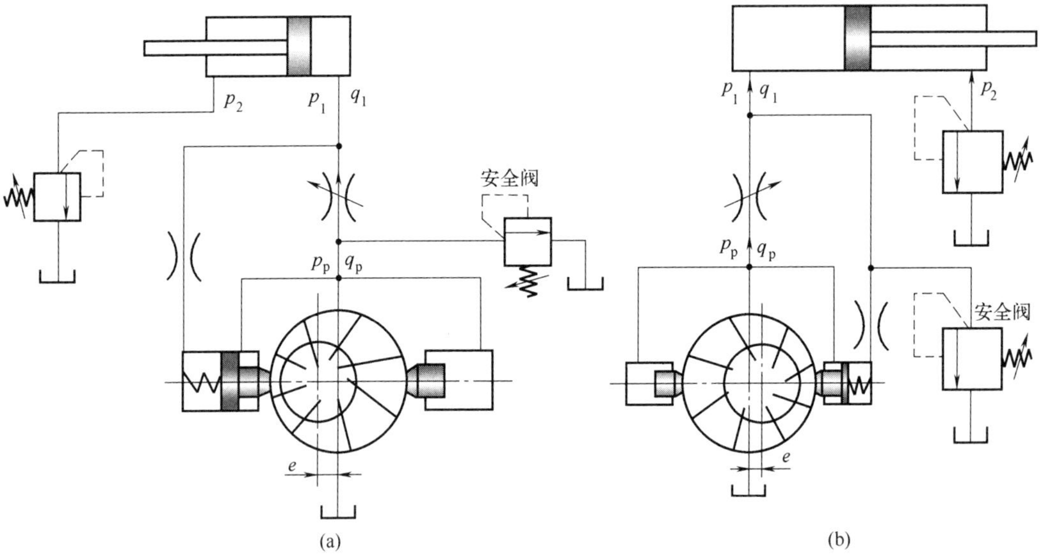

图 7-25 思考题 23 图

第 8 章 其他基本回路

液压传动系统中还有一些其他回路，它们同样是使系统完成工作任务不可缺少的组成部分。这些回路的功用不在于传递动力，而在于实现某些特定的功能。为此，在对它们进行描述、评论时，一般不宜从功率、效率的角度判断其优劣，应从它们所要完成的工作出发去考察其质量。

为了确切说明某种回路的功能，常常有必要让这种回路和另一些有关回路一起出现，有时甚至还伴随着一些切换元件（如换向阀、顺序阀等）。这样的图形实际上是一种“回路组合”或是系统的一部分，而不是严格意义上的回路。但是要真正确切了解一个回路的功用，必须从该回路所在的总体中去对它进行考察，就像要真正确切地了解一个元件的作用，必须从它所在的回路中去对它进行考察一样。

不同行业的工作机械所用的回路种类很多，其结构更是千差万别。本书只列出几种与书中典型系统有关的回路，概括说明一些问题。

8.1 压力回路

(1) 增压回路

当液压传动系统中的某一支路需要压力较高但流量不大的压力油，用高压泵不经济，或者根本就没有这样高压力的液压泵时，可以采用增压回路。增压回路可节省能耗、工作可靠、噪声小。

图 8-1（a）所示为采用单作用增压缸的增压回路。在图示位置工作时，系统的供油压力

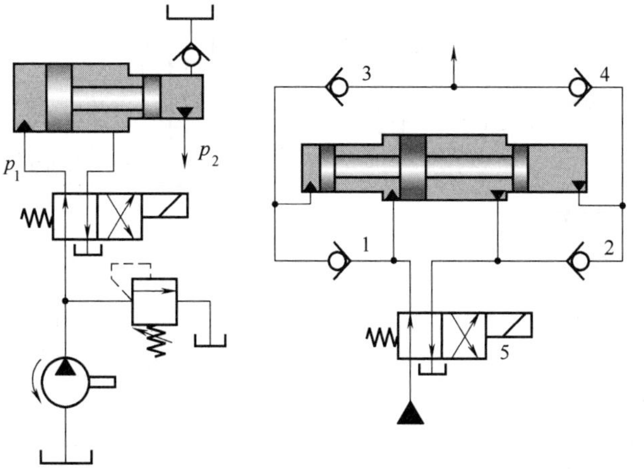

图 8-1 单作用增压回路

1,2,3,4—单向阀；5—电磁换向阀

p_1 进入增压缸的大活塞左腔，此时在小活塞右腔即可得到所需的较高压力 p_2。当二位四通电磁换向阀右位接入系统时，增压缸返回，辅助油箱中的油液经单向阀补入小活塞右腔。因该回路只能间断增压，所以称之为单作用增压回路。

(2) 平衡回路

平衡回路的功用在于防止垂直放置的液压缸和与之相连的工作部件因自重而自行下落。图 8-2 所示为一种使用单向顺序阀的平衡回路。由图可见，当换向阀 2 左位接入回路使活塞下行时，回油路上存在着一定的背压；只要调节单向顺序阀 3 使液压缸内的背压能支撑活塞和与之相连的工作部件，活塞就可以平稳地下落。当换向阀处于中位时，活塞停止运动，不再继续下移。这种回路在活塞向下快速运动时功率损失较大，在活塞锁住时，活塞和与之相连的工作部件会因单向顺序阀 3 和换向阀 2 的泄漏而缓慢下落。因此，它只适用于工作部件自重不大、活塞锁住时定位要求不高的场合。

(3) 保压回路

保压回路的功用是使系统在液压缸不动或仅有极微小位移时，稳定地维持住压力。最简单的保压回路是使用密封性能较好的液控单向阀回路，但是阀类元件处的泄漏会使这种回路的保压时间较短。图 8-3 所示为一种采用液控单向阀和电接点压力表的自动补油式保压回路，其工作原理为：当换向阀 2 右位接入回路时，液压缸上腔成为压力腔，在压力到达预定上限值时电接点压力表 4 发出信号，使换向阀切换成中位；这时液压泵卸荷，液压缸由液控单向阀 3 保压。当液压缸上腔压力下降到预定下限值时，电接点压力表又发出信号，使换向阀右位接入回路，这时液压泵给液压缸上腔补油，使其压力回升。换向阀左位接入回路时，活塞快速向上退回。这种回路保压时间长、压力稳定性高，适用于保压性能要求较高的高压系统，如液压机等。

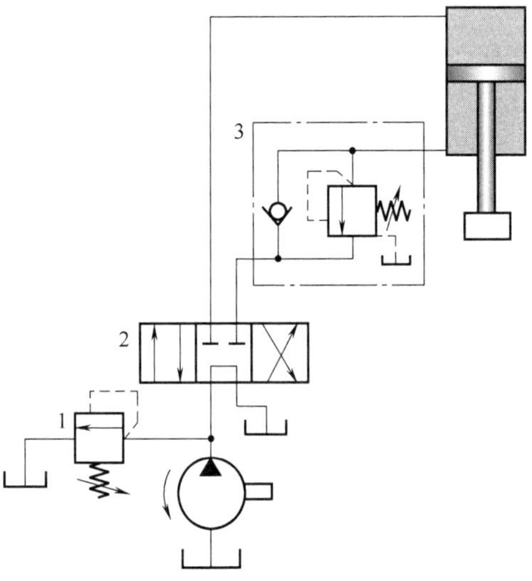

图 8-2 平衡回路

1—溢流阀；2—换向阀；3—单向顺序阀

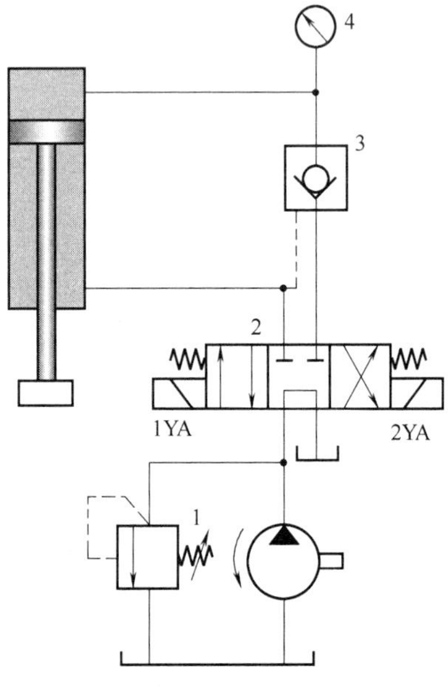

图 8-3 自动补油式保压回路

1—溢流阀；2—换向阀；3—液控单向阀；4—电接点压力表

(4) 卸压回路

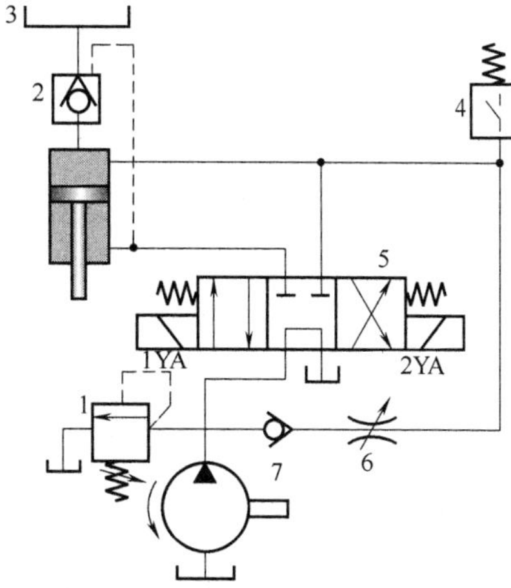

图 8-4　使用节流阀的卸压回路

1—溢流阀；2—液控单向阀；3—副邮箱；4—压力继电器；5—换向阀；6—节流阀；7—单向阀

卸压回路的功用在于使高压大容量液压缸中储存的能量缓缓释放，以免它突然释放时产生很大的液压冲击。一般当液压缸直径大于 250mm、压力高于 7MPa 时，其油腔在排油前应先卸压。图 8-4 所示为一种使用节流阀的卸压回路。由图可见，液压缸上腔的高压油在换向阀 5 处于中位（液压泵卸荷）时通过节流阀 6、单向阀 7 和换向阀 5 卸压，卸压快慢由节流阀调节。当此腔压力降至压力继电器 4 的调定压力时，换向阀切换至左位，液控单向阀 2 打开，使液压缸上腔的油液通过该阀排到液压缸顶部的副油箱 3 中。使用这种卸压回路无法在卸压前保压；若卸压前有保压要求，换向阀中位机能可用 M 型，但必须另配相应的元件。

8.2　快速运动回路和速度换接回路

(1) 双泵供油快速运动回路

图 8-5 所示为双泵供油快速运动回路，在快速运动时，大流量泵 1 输出的油液经单向阀 4 与小流量泵 2 输出的油液共同向系统供油；工作行程时，系统压力升高，打开液控顺序阀 3 使大流量泵 1 卸荷，由小流量泵 2 单独向系统供油，系统的工作压力由溢流阀 5 调定。单向阀 4 在系统工进时关闭。这种双泵供油回路的优点是功率损耗小、系统效率高，因而应用较为普遍。

(2) 采用增速缸的快速运动回路

图 8-6 所示为采用增速缸的快速运动回路。当三位四通换向阀左位接入回路时，压力油经增速缸中的柱塞通孔进入 B 腔，使活塞快速伸出，A 腔中所需油液经液控单向阀 3 从辅助

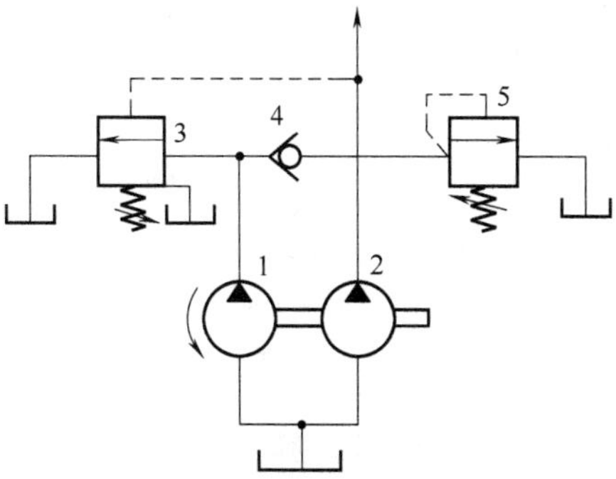

图 8-5　双泵供油快速运动回路

1—大流量泵；2—小流量泵；3—顺序阀；4—单向阀；5—溢流阀

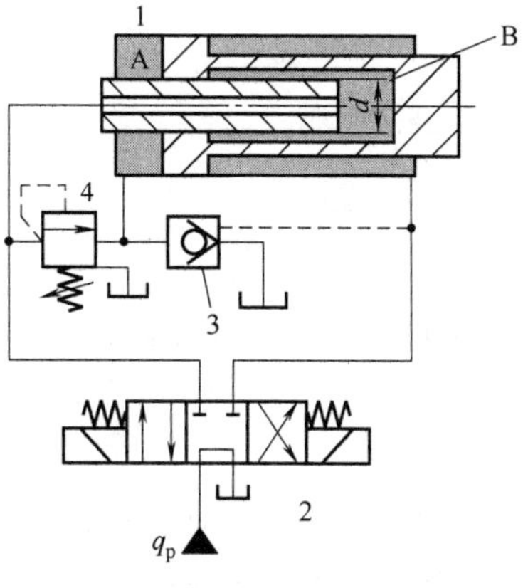

图 8-6　采用增速缸的快速运动回路

1—增速缸；2—三位四通换向阀；3—液控单向阀；4—顺序阀

油箱吸入。活塞伸出到工作位置时，由于负载加大、压力升高，打开顺序阀 4，高压油进入 A 腔，同时关闭液控单向阀 3。此时活塞杆在压力油作用下继续外伸，但因有效面积增大，速度变慢而推力增大，这种回路常用于液压机的系统中。

（3）速度换接回路

速度换接回路的功用是使液压执行机构在一个工作循环中从一个运动速度换到另一个运动速度，因而这个转换不仅包括快速转慢速的换接，还包括两个慢速之间的换接。实现这些功能的回路应该具有较高的速度换接平稳性。

① 快速转慢速的换接回路。能够实现快速转慢速换接的方法很多，下面介绍一种在组合机床液压传动系统中常用的快慢速换接回路。图 8-7 所示为采用行程阀的速度换接回路。在图示状态下，液压缸 7 快进。当活塞所连接的挡块压下行程阀 6 时，行程阀关闭，液压缸右腔的油液必须通过节流阀 5 才能流回油箱，活塞运动速度转变为慢速工进。当换向阀 2 左位接入回路时，压力油同时经单向阀 4 和节流阀 5 进入液压缸右腔，活塞快速向右返回。这种回路的快慢速换接过程比较平稳，换接点的位置比较准确，缺点是行程阀的安装位置不能任意布置、管路连接较为复杂，若将行程阀改为电磁阀，安装连接比较方便，但速度换接的平稳性、可靠性以及换向精度都较差。

② 两种慢速的换接回路。图 8-8 所示为采用两个调速阀的速度换接回路。图 8-8（a）中的两个调速阀并联，由二位三通电磁换向阀 3 实现换接。图示位置输入液压缸 4 的流量由调速阀 1 调节；二位三通电磁换向阀 3 右位接入时，则由调速阀 2 调节，两个调速阀的调节互不影响。但是，当一个调速阀工作时，另一个调速阀内无油通过，它的减压阀处于最大开口位置，速度换接时大量油液通过该处将使工作部件产生突然前冲现象。因此它不宜用于在工作过程中的速度换接，只可用在速度预选的场合。

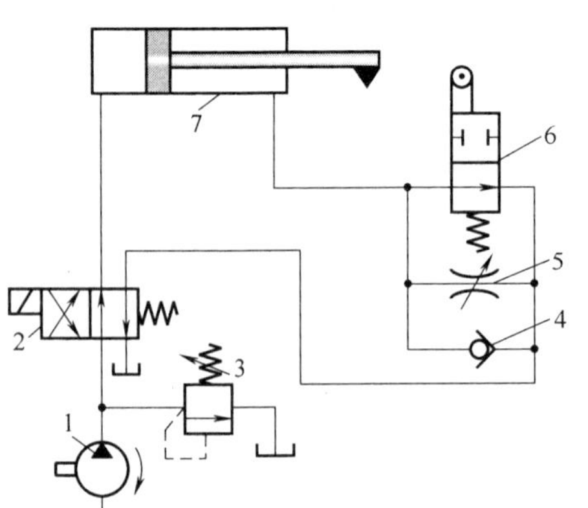

图 8-7 采用行程阀的速度换接回路

1—泵；2—换向阀；3—溢流阀；4—单向阀；5—节流阀；6—行程阀；7—液压缸

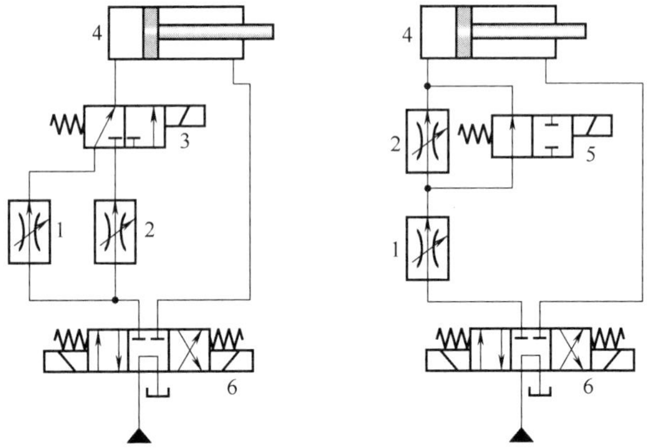

(a) 调速阀并联　　(b) 调速阀串联

图 8-8 采用两个调速阀的速度换接回路

1、2—调速阀；3—二位三通电磁换向阀；4—液压缸；5—二位二通电磁阀；6—三位四通电磁换向阀

图 8-8（b）所示为两调速阀串联的速度换接回路。当三位四通电磁换向阀 6 左位接入回路时，在图示位置因调速阀 2 被二位二通电磁阀 5 短接，输入液压缸 4 的流量由调速阀 1 控制。当二位二通电磁阀 5 右位接入回路时，由于通过调速阀 2 的流量调得比调速阀 1 的小，所以输入缸的流量由调速阀 2 控制。在这种回路中调速阀 1 一直处于工作状态，它在速

度换接时限制了进入调速阀 2 的流量，因此速度换接平稳性较好。但由于油液经过两个调速阀，所以能量损失较大。

8.3 多缸动作回路

在液压传动系统中，如果由一个油源给多个液压缸输送压力油，那么这些液压缸会因压力和流量的彼此影响而在动作上相互牵制，因此必须使用一些特殊的回路才能满足预定的动作要求。

8.3.1 顺序动作回路

顺序动作回路的功用是使多缸液压传动系统中的各个液压缸严格按规定的顺序动作。图 8-9 所示为一种使用顺序阀的顺序动作回路。当换向阀 2 左位接入回路且顺序阀 6 的调定压力大于液压缸 4 的最大前进工作压力时，压力油先进入液压缸 4 的左腔，实现动作①。当这项动作完成后，系统中压力升高，压力油打开顺序阀 6 进入液压缸 5 的左腔，实现动作②。同样地，当换向阀 2 右位接入回路，且顺序阀 3 的调定压力大于液压缸 5 的最大返回工作压力时，两液压缸按③和④的顺序向左返回。这种回路顺序动作的可靠性取决于顺序阀的性能及其压力调定值；后一个动作的压力必须比前一个动作压力高出 0.8～1MPa。顺序阀打开和关闭时的压力差值不能过大，否则顺序阀会在系统压力波动时造成误动作，引起事故。由此可见，这种回路只适用于系统中液压缸数目不多、负载变化不大的场合。

图 8-10 所示为一种使用电磁阀的顺序动作回路。这种回路以液压缸 2 和 5 的行程位置为依据来实现相应的顺序动作。它的可靠性取决于行程开关和电磁阀的质量，对变更液压缸的动作行程和顺序来说都比较方便，因此得到了广泛的应用，特别适合顺序动作循环经常要求改变的场合。

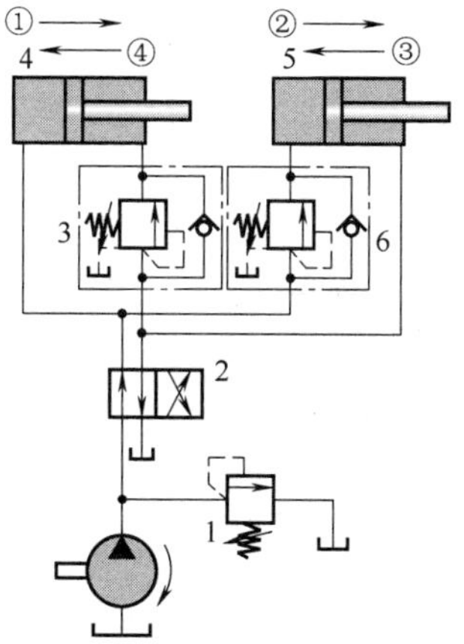

图 8-9　使用顺序阀的顺序动作回路

1—溢流阀；2—换向阀；3，6—顺序阀；4，5—液压缸

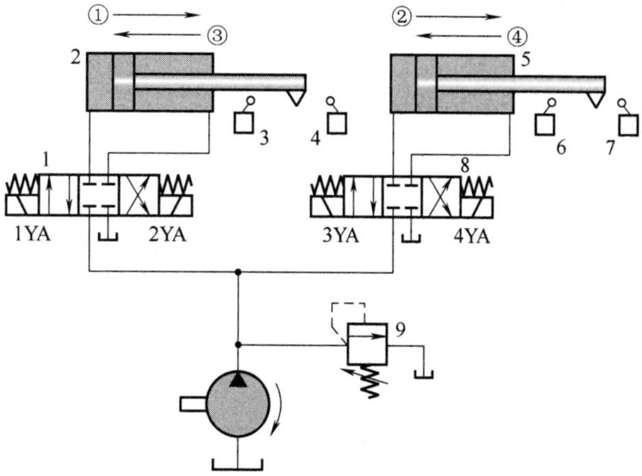

图 8-10　使用电磁阀的顺序动作回路

1，8—换向阀；2，5—液压缸；3，4，6，7—行程开关；9—溢流阀

8.3.2 同步回路

同步回路的功用是保证系统中两个或多个液压缸在运动中的位移量相同，或以相同的速

度运动。在多缸液压传动系统中，影响同步精度的因素很多，例如，液压缸外负载、泄漏、摩擦力、制造精度、结构弹性变形以及油液中含气量，这些因素都会使运动不同步。同步回路要尽量克服或减少这些因素的影响，有时要采取补偿措施，消除累积误差。

图 8-11 所示为带补偿措施的串联液压缸同步回路。在这个回路中，液压缸 1 中有杆腔 A 的有效面积与液压缸 2 中无杆腔 B 的有效面积相等，因而从 A 腔排出的油液进入 B 腔后，两液压缸的下降得到同步。回路中的补偿措施使同步误差在每一次下行运动中都得到消除，以避免误差的积累。其补偿原理为：当三位四通电磁换向阀 6 右位接入时，两液压缸活塞同时下行，若液压缸 1 的活塞先运动到底，它就触动行程开关 a 使二位三通电磁换向阀 5 通电，压力油经二位三通电磁换向阀 5 和液控单向阀 3 向液压缸 2 的 B 腔补油，推动活塞继续运动到底，误差即被消除。若液压缸 2 先到底，则触动行程开关 b 使二位三通电磁换向阀 4 通电，控制压力油使液控单向阀反向通道打开，使液压缸 1 的 A 腔通过液控单向阀回油，其活塞即可继续运动到底。这种串联式同步回路只适用于负载较小的液压传动系统。

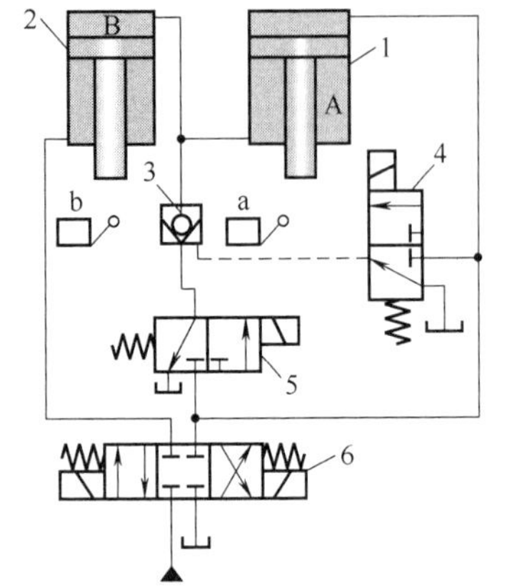

图 8-11 带补偿措施的串联液压缸同步回路

1，2—液压缸；3—液控单向阀；4，5—二位三通电磁换向阀；6—三位四通电磁换向阀；a，b—行程开关

图 8-12（a）所示同步回路利用电液伺服阀 2 接收位移传感器 3 和 4 的反馈信号来保持输出流量与换向阀 1 相同，从而实现两缸同步运动。图 8-12（b）所示回路则用电液伺服阀直接控制两个缸的同步动作。用电液伺服阀的回路同步精度高，但价格昂贵。也可用比例阀代替电液伺服阀，使之价格降低，但同步精度也会相应降低。

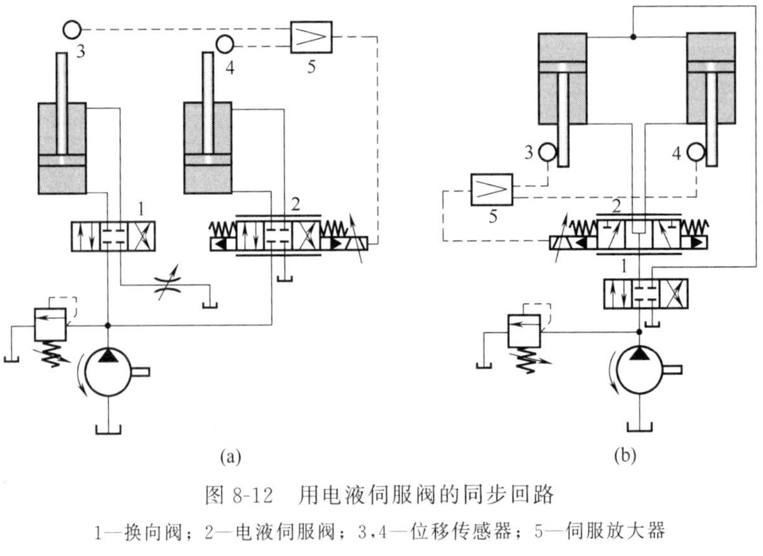

图 8-12 用电液伺服阀的同步回路

1—换向阀；2—电液伺服阀；3，4—位移传感器；5—伺服放大器

8.3.3 多缸快慢速互不干扰回路

多缸快慢速互不干扰回路的功用是防止液压传动系统中，几个液压缸因速度快慢的不同而在动作上相互干扰。

图 8-13 所示为采用叠加阀的互不干扰回路。该回路采用双联泵供油，其中泵 2 为低压大流量泵，供油压力由溢流阀 1 调定，泵 1 为高压小流量泵，其工作压力由溢流阀 5 调定，泵 2 和泵 1 分别接叠加阀的 P 口和 P_1 口。当三位四通电磁换向阀 4 和 8 左位接入时，液压缸 A 和 B 快速向左运动，此时外控式顺序节流阀 3 和 7 由于控制压力较低而关阀，因而泵 1 的压力油经溢流阀 5 流回油箱。当其中一个液压缸，如液压缸 A 先完成快进动作，则液压缸 A 的无杆腔压力升高，于是外控式顺序节流阀 3 的阀口被打开，泵 1 的压力油经外控式顺序节流阀 3 中的节流口而进入液压缸 A 的无杆腔，高压油同时使阀 2 中的单向阀关闭，液压缸 A 的运动速度由外控式顺序节流阀 3 中节流口的开度所决定（节流口大小按工进速度进行调整）。此时液压缸 B 仍由泵 2 供油进行快进，两液压缸的动作互不干扰。此后，当液压缸 A 率先完成工进动作，三位四通电磁换向阀 4 的右位接入，由泵 2 的油液使液压缸 A 退回。若三位四通电磁换向阀 4 和 8 的电磁铁均断电，则液压缸停止运动。可见，该回路能够使多缸的快慢运动互不干扰的原因是，快速和慢速各由一个液压泵来分别供油以及顺序节流阀的开启取决于液压缸工作腔的压力。这种回路被广泛应用于组合机床的液压传动系统中。

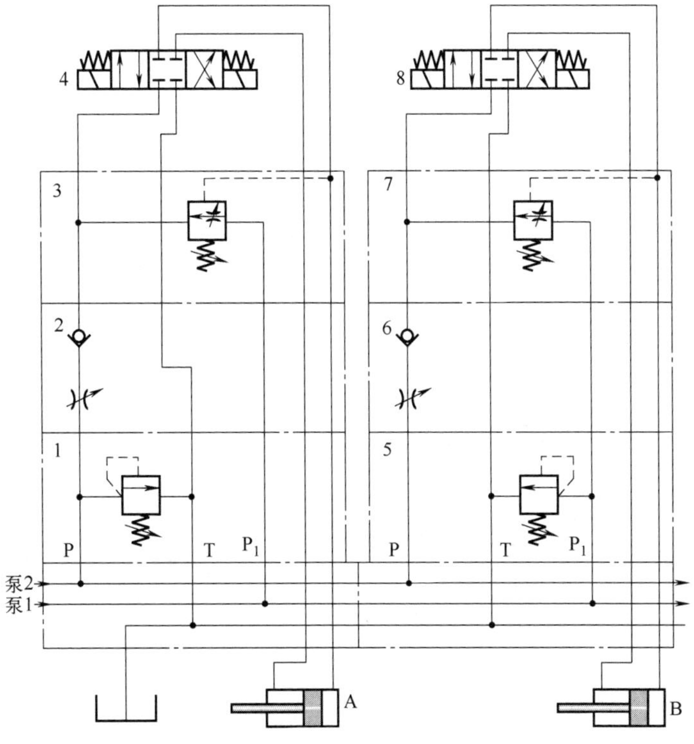

图 8-13　采用叠加阀的互不干扰回路

A,B—液压缸；1,5—溢流阀；2,6—单向阀和节流阀；3,7—外控式顺序节流阀；4,8—三位四通电磁换向阀

8.3.4　多缸卸荷回路

多缸卸荷回路的功用在于使液压泵在各个执行元件都处于停止位置时自动卸荷，而当任一执行元件要求工作时，又立即由卸荷状态转换成工作状态。图 8-14 所示为多缸卸荷回路的一种串联式结构。由图可见，液压泵的卸荷油路只有在各换向阀都处于中位时才能接通油箱，任一换向阀不在中位时液压泵都会立即恢复压力油的供应。

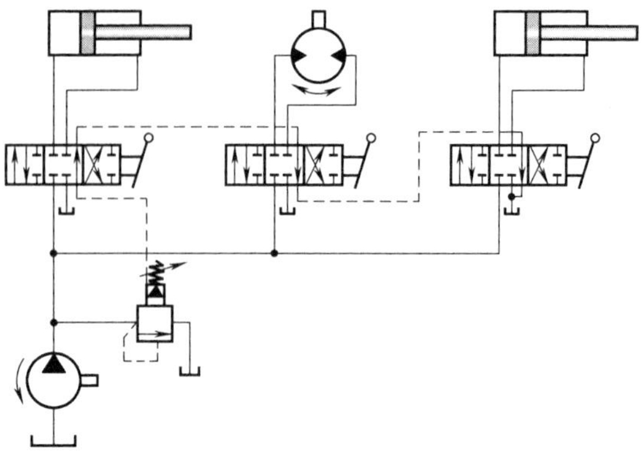

图 8-14 多缸卸荷回路

思考题

1. 试确定图 8-15 所示调压回路在下列情况下液压泵的出口压力：

(1) 电磁铁全部断电。

(2) 电磁铁 2YA 通电，1YA 断电。

(3) 电磁铁 2YA 断电，1YA 通电。

2. 在图 8-16 所示调压回路中，如果 $p_{Y1}=2\mathrm{MPa}$、$p_{Y2}=4\mathrm{MPa}$，泵卸荷时的各种压力损失均可忽略不计，试列表表示 A、B 两点处在电磁阀不同调度工况下的压力值。

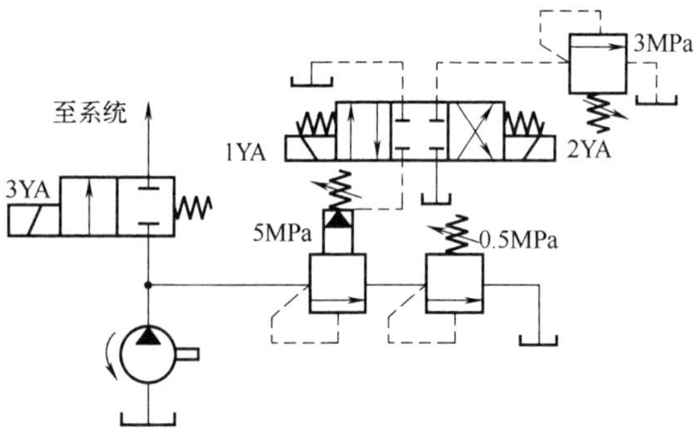

图 8-15 思考题 1 图

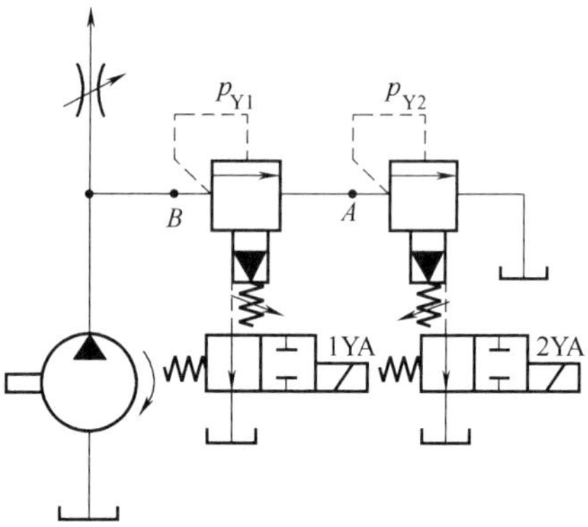

图 8-16 思考题 2 图

3. 图 8-17 所示为二级调压回路，在液压传动系统循环运动中当电磁阀 4 通电，右位工作时，液压传动系统突然产生较大的液压冲击。试分析其产生原因，并提出改进措施。

4. 图 8-18 所示为两套供油回路，供不允许停机修理的液压设备使用。两套回路的元件性能规格完全相同，一套平时使用，另一套维修时使用。开机后发现泵的出口压力较小，达不到设计要求。试分析其产生原因，并提出改进意见。

5. 在图 8-19 所示调压回路中，若溢流阀的调整压力分别为 $p_{Y1}=6\mathrm{MPa}$、$p_{Y2}=4.5\mathrm{MPa}$，液压泵出口处的负载阻力为无限大，不计管道损失和调压偏差：

(1) 换向阀下位接入回路时，液压泵的工作压力为多少？B 点和 C 点的压力各为多少？

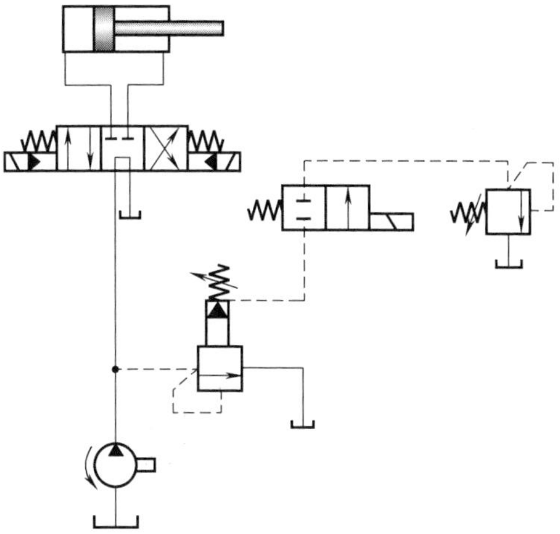

图 8-17　思考题 3 图

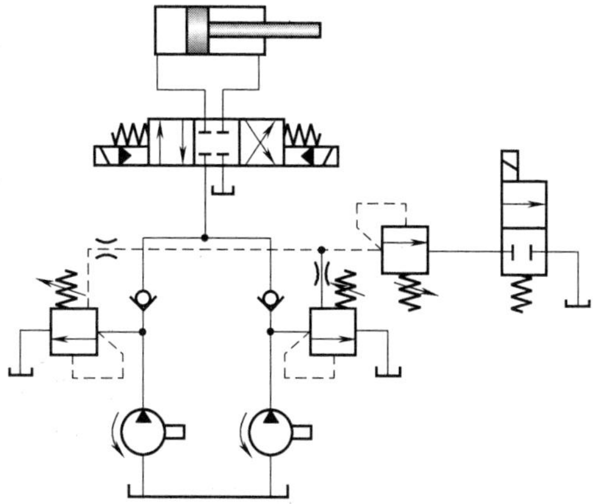

图 8-18　思考题 4 图

(2) 换向阀上位接入回路时，液压泵的工作压力为多少？B 点和 C 点的压力各为多少？

6. 在图 8-20 所示减压回路中，已知活塞运动时的负载为 $F=1200\text{N}$，活塞面积为 $A=15\times10^{-4}\text{m}^2$，溢流阀调整值为 $p_Y=4.5\text{MPa}$，两个减压阀的调整值分别为 $p_{J1}=3.5\text{MPa}$ 和 $p_{J2}=2\text{MPa}$，若油液流过减压阀及管路时的损失可略去不计，试确定活塞在运动时和停在终端位置时，A、B、C 三点的压力值。

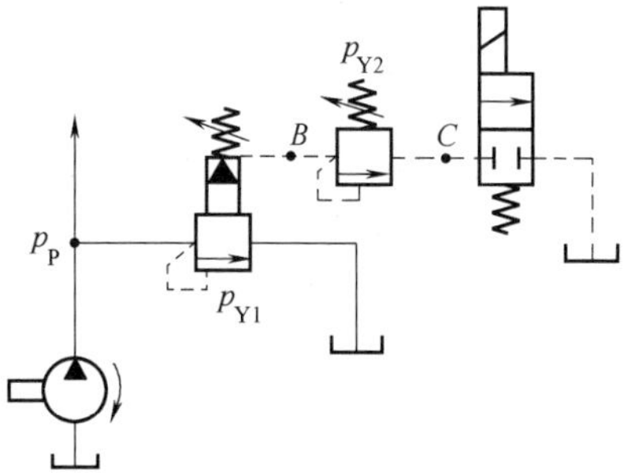

图 8-19　思考题 5 图

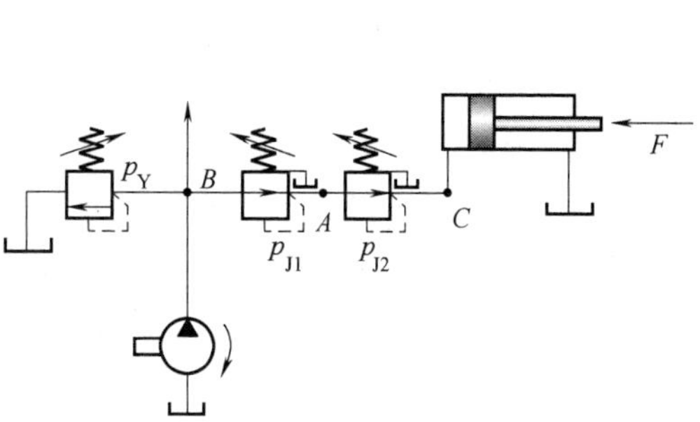

图 8-20　思考题 6 图

7. 图 8-21 所示为车床液压夹紧回路原理图，当驱动液压泵的电动机突然断电时，因夹不紧工件而发生安全事故。试分析事故原因，并提出解决方案。

8. 图 8-22 所示为利用电液换向阀 M 型中位机能的卸荷回路，当电磁铁通电后，换向阀不动作，因此液压缸也不运动，试分析原因，并提出解决方案。

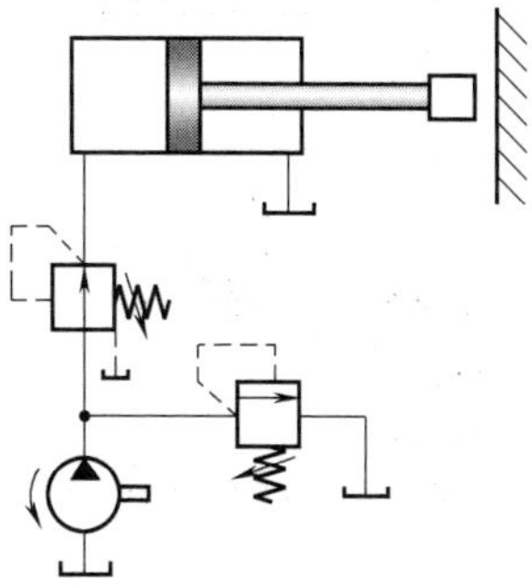

图 8-21　思考题 7 图

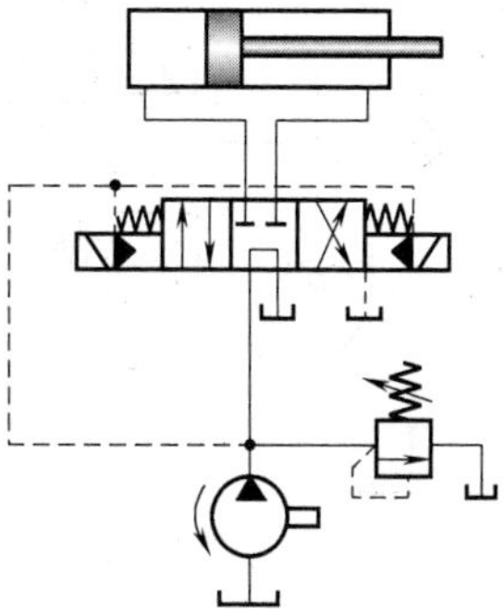

图 8-22　思考题 8 图

9. 图 8-23 所示的平衡回路中，若液压缸无杆腔面积为 $A_1=80\times10^{-4}\mathrm{m}^2$，有杆腔面积为 $A_2=40\times10^{-4}\mathrm{m}^2$，活塞与运动部件自重为 $G=6000\mathrm{N}$，运动时活塞上的摩擦力为 $F_f=2000\mathrm{N}$，向下运动时要克服的负载阻力为 $F_L=24000\mathrm{N}$，试求顺序阀和溢流阀的最小调整压力。

10. 图 8-24 所示为采用液控单向阀的平衡回路。当液压缸向下运行时，活塞断续地向下跳动，并因此产生剧烈的振动，使系统无法正常工作。试分析其原因，并提出改进措施。

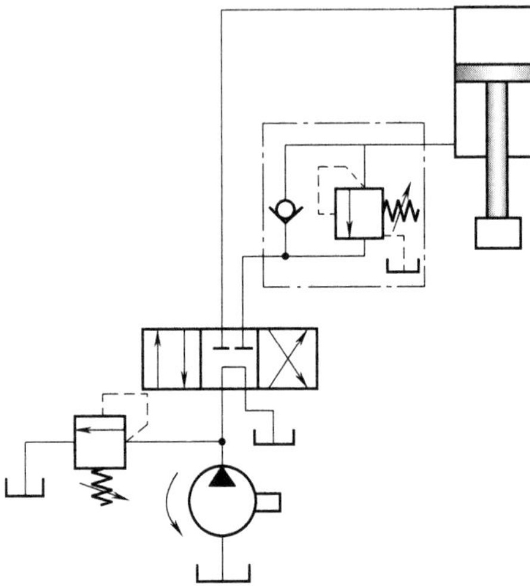

图 8-23 思考题 9 图

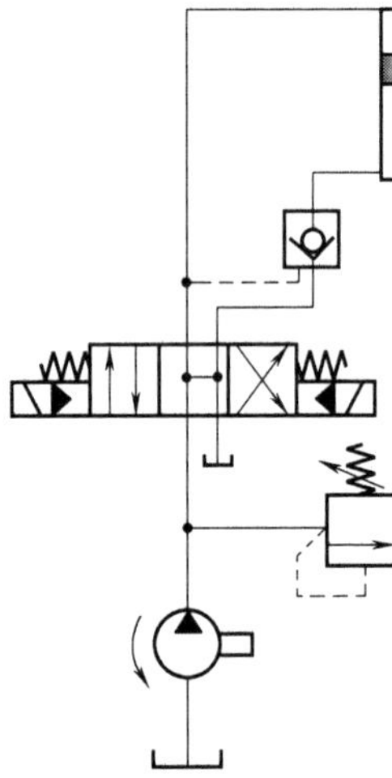

图 8-24 思考题 10 图

11. 在图 8-25 所示的快慢速换接回路中，已知液压缸大、小腔面积分别为 A_1 和 A_2，快进和工进时负载分别为 F_1 和 F_2（$F_1<F_2$），相应的活塞移动速度分别为 v_1 和 v_2，若液流通过节流阀和卸荷阀时的压力损失分别为 Δp_T 和 Δp_X，其他阻力可忽略不计，试求：

（1）溢流阀和卸荷阀的压力调整值 p_Y 和 p_X。

（2）大、小流量泵的输出流量 q_{P1} 和 q_{P2}。

（3）快进和工进时的回路效率 η_{C1} 和 η_{C2}。

12. 在图 8-26 所示的速度换接回路中，已知两节流阀通流截面积分别为 $A_{T1}=1\mathrm{mm}^2$，

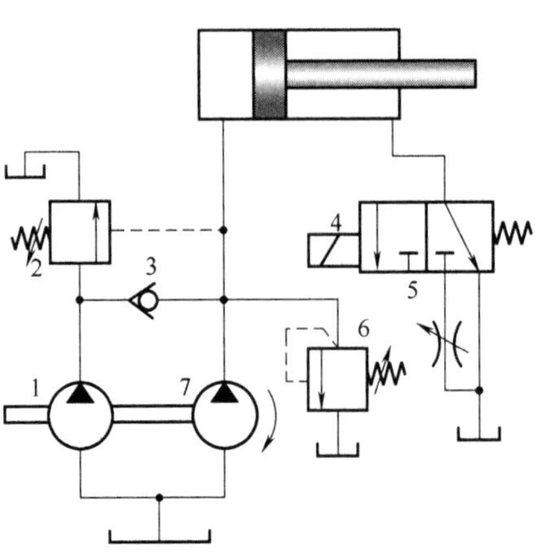

图 8-25 思考题 11 图

1—大流量泵；2—卸荷阀；3—单向阀；4—换向阀；
5—节流阀；6—溢流阀；7—小流量泵

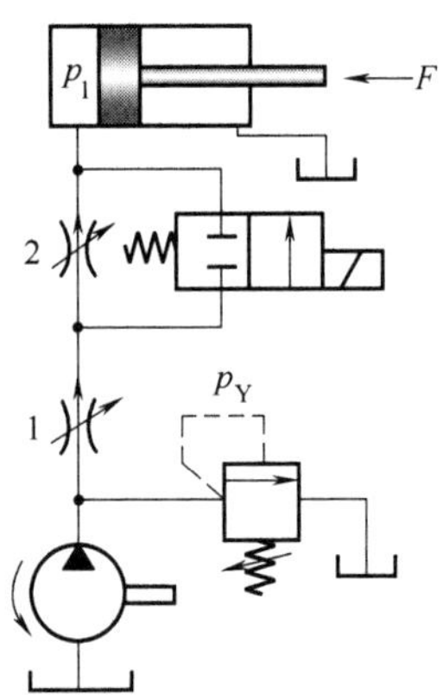

图 8-26 思考题 12 图

$A_{T2}=2mm^2$，流量系数为 $C_d=0.67$，油液密度为 $\rho=900kg/m^3$，负载压力为 $p_1=2MPa$，溢流阀调整压力为 $p_Y=3.6MPa$，无杆腔活塞面积为 $A=50\times10^{-4}m^2$，液压泵流量为 $q_P=25L/min$，如不计管道损失，试问：

（1）电磁铁通电和断电时，活塞的运动速度各为多少？

（2）将两个节流阀的通流截面积大小对换一下，结果如何？

13. 图 8-27 所示为顺序动作回路，液压缸Ⅰ、Ⅱ上的外负载分别为 $F_1=20000N$、$F_2=30000N$，有效工作面积均为 $A=50\times10^{-4}m^2$，要求液压缸Ⅱ先于液压缸Ⅰ动作，试问：

（1）顺序阀和溢流阀的调定压力分别为多少？

（2）不计管路损失，液压缸Ⅰ动作时，顺序阀进、出口压力分别为多少？

14. 图 8-28 所示为两缸顺序动作回路，液压缸 1 的外负载为液压缸 2 的 1/2，顺序阀 4 的调定压力比溢流阀低 1MPa，要求液压缸 1 运动到右端，液压缸 2 再运动。但当换向阀 3 通电后，液压缸 1 和液压缸 2 基本同时动作。试分析其原因，并提出改进措施。

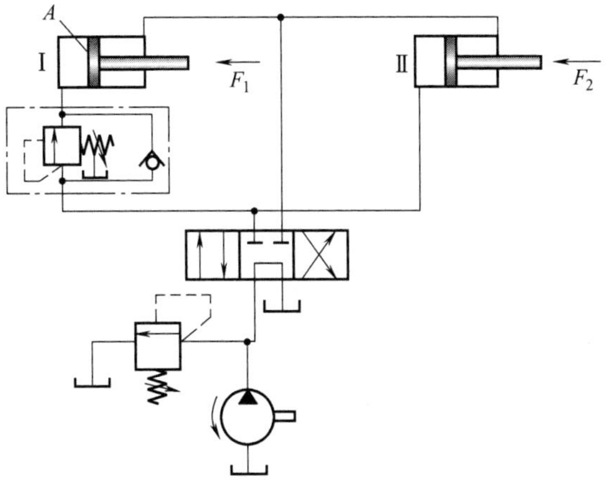

图 8-27　思考题 13 图

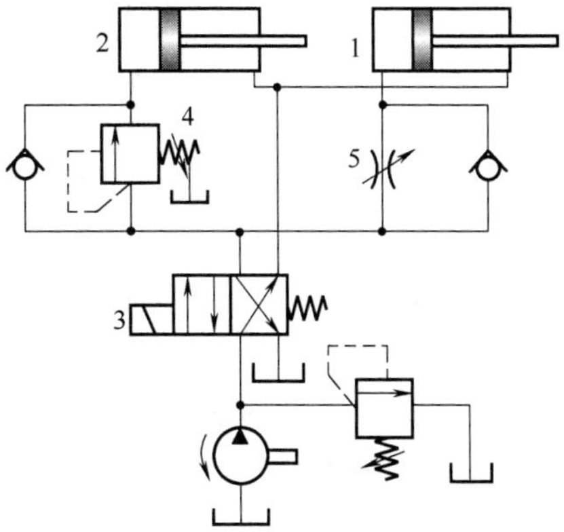

图 8-28　思考题 14 图

第 9 章 采掘机械液压传动系统及其使用和维护

9.1 液压牵引采煤机传动系统

液压牵引采煤机利用液压传动来驱动采煤机行走，按照结构来划分，它可分为两种：一种是单电机纵向布置拖动（如 MG300-W 型采煤机），另一种是多电机横向布置拖动（如 MG300/690-W 型采煤机）。本章以 MG300-W 型双滚筒采煤机为例，介绍液压牵引采煤机的组成、特点以及工作原理等。

9.1.1 MG300-W 型采煤机概述

MG300-W 型采煤机是我国自行设计、研制的功率较大液压牵引采煤机，是一种单电机纵向布置的双滚筒采煤机，采用滚轮-齿条无链牵引机构。它可与 SGZ-730/264 型刮板输送机、ZY400-18/38（或 QY320-20/38）型液压支架、SZZ-730/132 型转载机、PEM980×815 型破碎机以及 SDZ-150 型伸缩带式输送机等组成综采设备，用于开采煤层厚度为 2.1～3.7m、倾角小于 35°的中硬或硬煤层。

MG300-W 型采煤机的主要特点如下：

① 采用四牵引。牵引力大（牵引力可达 466kN），滚轮与齿轨啮合的接触应力小，使用寿命长。

② 采用弯摇臂，装煤效果好。

③ 设有破碎机构，保证煤流畅通，可减少大块煤堵塞事故。

④ 电动机恒功率调速，保护措施完善。液压传动系统有超压、失压、过零保护，截割部有剪切销过载保护，整体有下滑超速和滚轮差速保护，电动机有过热保护。

⑤ 操作方式多样且方便，设有手动、液压、电气操作，并在机器两端、中部设有操作点。

⑥ 为加快滚筒排煤速度，滚筒采用三头螺旋叶片。滚筒轴与滚筒采用方形轴颈与方形孔连接，传递扭矩大，装拆方便。

MG300-W 型采煤机如图 9-1 所示，主要由截割部 1（包括固定减速箱、摇臂减速箱、滚筒和挡煤板）、牵引部（包括液压传动箱 2、牵引传动箱 3）、电动机 4（采用定子水冷，功率为 300kW）、滚轮-齿条无链牵引机构、破碎装置、底托架 5 等组成。

MG300-W 型采煤机靠四个滑靴支撑在工作面刮板输送机上工作；靠煤壁侧的两个滑靴支撑在输送机的铲煤板上；靠采空区侧的两个滑靴支撑在输送机的槽帮上，并通过齿条上的导轨为滑靴导向，使 MG300-W 型采煤机不致脱离齿轨。割煤时，在 MG300-W 型采煤机后边 15m 左右处开始推移输送机，紧接着推移支架。采完工作面全长后，将上、下滚筒高度位置对调，并翻转挡煤板，然后反向牵引割煤。MG300-W 型采煤机可用斜切法自开缺口。

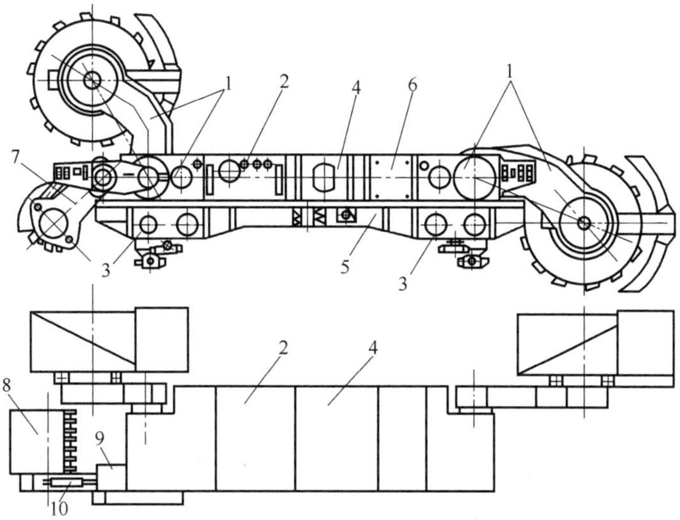

图 9-1　MG300-W 型采煤机

1—截割部；2—液压传动箱；3—牵引传动箱；4—电动机；5—底托架；6—中间箱；7—破碎装置小摇臂；8—破碎滚筒；9—破碎装置固定减速箱；10—小摇臂摆动液压缸

9.1.2　MG300-W 型采煤机液压传动系统

MG300-W 型采煤机液压传动系统如图 9-2 所示。它包括主油路系统、操作系统和保护系统。

9.1.2.1　主油路系统

主油路系统包括主回路、补油和热交换回路。

(1) 主回路

主回路是由 ZB125 型斜轴式变量轴向柱塞泵 1（主液压泵）与四个并联的 BM-ES630 型定量摆线液压马达 2 组成的闭式回路。改变主液压泵的排量和排油方向即可实现 MG300-W 型采煤机牵引速度的调节和牵引方向的改变。

(2) 补油和热交换回路

辅助液压泵 4（CB 型齿轮泵）从油箱经粗过滤器 3 吸油，排出的油经精过滤器 5、单向阀 8 或 9 进入主回路低压侧，以补偿主回路的泄漏并建立背压。定量摆线液压马达排出的热油经三位五通液压换向阀 10（梭形阀）、低压溢流阀 11（背压阀）、冷却器 12 及单向阀 13 流回油箱，使热油得到冷却。

低压溢流阀 11 的调定压力为 2.0MPa，以使回路的低压侧（即定量摆线液压马达的排油口）维持一定的背压。溢流阀 7 的调定压力为 2.5MPa，以限制辅助液压泵的最高压力，防止其因压力过高而损坏。单向阀 6（滤芯安全阀）的作用是保护过滤器。单向阀 13 的作用是在更换冷却器时防止油箱的油液外漏。

由于辅助液压泵只能单向工作，为了防止电动机因接线错误而短时反转使泵吸空，专门设置了单向阀 14，辅助液压泵可通过单向阀 14 从油箱中吸油。

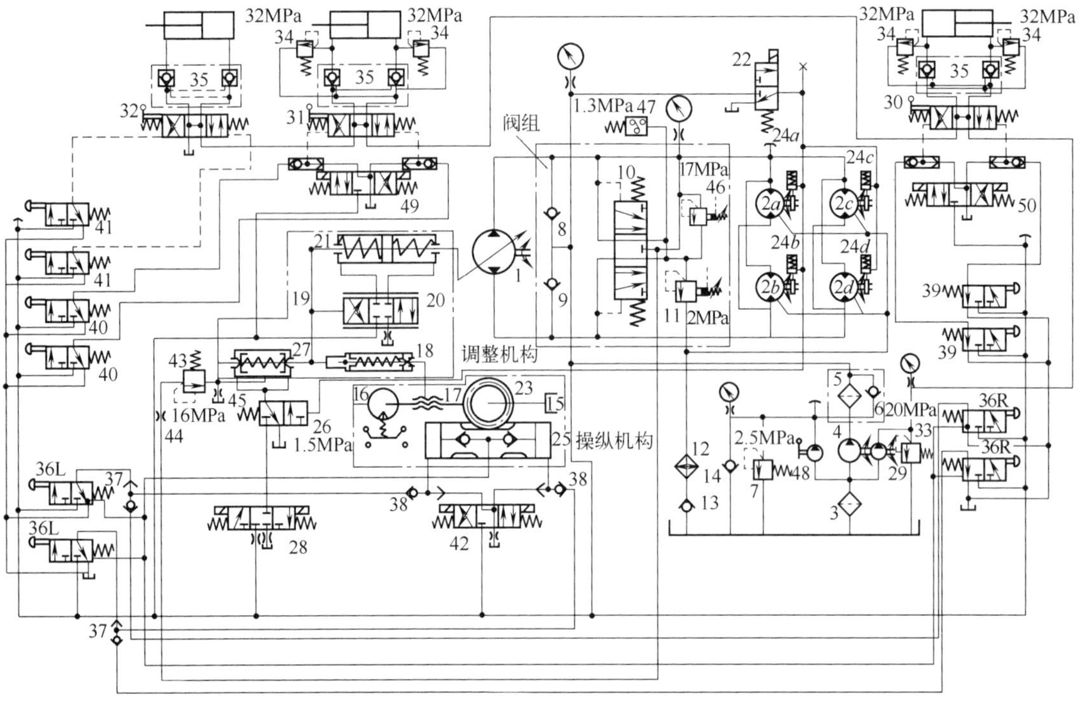

图 9-2 MG300-W 型采煤机液压传动系统

1—主液压泵；2—定量摆线液压马达；3—粗过滤器；4—辅助液压泵；5—精过滤器；6,8,9,13,14—单向阀；7—溢流阀；10—三位五通液压换向阀；11—低压溢流阀；12—冷却器；15—调速手把；16—开关圆盘；17—螺旋副；18—调速套；19—杠杆；20—伺服阀；21—变量液压缸；22,28,42,49,50—电磁阀；23—齿轮；24—液压制动阀；25—牵引液压缸；26—失压控制阀；27—回零液压缸；29—调高泵；30,31,32—手液动换向阀；33,34,46—安全阀；35—液压锁；36—牵引阀；37,38—交替单向阀；39,40,41—调高阀；43—远程调压阀；44,45—节流器；47—压力继电器；48—手压泵

9.1.2.2 操作系统

操作系统用于牵引部的起停、换向、调速，以及截割滚筒、破碎滚筒的调高。

(1) 手动操作

① 牵引部的换向和调速。当调速手把 15 置于中位时，开关圆盘 16 的缺口对零，使常开行程开关断开，电磁阀 22 断电，其阀芯在弹簧作用下复位（图 9-2 所示位置），回零液压缸 27 左右活塞的外侧油腔与油箱连通，两活塞内侧的弹簧伸张，通过调速机构将主液压泵摆缸拉到零位。

在启动电动机后，主液压泵、辅助液压泵都开始运转。当顺时针或逆时针方向转动调速手把 15 时，在开关圆盘 16 作用下行程开关闭合，电磁阀 22 通电，辅助液压泵排出的低压液体经电磁阀 22 进入液压制动阀 24，对液压马达松闸；同时，通过低压控制油使失压控制阀 26 的阀芯左移。由于一般情况下电磁阀 28（也称功控电磁阀）处于欠载位置（左位），故低压控制油经过电磁阀 28、失压控制阀 26 进入回零液压缸 27 两活塞的外侧油腔，压缩其中的弹簧，实现对主液压泵的解锁。这时，转动调速手把 15，通过螺旋副 17 可使调速套 18 移动，并通过杠杆 19 的摆动移动伺服阀 20 的阀芯，使变量液压缸 21 移动，继而驱动主液压泵 1 按变量液压缸活塞移动的对应方向摆动。主液压泵摆动的角度越大，其排量就越大，则定量摆线液压马达 2 的转速就越快，采煤机的牵引速度也就越快。同时，在变量液压缸 21 活塞移动的过程中，杠杆 19 绕其与调速套 18 的铰接点摆动，继而带动伺服阀 20 的阀芯反方向移动，最终使伺服阀的阀芯又回到中位，变量液压缸的上下活塞腔被关闭，活塞不再移动，主液压泵 1 也不再摆动。采煤机在该牵引速度下运行。如果此时再同方向操作调速手把 15，仍然使调速套 18 产生一定的位移，则采煤机的牵引速度会再增加一定的值，而反方向操作调速手把 15，则可使采煤机减速或反向牵引，从而实现采煤机牵引换向和牵引速度的调节。

② 截割滚筒和破碎滚筒的调高。调高是通过专用的径向柱塞泵（调高泵 29）和三个 H 机能的手液动换向阀 30、31、32 实现的。其中手液动换向阀 30、31 控制左、右摇臂的升或降，手液动换向阀 32 控制破碎装置小摇臂的升或降。安全阀 33 的调定压力为 20MPa，用于限制调高泵 29 的最大压力。安全阀 34 的调定压力为 32MPa，用于保护调高液压缸。液控单向阀（液压锁 35）的作用是固定调高液压缸的位置并使之承载。应当指出，由于采用了三个串联的 H 机能换向阀，故三个液压缸只能单独操作。

(2) 液压操作

液压操作是用手液动换向阀来实现采煤机牵引换向、调速，以及滚筒调高的。

为了便于操作，在采煤机两端装有通过按钮控制的二位三通阀 36L、36R、39L、39R、40L、40R、41L、41R。

按动每端的牵引阀 36 按钮，低压控制油即经此阀和交替单向阀 37、38 进入牵引液压缸 25 的一侧。牵引液压缸 25 另一侧的油经交替单向阀 38、37 及另一牵引阀 36 流回油箱。于是牵引液压缸 25 的齿条活塞移动，并通过齿轮 23、螺旋副 17 及调速套 18 进行换向、调速。其换向、调速过程同手动操作。松开牵引阀 36 的按钮，控制油被切断，变量液压缸被锁在一定位置上，主液压泵以一定的排量工作（即采煤机以一定的牵引速度移动）。当需要采煤机停止牵引或减速时，先通过反向牵引使牵引液压缸 25 的活塞回到零位，控制油经活塞中心的单向阀及液压缸中部的孔道推动牵引阀 36 的阀芯外移，发出停车信号，指示司机停止牵引。

同理，按动每对调高阀时，即可利用液动的方法移动手液动换向阀 30、31 或 32 的阀芯，使左、右滚筒或破碎滚筒升降。松开按钮，控制油源被切断，换向阀在弹簧作用下复位，调高液压缸即被锁定在一定位置上。

(3) 电气操作

电气操作利用电信号实现采煤机的牵引换向、调速和各滚筒的调高。电气操作分为电气按钮操作和无线电遥控操作两种。它是为电气自动控制和在急倾斜煤层中采煤而设置的。它通过将电信号转换成液动信号来控制操纵机构或换向阀，从而达到采煤机换向、调速或调高的目的。当发出电信号后，电磁阀 42 动作，即可移动牵引液压缸 25 的齿条活塞，通过齿轮 23、螺旋副 17、调速套 18 等实现采煤机牵引换向、调速。电信号消失后，电磁阀 42 复位，采煤机以一定的牵引方向和速度运行。同理，发出电信号后也可使电磁阀 49、50 动作，从而实现左、右滚筒的调高。

9.1.2.3　保护系统

MG300-W 型采煤机有完善的保护系统，包括以下几种。

(1) 电动机功率超载保护

电动机功率超载保护：当电动机功率超载时，采煤机的牵引速度自动减慢，以减小电动机的功率输出；而当外负载减小时，牵引速度可自动增大，直至恢复到原来选定的牵引速度。这样既可避免损坏电动机，又可充分发挥电动机的功率。

电动机功率超载保护是通过电磁阀 28（功控电磁阀）、回零液压缸 27 及调速套 18 的原整定位置来实现的。当采煤机正常工作时，电磁阀 28 处于欠载位置（左位），低压控制油经电磁阀 28、失压控制阀 26 进入回零液压缸 27 两活塞的外侧油腔，使内侧弹簧压缩，调速套解锁。这时，调速手把 15 可根据工作面的情况任意将牵引速度整定到所需数值。当电动机功率超载时，电气系统的功率控制器发出信号，使电磁阀 28 处于右位，回零液压缸 27 中的油液经失压控制阀 26、电磁阀 28、节流器 45 流回油箱。于是，回零液压缸中的弹簧推动拉杆使调速套 18 向牵引速度减慢的方向移动，牵引速度即变慢。由于调速手把未动，因此调速套只能压缩其中的记忆弹簧。一旦电动机超载消失，电磁阀 28 又恢复到欠载位置，回零液压缸解锁，通过拉杆使调速套向增速方向移动，牵引速度变快，但由于记忆弹簧的位置被调速手把整定位置限制，故牵引速度只能恢复到原来整定的数值。

(2) 恒压控制

恒压控制：当牵引力小于额定值（400kN）时，采煤机以调速手把所整定的速度运行；当牵引力大于额定值时，牵引速度自动减慢，直到回零；而当牵引速度减慢使牵引力小于额定值时，牵引速度又自动增加到整定的数值。其恒压控制特性曲线如图 9-3 所示，若调速手把整定的牵引速度为 3m/min，则在牵引力小于 400kN 时（即主回路高压侧压力达到 16MPa）时，工作点在图 9-3 中的虚线上移动。当牵引力达到或大于 400kN 时，牵引速度沿 BC 线减慢，直至为零。在此过程中，若牵引力减小到额定值以下，则牵引速度又恢复到整定值。

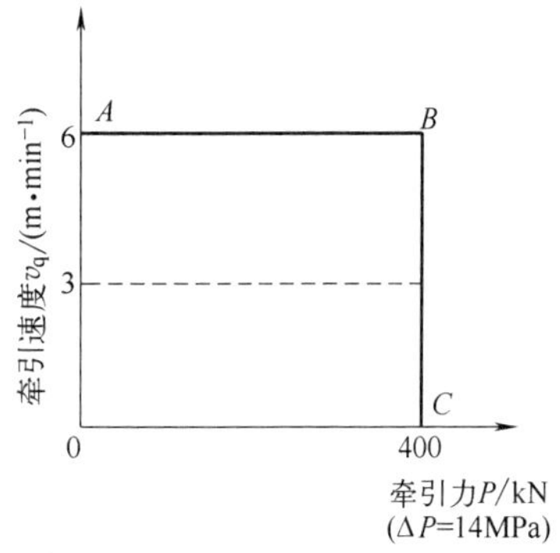

图 9-3 恒压控制特性曲线

恒压控制是通过远程调压阀 43、回零液压缸 27 及调速套等 18 实现的。在正常工作（牵引力小于 400kN，即主回路高压侧压力低于 16MPa）时，远程调压阀 43 关闭，回零液压缸 27 处于解锁状态，采煤机以整定的牵引速度运行。当主油路牵引负载增大使压力超过 16MPa 时，远程调压阀 43 溢流，一部分低压油从旁路节流器 45 分流（它可提高动作的稳定性，并可作为回零液压缸的呼吸孔），另一部分低压油进入回零液压缸 27 的弹簧腔，推动活塞外移，迫使调速机构中的杠杆 19 向减小主泵流量的方向运动，调速套 18 中的弹簧受压缩。当牵引负荷减小，即当主油路压力降到低于 16MPa 时，远程调压阀 43 又关闭，回零液压缸解锁，在记忆弹簧推动下，牵引速度又恢复到整定值。

(3) 高电压保护

采煤机工作时遇到堵卡会使牵引阻力突然增加，液压传动系统的工作压力随之急剧上升。由于恒压控制受分流阻尼的影响，牵引速度下降比较慢，因此系统压力会继续上升。为此，液压传动系统中设置了高电压保护回路，以限制其最高压力。高电压保护是依靠高压安全阀 46 来实现的，其整定压力为 17MPa。当系统压力达到 17MPa 时，高压安全阀开启，高压油经低压溢流阀 11 等流回油池，系统压力不再上升，牵引速度很快下降，实现系统的超载保护。另外，当远程调压阀 43 失灵时，可由高压安全阀来保护高压系统。

(4) 低压、欠压保护

低压、欠压保护用于使系统维持一定的背压。它由失压控制阀 26 和压力继电器 47 来实现。当主回路低压侧压力低于 1.5MPa 时，失压控制阀 26 复位，回零液压缸 27 的弹簧腔与油箱接通，使主泵回零，机器停止牵引。若失压控制阀失灵，当压力低于 1.3MPa 时，压力继电器 47 动作，切断电动机电源，采煤机停止工作。

(5) 停机主泵自动回零保护

当采煤机在某一整定牵引速度下工作而突然停电时，由于电磁阀 22 断电和失压控制阀 26 失压，回零液压缸中的弹簧推动主泵自动回零，从而可保证下次开机时主泵在零位启动。

(6) 过零保护

过零保护用于防止采煤机在从一个牵引方向减速后向另一个方向牵引时由于突然换向而产生冲击。过零保护方法可分为手动液控和电控两种。

手动液控过零保护通过按动牵引阀 36，使低压控制油经该阀和交替单向阀 37 进入操纵机构，推动牵引液压缸 25 移动来实现。当到达零位（牵引速度为零）时，牵引液压缸 25 活塞上的 $\phi 3$ 小孔与缸体上的 $\phi 2$ 小孔对齐，油经牵引液压缸上的单向阀流到牵引阀 36 的阀芯右端液控口，给司机一个零位信号，表明牵引调速手把已在零位，应当立即松手，以切断去牵引液压缸 25 的油路而停止牵引，否则采煤机会出现反向牵引；然后，司机再按下该牵引阀按钮，采煤机即反向牵引。

电控过零保护通过行程开关实现。固定在调速手把 15 轴上的开关圆盘 16，其圆周上有一个 120°的缺口，当调速手把转到零位时，行程开关的滚轮正好落在缺口处，使行程开关动作而切断电磁阀 42 的电源，于是电磁阀 42 复位，牵引液压缸 25 停止移动，机器停止牵引。

以上两种过零保护都能使电磁阀 22 断电，从而使液压制动阀 24 对液压马达实现制动，采煤机停止牵引。

(7) 超速和防滑保护

《煤矿安全规程》规定，采煤机在倾角 15°以上的工作面工作时，必须有可靠的防滑装置。该采煤机用四个液压制动阀 24 以及电磁阀 22 来实现松闸和抱闸。采煤机正常运转时，二位三通电磁阀带电，液压制动阀对液压马达松闸，四个液压马达基本同步运转。而当其中一套牵引系统出现故障时，就会发生四个液压马达运转不同步，其中一个液压马达超速运转的情况，导致采煤机在自重分力作用下开始下滑。当采煤机下滑速度超过 10m/min 或四个牵引滚轮间的速度差大于 2m/min 时，装在液压马达传动齿轮上的速度传感器发出信号，使电磁阀 22 断电，液压制动阀立即制动，及时阻止采煤机下滑。

此外，系统中还设有压力表、测压点、放气塞、手压泵及加油阀等。操作点有机器中部的手动操作、机器两端的液动和电动、离机操作等四处。

9.1.3 截割部

(1) 机械传动系统

MG300-W 型采煤机左、右截割部机械传动系统相同，图 9-4 所示为左截割部传动系统。电动机左端出轴通过齿轮联轴器 C（模数 $m=5$，齿数 $Z=32$）与液压传动箱中的通轴连接，通轴通过齿轮联轴器 C_1（$m=5$，$Z=32$）驱动左固定减速箱中的小锥齿轮 Z_1、大锥齿轮 Z，然后又经过齿轮离合器 C_2（$m=3$，$Z=50$）、过载保护器 S 将动力传递给齿轮 Z_3、Z_4。齿轮联轴器 C_3 连接固定减速箱末轴与摇臂箱输入轴。摇臂中齿轮 Z_5 经过四个惰轮（Z_6、Z_7、Z_8、Z_9）驱动 Z_{10} 和行星齿轮传动（Z_{11}、Z_{12}、Z_{13}、H），最后驱动滚筒 D。齿轮 Z_3、Z_4 为变换齿轮，共有四对，相应地，有四种滚筒转速。操纵齿轮离合器 C_2 可使滚筒脱开传动。大锥齿轮轴上的齿轮 Z_{14} 分别经过齿轮 Z_{15}、Z_{16} 驱动润滑液压泵。

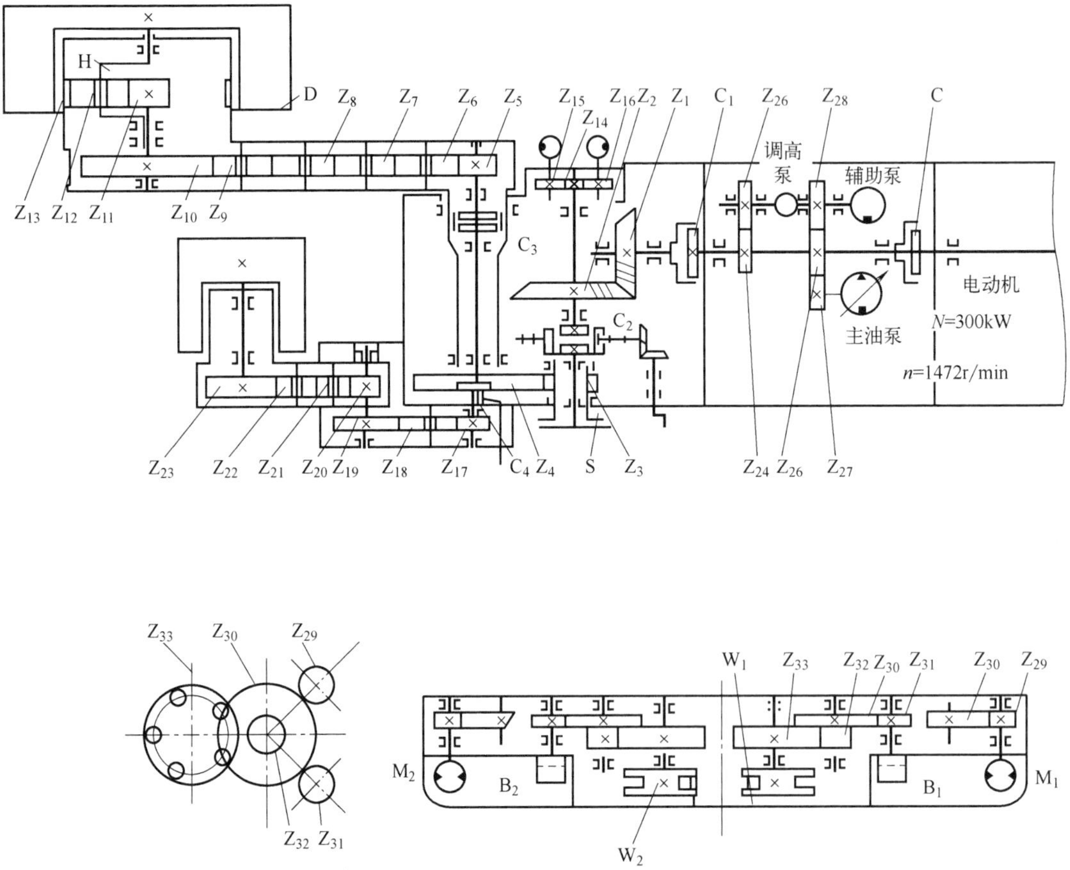

图 9-4　MG300-W 型采煤机机械传动系统

(2) 固定减速箱结构

图 9-5 所示为固定减速箱的结构，其箱体结构采用整体铸造，上下对称，因此在固定减速箱进行组装时，箱体无左右之分，可以翻转 180°使用。但已组装好的左、右固定减速箱不能左右互换。

固定减速箱内安装有两级齿轮传动（共四个轴系组件）、齿轮离合器和两个润滑液压泵。Ⅱ轴靠近采空区侧的端部，通过齿轮离合器与Ⅲ轴连接，Ⅲ轴端部用花键与过载保护套 3 连接，过载保护套又通过安全销 4 与轴套 5（由两个滑动轴承 6 支承）连接，轴套与齿轮 7 通过花键连接。这样，动力由齿轮离合器→Ⅲ轴→过载保护套→安全销→轴套→齿轮 7→齿轮 8，最后传至Ⅳ轴。当滚筒过载时，安全销被切断，电动机及传动件得到保护。过载保护

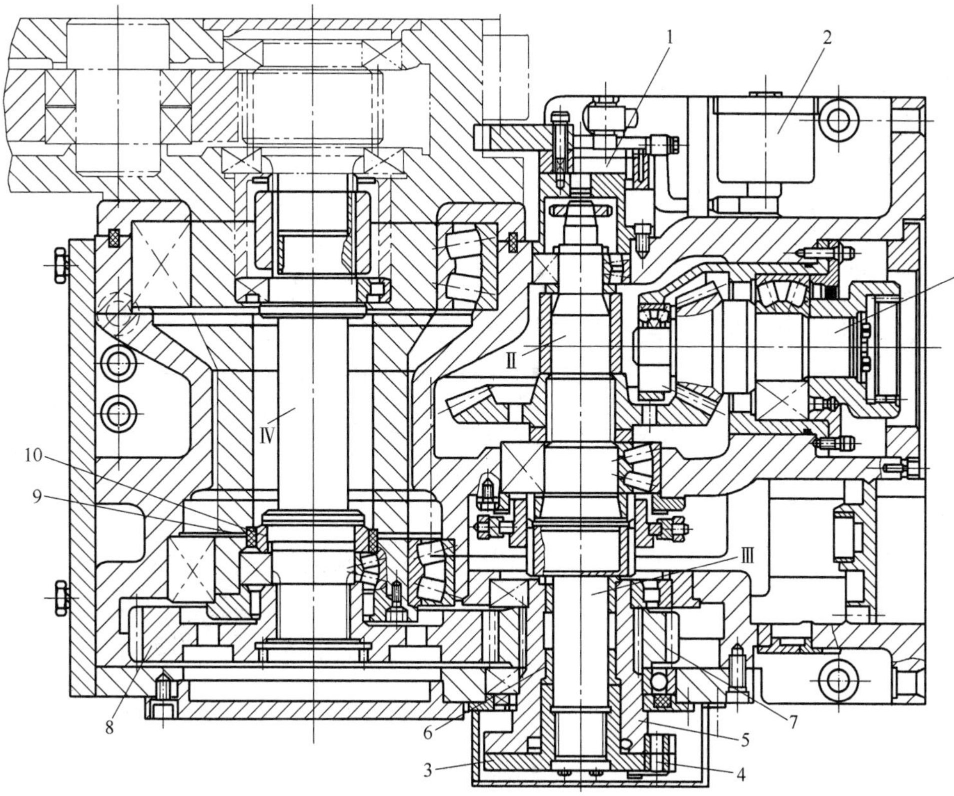

图 9-5　固定减速箱的结构

1—润滑液压泵；2—冷却器；3—过载保护套；4—安全销；5—轴套；6—滑动轴承；7,8—齿轮；9,10—密封圈

装置位于采空区侧的箱体之外，其外面有保护罩，一旦安全销断裂，更换比较方便。

(3) 摇臂

MG300-W 型采煤机摇臂外形呈下弯状（图 9-1），加大了摇臂下面过煤口的面积，使煤流更加畅通。摇臂壳体为整体结构，靠采空区侧的壳体外面焊有一水套，以冷却摇臂。

摇臂减速箱结构如图 9-6 所示，它主要由壳体 1，轴齿轮 2，惰轮 3、4、5、6，大齿轮 7，内外喷雾装置 8，行星传动装置 9 及转向阀 10 等组成。

固定减速箱Ⅳ轴和摇臂输入轴（图 9-5）通过齿轮联轴器连接，从而将动力由固定减速箱传入摇臂。在摇臂内有两级减速，一级为圆柱齿轮传动，另一级为行星齿轮传动。行星齿轮传动级的输出轴（即系杆）与法兰盘用花键连接。法兰盘上的方轴颈用来连接滚筒。这种方头连接的特点是传递转矩大、结构紧凑、连接可靠、拆装方便。

(4) 润滑

固定减速箱和摇臂箱的润滑系统如图 9-7 所示。固定减速箱的齿轮、轴承等传动件靠齿轮旋转时带起的油进行飞溅润滑。固定减速箱油池 8 中的热油由润滑泵 6 送至冷却器 7 冷却，冷却后的油又回到固定减速箱油池。因固定减速箱油池与破碎装置固定减速箱油池内部相通，故破碎装置固定减速箱中的润滑油也得到冷却。固定减速箱与摇臂箱通过密封圈 9（两个）和 10 彼此隔开（图 9-5）。

摇臂润滑泵 5 专供摇臂箱传动件润滑。当摇臂上举时，润滑油都流到摇臂箱靠近固定减速箱的端部，这时机动换向阀 4 处于Ⅱ位，摇臂中的润滑油经摇臂下部吸油口 3、机动换向

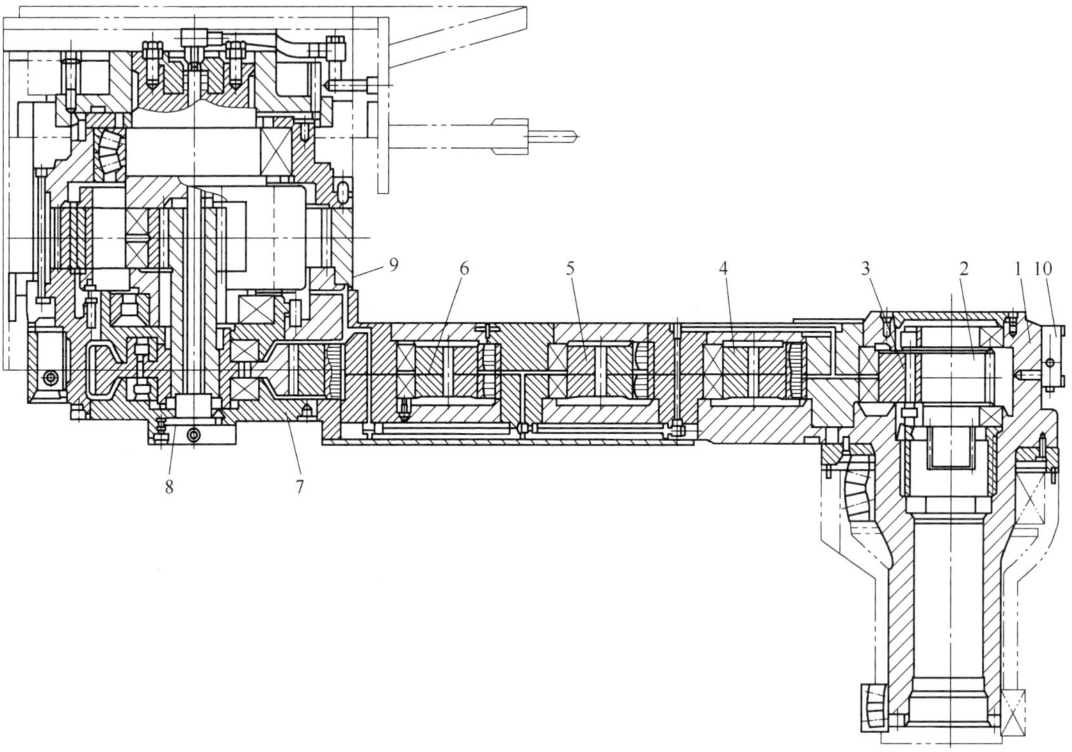

图 9-6 摇臂减速箱结构

1—壳体；2—轴齿轮；3,4,5,6—惰轮；7—大齿轮；8—内外喷雾装置；9—行星传动装置；10—转向阀

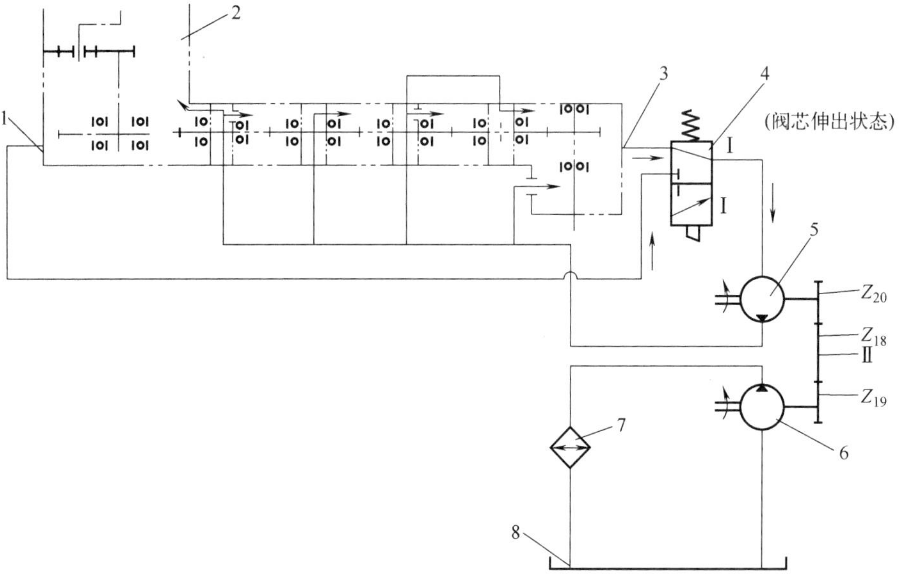

图 9-7 固定减速箱和摇臂箱的润滑系统

1,3—吸油口；2—摇臂；4—机动换向阀；5—摇臂润滑泵；

6—固定减速箱润滑油冷却泵；7—冷却器；8—固定减速箱油池

阀 4 进入摇臂润滑泵 5，排出的油经管道送到摇臂中润滑齿轮和轴承。当摇臂下落到水平位置并下倾 22°时，机动换向阀的阀芯被安装在摇臂的一个凸轮上，这时机动换向阀 4 处于Ⅰ位。集中到远离固定减速箱端摇臂中的油液经滚筒端的吸油口 1、机动换向阀 4 进入液压泵后，又送到摇臂箱靠近固定减速箱端。这样就保证了摇臂在上举和下落工作时，其中的传动件都能得到充分润滑。

9.1.4　牵引部

MG300-W 型采煤机的牵引部包括液压传动箱、牵引传动箱和滚轮-齿条无链牵引机构。液压传动箱由机械传动和液压传动两部分组成。机械传动部分主要通过通轴上的齿轮驱动三个泵（图 9-4）。液压传动箱集中了牵引部中除液压马达外的所有液压元件（如主液压泵、辅助液压泵、调高泵、各种控制阀、调速机构和辅件等）。牵引传动箱有两个，分别装在底托架两端的采空区侧（图 9-1）。牵引传动箱中的摆线液压马达分别通过二级齿轮减速后驱动滚轮，而滚轮又与固定在输送机采空区侧槽帮上的齿条啮合，使 MG300-W 型采煤机沿工作面全长移动。

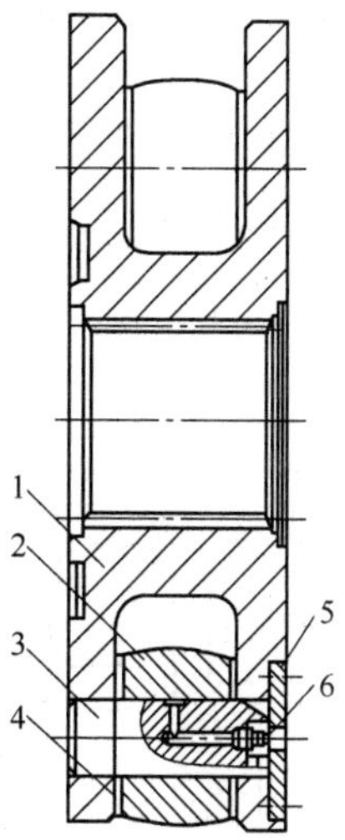

图 9-8　滚轮结构

1—滚轮；2—滚子；3—销轴；4—密封垫；5—挡板；6—油嘴

该采煤机的机械传动系统见图 9-4，每个牵引传动箱中有两个摆线液压马达（由主液压泵的压力油驱动）。它们分别经两级齿轮减速后驱动牵引滚轮，与输送机上的齿条相啮合，实现牵引。这种传动方式，不但具有较大的牵引力，而且滚轮与齿条间的接触应力小，提高了牵引机构的使用寿命。

滚轮-齿条无链牵引机构中的滚轮结构如图 9-8 所示。滚轮 1 为锻件，在其节圆圆周上均布有五个滚子 2。它们滑装在销轴 3 上，并用挡板 5 将销轴轴向限位。销轴上开有径向和轴向油孔，从油嘴 6 可向滚子和销轴间的滑动面上加注润滑脂。滚子形状呈鼓形，有利于与齿条啮合，材料为优质合金钢。

齿条由固定齿条和调节齿条组成，如图 9-9 所示。调节齿条 5 用销轴 4 固定在固定齿条 2 的长孔中，并用螺母将销轴轴向定位。二者采用长孔、圆柱销轴的连接方法，可以保证输送机在垂直方向弯曲的情况下，滚轮与齿条仍能保持良好的啮合，以适应煤层底板的起伏。铆固在齿条侧面上的导轨 3 为 MG300-W 型采煤机采空区侧的滑靴导向，定位销 6 用于安装齿条时定位。

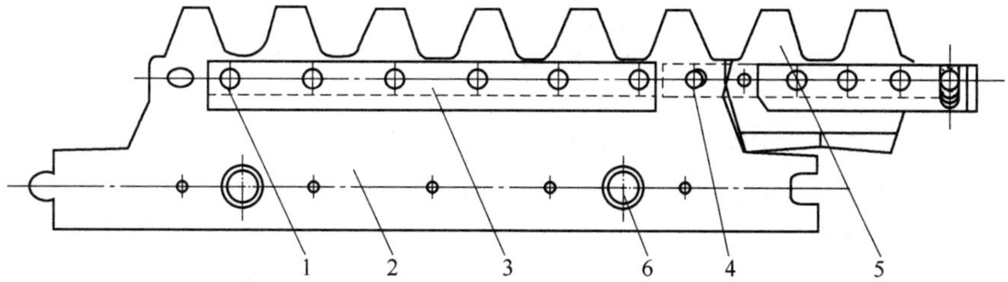

图 9-9　齿条

1—铆钉；2—固定齿条；3—导轨；4—销轴；5—调节齿条；6—定位销

9.1.5 破碎装置

如图 9-10 所示，破碎装置位于采煤机靠近回风巷道的固定减速箱端部，它的用途是破碎片帮大块煤，使之顺利通过采煤机与输送机之间的过煤空间。如果煤壁不易片帮，或片帮煤块度不大，也可不装破碎装置。

破碎装置（图 9-10）由破碎装置固定减速箱 9、破碎装置小摇臂 7、小摇臂摆动液压缸 10 和破碎滚筒 8 等组成。小摇臂在摆动液压缸作用下可从水平位置向下摆动 40°。

破碎装置的液压传动系统见图 9-4，动力由截割部固定减速箱的齿轮 Z_4 经齿轮离合器 C_4 传递给破碎装置固定减速箱的齿轮 Z_{17}、Z_{18}、Z_{19} 后，再经小摇臂减速箱的齿轮 Z_{20}、Z_{21}、Z_{22}、Z_{23} 驱动破碎滚筒旋转。齿轮 Z_{17}、Z_{19} 为变换齿轮，有两种齿数。破碎装置的传动与截割部固定减速箱中的变换齿轮 Z_3、Z_4 组配，可获得与滚筒转速相适应的四种破碎滚筒转速。破碎滚筒的转向与截割滚筒的转向相反。

破碎装置的内部结构如图 9-10 所示，离合齿轮 4 与图 9-5 中齿轮 8 的内齿轮构成离合器，动力由此输入。由于固定减速箱中的第一级齿轮为变换齿轮，故它们之间的惰轮的回转中心线位置就要改变，在不更换小摇臂箱壳体的情况下，应在惰轮轴上套一个偏心套。

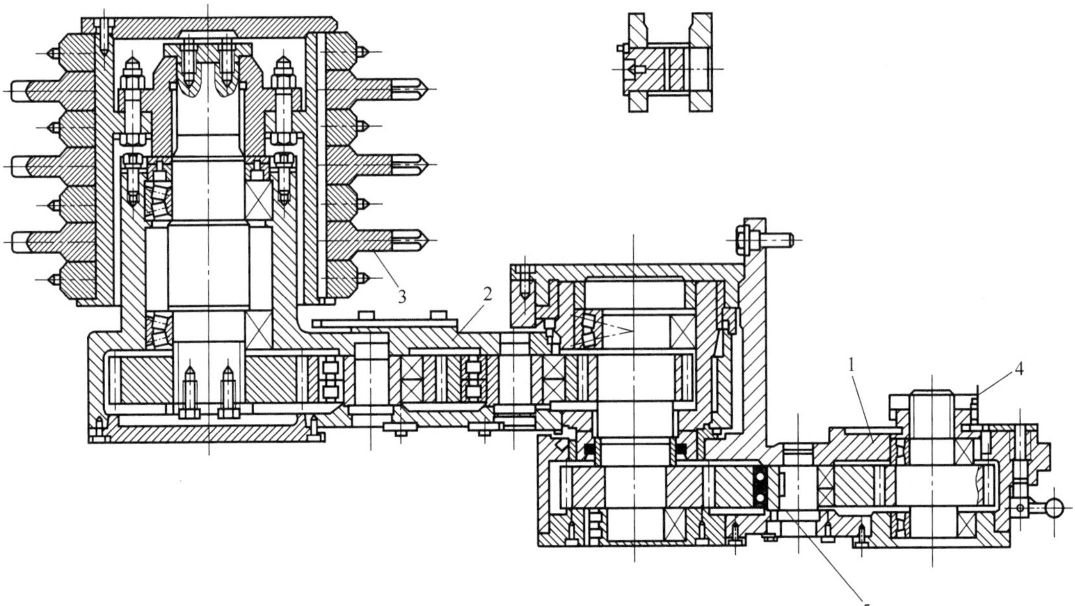

图 9-10 破碎装置

1—固定减速箱；2—小摇臂减速箱；3—破碎滚筒；4—离合齿轮；5—偏心套

破碎装置的固定减速箱用螺栓固定在截割部固定减速箱的侧面，其壳体上、下对称，换工作面时绕横向轴线翻转 180°可装到另一端截割部固定减速箱侧面。但已装好的破碎装置固定减速箱不能翻转使用。

图 9-11 所示的破碎滚筒由筒体 3、大破碎齿 2、小破碎齿 1 等组成。大、小破碎齿呈盘状，交替地安装在筒体上，并用键 5 连接到筒体 3 上。

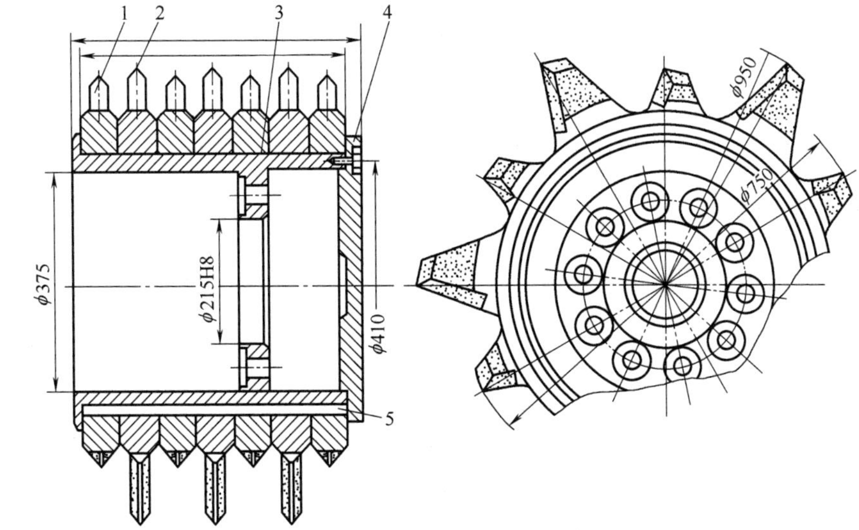

图 9-11　破碎滚筒

1—小破碎齿；2—大破碎齿；3—筒体；4—端盖；5—键

9.1.6　喷雾冷却系统

MG300-W 型采煤机的喷雾冷却系统如图 9-12 所示。通过两条水管经电缆拖曳装置引入安装在底托架上的水阀中，由水阀分配到左、右各三路，用于冷却和内外喷雾。

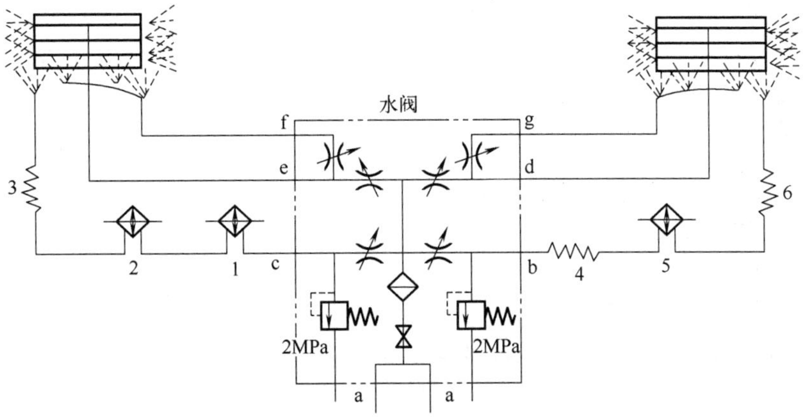

图 9-12　喷雾冷却系统

1—液压传动箱冷却器；2—左截割部固定减速箱冷却器；3—左摇臂水套；4—电动机水套；5—右固定减速箱冷却器；6—右摇臂水套

(1) 冷却水系统

由水阀 c 口流出的水依次经过液压传动箱冷却器 1、左截割部固定减速箱冷却器 2、左摇臂水套 3 流至左摇臂下面的喷嘴，以降低左滚筒向输送机装煤时的煤尘；由水阀流出的水依次经电动机水套 4、右固定减速箱冷却器 5、右摇臂水套 6 流至右摇臂下面的喷嘴，以降低右滚筒向输送机装煤时的煤尘。

(2) 外喷雾系统

外喷雾系统供水路径为：由水阀 f、g 口流出的水分别流到左、右弧形挡煤板上的两个喷嘴内。

(3) 内喷雾系统

内喷雾系统供水路径为：由水阀 e、d 口流出的水分别流到左、右摇臂中心管，经滚筒的三个螺旋叶片上的水道进入喷嘴。供水泵流量为 320L/min，水压为 2MPa。

9.1.7 辅助液压系统

MG300-W 型采煤机辅助液压系统工作原理如图 9-13 所示。该系统包括调高回路、制动回路和控制回路三部分，由左、右调高泵站，左、右调高液压缸和液压制动器等组成。调高泵站布置在左框架内，液压制动器安装在牵引减速箱上，调高液压缸安装在左、右框架上。

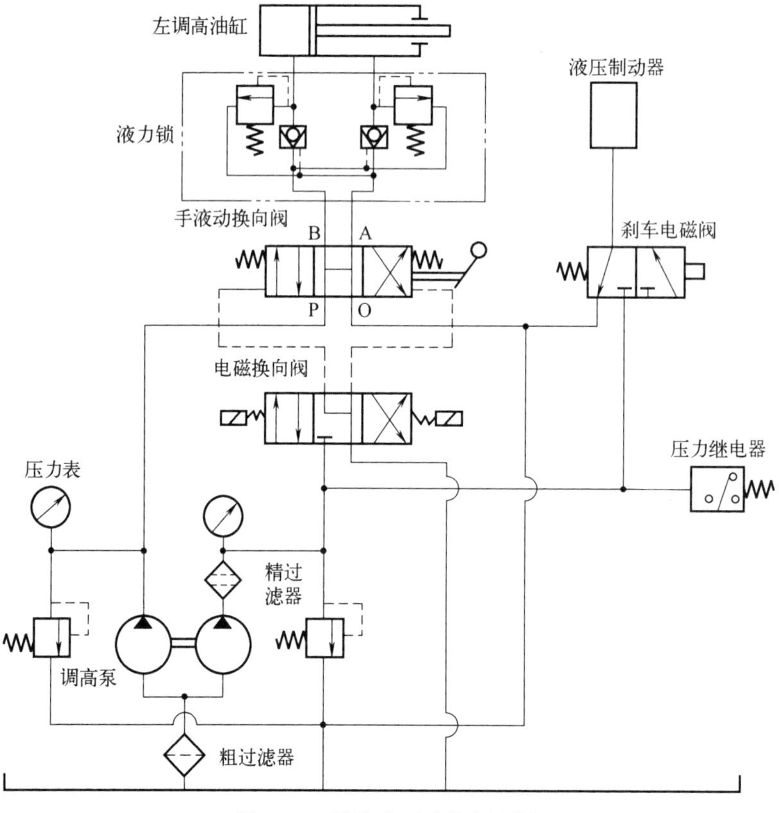

图 9-13 辅助液压系统原理图

左、右调高泵站分别控制左、右滚筒升降，具备以下技术特征：司机可同步操作双滚筒升降且互不干涉，通过独立管路设计实现压力损失最小化。另一特点是为满足液压制动器同步性要求，两套制动器统一由左调高泵站供油，共享同一油源及控制元件，通过集中式液压供给保证制动响应同步性，同时简化管路布局。左、右调高泵站的不同之处是右调高泵站不设刹车电磁阀及压力继电器。调高泵站的高压安全阀调定压力为 20MPa。

两只中位机能 H 型手液动换向阀分别操纵左、右摇臂的调高。当采煤机不需调高时，调高泵排出的压力油由手液动换向阀中位流回油池。低压溢流阀调定压力为 2MPa，为电磁换向阀、液压制动器提供压力油源。

当将调高手柄往里推时，手液动换向阀的 P、A 口接通，B、O 口接通，高压油经手液动换向阀打开液力锁，进入调高液压缸的活塞杆腔，另一腔的油液经液力锁回油池，实现摇臂下降；反之，将调高手柄往外拉时，使摇臂上升。

当操纵布置在整机两端的端头控制站的相应按钮时，电磁换向阀动作，将控制油引到手液动换向阀相应控制阀口使其换向，实现摇臂升、降的电液控制。

当调高完成后，手液动换向阀的阀芯在弹簧作用下复位，液压泵卸荷，同时调高液压缸在液力锁的作用下，自行封闭液压缸两腔，将摇臂锁定在调定位置。调高时，不宜同时操纵左、右滚筒。工作时外力使液压缸内的油压升至32MPa，液压锁内的安全阀打开，起保护作用。

液压制动回路由二位三通刹车电磁阀、液压制动器、压力继电器及其管路等组成，其油源与调高控制回路的油源相同。刹车电磁阀贴在集成块上，通过管路与安装在左、右框架内牵引减速箱中的液压制动器相通。

当需要采煤机行走时，刹车电磁阀得电动作，压力油进入液压制动器，牵引解锁，得以正常牵引。当采煤机停机或出现某种故障时，刹车电磁阀失电复位，液压制动器油腔压力油流回油池，通过弹簧压紧内、外摩擦片，将牵引制动，使采煤机停止牵引并防止下滑。

当控制油压低于1.5MPa时，压力继电器动作使刹车电磁阀失电，液压制动器制动。若要恢复牵引，必须将控制油压调至1.5MPa以上，恢复牵引供电，牵引系统才能正常工作。

9.2 液压支架传动系统

9.2.1 液压支架的工作原理

液压支架在工作过程中，必须能够实现升、降、推、移四个基本动作，这些动作依靠乳化液泵站提供的高压液体，通过工作性质不同的几个液压缸来完成。液压支架工作原理如图9-14所示。每架液压支架的进、回液管路都与连接泵站的工作面主供液管路和主回液管路并联，全工作面的支架共用一个泵站作为液压动力源。工作面的每架液压支架形成独立的液压系统。其中液控单向阀和安全阀均设在液压支架内。操纵阀可设在液压支架内，也可装在相邻液压支架上，前者为“本架操作”，后者为“邻架操作”。

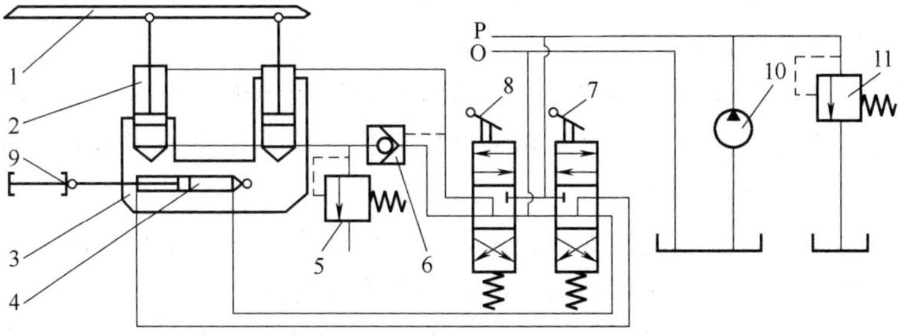

图9-14 液压支架工作原理

1—顶梁；2—立柱；3—底座；4—推移千斤顶；5—安全阀；6—液控单向阀；7,8—操纵阀；9—输送机；10—乳化液泵；11—溢流阀

(1) 液压支架的升降

液压支架的升降依靠立柱的伸缩来实现，其工作过程如下。

① 初撑。操纵阀处于升柱位置，由泵站输送来的高压液体，经液控单向阀进入立柱的

下腔，同时立柱上腔排液，于是活柱和顶梁升起，支撑顶板。当顶梁接触顶板，立柱下腔的压力达到泵站工作压力后，液控单向阀关闭，从而立柱下腔的液体被封闭，操纵阀置于中位，这就是液压支架的初撑阶段。此时，液压支架对顶板产生的支撑力称为初撑力。

② 承载。液压支架初撑后，进入承载阶段。随着顶板的缓慢下沉，顶板对液压支架的压力不断增加，立柱下腔被封闭的液体压力将随之迅速升高，液压支架受到弹性压缩，并由于立柱缸壁的弹性变形而使缸径产生弹性扩张，这一过程是液压支架的增阻过程。当下腔液体的压力超过安全阀的动作压力时，高压液体经安全阀泄出，立柱微微回缩，顶板对液压支架的压力降低，直至立柱下腔的液体压力小于安全阀的动作压力时，安全阀关闭，停止泄液，从而使立柱工作阻力保持恒定，这就是恒阻过程。此时，液压支架对顶板的支撑力称为工作阻力，它由液压支架安全阀的调定压力决定。

③ 卸载降柱。随着工作面的推进，液压支架需要前移。当采煤机割煤过后，需将液压支架移到新的位置，进行及时支护。移架前要先将液压支架的立柱卸载收缩，使液压支架处于非支撑状态。操纵阀处于降架位置时，高压液体进入立柱的上腔，同时打开液控单向阀，立柱下腔排液，于是液压支架卸载下降。

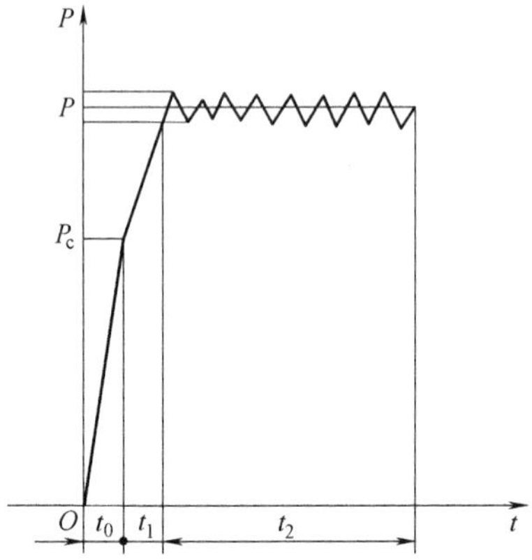

图 9-15 液压支架工作特性曲线

由以上分析可以看出，液压支架工作时的支撑力变化可分为三个阶段，如图 9-15 所示，即开始升柱至单向阀关闭时的初撑增阻阶段 t_0，初撑后至安全阀开启前的增阻阶段 t_1，以及安全阀出现脉动卸载时的恒阻阶段 t_2，这就是液压支架的阻力-时间特性。它表明液压支架在低于额定工作阻力时，具有恒阻性，为使液压支架保持最大支撑力的同时，又具有可缩性，液压支架在保持恒定工作阻力的条件下，应能随顶板下沉而下缩。增阻性主要取决于液控单向阀和立柱的密封性能，恒阻性与可缩性主要由安全阀来实现，因此安全阀、液控单向阀和立柱是保证液压支架性能的三个重要元件。

(2) 液压支架的移动（移架）**和推移输送机**（推溜）

液压支架和输送机的前移，由底座上的推移千斤顶来完成。

需要移架时，先降柱卸载，然后通过操纵阀使高压液体进入推移千斤顶的活塞杆腔，活塞腔回液，以输送机为支点（输送机受相邻液压支架推移千斤顶的作用不能后退，所以缸体前移），把整个液压支架拉向煤壁。

需要推移输送机时，液压支架支撑顶板，高压液体进入推移千斤顶的活塞腔，活塞杆腔回液，以液压支架为支点，活塞杆伸出，把输送机推向煤壁。

液压支架的推移速度、移架方式决定着移架速度的快慢。移架速度指单位时间内移动液压支架数目的多少，它反映在采煤机牵引方向的距离。移架速度应大于采煤机工作时的牵引速度。

9.2.2 液压支架的控制

液压支架是综合机械化采煤工作面的关键设备。近年来，随着计算机和自动控制技术的不断成熟，液压支架的控制方式得到发展。

(1) 液压支架的控制方式

① 本架控制和邻架控制。本架控制通过每个液压支架上所装备的操纵阀控制其自身的各个动作，特点是系统的管路简单、安装便捷。邻架控制通过每个液压支架上的操纵阀控制与其相邻的下侧（或上、下两侧）液压支架的动作，其特点是操作者位于固定液压支架的架下，操作控制比较安全。

② 手动控制和电液自动控制。手动控制依靠操作人员直接操作操纵阀，向液压缸工作腔供液，完成液压支架的各个动作。电液自动控制采用电液先导阀对主阀进行先导控制，再经配液板向各液压缸工作腔配液，实现要求的液压支架动作。

下面仅介绍液压支架的电液自动控制。

(2) 液压支架的电液自动控制

液压支架的电液自动控制，是实现井下采煤由机械化向自动化转变的关键，是煤矿生产的高新技术，是当今液压支架世界先进水平的重要标志。采用微处理机、单片机的集成电路，按采煤工艺对液压支架进行程序控制和自动操作，是实现液压支架电液自动控制的核心。

液压支架电液控制系统是液压支架电液自动控制的核心，其系统组成如图 9-16 所示。它由若干液压支架控制器串行连接组成，中央控制器 3 是一台微型计算机，主要用来协调、控制整个工作面支架的工作秩序，监测、记录液压支架的工作状况，传输液压支架、采煤机的工作参数。

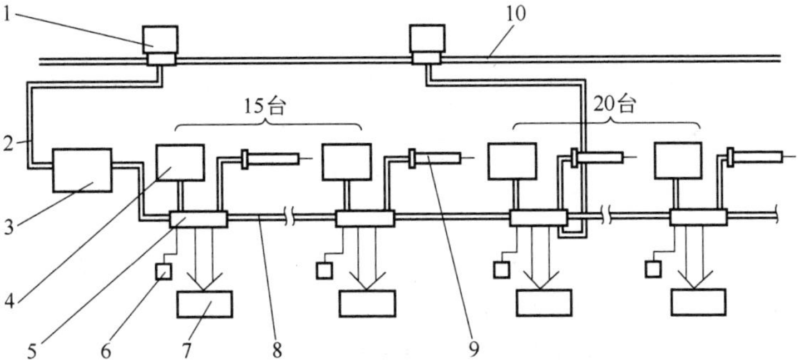

图 9-16　电液自动控制系统示意图

1—电源；2—控制器供电电缆；3—中央控制器；4—支架控制器；5—分线盒；6—压力传感器；7—电磁操纵阀；8—过架电缆；9—位移传感器；10—输电线

支架控制器 4 也是一台微型计算机，且每个液压支架都配备一台支架控制器。它通过分线盒 5 直接与传感器 6、9 和电磁操纵阀 7 相连接，操作人员可通过支架控制器发出各种控制命令。压力传感器 6 将有关部位的压力信号转换为电信号，再通过对电信号的测量获得压力信号的数值。位移传感器 9 将有关部件的位移量转换为电信号，它有直线位移传感器和角位移传感器两种，前者用于对推溜、拉架、采高等位置的测量，后者用于对前梁及护帮板伸出、缩回状态的测量。

9.2.3　ZZ4000/17/35 型支撑掩护式液压支架液压传动系统

ZZ4000/17/35 型支撑掩护式液压支架的液压传动系统如图 9-17 所示，其操作控制方式如下。

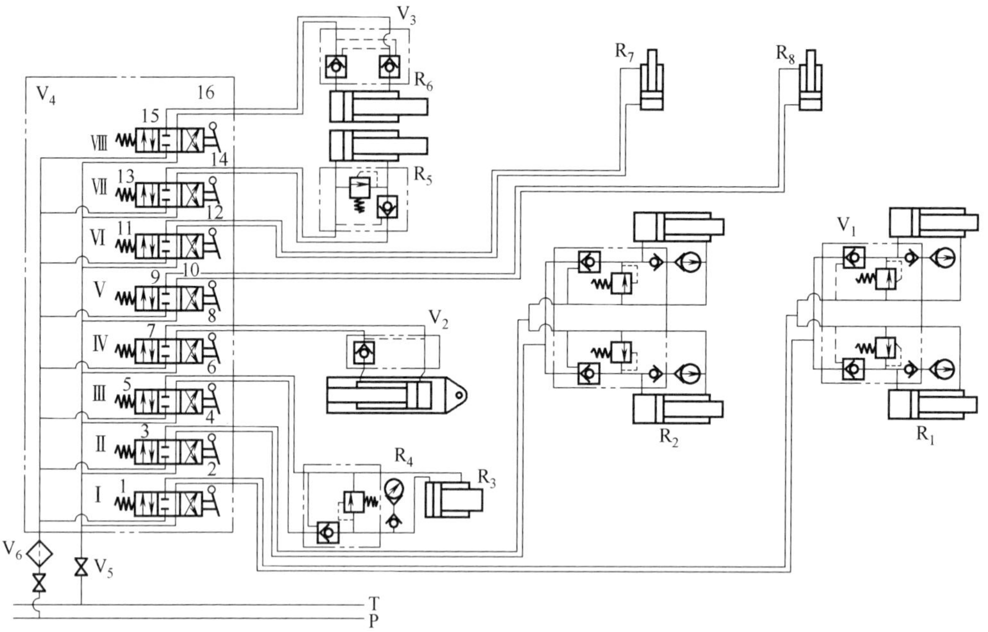

图 9-17 ZZ4000/17/35 型支撑掩护式液压支架液压传动系统

R1—前立柱；R2—后立柱；R3—短柱；R4—推称千斤顶；R5—防滑千斤顶；R6—护帮千斤顶；
R7—掩护梁侧推千斤顶；R8—顶梁侧推千斤顶；V1—控制阀；V2—液控单向间；V3—液控双向锁；
V4—操纵阀；V5—截止阀；V6—过滤器；P—高压管路；T—回液管路

① 前后两排立柱的升降动作各通过一片操纵阀操作，所以前后两排立柱既可以同时升降，也可以单独升降。

② 为了使前梁能及时支护新暴露出的顶板，并迅速达到工作阻力，在前梁千斤顶（短柱）活塞腔的回路内装有大流量安全阀，升架时前梁千斤顶先推出，前梁端部先接触顶板，在液压支架继续升起直到顶梁撑紧顶板的过程中，前梁千斤顶被迫收缩，活塞腔压力陡增，大流量安全阀溢流。大流量安全阀调定压力比立柱安全阀调定压力略低，并大于泵站工作压力，流量约为 40L/min，可有效防止工作面前部顶板过早离层。

③ 为了防止煤壁片帮，支架上设有护帮机构，并用一只 SSF 型双向锁对护帮千斤顶中的活塞腔与活塞杆腔分别进行互相连锁。

④ 在推移千斤顶的活塞杆腔中接入液控单向阀，防止移架时刮板机后退。

9.3 单体液压支柱传动系统

单体液压支柱因体积小、支护可靠、使用和维修方便等优点得到广泛使用。它既可用于普通机械化采煤工作面的顶板支护和综合机械化采煤工作面的端头支护，也可单独作为点柱或其他临时性支护。

单体液压支柱适用于煤层倾角小于 25°的缓倾斜工作面。若采取一定的措施，则可将其使用范围扩大到倾角为 25°～35°的倾斜煤层回采工作面。单体液压支柱所适应的煤层顶、底板条件是：顶板冒落不影响单体液压支柱回收；底板不宜过软，单体液压支柱压入底板不恶化底板的完整性，否则应加大底座。

单体液压支柱在工作面的布置情况如图 9-18 所示，由泵站经主油管 1 输送的高压乳化液用注液枪 6 注入单柱 4。每一个注液枪可担负几个支柱的供液工作。在输送管路上装有总截止阀 2 和支管截止阀 3，以作控制用。

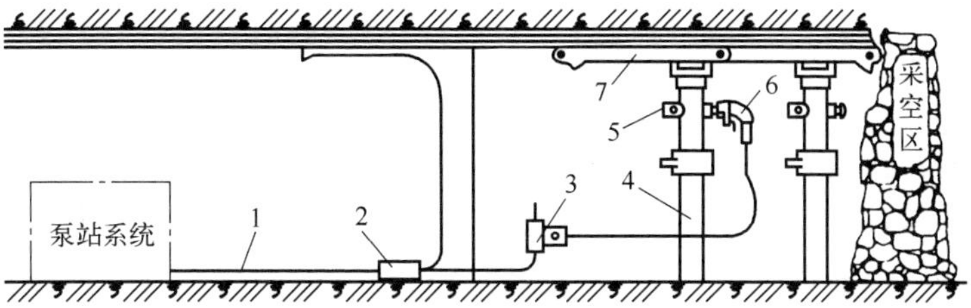

图 9-18　单体液压支柱工作面布置图

1—主油管；2—总截止阀；3—支管截止阀；4—单柱；5—三用阀；6—注液枪；7—顶梁

单体液压支柱按提供注液方式不同，分为外注式和内注式两种。内注式是利用其自身所备的手摇泵将支柱内储油腔里的油液吸入泵中，加压后再输入到工作腔，使活柱伸出；外注式则是利用注液枪将来自泵站的高压乳化液注入支柱的工作腔，使活柱伸出。前者结构复杂、质量大、支撑和升柱速度慢，因此应用不如后者普遍。

9.3.1　外注式单体液压支柱

以 DZ18-25/80 型外注式单体液压支柱为例说明外注式单体液压支柱的符号意义：D—单体液压；Z—支柱；18—支柱最大高度，1800mm；25—支柱额定工作阻力，250kN；80—液压缸直径，80mm。

DZ 型外注式单体液压支柱主要由顶盖 1、活柱 2、三用阀 3、复位弹簧 4、缸体 7、底座 10 等零部件组成，如图 9-19 所示。它与注液枪、卸载手把配合作用。

该支柱实际上是一个单作用液压缸。顶盖 1 用弹性圆柱销与活柱 2 相连接，活柱 2 活装于缸体内。活柱 2 上部装有一个三用阀 3，下端利用弹簧钢丝连装着活塞 8。在活柱筒内部顶端与底座 10 之间挂着一根复位弹簧 4，依靠外注压力液体和复位弹簧完成伸缩动作。在缸体上缸口处连接一个缸口盖 5，下缸口处由底座 10 封闭。

DZ 型外注式单体液压支柱的工作原理与液压支架的立柱相同，不同之处在于它是通过注液枪将来自泵站的高压乳化液注入支柱的。

DZ 型外注式单体液压支柱升柱和初撑时，首先将注液枪插入三用阀 3 的注液孔中并锁紧，然后握紧注液枪手把，来自泵站的高压液体经注液枪将三用阀 3 的单向阀打开，进入液压支柱下腔，迫使活柱升高。当液压支柱使金属顶梁紧贴工作面顶板后，松开注液枪手把。这时，液压支柱内腔液体压力即为泵站压力，液压支柱对顶板的支撑力为其初撑力。

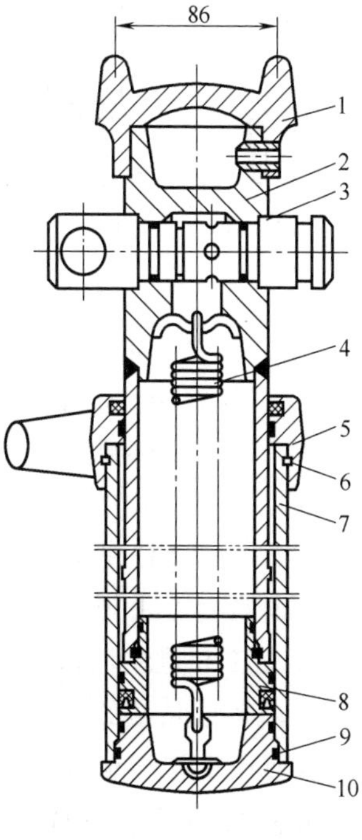

图 9-19　DZ 型外注式单体液压支柱

1—顶盖；2—活柱；3—三用阀；4—复位弹簧；5—缸口盖；6,9—连接钢丝；7—缸体；8—活塞；10—底座初撑后，随着采煤工作面的推进和支护时间的延长，工作面顶板作用在液压支柱上的载荷增加。当顶板压力超过液压支柱额定工作阻力时，液压支柱内的高压液体将三用阀中的安全阀打开，液体外溢，内腔压力降低，液压支柱下缩。当液压支柱所受载荷低于额定工作阻力时，安全阀关闭，内腔液体停止外溢。上述现象在液压支柱支护过程中重复出现。因此，液压支柱工作载荷始终保持在额定工作阻力附近。

降柱时，将卸载手把插入三用阀卸载孔中，转动卸载手把，迫使阀套作轴向移动，从而打开卸载阀。这时，液压支柱内腔的工作液经卸载阀排入采空区，活柱在自重和复位弹簧的作用下回缩，实现降柱。

三用阀的结构如图 9-20 所示。它包括单向阀、安全阀和卸载阀三个阀，分别承担支柱的进液升柱、过载保护和卸载降柱三种职能。单向阀由单向阀体 2、钢球 3 和塔形弹簧组成。安全阀为平面密封式，由安全阀针 8、安全阀垫 9、六角导向块 10、安全阀弹簧 11 和阀座 16 等组成。卸载阀由右阀筒 1、卸载阀垫 4、卸载阀弹簧 5、连接杆 6、安全阀套 7 及单向阀的某些零件组合而成。降柱时，将专用扳手插入卸载手把安装孔 14，并扳动手柄，通过安全阀套的右移，压缩卸载阀弹簧，使卸载阀垫与右阀套内的台肩分离，卸载阀开启，活柱内大量液体喷出，活柱下降。

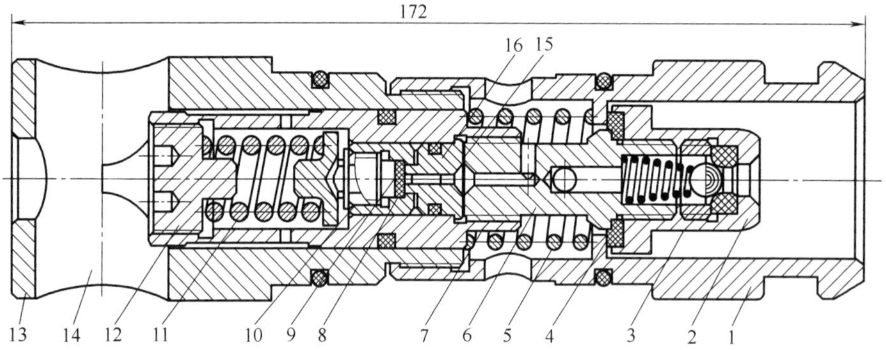

图 9-20 三用阀的结构

1—右阀筒；2—单向阀体；3—钢球；4—卸载阀垫；5—卸载阀弹簧；6—连接杆；7—安全阀套；8—安全阀针；9—安全阀垫；10—六角导向块；11—安全阀弹簧；12—调压螺钉；13—左阀筒；14—卸载手把安装孔；15—滤网；16—阀座

注液枪是向支柱供液的主要工具，通过它可将供液管里的高压液体供给支柱。它由注液管、锁紧套、手把、顶杆、隔离套和单向阀等组成，如图 9-21 所示。使用时，将注液管 2 插入三用阀注液阀体，挂好锁紧套 3，扳动手把 4，通过顶杆 8 顶开单向阀阀芯 17。这时，来自泵站的高压液体通过单向阀和注液管 2 注入液压支柱，使液压支柱迅速升起。当液压支柱接触顶梁后，松开手把 4，顶杆 8 在高压液体和弹簧 16 的作用下复位，单向阀阀芯 17 压向单向阀阀座 18，切断供液管的高压液体。同时，由于顶杆 8 复位使 O 形密封圈 11 与顶杆之间的密封失去作用，因而三用阀注液孔与注液枪中的单向阀之间残存的高压液便从隔离套 10 和顶杆 8 的间隙溢出，使注液枪卸载，从而可以轻易摘下锁紧套 3，取下注液枪。

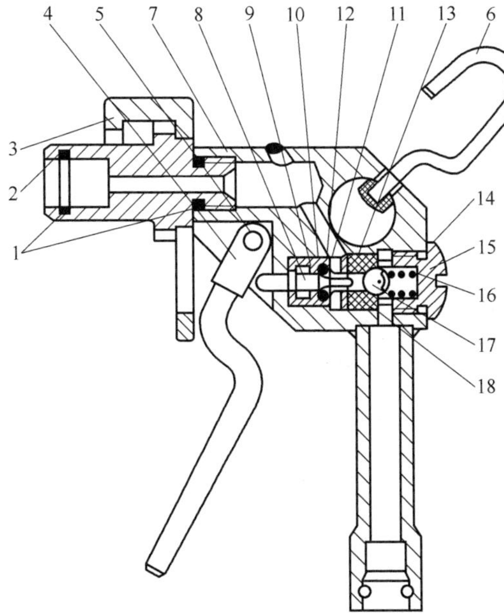

图 9-21 注液枪

1,9,11,13,14—O 形密封圈；2—注液管；3—锁紧套；4—手把；5—柱销；
6—挂钩；7—阀体组；8—顶杆；10—隔离套；12—防挤圈；15—压紧螺钉；
16—弹簧；17—单向阀阀芯；18—单向阀阀座

9. 3. 2 内注式单体液压支柱

内注式单体液压支柱是我国批量生产的一种支柱，NDZ 型内注式单体液压支柱的结构如图 9-22 所示。它通过支柱内的手摇泵注液升柱，主要由顶盖 1、通气阀 2、安全阀 3、活柱体 4、柱塞 5、手把体 7、缸体 8、活塞 9 和卸载装置 14 等部分组成。内注式单体液压支柱的工作原理包括升柱、初撑、承载和回柱 4 个过程。

(1) 升柱

将手摇把套入曲柄方头，然后上下摇动，通过曲柄滑块机构迫使柱塞上的活塞作上下往复运动。从而可使液压油从储油腔 A 流到低压腔 B 和工作腔 C，活塞因受压力而不断升高。连续摇动手把，直到内注式单体液压支柱顶盖或顶梁与顶板接触，即完成升柱过程。

(2) 初撑

内注式单体液压支柱顶盖或顶梁与顶板接触后，继续摇动手把，当柱塞向上运动时，储油腔 A 内的油继续流入低压腔 B，并通过进油阀和活塞环形槽充满液压泵和连接头之间的空隙。当柱塞向下运动时，由于工作腔 C 内油压较高，而低压腔 B 内的油虽经活塞压缩，但油压仍较低，因而打不开单向阀，只能经活塞上两个阻尼孔和活塞与活柱筒之间的空隙反流到储油腔 A，以减轻操作力。

同时，柱塞连接头内腔的油受到压缩后经活塞环形槽返回，将进油阀关闭，单向阀打开，此高压油被压入工作腔 C，使工作腔内油压不断升高。连续摇动手把，直到手把摇不动或者感到很费劲时，内注式单体液压支柱获得规定的初撑力，完成初撑过程。

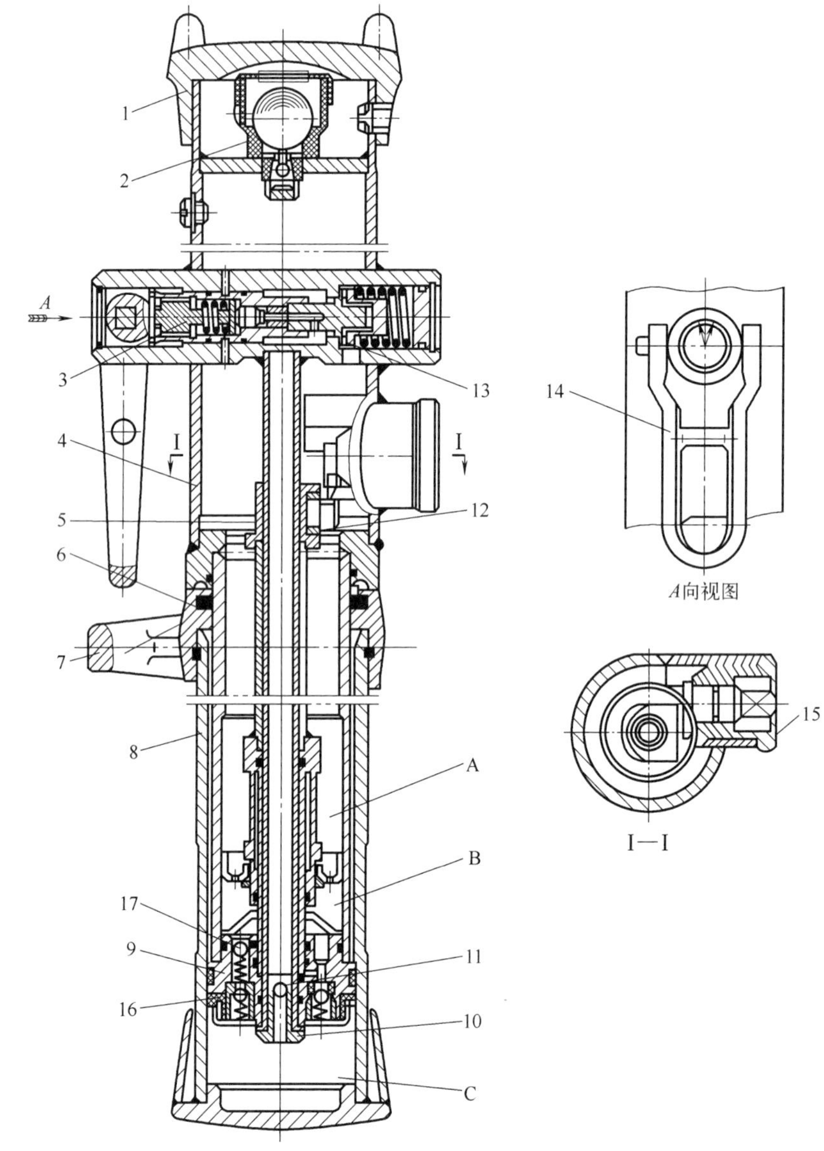

图 9-22 NDZ 型内注式单体液压支柱

1—顶盖；2—通气阀；3—安全阀；4—活柱体；5—柱塞；6—防尘圈；7—手把体；8—缸体；9—活塞；10—螺钉；11,16,17—钢球；12—曲柄；13—卸载阀垫；14—卸载装置；15—套管

(3) 承载

随着顶板下沉，作用在内注式单体液压支柱上的载荷逐渐增大。当载荷增大到内注式单体液压支柱的额定工作阻力时，液压缸工作腔内的高压油经芯管进入安全阀，作用在安全阀垫上，使六角导向套作轴向运动，压缩安全阀弹簧，高压油经安全阀垫与阀座间的间隙从小孔流回储油腔，这时活柱均匀下缩，顶板微量下沉。当顶板作用在内注式单体液压支柱上的载荷小于额定工作阻力时，工作腔内油压同时下降，在安全阀弹簧的作用下，六角导向套复位，安全阀关闭。这时，工作腔内的油停止向储油腔回流。在整个工作过程中，上述现象反复出现，使内注式单体液压支柱始终处于恒阻状态，从而达到有效管理顶板的目的。

(4) 回柱

回柱时，可根据工作面顶板状况的好坏，采取不同的回柱方式。顶板条件较好时，可采用近距离回柱。将手把插入卸载环，扳动手把，带动凸轮转动；迫使安全阀作轴向运动，压缩卸载阀弹簧，打开卸载阀。同时，工作腔内的液压油经芯管、卸载阀垫与阀体间的空隙，以及阀体上的三个孔流回储油腔。这时，活柱在自重作用下快速下降，储油腔内的气体经通气阀排出柱外，从而完成回柱。反之，可采用远距离回柱。

9.3.3 柱塞悬浮式单体液压支柱

柱塞悬浮式单体液压支柱的结构如图 9-23 所示。柱塞悬浮式单体液压支柱主要由铰接顶盖 1、密封盖组件 2、活柱 3、手把阀体 4、三用阀 5、缸体 6、复位弹簧 7、底座 8 等零部件组成。其工作原理包括升柱、初撑、承载、卸载回柱等过程。

它采用柱塞悬浮式技术原理，使液压悬浮力直接通过活柱的内腔作用在顶盖上，从而使液压悬浮力分担支柱工作阻力的五分之四左右，使活柱在轴向上的受力仅为工作阻力的五分之一；提高了支柱的稳定性和安全性，也大大提高了支柱的支撑高度和承载能力。

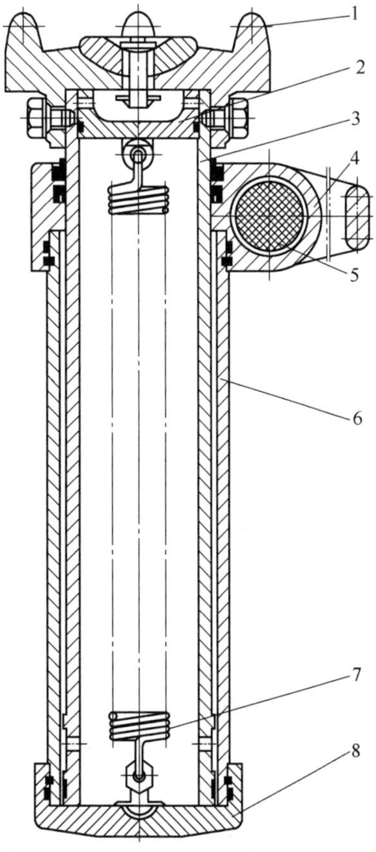

图 9-23　柱塞悬浮式单体液压支柱

1—铰接顶盖；2—密封盖组件；3—活柱；4—手把阀体；5—三用阀；6—缸体；7—复位弹簧；8—底座

9.3.4 单体液压支柱的管理

单体液压支柱能获得广泛的应用，与它的工作性能密不可分。要使每根液压支柱始终保持良好的工作性能，确定各阶段严格、正确的管理措施是十分必要的。

(1) 使用前的管理

① 对于拟使用单体液压支柱的工作面，首先要根据工作面的地质条件和必要的监测结果正确选型。只有选型合适，才能充分发挥单体液压支柱的作用，管理好工作面顶板。

② 根据工作面的生产方式编制支护方案、技术措施及安全作业规程，经主管部门批准后实施。

③ 根据工作面建立台账。其内容一般包括：下井日期、数量、型号、折损量、维修时间及根次、单体液压支柱技术性能测定数据等。

④ 不论单体液压支柱新旧，下井前必须逐根检验，合格者方能下井。另外，单体液压支柱运输过程中要注意保护，防止与其他硬物碰、撞、砸、压，造成意外的机械损伤。

⑤ 对操作者进行上岗前的培训，合格者上岗，杜绝无证操作。

(2) 操作中的管理

① 对于单体液压支柱工作面，严禁不同性质、不同规格的支柱混合使用。即使是同一

类型同一规格的单体液压支柱，也要注意在操作时尽量使其工作性能一致，在升柱时保证每根柱子都达到其初撑力。这是管理好工作面顶板的关键。

② 严格按支护规程操作，确保架设质量。柱距、排距应均匀，做到横成排，竖成行。单体液压支柱应垂直于顶板、底板支设，要有迎山角且角度应合适。

③ 工作面上的单体液压立柱和铰接顶梁要编号管理，对号入座；对于支柱工，应采用分段承包架设和管理。根据有关规定，机械化工作面一般不准放炮；必须放炮时应采取有效的保护措施，防止损坏单体液压支柱。工作面出现“死柱”时，严禁爆破，也不允许用绞车拔柱，应打好临时单体液压支柱，采取局部挑顶、卧底将其取出。

④ 给单体液压支柱注液时，要注意三用阀注液口处是否清洁，一般应先冲洗后再插注液枪注液。

⑤ 严格管理乳化液，保证其各项性能指标参数符合要求。

(3) 维修管理

① 建立维修管理制度。在井下支护过程中，要注意检查单体液压支柱的损坏情况。当单体液压支柱出现自动卸载降柱、卸载阀失效、支柱表面有明显的机械变形或机械擦伤而影响动作等情况，都要及时升井修理。单体液压支柱在井下连续使用6～8个月后（多为一个工作面采完后）或井下存放时间较长时，应升井检修。

② 凡检修后的单体液压支柱均须进行测试，其内容一般包括操作试验，承载试验，高、低压密封试验等。

9.4 乳化液泵站

乳化液泵站可以用来向综采工作面液压支架或高档普采工作面单体液压支柱输送乳化液，也可以作为液压缸、阀件试验设备的动力源，或其他液压系统的动力源。

不同流量和压力的乳化液泵站可分别满足普采工作面、高档普采工作面及综采工作面的不同要求。乳化液泵站一般由两台乳化液泵与一台乳化液箱组成，其中一台乳化液泵工作，另一台乳化液泵备用。也可根据要求由三台乳化液泵与一台乳化液箱组成三泵一箱的乳化液泵站，其中两台乳化液泵同时工作，另一台乳化液泵备用。

由两台BRW400/31.5X4A-F型乳化液泵与一台XR-WS2500A型乳化液箱组成的乳化液泵站，主要为厚煤层中要求快速移架的综采工作面提供高压乳化液。

9.4.1 BRW400/31.5X4A-F型乳化液泵

BRW400/31.5X4A-F型乳化液泵型号名称的意义为：B—泵；R—乳化液；W—卧式；400—公称流量400L/min；31.5—公称压力31.5MPa；X4A-F—线形分体式泵头。如图9-24所示，BRW400/31.5X4A-F型乳化液泵为卧式五柱塞往复式泵，主要由动力端（曲轴箱）和液力端（泵头、高压缸套组件）组成。在排液腔一侧装有安全阀，另一侧装有卸载阀。

工作时乳化液泵由一台四极电动机驱动，经一级齿轮减速后，带动五曲拐曲轴旋转，通过连杆、滑块带动柱塞做往复运动，使工作液在液力端经吸、排液阀吸入和排出，从而使电动机的机械能转换成液压能，输出高压乳化液体。

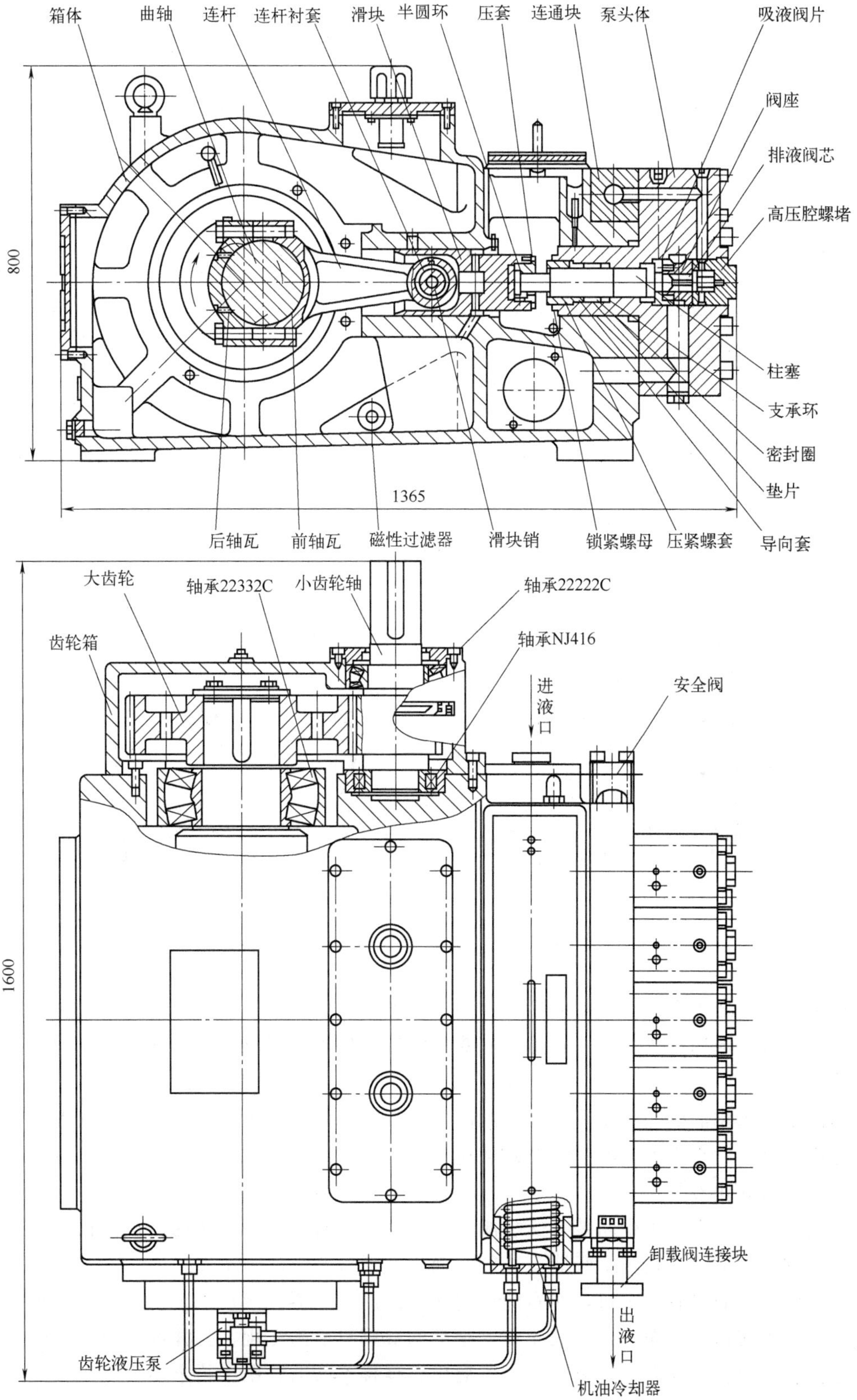

图 9-24　BRW400/31.5X4A-F 型乳化液泵

9.4.2 XR-WS2500A 型乳化液箱

乳化液箱是配制、储存、回收、过滤乳化液的装置，可与相应的乳化液泵共同组成乳化液泵站。乳化液箱可同时供两台泵工作。如图 9-25 所示，XR-WS2500A 型乳化液箱由箱体、自动配液装置、防爆浮球液位控制器、插片滤网、磁性过滤器、吸液截止阀、交替阀、高压过滤器、蓄能器、回液过滤器、回液截止阀、压力表、液位指示器等主要零部件组成。

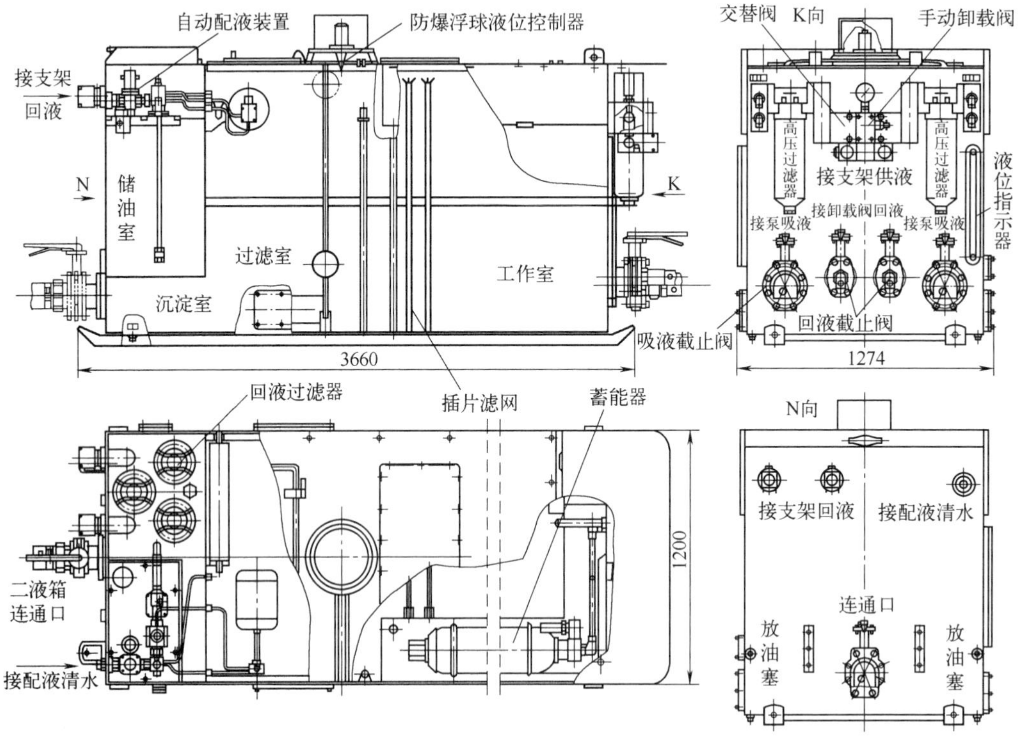

图 9-25 XR-WS2500A 型乳化液箱

采用三腔室结构设计，自前向后依次为沉淀室、过滤室和工作室。各腔室底部均设有独立放液阀，以便定期排放旧液。箱体两侧对应沉淀室位置设有清渣盖，开启后可清除沉淀室的杂质。

储油室的乳化油供配液用，当需要配液时，自动配液装置工作，乳化液先进入乳化液箱的沉淀室，沉淀后再进入过滤室，经磁性过滤器和插片滤网过滤后，洁净的乳化液最终进入工作室，供给乳化液泵。

乳化液箱面板上部正中间装有交替阀，左右两侧各有一个高压过滤器，面板中部有两个回液截止阀，面板下部是两个吸液截止阀，面板上还设有液位指示器。

交替阀六个面设有六个口，左右两口连接两高压过滤器进液；上出口连接压力表；下出口为支架的供液口；正面出口接截止阀（手动卸载阀）供卸压用，打开截止阀，高压液体可直接流回乳化液箱，使乳化液泵站卸压；后出口连接蓄能器，用于稳定卸载动作、减小液体压力脉动。

面板中部的两个回液截止阀供乳化液泵的卸载阀卸载回液用，平时需打开，当卸载阀需维修时，在拔下卸载回液软管前，应先关闭回液截止阀，封存箱内液体以防泄漏。

液箱的吸液截止阀、高压过滤器、回液截止阀均左右对称设置，可一套工作，另一套备用或维修时使用，也可两套同时工作。

9.4.3 乳化液泵站的液压传动系统

乳化液泵站液压传动系统原理如图 9-26 所示，乳化液箱中的乳化液通过吸液过滤器、吸液软管、前注泵流入乳化液泵，乳化液泵排出的高压乳化液经自动卸载阀（其中的单向阀）、高压过滤器、交替阀供给工作面液压支架。

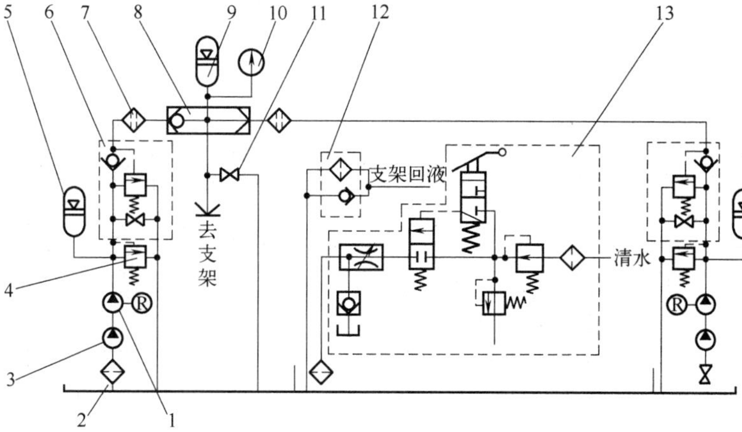

图 9-26 乳化液泵站液压传动系统原理

1—乳化液泵；2—吸液过滤器；3—前注（置）泵；4—泵用安全阀；5，9—蓄能器；6—自动卸载阀；7—高压过滤器；8—交替阀；10—压力表；11—手动卸载阀；12—回液过滤器；13—自动配液装置

当工作面液压支架不工作时，系统压力升高，蓄能器储液。当压力超过自动卸载阀的调定压力时，自动卸载阀打开，使乳化液泵卸载运行，同时自动卸载阀中的单向阀关闭，使乳化液泵站处于保压状态。

当支架重新动作或系统泄漏，引起系统压力下降至自动卸载阀的恢复工作压力时，自动卸载阀关闭，乳化液泵站恢复供液状态。

9.5 液压凿岩机传动系统

液压凿岩机是以循环高压油为动力，驱动钎杆、钎头，以冲击回转方式在岩体中凿孔的机械。与气动凿岩机相比，液压凿岩机具有能量消耗少、凿岩速度快、效率高、噪声小、易于控制、钻具寿命长等优点，但其对零件加工精度和使用维护技术要求较高。液压凿岩机一般安装在凿岩台车的液压钻臂上工作，可钻凿任何方位的炮孔，钻孔直径通常为 30～65mm，适用于以钻眼爆破法掘进的矿山井巷、硐室和隧道的钻孔作业。

液压凿岩机的转钎机构与外回转风动凿岩机的结构基本相同，只是以液压马达代替了气动马达。个别机型也采用内回转方式转钎。

液压凿岩机的结构形式很多，其主要区别在于冲击机构的配油方式。按冲击机构的配油方式不同，液压凿岩机可分为有阀配油和无阀配油两种。有阀配油机构借助配油阀使油液换向，实现配油；无阀配油机构通过活塞本身运动实现配油，活塞既起冲击作用，又起配油作用。目前有阀配油机构应用较多，按照配油原理它还可分为液压缸前后腔交替进回油式、前腔常进油式和后腔常进油式三种。

液压凿岩机的排粉机构采用水或气水混合排粉，但为了加快凿岩速度，多采用压力高、流量大的冲洗水排粉。供水方式有中心供水和旁侧供水两种；中心供水是将水通过机器内部的水针进入钎子中心孔；旁侧供水是将水通过设在机器前面的水套，从旁侧进入钎子中心孔。

YYG-80 型液压凿岩机的冲击机构属于液压缸前后腔交替进回油式有阀配油机构，采用滑阀配油，其结构如图 9-27 所示。

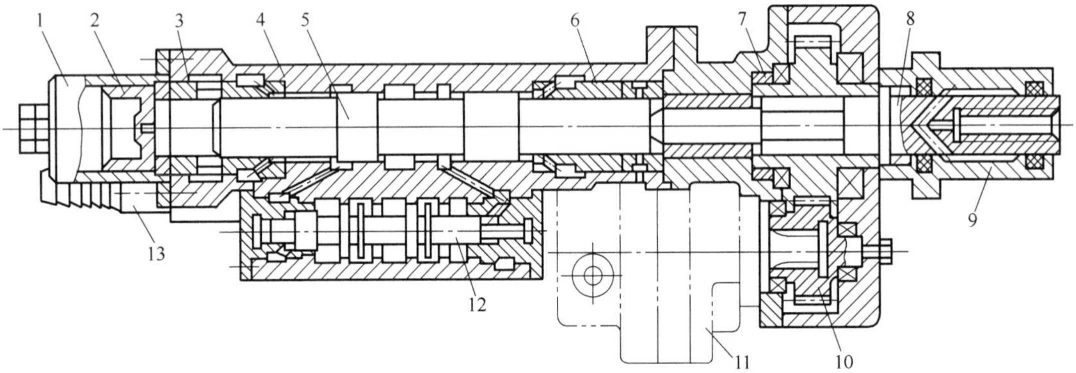

图 9-27　YYG-80 型液压凿岩机结构

1—回程蓄能器壳体；2—活塞；3,6—铜套；4-缸体；5—活塞；7,10—齿轮；8—冲击杆；9—水套；11—液压马达；12—滑阀；13—进油管

冲击机构由缸体 4、活塞 5 和滑阀 12 等组成。缸体做成一个整体，滑阀与活塞的轴线互相平行。在缸孔中，前后各有一个铜套 6、3 支撑活塞运动，并导入液压油。滑阀的作用是自动改变油液流入活塞前后腔的方向，使活塞往复运动，打击冲击杆 8 的尾部，从而将冲击能量传给钎子。

YYG-80 型液压凿岩机的转钎机构由摆线转子液压马达 11、齿轮 10 和 7、冲击杆 8 等组成。齿轮 7 中压装有花键套，与冲击杆 8 上的花键相配合，钎尾插入冲击杆前端的六方孔内。因此，当液压马达带动齿轮 7 转动时，冲击杆和钎子都将跟着一起转动。在液压马达的液压回路中装有节流阀，可以通过节流阀调节液压马达的转速。排粉机构采用旁侧进水方式，压力水经过水套 9 进入钎子中心孔内。

YYG-80 型液压凿岩机冲击机构的工作原理如图 9-28 所示。活塞冲程开始时［图 9-28(a)］，活塞与滑阀阀芯均处于左端位置，压力油经进油管 P 进入滑阀 H 腔后，经 a 孔进入活塞左端 A 腔，使活塞向右（前）运动，活塞右端 M 腔内的油液经 e 孔、滑阀 K 腔和 Q 腔流入回油管 O，流回油箱。此时活塞两端 E 腔、F 腔均与油箱连通，阀芯保持不动。当活塞运动到一定位置时，A 腔与 b 孔接通，部分高压油经 b 孔至阀芯左端 E 腔，而阀芯右端 F 腔中的油液经 d 孔、缸体 B 腔和 c 孔流回油箱，在压力差作用下，阀芯右移，同时活塞冲击钎尾，完成冲击行程，开始返回行程。

活塞返回行程开始时［图 9-28（b）］，压力油经滑阀 H 腔、e 孔进入活塞右端 M 腔，活塞左端 A 腔中的油液经 a 孔、滑阀 N 腔流回油箱，在压力差作用下，活塞被推动左移。当活塞移动到 d 孔打开时，M 腔部分压力油经 d 孔作用在阀芯右端，推动阀芯左移，油流换向，回程结束并开始下一个循环的冲程。在活塞左移的过程中，当活塞左端 f 孔关闭后，D 腔内油液被压缩，使回程蓄能器 3 储存能量，同时还可对活塞起缓冲作用。当冲程开始时，回程蓄能器 3 释放能量，以加快活塞向前运动的速度，提高冲击力。

在 YYG-80 型液压凿岩机上还装有一个主油路蓄能器 5，其作用是积蓄和补偿液流，减少液压泵供油量，从而提高效率，并减少液压冲击。

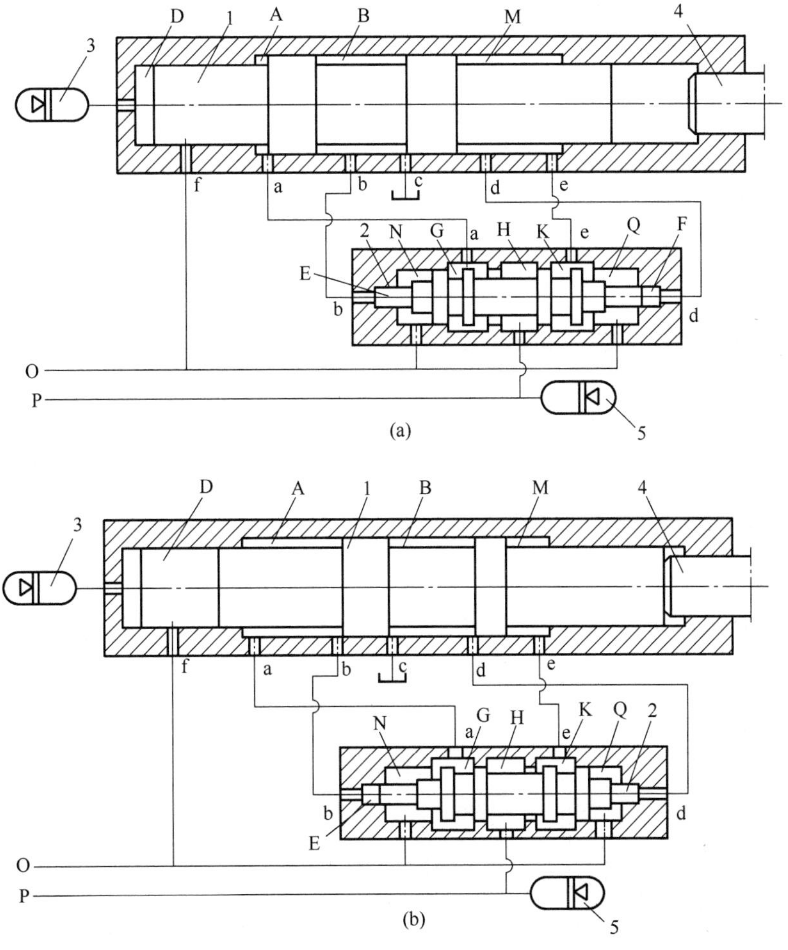

图 9-28　YYG-80 型液压凿岩机冲击机构工作原理

1—活塞；2—滑阀；3—回程蓄能器；4—钎尾；5—主油路蓄能器

YYG-80 型液压凿岩机的液压传动系统分为冲击系统和转钎-推进系统两部分，如图 9-29 所示。冲击系统是独立的，它由一台 CB-H90C 型齿轮泵供油。转钎-推进系统可以和配套的推进凿岩台车的液压传动系统合并。这是因为凿岩机和推进凿岩台车不同时工作，所以由一台 YBC45/80 型齿轮泵供油即可满足要求。需要注意的是，液压凿岩机在工作过程中，冲击系统内油温很高，有可能达到 90℃，因此必须在油箱内设置冷却器。

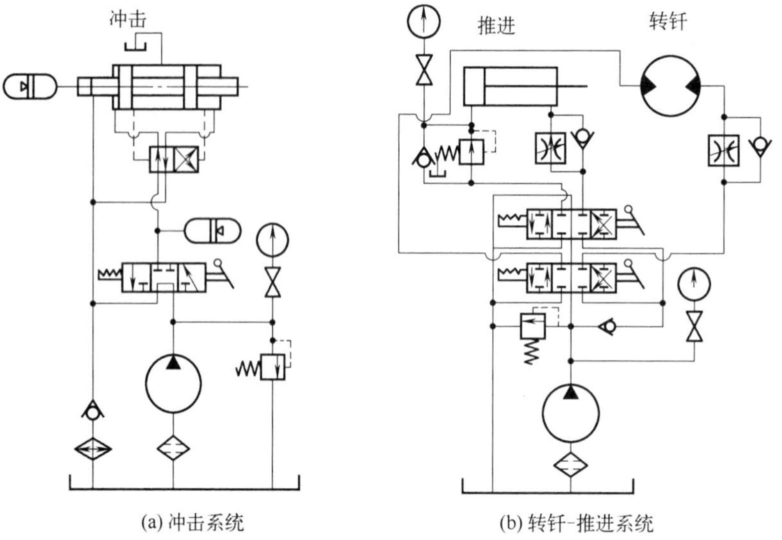

(a) 冲击系统　　(b) 转钎-推进系统

图 9-29　YYG-80 型液压凿岩机的液压传动系统

9.6 EBJ-120TP 型掘进机液压传动系统

EBJ-120TP 型掘进机除截割头采用旋转驱动外，其余执行机构均通过液压传动实现动作。其液压传动系统如图 9-30 所示：主泵站由一台 55kW 电动机经同步齿轮箱驱动一台双联齿轮泵和一台三联齿轮泵（两泵转向相反），通过阀组分别向液压缸回路、行走回路、装

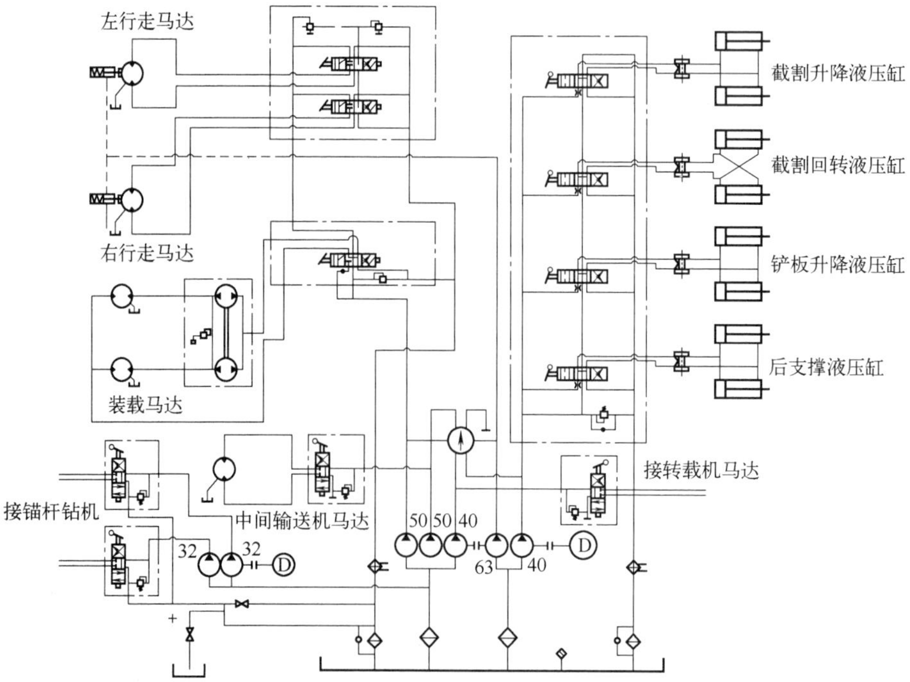

图 9-30　EBJ-120TP 型掘进机液压传动系统

载回路、输送机回路、皮带转载机回路分配压力油，构成五个独立的开式液压传动系统。此外，该机配置液压锚杆钻机泵站，可同时为两台锚杆钻机提供压力油；并采用文丘里管引射补油装置，利用主系统压力差实现油箱自动补油，有效避免补油时对油箱的污染。

(1) 液压缸回路

液压缸回路采用双联齿轮泵中的 40mL/r 排量后泵（40 泵）作为动力源，通过四联多路换向阀组分别向 4 组执行液压缸（截割升降、截割回转、铲板升降、后支撑液压缸）供压力油。液压缸回路工作压力由四联多路换向阀阀体内自带的溢流阀调定，其额定工作压力为 16MPa。截割升降、铲板升降和后支撑均有两个液压缸，它们各自通过两活塞腔或两活塞杆腔并接。而截割机构两个回转液压缸为一个液压缸的活塞腔与另一液压缸的活塞杆腔并接。

为确保截割头与支撑液压缸能在任意位置可靠锁定，防止因换向阀内泄或管路密封失效导致位置偏移，同时避免油管突发破裂引发安全事故，并控制截割头及铲板下降速度以实现平稳作业，各液压回路中均配置了平衡阀。

(2) 行走回路

行走回路由双联齿轮泵的前泵（63 泵）向两个行走马达供油，驱动机器行走，行走速度为 3m/min。当装载转盘不运转时，供装载回路的 50 泵自动并入行走回路，此时两个齿轮泵（63 泵和 50 泵）同时向行走马达供油，实现快速行走，行走速度为 6m/min。系统额定工作压力为 16MPa。回路工作压力由装在两联多路换向阀阀体内的溢流阀调定。

根据该机器液压传动系统的特点，行走回路的工作压力调定时，必须先将装载转盘开动。快速行走时，由于并入了装载回路的 50 泵，其系统额定工作压力为 14MPa。

通过操作多路换向阀手柄来控制行走马达的正、反转，实现机器的前进、后退和转弯。当机器转弯时，应同时操作两片换向阀（使一片阀的手柄处于前进位置，另一片阀的手柄处于后退位置）。除非特殊情况，尽量不要操作一片换向阀来实现机器转弯。

防滑制动使用摩擦制动器来实现。摩擦制动器的开启由液压传动系统控制，其开启压力为 3MPa。而制动液压缸的油压力由多路换向阀控制。行走回路不工作时，由于弹簧力的作用，摩擦制动器处于闭锁制动状态。

(3) 装载回路

装载回路由三联齿轮泵的前泵（50 泵），通过一个齿轮分流器分别向两个装载马达供油，并通过一个手动换向阀控制装载马达的正、反转。该系统的额定工作压力为 14MPa，通过调节换向阀体上的溢流阀来实现。齿轮分流器内两个溢流阀的调定压力均为 16MPa。

(4) 输送机回路

输送机回路由三联齿轮泵的中泵（50 泵）向中间输送机马达供油，并通过一个手动换向阀控制中间输送机马达的正、反转。系统额定工作压力为 14MPa，通过调节换向阀体上的溢流阀来实现。

(5) 转载机回路

转载机回路由三联齿轮泵的后泵（40 泵）向转载机马达供油，并通过一手动换向阀来控制转载机马达的正、反转。系统额定工作压力为 10MPa，通过调节换向阀体上的溢流阀来实现。

(6) 锚杆钻机回路

锚杆钻机回路由一台15kW电动机驱动一台双联齿轮泵，并通过两个手动换向阀同时向两台液压锚杆钻机供油。系统额定工作压力为10MPa，通过调节换向阀体上的溢流阀来实现。

(7) 油箱补油回路

油箱补油回路由两个截止阀、文丘里管和接头等辅助元件组成，为油箱加补液压油。如图9-31所示，补油系统并接在锚杆钻机回路的回油管路上（若掘进机没设置锚杆钻机泵站，则补油系统并接在运输回路或转载机回路的回油管路上）。当需要向油箱补油时，截止阀2关闭，截止阀3开启，油液经过文丘里管4时，在A口产生负压，通过插入装油容器5中的吸油管将油液吸入油箱。当补油系统不工作时，必须将截止阀3关闭，截止阀2开启。

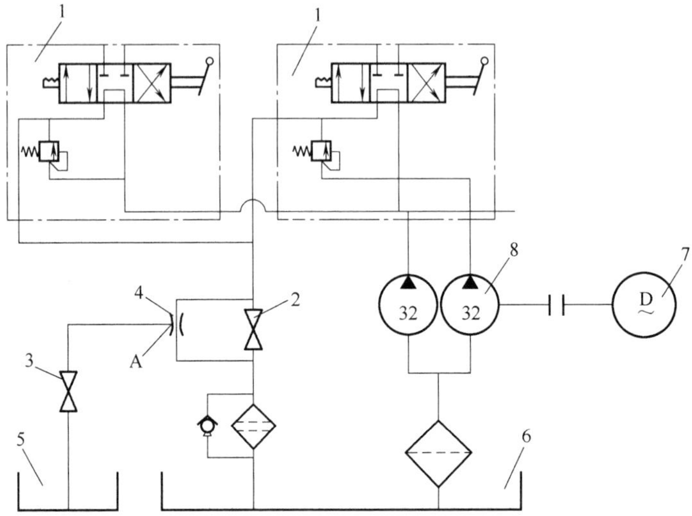

图9-31 补油回路

1—换向阀；2,3—截止阀；4—文丘里管；5—装油容器；6—油箱；7—电动机；8—双联齿轮泵

(8) 内、外喷雾冷却除尘系统

EBJ-120TP型掘进机内、外喷雾冷却除尘系统主要用于灭尘、截齿降温、消灭火花、冷却掘进机截割电动机和油箱、提高工作面能见度、改善工作环境、消除安全隐患，如图9-32所示。压力为3MPa的水通过粗过滤后，进入总进液阀2，一路经减压阀减至

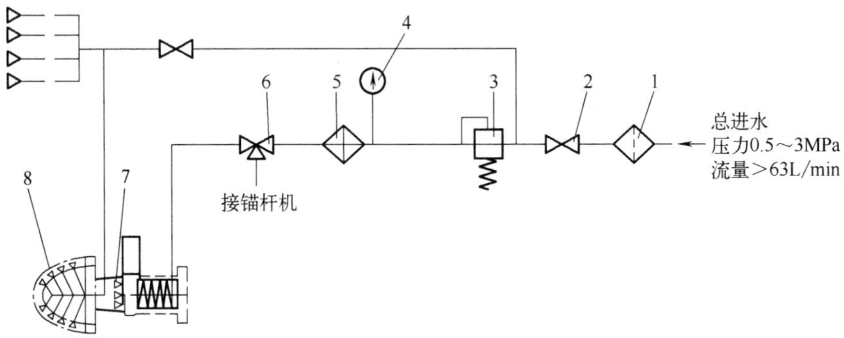

图9-32 EBJ-120TP型掘进机内、外喷雾冷却除尘系统

1—过滤器；2—总进液阀；3—减压阀；4—压力表；5—油箱冷却器；6—球阀；7—雾状喷嘴；8—线型喷嘴

1.5MPa 后，冷却油箱和截割电机，再引至前面的雾状喷嘴架处喷出；另一路不经减压阀的高压水，引至悬臂段上的内喷雾处的雾状喷嘴喷出。当没有内喷雾时，此路水引至叉形架前方左、右两边的加强型外喷雾处的线型喷嘴喷出。

9.7　12CM18-10D 型连续采煤机液压传动系统

12CM18-10D 型连续采煤机液压传动系统，主要由双联齿轮泵、液压缸、安全阀、载荷锁定阀、平衡阀、顺序阀、减压阀、多路换向阀、电磁阀、过滤器、蓄能器、冷却器及油箱、油管等组成。油泵电动机功率为 52kW，额定电压为 1050V，转速为 1450r/min。双联齿轮泵中的一联流量为 120L/min，压力为 16.9MPa，向主液压系统（各液压缸）供液，用于驱动截割臂的升降，机器的稳定，铲装板的升降、固定，输送机的升降、摆动，如图 9-33 所示；另一联流量为 34L/min，压力为 3.1MPa，向辅助液压系统供液，用于控制连续采煤机除尘器的供水、泥浆泵液压马达及行走履带减速器液压盘式制动闸的供油，如图 9-34 所示。

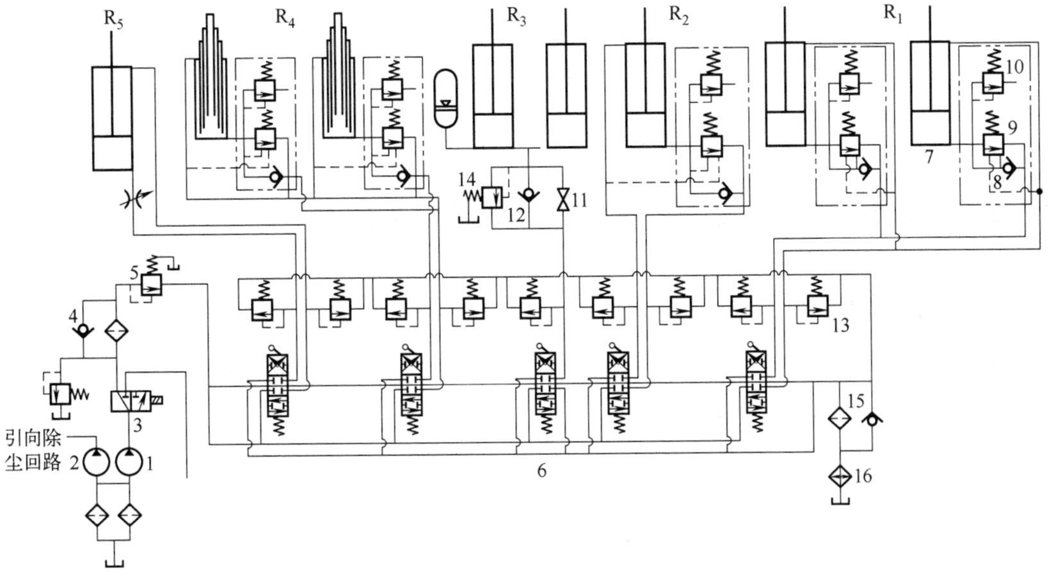

图 9-33　主液压系统

R_1—截割臂液压缸；R_2—稳定靴液压缸；R_3—装煤铲板液压缸；R_4—输送机升降液压缸；R_5—输送机摆动液压缸；1,2—双联齿轮泵；3—分配阀；4—过滤器；5,14—顺序阀；6—多路换向阀；7—载荷锁定阀；8,12—单向阀；9—卸荷阀；10—安全阀；11—手动闸阀；13—溢流阀；15—过滤器；16—冷却器

冷却喷雾系统通过一定压力和流量的洁净水冷却电动机、控制器和液压油后，由喷嘴喷雾降尘。喷嘴必须保持畅通，否则将会严重影响冷却效果。湿式除尘系统由风扇、吸尘风筒、喷雾杆、过滤网、除尘器和泥浆泵等组成。采煤机工作时，风扇负压由风筒吸入含尘空气，经喷雾杆喷嘴所形成的水幕，使空气中的粉尘颗粒润湿，并通过滤网和除尘器分离粉尘与空气。除尘形成的泥浆由泥浆泵排出，过滤后的空气由风扇向采煤机后部排出。

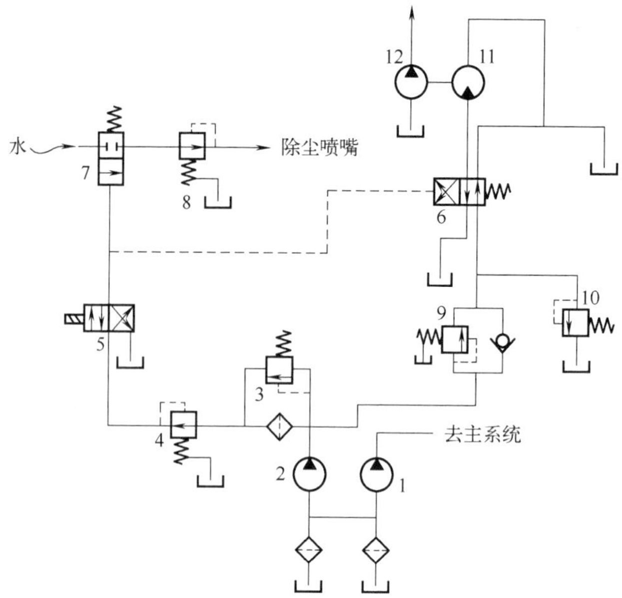

图 9-34 辅助液压系统

1,2—液压泵；3—过滤器；4,8—减压阀；5—二位四通电磁阀；6—二位四通液控阀；7—二位二通液控阀；9—顺序阀；10—安全溢流阀；11—液压马达；12—泥浆泵

9.8 液压传动系统的使用和故障处理

9.8.1 操作和维护

任何一台完好的液压传动采掘机械在使用时，除了必须注意机器本身的操作规程和要求外，对其液压传动部分，一般应注意以下几方面。

(1) 日常检查和维护

日常检查是减少系统故障、使液压传动系统正常运转的重要保证。通过检查维护，可以在早期发现并处理事故隐患。日常检查维护包括液压泵启动前的检查维护，机器运转过程中的检查维护以及机器停车后的检查维护。

① 启动前的检查。

a. 检查油量。从油位指示器检查油箱的油量是否足够。

b. 检查泄漏。检查所有接头部位有无泄漏、松动。

c. 检查油温。一般要求油温在 0℃以上，液压泵才允许启动。

② 液压泵的启动及启动后的检查。

a. 点动。液压泵不允许突然启动，连续运转，应当用点动（即用手断续接通和断开液压泵电动机）的方式逐渐启动，先判断其转向是否正确。尤其是在低温、油液黏度较高时更应加倍小心，因为液压泵若在无输出的工况下运转，几分钟内就可能烧坏。所以点动时必须判断有无油液排出，如果无油液排出，应立即停机检修。点动两至三次，每次时间可逐渐延长，当发现无异常后，即可正式运行。

b. 检查过滤器。如果液压泵出现排液量不足、噪声过大等，均与过滤器堵塞有关，故应经常检查过滤器。

c. 回路元件的运行检查。即回路中各主要元件的动作状况检查，包括：调节溢流阀手柄，使溢流回路通断数次；各换向阀往复动作数次，然后以不同压力使液压缸或液压马达动作数次。在检查这些回路元件动作的同时，通过压力表的波动情况、声音的大小和外部渗漏等现象来判别各回路元件是否正常。液压缸往复动作时，应使其走完全行程，以便排尽积存的空气。

d. 油位检查。要经常观察油位，尤其当系统有多个执行元件同时工作或液压缸行程较大时，油箱容量会显得不足，这时必须及时补充油液。乳化液泵站就属于这种情况。

③ 液压泵停止运转前的检查。

a. 油温检查。正常油温应低于 70℃，乳化液温度应低于 50℃。油温过高时，应立即检查，并加以控制。

b. 油质检查。检查有无气泡、变色或恶臭。油液白浊是由空气的混入造成的，应查清原因并及时排除；油液发黑或发臭是氧化变质的结果，必须更换。

c. 泄漏检查。一般在高压高温下容易出现泄漏，系统的泄漏主要发生在各管接头和法兰部位。

d. 噪声和振动源的检查。噪声通常来自液压泵，当液压泵吸入空气或磨损时，都会出现较大的噪声。对于振动源，应检查有关管道、控制阀、液压缸或液压马达的状况，还应检查它们的固定螺栓和支撑部位有无松动。

(2) 定期检查

定期检查的内容包括规定必须做定期维修的元、部件，以及日常检查中发现的不良现象而又未及时排除的地方。定期检查与日常检查两者是相辅相成的：日常检查越彻底，则定期检查越简单；反之，定期检查越彻底，则日常检查也就越简单，出现的故障和异常现象也越少。

定期检查的时间一般与过滤器的检查时间相同，约三个月。检查的顺序可按传动路线进行，从泵开始，经油箱、过滤器、压力表、压力控制阀、换向阀、流量阀，至液压缸或马达，直至管件及蓄能器等。具体要求与日常检查类同。

在定期检查时应注意：不可盲目拆卸元件，不能把不同的油液混合使用；泵、马达、各类阀不得随意解体；更换管路附件时，必须在油压消失后进行。

(3) 综合检查

综合检查随采掘机械的大修同时进行，液压元件、管路及其他辅助元件都要一一拆卸并分解检查，分别鉴定各元件的磨损情况、精度及性能。根据拆检和鉴定结果，做必要的修理或更换。

9.8.2 液压传动系统和元件的检修

液压传动系统的元件加工精度高、装配要求严，工作油液要求干净，因此对系统和元件的检修，均要求在专门的清洁场所进行，对于在煤矿井下特别是在工作面处，绝对不允许就地检修。

在检修过程中，液压传动系统的拆装顺序和修理工艺须严格按规定进行，对任何环节的疏忽，都可能给元件或系统带来事故隐患。按照检修顺序，应遵守以下各条规定。

(1) 拆卸

① 拆卸管道必须事先标记好顺序，以免装配时混淆；拆卸时，应当先卸掉管内压力，以免油液喷溅；卸下的管道先用清洗油液清洗，然后在空气中风干，并将管口用洁净绸布（或塑料布）包扎或者塞堵好，防止异物进入。

② 拆卸的元件或辅件的孔口，均应加装盖子，以防异物进入或划伤表面；卸下的较小零件如螺栓、密封件等，应分类保存，以免丢失。

③ 油箱要用盖板覆盖，防止落入灰尘；放出的油液应装入干净油桶，如再使用，须用带过滤器的滤油车注入油箱。

(2) 元件解体及检修

必须解体修复的元件，应按以下要求进行：

① 必须先透彻了解元件的结构和装配关系，熟悉拆卸顺序和方法；准备适宜的工具。

② 对那些配合要求严格、必须对号入座的零件，如柱塞泵的柱塞和叶片泵的叶片等，应在拆卸前作出对应标记。

③ 要轻拆轻放。卸下的零件经仔细清洗（不可用棉丝或带纤维的布清洗，应用泡沫塑料或新的绸布清洗）后分别放置，不得丢失和碰伤。对于短时间内不再组装的零件，应涂防锈油装入木箱保管。

④ 对主要零件要测量磨耗、变形和硬度等。检测后凡可修理复用的要细心修复；不能修复的，一般需更换整个元件。更换的元件，其型号和规格必须相符，不可随意替用。

(3) 重新组装

零件经检测、修复或更换后，即可重新组装成元件。组装时应注意：

① 彻底清除零件上的锈迹、毛刺及污物。

② 组装前涂上工作油。

③ 对滑阀等滑动件，不可强行装入。应根据配合要求，用手边转边推，轻轻装入阀体。

④ 紧固螺栓时，应按对角顺序均匀拧紧。

9.8.3 常见故障及其原因

液压传动系统出现故障时，不像一般机械传动故障那样容易发现。利用计算机等现代科学手段查找和分析液压传动系统的故障，已在一些行业部门取得长足进展，但大都应用于大型或固定式的设备中。因此，对于采掘机械液压传动系统故障的分析、查找和处理，主要依靠既具有扎实的液压传动基础知识，又具有丰富检修经验和实际操作经验的人员进行。液压传动系统中各种元件和辅件都可能发生故障，且故障形式多种多样，这里仅介绍部分最常见的故障及原因分析。

(1) 液压传动系统压力不足或完全无压力

产生这类故障的可能原因及排除方法有以下几个方面：

首先应检查液压泵是否有油液输出。若无油液输出，则可能是液压泵的转向不对、零件磨损严重或损坏、吸油回路阻力过大（如过滤器被堵塞或油液黏度太大等）或漏气，致使液压泵不能排出油液。此外，电动机功率不足也可使液压泵输出的油液压力过低。

如果液压泵有油液输出，则应检查各段回路的元件或管道，以便找出使油液短路或泄漏的部位。其中，溢流阀主阀阀芯或先导锥阀可能因脏物存在或锈蚀而卡死在开口位置，或因弹簧折断失去作用，或因阻尼小孔被脏物堵塞等，使液压泵输出的油液立即在低压下经溢流阀流回油箱；在压力回路中的某些控制阀，由污物或其他原因使阀芯卡在回油位置，使压力回路与低压回路短接。另外，也可能是由于管接头松动或处于压力回路中的某些阀内泄漏严重，或者执行元件的密封损坏，产生严重内泄漏。

(2) 工作机构速度不够或完全不动

发生这类故障的主要原因是：液压泵输出流量不够或完全无流量输出；系统泄漏过多，进入执行元件的流量不足；溢流阀调定的压力过低，克服不了工作机构的负载阻力等。具体的原因如下：

① 液压泵的转向不对或吸液量不足。吸油管路阻力过大、油箱的液面太低、吸油管漏气、油箱液面不通大气或液面压力低于大气压力、油液黏度太大或油温过低、电动机转速过低、辅助液压泵供液不足等，都会使液压泵的吸油量不足，造成输出流量不够。

② 液压泵内泄漏严重。这主要是因为，零件磨损、密封间隙（尤其是平面间隙）变大，使排油腔与吸油腔连通短路。

③ 溢流阀或位于压力回路的其他控制阀的阀芯被脏物或锈蚀卡在进、回液口的连通位置，使压力油流回低压回路。

④ 处于压力回路的管接头和各种阀的泄漏，特别是执行元件内的密封装置损坏，内泄漏严重。

(3) 噪声和振动

噪声和振动往往同时出现，不仅会恶化工作条件，而且振动会使管接头松脱甚至断裂。产生噪声和振动的主要原因是油液中混进较多的空气，液压泵流量脉动较大或脉动频率接近元件或管路的固有频率，因而引起共振；此外，管道固定得不牢也容易引起振动。可能造成这些故障的原因有：

① 当吸液管路中的气体存在时，将产生严重的噪声和振动。这一方面的原因可能是泵的吸液高度太大、吸油管路太细而阻力大、泵的转速太高、油箱不通大气或液面压力太低、液压泵供液不足、油液黏度大或吸油过滤器堵塞等，从而使液压泵吸液腔不能吸满油液，造成局部真空，使溶解在油液中的空气分离出来，产生气蚀而引起噪声。另一方面，可能是吸油管密封不严、油箱液面太低、吸油滤网部分外露，以致液压泵在吸油的同时吸入大量空气并进入系统。

② 液压泵和液压马达的质量不好。如困油现象未能很好消除、柱塞或叶片卡死等，都将引起振动和噪声。

③ 其他原因。如电动机与液压泵安装不同心或联轴器松动，会引起液压泵的振动；管道细长、弯头较多且未一一固定、管路中流速太高，这些都会引起管道振动。

(4) 油温过高

油温过高，可能有以下一些原因：

① 泄漏比较严重。液压泵压力调得过高、运动零件磨损使密封间隙增大、密封元件损坏、所用油液黏度过低等，都会使泄漏增加。

② 系统无卸荷回路。当不需要压力油时，大量高压油液仍长时间不必要地经溢流阀溢流。

③ 错用了黏度太大的油液，引起液压损失过大。

④ 散热不良。油箱储油量太少，使油液循环太快；周围环境气温高、空气流通不畅等都是导致散热不良的原因。

除以上这些常见的故障外，必须特别指出的是，液压传动系统在使用时发生的故障中，据统计有70%～80%是由油液污染所引起的。污染的油液危及众多液压元件正常工作：使滑动零件严重磨损、泄漏增大、效率降低、油温升高；造成运动零件憋卡，不能动作；使节流小孔堵塞，造成控制元件动作失灵等。所以，应当十分重视控制油液污染。

思考题

1. MG300-W型采煤机截割部的安全销和整体摇臂壳体对使用有什么意义？
2. MG300-W型采煤机截割部的润滑系统有什么特点？
3. 弯摇臂较直摇臂的优点是什么？
4. 破碎装置有哪些用途？
5. 简述MG300-W型采煤机牵引部液压传动系统中主回路、补油和热交换回路的工作原理。牵引部有哪几种操作方式？系统有哪些保护措施？
6. 乳化液泵站的作用及基本组成有哪些？
7. 乳化液泵的基本组成及工作原理是什么？
8. 乳化液箱有哪些室？乳化液箱配有哪些主要元件？有何作用？
9. 读乳化液泵站液压系统原理图，写明各液压元件的名称和作用，分析液压系统的工作过程。
10. 说明采煤机的辅助液压系统的工作原理。
11. 液压支架的控制方式有哪些？
12. 污染的油液对液压传动有什么危害？
13. 为什么要强调对液压传动系统和元件的维护保养？日常的维护包括哪些内容？
14. 液压传动系统出现振动和噪声的原因可能有哪些？
15. 拆装液压元件时，一般应注意哪些方面？

第 10 章
其他典型液压传动系统

在各种工作机械中，采用液压传动系统的地方很多，不可能一一列举，因此本章只介绍几个典型液压传动系统，借以说明液压技术是如何发挥其无级调速，输出力大，高速起动、制动和换向，易于实现自动化等种种优点的。各个典型液压传动系统图都用图形符号绘制，其工作原理则通过工作循环图和（或）系统的动作循环表，或用文字叙述其油液流动路线来说明。

10.1 组合机床动力滑台液压传动系统

动力滑台是组合机床（见图 10-1）中实现进给运动的一种通用部件，配上动力头和主轴箱后可以对工件完成孔加工、端面加工等工序。液压动力滑台用液压缸驱动，它在电气和机械装置的配合下可以实现各种自动工作循环。

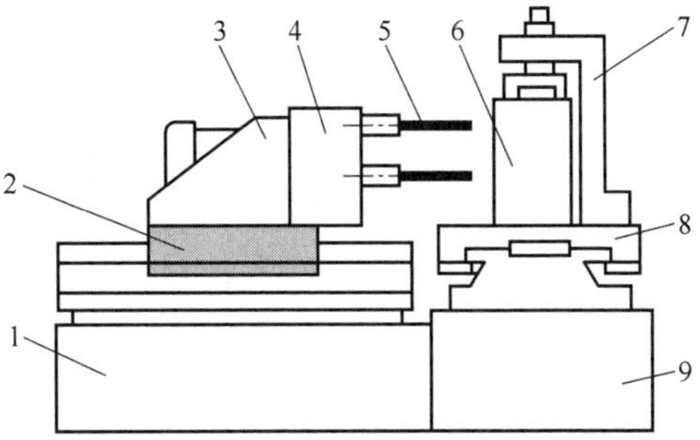

图 10-1　组合机床

1—床身；2—动力滑台；3—动力头；4—主轴箱；5—刀具；6—工件；7—夹具；8—工作台；9—底座

表 10-1 和图 10-2 分别为 YT4543 型动力滑台液压传动系统的动作循环表和液压传动系统图。可见，这个系统能够实现“快进→工进→停留→快退→停止”的半自动工作循环，其工作情况如下：

表 10-1　YT4543 型动力滑台液压传动系统的动作循环表

动作名称	信号来源	电磁铁工作状态			液压元件工作状态				
		1YA	2YA	3YA	顺序阀 2	先导阀 11	换向阀 12	电磁阀 9	行程阀 8
快进	起动按钮	+	—	—	关闭	左位	左位	右位	右位
一工进	挡块压下行程阀 8	+	—	—	打开				左位
二工进	挡块压下行程开关	+	—	+				左位	
停留	滑台靠压在死挡块处	+	—	+					
快退	时间继电器发出信号	—	+	+	关闭	右位	右位		右位
停止	挡块压下终点开关	—	—	—		中位	中位	右位	

(1) 快速前进

电磁铁 1YA 通电，换向阀 12 左位接入系统，顺序阀 2 因系统压力不高仍处于关闭状态。这时液压缸 7 做差动连接，变量泵 14 输出最大流量。系统中油液的流动情况为：

进油路：变量泵 14→单向阀 13→换向阀 12（左位）→行程阀 8（右位）→液压缸 7（左腔）。

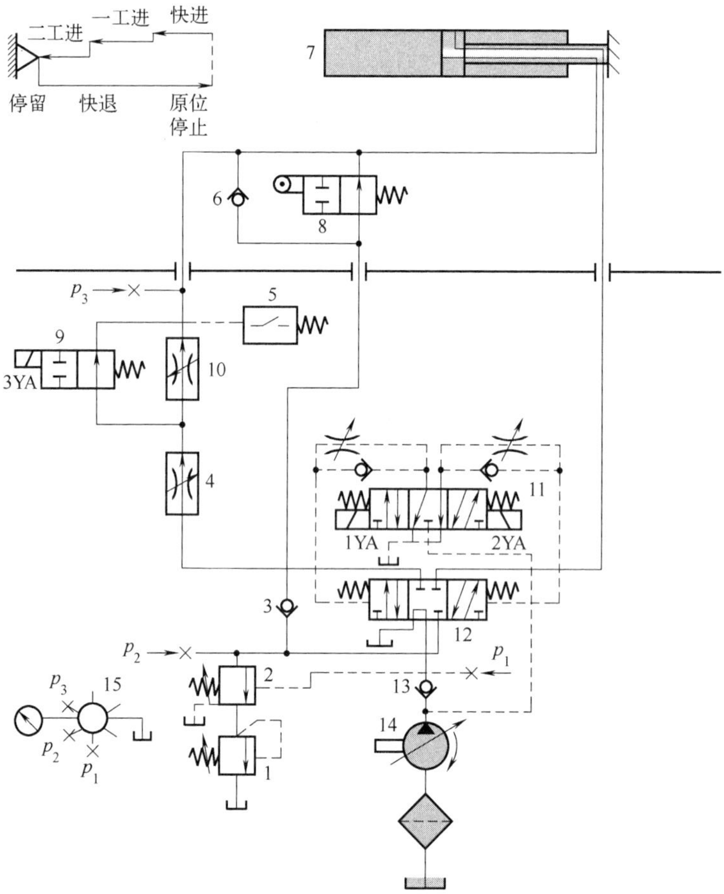

图 10-2 YT4543 型动力滑台的液压传动系统图

1—背压阀；2—顺序阀；3,6,13—单向阀；4——工进调速阀；5—压力继电器；7—液压缸；
8—行程阀；9—电磁阀；10—二工进调速阀；11—先导阀；12—换向阀；14—变量泵；
15—压力表开关；p_1，p_2，p_3—压力表接点

回油路：液压缸 7（右腔）→换向阀 12（左位）→单向阀 3→行程阀 8（右位）→液压缸 7（左腔）。

（2）一次工作进给

在滑台前进到预定位置，挡块压下行程阀 8 时开始。这时系统压力升高，顺序阀 2 打开；变量泵 14 自动减小其输出流量，以便与一工进调速阀 4 的开口相适应。系统中油液的流动情况为：

进油路：变量泵 14→单向阀 13→换向阀 12（左位）→一工进调速阀 4→电磁阀 9（右位）→液压缸 7（左腔）。

回油路：液压缸 7（右腔）→换向阀 12（左位）→顺序阀 2→背压阀 1→油箱。

（3）二次工作进给

在一次工作进给结束，挡块压下行程开关，电磁铁 3YA 通电时开始。顺序阀 2 仍打开，变量泵 14 输出流量与二工进调速阀 10 的开口相适应。系统中油液的流动情况为：

进油路：变量泵 14→单向阀 13→换向阀 12（左位）→一工进调速阀 4→二工进调速

阀 10→液压缸 7（左腔）。

回油路：液压缸 7（右腔）→换向阀 12（左位）→顺序阀 2→背压阀 1→油箱。

(4) 停留

在滑台以二工进速度行进到碰上死挡块不再前进时开始，并在系统压力进一步升高、压力继电器 5 经时间继电器（图中未示出）按预定停留时间发出信号后终止。

(5) 快退

在时间继电器发出信号，电磁铁 1YA 断电、2YA 通电时开始。这时系统压力下降，变量泵 14 流量又自动增大。系统中油液的流动情况为：

进油路：变量泵 14→单向阀 13→换向阀 12（右位）→液压缸 7（右腔）。

回油路：液压缸 7（左腔）→单向阀 6→换向阀 12（右位）→油箱。

(6) 停止

在滑台快速退回到原位，挡块压下终点开关，电磁铁 2YA 和 3YA 都断电时出现。这时换向阀 12 处于中位，液压缸 7 两腔封闭，滑台停止运动。系统中油液的流动情况为：

卸荷油路：变量泵 14→单向阀 13→换向阀 12（中位）→油箱。

从以上的叙述可知，组合机床动力滑台液压传动系统有以下特点：

① 系统采用限压式变量叶片泵-调速阀-背压阀式调速回路，能保证具有稳定的低速运动（进给速度最小可达 6.6mm/min）、较好的速度刚性和较大的调速范围（调速范围 $R\approx100$）。

② 系统采用限压式变量泵和差动连接式液压缸来实现快进，能量利用比较合理。滑台停止运动时，换向阀使液压泵在低压下卸荷，可减少能量损耗。

③ 系统采用行程阀和顺序阀实现快进与工进的换接，不仅简化了电路，而且使动作可靠，换接精度也比电气控制式高。对于两个工进之间的换接，由于两者速度都较慢，采用电磁阀完全能保证换接精度。

10.2 万能外圆磨床液压传动系统

万能外圆磨床主要用来磨削柱形（包括阶梯形）或锥形外圆表面，在使用附加装置时还可以磨削圆柱孔和圆锥孔。外圆磨床上工作台的往复运动和抖动、工作台的手动和机动的互锁、砂轮架的间歇进给运动和快速运动、尾架的松开等，都是通过液压传动系统来实现的。外圆磨床对往复运动的要求很高，不但应保证机床有尽可能高的生产率，还应保证换向过程平稳、换向精度高。为此机床上常采用行程制动式换向回路，使工作台起动和停止迅速，并在换向过程中有一段短时间的停留。

图 10-3 所示为 M1432A 型万能外圆磨床的液压传动系统图。由图可见，这个系统利用工作台挡块 16 和先导阀 17 的拨杆可以连续实现工作台的往复运动和砂轮架的间歇自动进给运动，其工作情况如下：

(1) 工作台往复运动

在图 10-3 所示状态下，开停阀 3 处于右位，先导阀 17 和换向阀 1 都处于右端位置，工作台向右运动，主油路中油液的流动情况为：

进油路：液压泵→换向阀 1（右位）→工作台液压缸 4（右腔）。

回油路：工作台液压缸 4（左腔）→换向阀 1（右位）→先导阀 17（右位）→开停阀 3（右位）→节流阀 5→油箱。

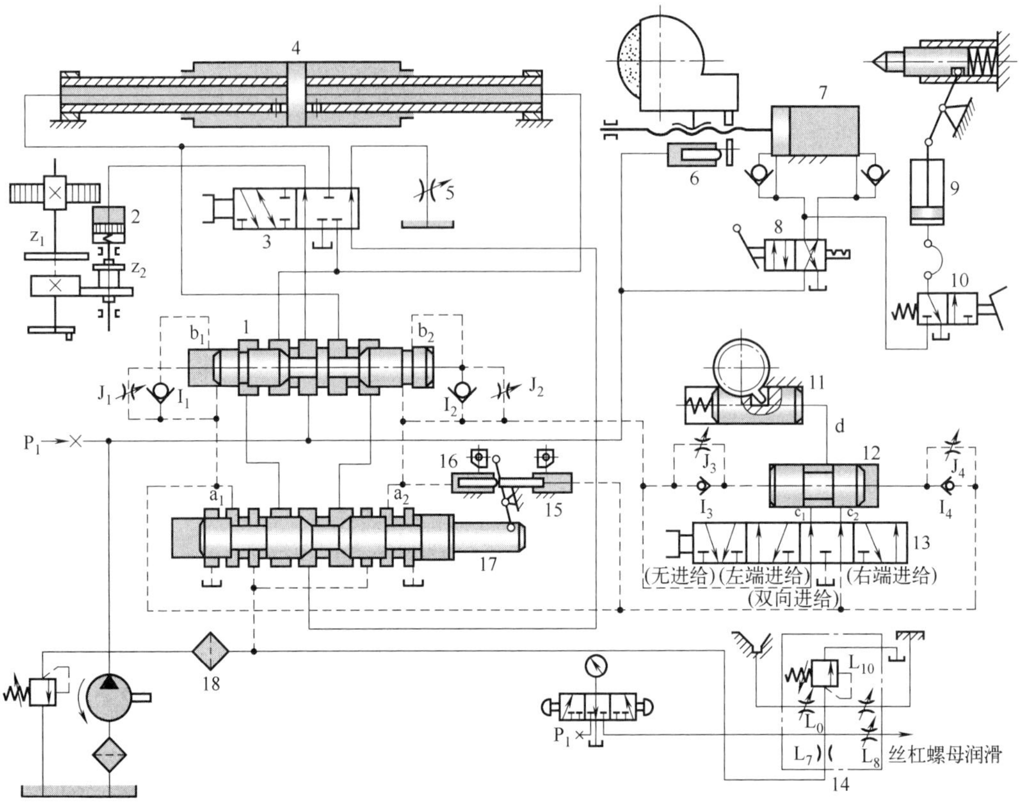

图 10-3 M1432A 型万能外圆磨床的液压传动系统图

1—换向阀；2—互锁缸；3—开停阀；4—工作台液压缸；5—节流阀；6—闸缸；7—快动缸；8—快动阀；9—尾架缸；10—尾架阀；11—进给缸；12—进给阀；13—选择阀；14—润滑稳定器；15—抖动缸；16—挡块；17—先导阀；18—精过滤器

当工作台向右移动到预定位置时，工作台上的左挡块 16 拨动先导阀 17，并使它最终处于左端位置。这时操纵油路上 a_2 点接通高压油、a_1 点接通油箱，使换向阀 1 也处于其左端位置上，于是主油路中油液的流动情况变为：

进油路：液压泵→换向阀 1（左位）→工作台液压缸 4（左腔）。

回油路：工作台液压缸 4（右腔）→换向阀 1（左位）→先导阀 17（左位）→开停阀 3（右位）→节流阀 5→油箱。

工作台向左运动，并在其右挡块 16 碰到拨杆后发生与上述情况相反的变换，使工作台又改变方向向右运动。如此不停地反复进行，直到开停阀 3 拨向左位时才使运动停止。

(2) 工作台换向过程

工作台换向时，先导阀 17 先受挡块的操纵而移动，接着又受抖动缸 15 的操纵而产生快跳；换向阀 1 操纵油路先后三次变换通流情况，使其阀芯产生第一次快跳、慢速移动和第二次快跳。这样就使工作台的换向经历了迅速制动、停留和迅速反向起动三个阶段。具体情况如下：

当图 10-3 中先导阀 17 被拨杆推着向左移动时，先导阀 17 中段的右制动锥逐渐将通向节流阀 5 的通道关小，使工作台逐渐减速，实现预制动。当工作台挡块 16 推动先导阀 17，直到先导阀 17 阀芯右部环形槽使 a_2 点接通高压油，左部环形槽使 a_1 点接通油箱时，控制油路被切换。这时抖动缸 15 便推动先导阀 17 向左快跳，油液的流动情况为：

进油路：液压泵→精滤油器 18→先导阀 17（左位）→抖动缸 15（左缸）。

回油路：抖动缸 15（右缸）→先导阀 17（左位）→油箱。

液动换向阀 1 开始向左移动，因为阀芯右端接通高压油，即：

液压泵→精过滤器 18→先导阀 17（左位）→单向阀 I_2→换向阀 1 阀芯右端。

阀芯左端通向油箱的油路先后出现三种接法。在图 10-3 所示的状态下，回油的流动路线为：换向阀 1 阀芯左端→先导阀 17（左位）→油箱。回油路通畅无阻，阀芯移动速度很大，出现第一次快跳，右部制动锥很快地关小主回油路的通道，使工作台迅速制动。当换向阀 1 阀芯快速移过一小段距离后，它的中部台肩移到阀体中间沉割槽处，使工作台液压缸 4 两腔油路相通，工作台停止运动。

此后换向阀 1 在压力油作用下继续左移时，直通先导阀 17 的通道被切断，回油流动路线改为：换向阀 1 阀芯左端→节流阀 J_1→先导阀 17（左位）→油箱。这时阀芯按节流阀（也称停留阀）J_1 调定的速度慢速移动。由于阀体上沉割槽宽度大于阀芯中部台肩的宽度，工作台液压缸 4 两腔油路在阀芯慢速移动期间继续保持相通，使工作台的停滞持续一段时间（可在 0～5s 内调整），这就是工作台在其反向前的端点停留。

最后，当阀芯慢速移动到其左部环形槽和先导阀 17 相接的通道接通时，回油流动路线又改变成：换向阀 1 阀芯左端→通道 b_1→换向阀 1 左部环形槽→先导阀 17（左位）→油箱。回油路又畅通无阻，阀芯出现第二次快跳，主油路被迅速切换，工作台迅速反向起动，最终完成了全部换向过程。

在反向时，先导阀 17 和换向阀 1 自左向右移动的换向过程与上相同，但这时 a_2 点接通油箱，a_1 点接通高压油。

(3) 砂轮架的快进快退运动

砂轮架的快进快退运动由快动阀 8 操纵，由快动缸 7 来实现。在图 10-3 所示的状态下，快动阀 8 右位接入系统，砂轮架快速前进到其最前端位置，快进的终点位置靠活塞与缸盖的接触来保证。为了防止砂轮架在快速运动终点处引起冲击、提高快进运动的重复位置精度，快动缸 7 的两端设有缓冲装置（图中未画出），并设有抵住砂轮架的闸缸 6，用以消除丝杠和螺母间的间隙。快动阀 8 左位接入系统时，砂轮架快速后退到其最后端位置。

(4) 砂轮架的周期进给运动

砂轮架的周期进给运动由进给阀 12 操纵，由砂轮架进给缸 11 通过其活塞上的拨爪棘轮、齿轮、丝杠螺母等传动副来实现。砂轮架的周期进给运动可以在工件左端停留时进行，可以在工件右端停留时进行，也可以在工件两端停留时进行，也可以不进行，这些都由选择阀 13 的位置决定。在图 10-3 所示的状态下，选择阀 13 选定的是“双向进给”，进给阀 12 在操纵油路 a_1 和 a_2 点每次相互变换压力时，向左或向右移动一次（因为通道 d 与通道 c_1 和 c_2 各接通一次），于是砂轮架便做一次间歇进给。进给量大小由拨爪棘轮机构调整，进给快慢及平稳性则通过调整节流阀 J_3、J_4 来保证。

(5) 工作台液动手动的互锁

工作台液动手动的互锁由互锁缸 2 来实现。当开停阀 3 处于图 10-3 所示位置时，互锁缸 2 内通入压力油，推动活塞使齿轮 z_1 和 z_2 脱开，工作台运动时不会带动手轮转动。当开停阀 3 左位接入系统时，互锁缸 2 接通油箱，活塞在弹簧作用下移动，使齿轮 z_1 和 z_2 啮合，且缸 4 左右腔互通，工作台可以通过摇动手轮来移动，以调整工件。

(6) 尾架顶尖的退出

尾架顶尖的退出由一个脚踏式的尾架阀 10 操纵，由尾架缸 9 来实现。尾架顶尖只在砂轮架快速退出时才能后退以确保安全，因为这时系统中的压力油须在快动阀 8 左位接入时才能通向尾架阀 10 处。

这台磨床的液压传动系统具有以下特点：

① 系统采用活塞杆固定式双杆液压缸，保证左右两向运动速度一致，并使机床的占地面积较小。

② 系统采用普通节流阀式调速回路，功率损失小，这对调速范围不需很大、负载较小且基本恒定的磨床来说很适合。此外，出口节流的形式在液压缸回油腔中造成的背压力有助于工作稳定、加速工作台的制动，也有助于防止系统中渗入空气。

③ 系统采用 HYY21/3P-25T 型快跳式操纵箱，结构紧凑、操纵方便、换向精度和换向平稳性都较高。此外，这种操纵箱还能使工作台高频抖动（即在很短的行程内实现快速往复运动），有利于提高切入磨削时的加工质量。

10.3 液压机液压传动系统

液压机是一种用静压来加工金属、塑料、橡胶、粉末制品的机械，在许多工业部门得到广泛应用。液压机的类型很多，其中四柱式液压机最为典型，应用也最广泛。这种液压机在它的四个立柱之间安置着主、辅两个液压缸。主液压缸驱动上滑块，实现“快速下行→慢速下行、加压→保压→卸压换向→快速返回→原位停止”的动作循环；辅助液压缸驱动下滑块，实现“向上顶出→向下退回→原位停止”的动作循环（图 10-4）。在这种液压机上，可以进行冲剪、弯曲、翻边、拉深、装配、冷挤、成型等多种加工工艺。表 10-2 所示为 3150kN 插装阀式液压机液压传动系统电磁铁动作循环表，图 10-5 所示则是这种液压机的液压传动系统图。

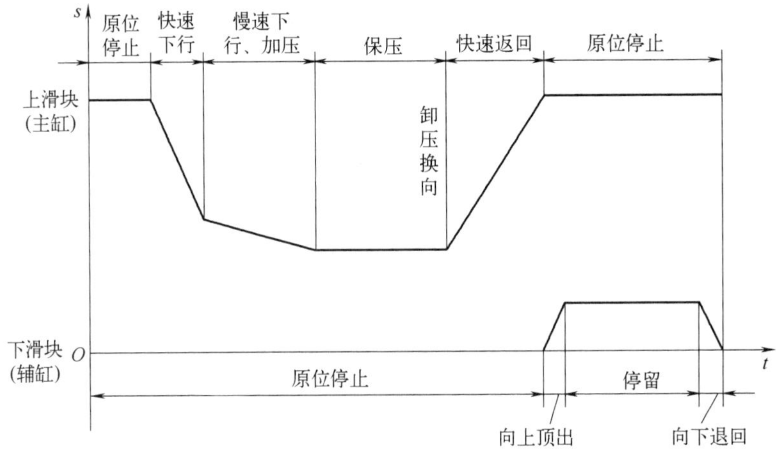

图 10-4　3150kN 插装阀式液压机动作循环图

表 10-2　3150kN 插装阀式液压机液压传动系统电磁铁动作循环表

动作程序		1YA	2YA	3YA	4YA	5YA	6YA	7YA	8YA	9YA	10YA	11YA	12YA
主液压缸	快速下行	+	—	+	—	—	+	—	—	—	—	—	—
	慢速下行、加压	+	—	+	—	—	—	+	—	—	—	—	—
	保压	—	—	—	+	—	—	—	—	—	—	—	—
	卸压换向	—	—	—	+	+	—	—	—	—	—	—	—
	快速返回	—	+	—	—	—	—	—	—	—	—	—	+
	原位停止	—	—	—	—	—	—	—	—	—	—	—	—
辅助液压缸	向上顶出	—	+	—	—	—	—	—	—	+	+	—	—
	向下退回	—	+	—	—	—	—	—	+	—	—	+	—
	原位停止	—	—	—	—	—	—	—	—	—	—	—	—

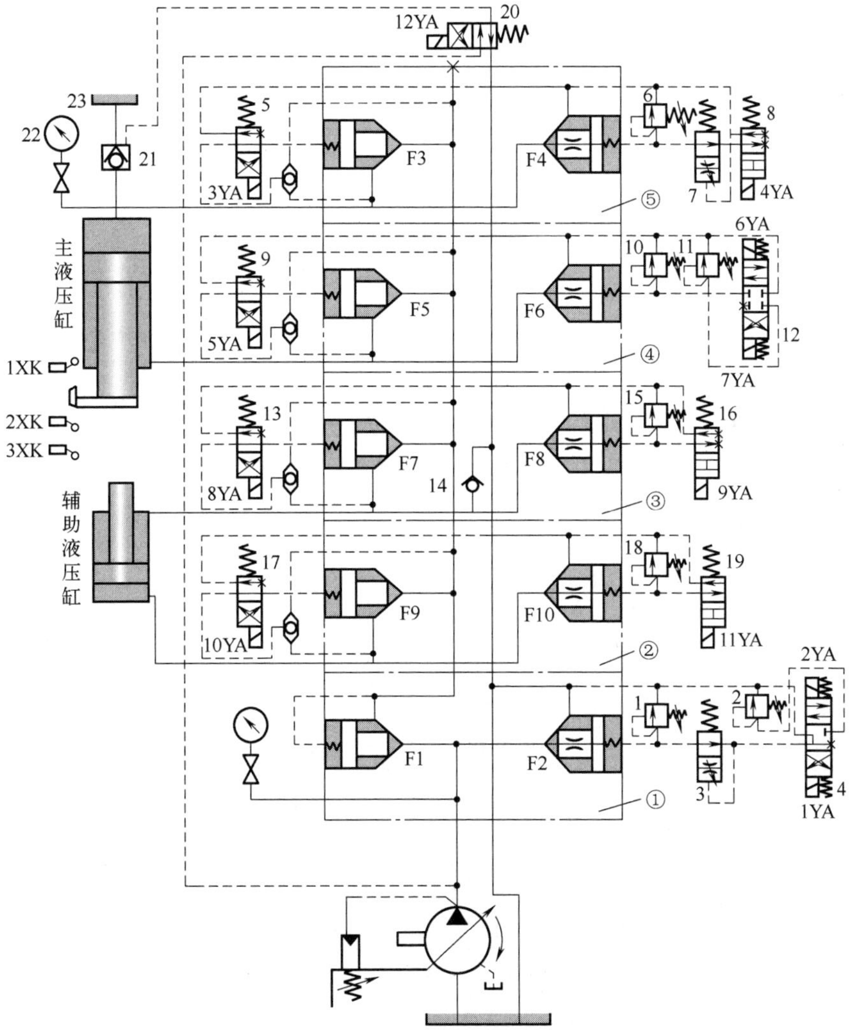

图 10-5　3150kN 插装阀式液压机液压传动系统图

1,2,6,10,11,15,18—调压阀；3,7—缓冲阀；4,12—三位四通电磁阀；

5,8,9,13,16,17,19,20—二位四通电磁阀；14—单向阀；

21—液控单向阀；22—电接点压力表；23—副油箱

该液压机采用二通插装阀集成液压传动系统，由五个集成块（油路块）组成，各集成块组成元件及其在系统中的作用如表 10-3 所示。

表 10-3　3150kN 液压机液压传动系统的集成块组成元件及作用

集成块序号和名称	组成元件		在系统中的作用
①进油调压集成块	插装阀 F1 为单向阀		防止系统油流向泵倒流
	插装阀 F2	和调压阀 1 组成安全阀	限制系统最高压力
		和调压阀 2、三位四通电磁阀 4 组成电磁溢流阀	调整系统工作压力
		和缓冲阀 3、三位四通电磁阀 4	减少泵卸荷和升压时的冲击
②辅助液压缸下腔集成块	插装阀 F9 和二位四通电磁阀 17 构成一个二位二通电磁阀		控制辅助液压缸下腔的进油
	插装阀 F10	和二位四通电磁阀 19 构成一个二位二通电磁阀	控制辅助液压缸下腔的回油
		和调压阀 18 组成一个安全阀	限制辅助液压缸下腔的最高压力
③辅助液压缸上腔集成块	插装阀 F7 和二位四通电磁阀 13 构成一个二位二通电磁阀		控制辅助液压缸上腔的进油
	插装阀 F8	和二位四通电磁阀 16 构成一个二位二通电磁阀	控制辅助液压缸上腔的回油
		和调压阀 15 组成一个安全阀	限制辅助液压缸上腔的最高压力
	单向阀 14		辅助液压缸作为液压垫，活塞浮动下行时，上腔补油
④主液压缸下腔集成块	插装阀 F5 和二位四通电磁阀 9 组成一个二位二通电磁阀		控制主液压缸下腔的进油
	插装阀 F6	和三位四通电磁阀 12	控制主液压缸下腔的回油
		和调压阀 11	调整主液压缸下腔的平衡压力
		和调压阀 10 组成一个安全阀	限制主液压缸下腔的最高压力
⑤主液压缸上腔集成块	插装阀 F3 和二位四通电磁阀 5 组成一个二位二通电磁阀		控制主液压缸上腔的进油
	插装阀 F4	和二位四通电磁阀 8	控制主液压缸上腔的回油
		和缓冲阀 7、二位四通电磁阀 8	主液压缸上腔卸压缓冲
		和调压阀 6 组成安全阀	限制主液压缸上腔的最高压力

液压机的液压传动系统实现空载起动：按下起动按钮后，液压泵起动，此时所有电磁阀的电磁铁都处于断电状态，于是，三位四通电磁阀 4 处在中位。插装阀 F2 的控制腔经缓冲阀 3、三位四通电磁阀 4 与油箱相通，插装阀 F2 在很低的压力下被打开，液压泵输出的油液经插装阀 F2 直接流回油箱。

10.3.1 液压传动系统主液压缸的工作情况

液压传动系统在连续实现上述自动工作循环时，主液压缸的工作情况如下：

(1) 快速下行

液压泵起动后，按下工作按钮，电磁铁 1YA、3YA、6YA 通电，使三位四通电磁阀 4 和二位四通电磁阀 5 下位接入系统，三位四通电磁阀 12 上位接入系统。因而插装阀 F2 控制腔与调压阀 2 相连，插装阀 F3 和插装阀 F6 的控制腔则与油箱相通，所以插装阀 F2 关闭，插装阀 F3 和 F6 打开，液压泵向系统输油。这时系统中油液的流动情况为：

进油路：液压泵→插装阀 F1→插装阀 F3→主液压缸上腔。

回油路：主液压缸下腔→插装阀 F6→油箱。

液压机上滑块在自重作用下迅速下降。由于液压泵的流量较小，主液压缸上腔产生负压，这时液压机顶部的副油箱 23 通过充液阀 21 向主液压缸上腔补油。

(2) 慢速下行

当滑块以快速下行至一定位置，滑块上的挡块压下行程开关 2XK 时，电磁铁 6YA 断电，7YA 通电，使三位四通电磁阀 12 下位接入系统，插装阀 F6 的控制腔与调压阀 11 相连，主液压缸下腔的油液经过插装阀 F6 在调压阀 11 的调定压力下溢流，因而下腔产生一定背压，上腔压力随之增高，使充液阀 21 关闭。进入主液压缸上腔的油液仅为液压泵的流量，滑块慢速下行。这时系统中油液的流动情况为：

进油路：液压泵→插装阀 F1→插装阀 F3→主液压缸上腔。

回油路：主液压缸下腔→插装阀 F6→油箱。

(3) 加压

当滑块慢速下行碰到工件时，主液压缸上腔压力升高，恒功率变量液压泵输出的流量自动减小，对工件进行加压。当压力升至调压阀 2 调定压力时，液压泵输出的流量全部经插装阀 F2 溢流回油箱，没有油液进入主液压缸上腔，滑块停止运动。

(4) 保压

当主液压缸上腔压力达到所要求的工作压力时，电接点压力表 22 发出信号，使电磁铁 1YA、3YA、7YA 全部断电，因而三位四通电磁阀 4 和 12 处于中位，二位四通电磁阀 5 上位接入系统；插装阀 F3 控制腔通压力油，插装阀 F6 控制腔被封闭，插装阀 F2 控制腔通油箱。所以，插装阀 F3、F6 关闭，插装阀 F2 打开，这样，主液压缸上腔闭锁，对工件实施保压，液压泵输出的油液经插装阀 F2 直接流回油箱，液压泵卸荷。

(5) 卸压

主液压缸上腔保压一段所需时间后，时间继电器发出信号，使电磁铁 4YA 通电，二位四通电磁阀 8 下位接入系统，于是，插装阀 F4 的控制腔通过缓冲阀 7 及二位四通电磁阀 8 与油箱相通。由于缓冲阀 7 节流口的作用，插装阀 F4 缓慢打开，从而使主液压缸上腔的压力缓慢释放，系统实现无冲击卸压。

(6) 快速返回

主液压缸上腔压力降低到一定值后，电接点压力表 22 发出信号，使电磁铁 2YA、4YA、5YA、12YA 都通电，于是，三位四通电磁阀 4 上位接入系统，二位四通电磁阀 8 和 9 下位接入系统，二位四通电磁阀 20 右位接入系统；插装阀 F2 的控制腔被封闭，插装阀 F4 和插装阀 F5 的控制腔都连通油箱，充液阀 21 的控制腔通压力油。因而插装阀 F2 关闭，插装阀 F4、插装阀 F5 和充液阀 21 打开。液压泵输出的油液全部进入主液压缸下腔，由于下腔有效面积较小，主液压缸快速返回。这时系统中油液的流动情况为：

进油路：液压泵→插装阀 F1→插装阀 F5→主液压缸下腔。

回油路：

主液压缸上腔→插装阀 F4→油箱。

主液压缸上腔→充液阀 21→副油箱。

(7) 原位停止

当主液压缸快速返回到达终点时，滑块上的挡块压下行程开关 1XK，使其发出信号，使所有电磁铁都断电，于是全部电磁阀都处于原位；插装阀 F2 的控制腔依靠三位四通电磁阀 4 的 d 型中位机能与油箱相通，插装阀 F5 的控制腔与压力油相通。因而，插装阀 F2 打开，液压泵输出的油液全部经插装阀 F2 流回油箱，液压泵处于卸荷状态；插装阀 F5 关闭，封住压力油流向主液压缸下腔的通道，主液压缸停止运动。

10.3.2 液压机辅助液压缸的工作情况

液压机辅助液压缸的工作情况如下：

(1) 向上顶出

工件压制完毕后，按下顶出按钮，使电磁铁 2YA、9YA 和 10YA 都通电，于是三位四通电磁阀 4 上位接入系统，二位四通电磁阀 16、17 下位接入系统；插装阀 F2 的控制腔被封死，插装阀 F8、F9 的控制腔通油箱。因而插装阀 F2 关闭，插装阀 F8、F9 打开，液压泵输出的油液进入辅助液压缸下腔，实现向上顶出。此时系统中油液的流动情况为：

进油路：液压泵→插装阀 F1→插装阀 F9→辅助液压缸下腔。

回油路：辅助液压缸上腔→插装阀 F8→油箱。

(2) 向下退回

把工件顶出模子后，按下退回按钮，使 9YA、I0YA 断电，8YA、11YA 通电，于是二位四通电磁阀 13、19 下位接入系统，二位四通电磁阀 16、17 上位接入系统；插装阀 F7、F10 的控制腔与油箱相通，插装阀 F8 的控制腔被封死，插装阀 F9 的控制腔通压力油。因而，插装阀 F7、F10 打开，插装阀 F8、F9 关闭。液压泵输出的油液进入辅助液压缸上腔，其下腔油液回油箱，实现向下退回。这时系统中油液的流动情况为：

进油路：液压泵→插装阀 F1→插装阀 F7→辅助液压缸上腔。

回油路：辅助液压缸下腔→插装阀 F10→油箱。

(3) 原位停止

辅助液压缸到达下终点后，使所有电磁铁都断电，各电磁阀均处于原位；插装阀 F8、F9 关闭，插装阀 F2 打开。因而辅助液压缸上、下腔油路被闭锁，实现原位停止，液压泵经插装阀 F2 卸荷。

10.3.3 性能分析

由上述可知，该液压机液压传动系统主要由压力控制回路、换向回路、快慢速转换回路、卸压回路等组成，并采用二通插装阀集成化结构。因此，这台液压机液压传动系统具有以下性能特点：

① 系统采用高压大流量恒功率（压力补偿）变量液压泵供油，并配以由调压阀和电磁

阀构成的电磁溢流阀，使液压泵空载起动，主、辅液压缸原位停止时液压泵均卸荷，这样既符合液压机的工艺要求，又节省能量。

② 系统采用密封性能好、通流能力大、压力损失小的插装阀组成液压传动系统，具有油路简单、结构紧凑、动作灵敏等优点。

③ 系统利用滑块的自重实现主液压缸快速下行，并用充液阀补油，快动回路结构简单、使用元件少。

④ 系统采用由可调缓冲阀 7 和三位四通电磁阀 4 组成的卸压回路来减少由“保压”转为“快退”时的液压冲击，使液压机工作平稳。

⑤ 系统在液压泵的出口设置了单向阀和安全阀，在主液压缸和辅助液压缸上、下腔的进出油路上均设有安全阀；另外，在通过压力油的插装阀 F3、F5、F7、F9 的控制油路上都装有梭阀。这些多重保护措施保证了液压机工作安全可靠。

10.4　汽车起重机液压传动系统

汽车起重机机动性好，能以较快的速度行走。它采用液压起重机，因而承载能力大，可在有冲击、振动和环境较差的条件下工作。其执行元件需要完成的动作较为简单，位置精度较低，大部分采用手动操纵，液压传动系统工作压力较高。

图 10-6 所示为汽车起重机的工作机构，它由以下五个部分构成：

① 支腿：起重作业时使汽车轮胎离开地面，架起整机，不使载荷压在轮胎上，并可调节整机的水平。

② 回转机构：使吊臂回转。

③ 伸缩机构：用以改变吊臂的长度。

④ 变幅机构：用以改变吊臂的倾角。

⑤ 起降机构：使重物升降。

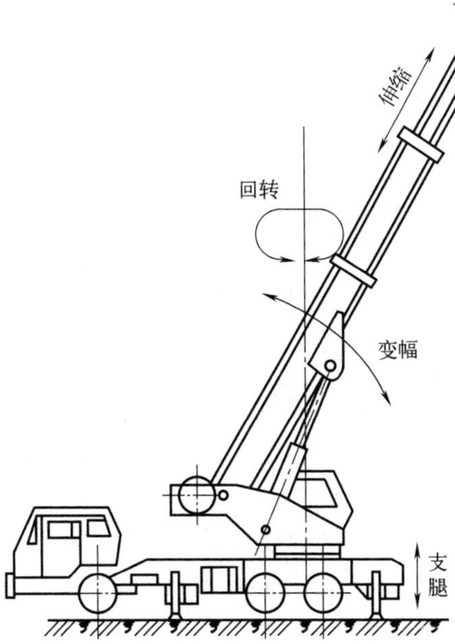

图 10-6　汽车起重机工作机构

Q2-8 型汽车起重机是一种中小型起重机，其液压传动系统图如图 10-7 所示。这是一种通过手动操纵来实现多缸各自动作的系统。为简化结构，系统用一个液压泵给各执行元件串联供油。在轻载情况下，各串联的执行元件可任意组合，使几个执行元件同时动作，如伸缩和回转同时进行，或伸缩和变幅同时进行等。

该系统液压泵的动力由汽车发动机通过装在底盘变速箱上的取力器提供。液压泵的额定压力为 21MPa，排量为 40mL/r，转速为 1500r/min。液压泵通过中心回转接头 9、开关 10 和过滤器 11 从油箱吸油；输出的压力油经多路阀 1 和 2 串联后输送到各执行元件。系统工作情况与手动换向阀位置的关系如表 10-4 所示。

下面对各个回路动作进行叙述。

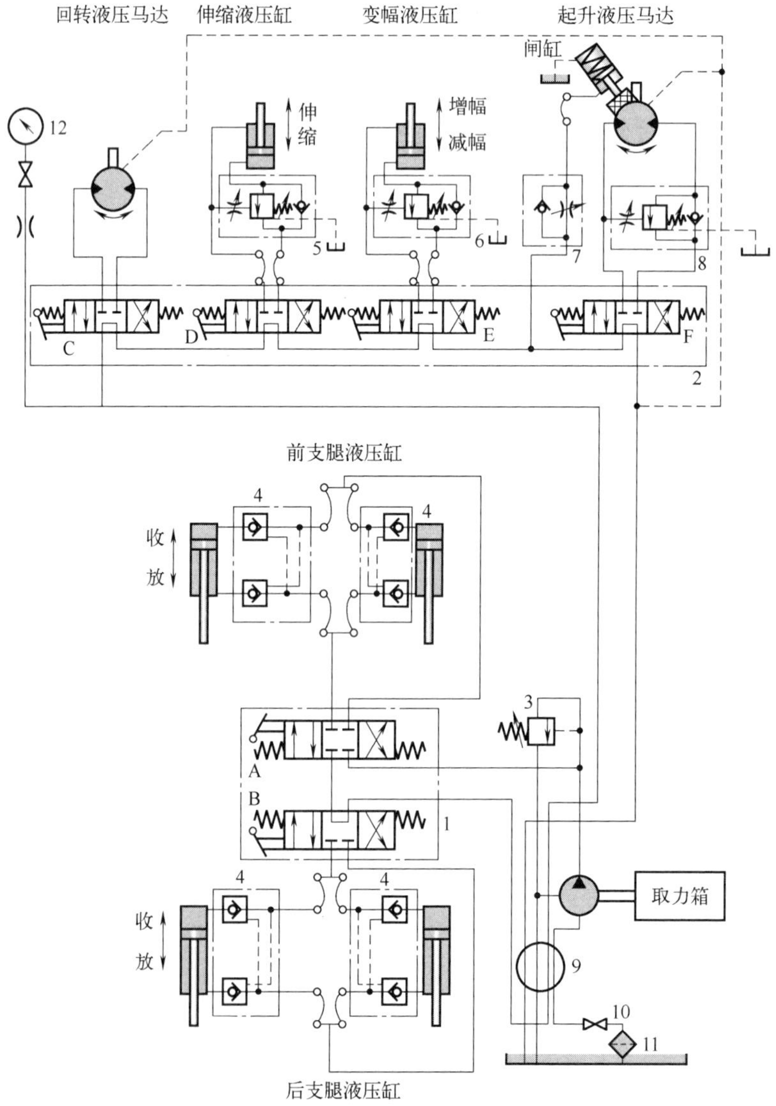

图 10-7　Q2-8 型汽车起重机的液压传动系统图

1,2—多路阀；3—安全阀；4—双向液压锁；5,6,8—平衡阀；7—单向节流阀；

9—中心回转接头；10—开关；11—过滤器；12—压力表；

A,B,C,D,E,F—三位四通手动换向阀

(1) 支腿回路

Q2-8 型汽车起重机的底盘前后各有两条支腿，每一条支腿由一个液压缸驱动。两条前支腿和两条后支腿分别由三位四通手动换向阀 A 和 B 控制其伸出或缩回。三位四通手动换向阀均采用 M 型中位机能，且油路串联。每个液压缸的油路上均设有双向锁紧回路，以保证支腿被可靠地锁住，防止在起重作业时发生“软腿”现象或在行车过程中支腿自行滑落。

(2) 回转回路

回转机构采用液压马达作为执行元件。液压马达通过蜗轮蜗杆减速箱和一对内啮合的齿轮来驱动转盘。转盘转速较低，每分钟仅为 1～3 转，故液压马达的转速也不高，无须设置液压马达的制动回路。因此，系统中只采用一个三位四通手动换向阀 C 来控制转盘的正转、反转和停转三种工况。

表 10-4　Q2-8 型汽车起重机液压传动系统的工作情况

<table>
<tr><th colspan="6">三位四通手动换向阀位置</th><th colspan="7">系统工作情况</th></tr>
<tr><th>阀 A</th><th>阀 B</th><th>阀 C</th><th>阀 D</th><th>阀 E</th><th>阀 F</th><th>前支腿液压缸</th><th>后支腿液压缸</th><th>回转液压马达</th><th>伸缩液压缸</th><th>变幅液压缸</th><th>起升液压马达</th><th>制动液压缸</th></tr>
<tr><td>左位</td><td rowspan="2">中位</td><td rowspan="4">中位</td><td rowspan="6">中位</td><td rowspan="8">中位</td><td rowspan="10">中位</td><td>伸出</td><td rowspan="2">不动</td><td rowspan="4">不动</td><td rowspan="6">不动</td><td rowspan="8">不动</td><td rowspan="10">不动</td><td rowspan="10">制动</td></tr>
<tr><td>右位</td><td>缩回</td></tr>
<tr><td rowspan="10">中位</td><td>左位</td><td rowspan="10">不动</td><td>伸出</td></tr>
<tr><td>右位</td><td>缩回</td></tr>
<tr><td rowspan="8">中位</td><td>左位</td><td rowspan="8">不动</td><td>正转</td></tr>
<tr><td>右位</td><td>反转</td></tr>
<tr><td rowspan="6">中位</td><td>左位</td><td rowspan="6">不动</td><td>缩回</td></tr>
<tr><td>右位</td><td>伸出</td></tr>
<tr><td rowspan="4">中位</td><td>左位</td><td rowspan="4">不动</td><td>减幅</td></tr>
<tr><td>右位</td><td>增幅</td></tr>
<tr><td rowspan="2">中位</td><td>左位</td><td rowspan="2">不动</td><td>正转</td><td rowspan="2">松开</td></tr>
<tr><td>右位</td><td>反转</td></tr>
</table>

(3) 伸缩回路

起重机的吊臂由基本臂和伸缩臂组成，伸缩臂套在基本臂中，用一个由三位四通手动换向阀 D 控制的伸缩液压缸来驱动吊臂的伸出和缩回。为防止吊臂因自重下落，伸缩回路中设有平衡回路。

(4) 变幅回路

吊臂变幅通过一个变幅液压缸来改变起重臂的角度。变幅液压缸由三位四通手动换向阀 E 控制。同样，为防止吊臂在变幅作业时因自重而下落，变幅回路中设有平衡回路。

(5) 起降回路

起降机构是汽车起重机的主要工作机构，它是一个由大转矩液压马达带动的卷扬机。液压马达的正、反转由三位四通手动换向阀 F 控制。汽车起重机通过改变汽车发动机的转速从而改变液压泵的输出流量和液压马达的输入流量，调节起升速度。在液压马达的回油路上设有平衡回路，以防止重物自由落下。此外，在液压马达上还设有由单向节流阀和单作用闸缸组成的制动回路，使制动器张开延时而紧闭迅速，以避免卷扬机起停时发生溜车下滑现象。

从图 10-7 中可以看出，Q2-8 型汽车起重机液压传动系统由调压、调速、换向、锁紧、平衡、制动、多缸卸荷等回路组成，其性能特点如下：

① 在调压回路中，通过安全阀限制系统的最高压力。

② 在调速回路中，通过手动调节换向阀的开度大小来调整工作机构（起降机构除外）的速度，方便灵活，但劳动强度较大。

③ 在锁紧回路中，采用由液控单向阀构成的双向液压锁将前后支腿锁定在一定位置上，工作可靠，且有效时间长。

④ 在平衡回路中，采用经过改进的单向液控顺序阀作为平衡阀，以防止在起升、吊臂伸缩和变幅作业过程中因重物自重引发的失控下降现象，工作可靠；但在一个方向会产生背压，造成一定的功率损耗。

⑤ 在多缸卸荷回路中，采用三位四通手动换向阀 M 型中位机能并将油路串联起来，使任何一个工作机构既可单独动作，又可在轻载下任意组合地同时动作。但 6 个三位四通手动换向阀串接，使液压泵的卸荷压力加大。

⑥ 在制动回路中，采用由单向节流阀和单作用闸缸构成的制动器，工作可靠、制动动作快且松开动作慢，可确保安全。

10.5 电液比例控制系统

电液比例控制系统中的控制元件为电液比例阀。它接受电信号的指令，连续控制系统的压力、流量等参数，使之与输入电信号成比例变化。电液比例控制系统按输出参数有无反馈可分为电液比例闭环控制系统和电液比例开环控制系统。电液比例开环控制系统一般由控制装置（比例放大器和电液比例阀）、执行装置（液压缸或液压马达）、能源装置（定量液压泵、变量液压泵或比例变量液压泵）等组成；电液比例闭环控制系统除构成电液比例开环控制系统的装置外，还有反馈检测装置。电液比例闭环控制系统较电液比例开环控制系统有更快的响应速度、更高的控制精度和更强的抗干扰能力。

电液比例控制系统的突出优点是可以显著简化系统，实现复杂的程序控制，并可利用电液结合提高产品的机电一体化水平，便于信号远距离传输和计算机控制。

电液比例控制系统可以对压力、力、转矩、位置和转角及速度（含转速）等物理量实现高精度控制。

10.5.1 塑料注射成型机电液比例控制系统

塑料注射成型机又称注塑机，主要用于热塑性塑料的成型加工。它将颗粒塑料加热熔化后，高压快速注入模腔，经一定时间的保压、冷却后成为塑料制品。在塑料机械中，注塑机的应用最广。

注塑机的工作循环如下：

① 合模。动模板快速前移，接近定模板时，液压传动系统转为低压、慢速控制。确认模具内无异物后，液压传动系统施加高压锁模力，使模具完全闭合。

② 注射座前移。喷嘴与模具浇口套贴紧，形成密封。

③ 注射。注射螺杆以一定的压力和速度将机筒前端的熔料注入模腔。

④ 保压。注射缸保持压力，对模腔内熔料补塑，补偿收缩。

⑤ 制品冷却及预塑。保压过程中，液压马达驱动螺杆并后退，料斗中加入的物料被前推，进行预塑。螺杆退至预定位置后停止，同时制品在模腔内冷却固化。

⑥ 防流涎。采用直通开敞式喷嘴时，预塑结束后螺杆后退一小段距离，减小料筒前端的压力，防止喷嘴端部物料流出。

⑦ 注射座后退。注射座后退使喷嘴脱离模具，动模板后退开模，顶出缸将制品顶出。

⑧ 顶出缸后退。

对注塑机液压传动系统的要求如下：

① 足够的合模力。熔化塑料以60～100MPa的高压注入模腔，所以合模液压缸必须产生足够的合模力，否则在注射时模具离缝而使塑料制品产生溢边。

② 可调节的开、合模速度。空程时要求快速以提升效率；合模时要求慢速以免机器产生冲击振动。

③ 足够的注射座顶推力。这是为了保证注射时喷嘴和模具浇口紧密接触。

④ 可调节的注射压力和注射速度。这是为了适应不同塑料、制品几何形状、模具浇注系统的要求。

⑤ 保压及其压力可调。这是为了使塑料贴紧模腔获得精确的形状，另外在制品冷却收缩过程中，熔化塑料可不断充入模腔，防止产生废品。

⑥ 平稳的制品顶出速度。

图10-8所示为XS-ZY-250A型注塑机的液压传动系统图。该系统采用电液比例阀对压力（启闭模、注射座前移、注射、顶出、螺杆后退时的压力）以及速度（启闭模、注射时的速度）进行控制，优点是油路简单、使用的阀少、效率高、压力及速度变换时冲击小、噪声小。

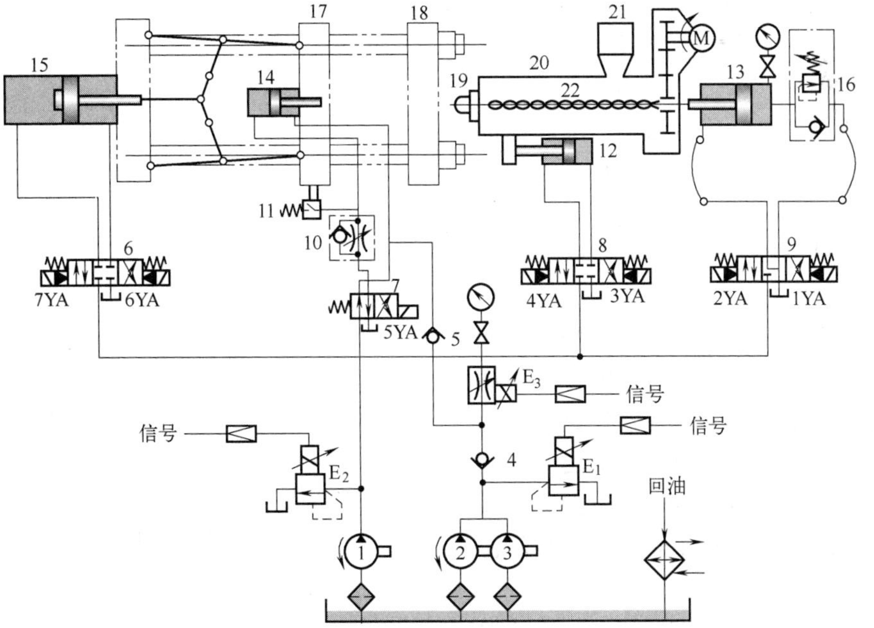

图10-8　XS-ZY-250A型注塑机的液压传动系统图

1,2,3—液压泵；4,5—单向阀；6,7,8,9—换向阀；10—单向节流阀；
11—压力继电器；12—注射座移动缸；13—注射缸；14—顶出缸；15—合模缸；
16—单向顺序阀；17—动模板；18—定模板；19—喷嘴；20—料筒；21—料斗；22—螺杆；
E_1,E_2—比例压力阀；E_3—比例调速阀

表 10-5 所示为电磁铁在各阶段的通电（+）、断电（—）状态。

表 10-5 电磁铁工作情况

动作		1YA	2YA	3YA	4YA	5YA	6YA	7YA	E_1	E_2	E_3
合模	快速合模	—	—	—	—	—	—	+	+	+	+
	低压保护	—	—	—	—	—	—	+	+	+	+
	高压锁紧	—	—	—	—	—	—	+	—	+	+
注射座前进		—	—	+/—	—	—	—	—	—	+	+
注射		+	—	—	—	—	—	—	+	+	+
保压		+	—	—	—	—	—	—	—	+	+
预塑		—	—	+	—	—	—	—	—	+	+
注射座后退		—	—	—	+/—	—	—	—	—	+	+
开模		—	—	—	—	—	+	—	+	+	+
顶出		—	—	—	—	+	—	—	—	+	—
螺杆后退		—	+	—	—	—	—	—	—	+	+

XS-ZY-250A 型注塑机液压传动系统的特点如下：

① 采用电液比例阀实现压力与速度的连续可调控制，精确匹配合模、注射、保压等工艺需求，系统简单。

② 自动工作循环主要靠行程开关来实现。

③ 在系统保压阶段，多余的油液要经过溢流阀流回油箱，所以有部分能量损耗。

如果把图 10-8 中采用溢流阀的节流调速回路用容积调速回路来代替（采用电液比例变量泵替代比例溢流阀与流量阀），则可以避免不必要的溢流损失和节流损失，液压传动系统的输出与负载功率和压力完全匹配。该液压传动系统即为节能型的高效系统，如图 10-9 所示。图中前置式节流器 2、比例压力阀 1 与恒压阀 6 构成电液比例控制泵 5 的压力控制回路。比例节流阀 4 和恒流量阀 3 构成电液比例控制泵 5 的流量控制回路。图 10-9 中所示 3、6 两阀的位置是系统还未设定压力时的位置。如负载变化，使比例节流阀 4 的压差偏大或偏小，则推动恒流量阀 3 左移或右移，使电液比例控制泵的排量减小或增大，最终使流量保持恒定。这时电液比例控制泵的输出压力仅比负载压力高出一个比例节流阀 4 的压差。在保压阶段，当系统压力达到比例压力阀 1 设定的最高压力时，恒压阀 6 左移使电液比例控制泵排量迅速减小到接近于零，电液比例控制泵的工作相应变成高压小流量的工况。

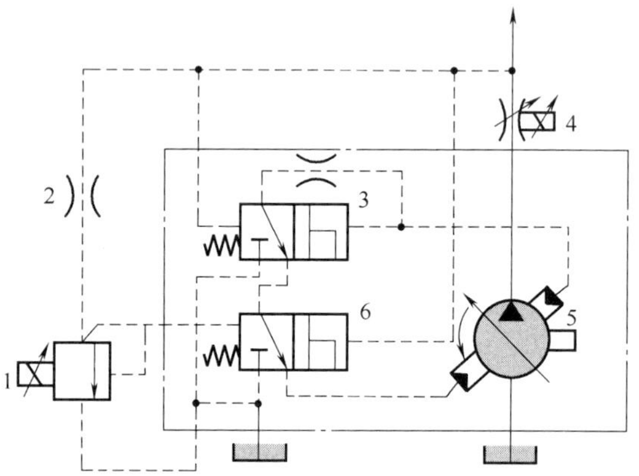

图 10-9 节能型的高效系统

1—比例压力阀；2—前置式节流器；3—恒流量阀；4—比例节流阀；5—电液比例控制泵；6—恒压阀

XS-ZY-250A 型注塑机液压传动系统在流量控制阶段使电液比例控制泵的输出压力与负载相协调；在压力控制阶段使输出流量接近于零，仅消耗极小的功率，所以它的效率极高。

10.5.2　数控折弯机电液比例控制液压同步系统

折弯机是金属板材弯曲成型设备，广泛应用于建筑、装饰及航空领域。随着工件长度增加，要求折弯机具有更大喉口深度（Y 轴）和开口尺寸（Z 轴）。因此，大型折弯机必须用两个液压缸同时加压，而其中的关键技术则是控制同步精度。传统的折弯机难以满足要求，而近年来发展起来的数控折弯机，以灵活的操作方式和准确的控制精度，备受青睐。

图 10-10 所示为数控折弯机结构简图及液压传动系统。图中，两个液压缸 10 的控制子系统完全相同。每个液压缸与位移传感器 11、比例方向阀 4 和计算机数控（computer numerical control，CNC）12 一起构成全闭环位置控制系统。同时，CNC 还控制两个活塞的同步运动，如图 10-11 所示。

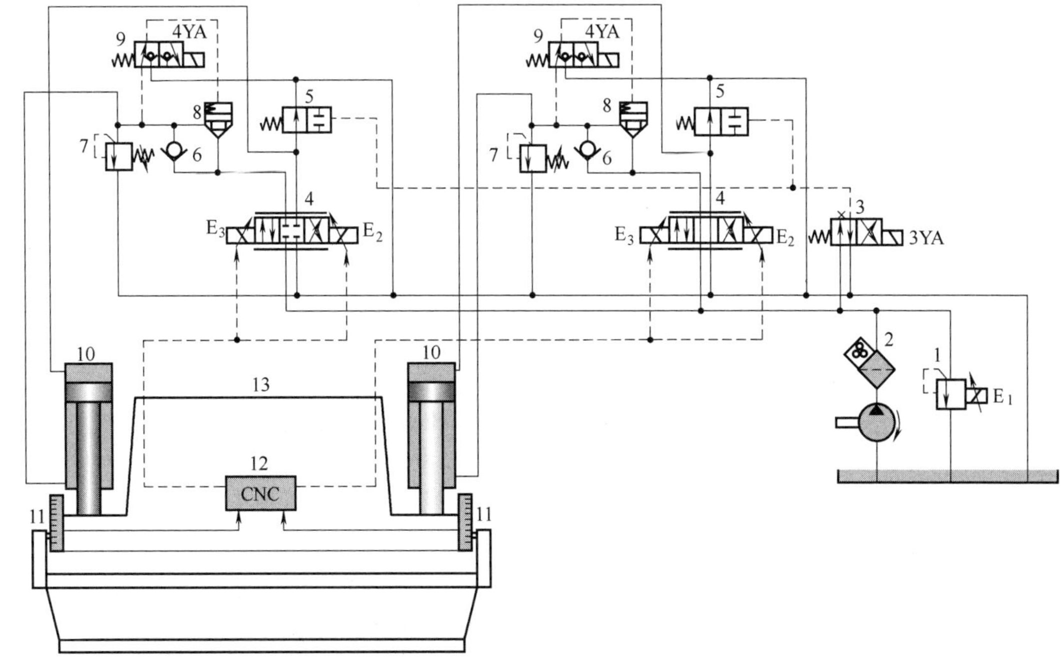

图 10-10　数控折弯机结构简图及液压传动系统

1—比例溢流阀；2—出口过滤器；3—电磁换向阀；4—比例方向阀；5—液动换向阀；6—单向阀；7—安全阀；8—插装阀；9—电磁换向阀；10—液压缸；11—位移传感器；12—计算机数控；13—滑块

折弯机滑块 13 需要完成的工作循环：快速下行→慢下加压→定位、保压→卸压→快速返回。滑块 13 的工作情况如下。

(1) 快速下行

比例方向阀 4 的比例电磁铁 E_2 通正电压，液压缸 10 上腔进油。同时，电磁铁 4YA 通电吸合，电磁换向阀 9 右位接入系统，插装阀 8 开启。液压缸下腔经比例方向阀 4 与油箱相通，滑块依靠自重快速下移。CNC 通过调节两个比例方向阀的开度，控制两个液压缸下腔的回油量，使两个活塞快速同步下行，动态同步位置控制精度为±0.2mm。此时，若液压

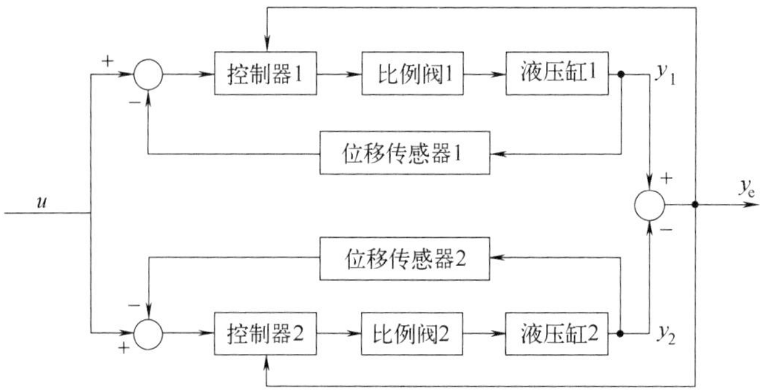

图 10-11 数控折弯机电液比例控制液压同步系统框图

u—系统输入；y_1，y_2—液压缸输出；y_e—位置同步误差

缸上腔供油不足，可通过液动换向阀 5 从油箱补油。

(2) 慢下加压

电磁铁 4YA 仍通电吸合，插装阀 8 继续开启。液压缸下腔油液通过比例方向阀流回油箱。同时，电磁铁 3YA 通电吸合，电磁换向阀 3 右位接入系统，液动换向阀 5 使液压缸上腔不再与油箱相通。高压油经比例方向阀 4 流到液压缸上腔，CNC 通过调节两个比例方向阀的开度，控制两个液压缸上腔的进油量，使两个活塞慢速同步下行并加压，动态同步位置控制精度为±0.2mm。

(3) 定位、保压

定位、保压时的系统工作状态与慢下加压时相同。比例方向阀处于零位附近。此时双缸活塞的定位精度为±0.01mm，稳态位置同步控制精度为±0.02mm。

(4) 卸压

为了减小工件回弹和活塞换向引起的压力冲击，滑块返回前必须卸掉液压缸上腔的高压。为此，下调比例溢流阀 1 中比例电磁铁 E_1 的输入电压，使系统压力降低，同时通过控制输入比例电磁铁 E_3 的负电压调节卸压速度，从而大大减轻或消除换向冲击。

(5) 快速返回

提高比例电磁铁 E_1 的输入电压，使系统压力升高。此时，电磁铁 4YA 断电，电磁换向阀 9 左位接入系统，插装阀 8 关闭。高压油经比例方向阀 4 和单向阀 6 进入液压缸下腔。同时，电磁铁 3YA 断电，电磁换向阀 3 左位接入系统，控制液动换向阀 5 换位，使液压缸上腔通油箱。双缸活塞同步快速向上，动态同步位置控制精度为±0.2mm。

数控折弯机液压传动系统有以下特点：

① 液压缸上、下腔面积之比一般为 10∶1，故采用较小流量的泵即可满足快速返回和慢速加压的要求。

② 滑块快速下行和快速返回时，由于液压缸下腔面积较小，回油流量并不大，因此可选用较小规格的比例方向阀进行控制。

③ 滑块慢下加压时，比例方向阀同时控制液压缸上下两腔，故可获得较高的动态同步精度和静态定位精度。

④ 系统由比例阀、插装阀、液动阀、单向阀等多种控制方式的元件组成液压回路，使液压传动系统结构简单、工作可靠、安全性好。

折弯机数控系统除完成两个液压缸的同步控制外，通常还要进行后挡料伺服电动机的闭环控制。同时，CNC 配有彩色显示器，具有工作图形和参数输入、折弯工艺参数计算和过程模拟、编程和参数显示等功能。

10.6　电液伺服控制系统

按控制原理，电液伺服控制系统可分为阀控式（图 10-12）和泵控式（图 10-13）两大类。阀控式通过伺服阀直接调节液压油流量与压力，本质上属于节流调速控制；而泵控式则通过改变变量液压泵或变量液压马达的排量实现调速，本质上属于容积调速控制。但是，泵控式电液伺服控制系统中液压泵或液压马达的变量机构常采用伺服阀驱动，因此泵控式电液伺服控制系统在执行机构层面可能集成阀控技术，但二者在控制原理上仍属不同范畴：阀控式以流量节流为核心，泵控式以排量调节为核心。阀控技术作为基础控制单元，在泵控式系统中可能作为子模块存在，但两类系统的分类依据应基于其主导调速机制。

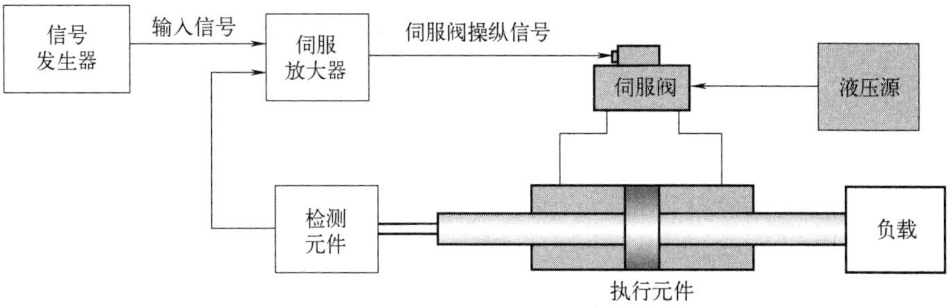

图 10-12　阀控式电液伺服控制系统

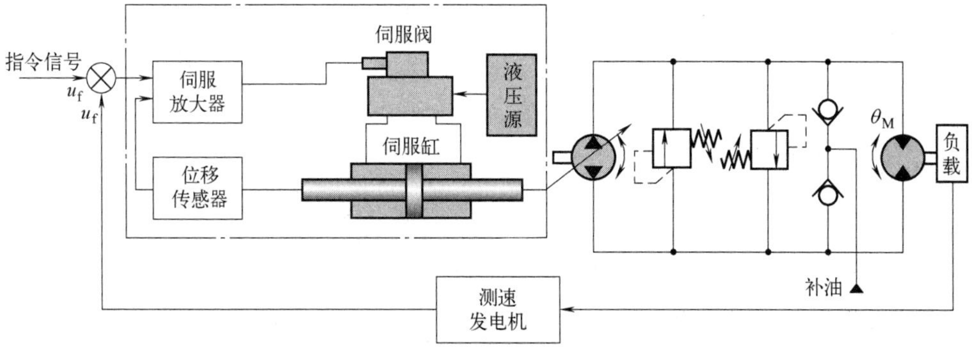

图 10-13　泵控式电液伺服控制系统

电液伺服控制系统可以用于位置控制、速度控制、力控制或其他物理量的控制场合，其中以位置控制用得最多。而在电液伺服控制系统中，电液伺服阀是关键元件。它既是电液转换元件，又是功率放大元件，通过耦合电气控制信号与液压执行机构，实现电信号到液压信号的转换及功率放大。相较于电液比例阀，电液伺服阀具备更优的动态响应特性、更高的控制精度及频宽，因此在需要高精度、快速响应的装置中，电液伺服控制系统得到广泛应用。

(1) 带钢张力电液伺服控制系统

图 10-14 所示为带钢张力电液伺服控制系统的工作原理。牵引辊 2 牵引钢带移动，加载装置 6 使钢带产生一定张力。当钢带张力由于某种原因发生波动时，通过设置在转向辊 4 轴

承上的力传感器 5 检测钢带的张力，并与系统预设的张力给定值进行比较，得到偏差值。偏差信号经伺服放大器 7 放大后，控制电液伺服阀 9，进而控制输入张力调整液压缸 1 的流量，驱动浮动辊 8 来调节张力，使钢带张力重新稳定在设定值。

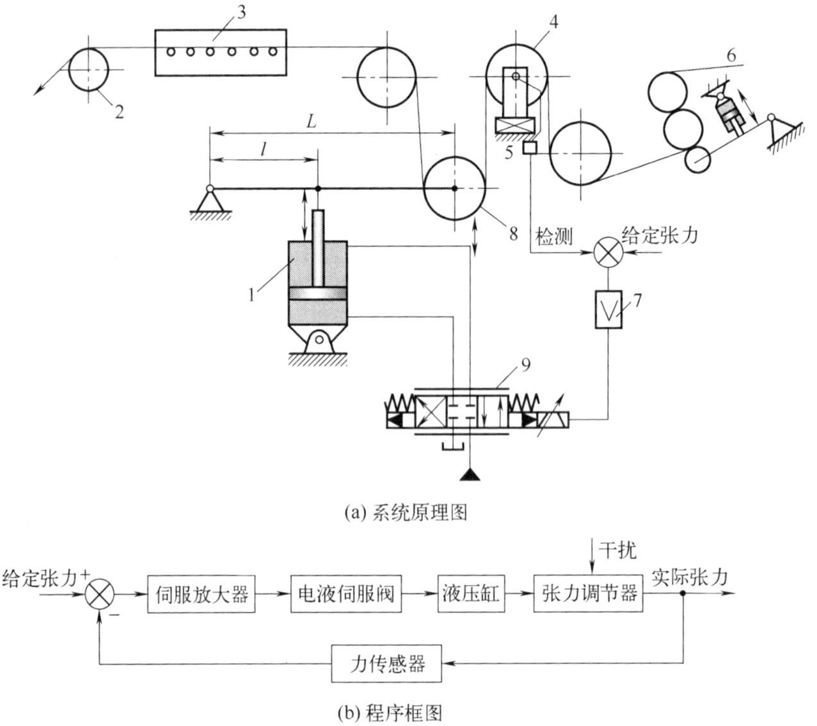

图 10-14 带钢张力电液伺服控制系统的工作原理

1—张力调整液压缸；2—牵引辊；3—热处理炉；4—转向辊；5—力传感器；6—加载装置；7—伺服放大器；8—浮动辊；9—电液伺服阀

(2) 带钢跑偏电液伺服控制系统

带钢生产线的单条机组长度通常达百米级，配套机械设备和工艺设备多达数十台。仅供钢带传动、转向及支承用的辊子数量即达数百根。受机组长度、辊系复杂度及高速运行特性影响，带钢的跑偏是不可避免的。带钢跑偏将导致钢卷卷取不齐、带材边缘碰撞折边、设备过载损坏乃至断带停机等严重后果，不仅影响成材率与产品质量，更可能引发安全事故。因此，带钢跑偏控制技术成为确保连续、安全、高效生产的关键技术。

卷取机跑偏控制系统是边缘位置控制系统，其功能是驱动卷筒实时跟踪带钢边缘的位置变化，实现钢卷边部的自动卷齐，卷齐精度为±（1～2）mm。卷取机跑偏控制系统由光电检测器、伺服放大器、电液伺服阀、伺服液压缸、辅助液压缸、卷取机和液压能源装置等组成。光电检测器支架装在卷取机的可移动部件上，属于直接位置反馈（单位反馈）。卷取机跑偏控制系统的工作原理框图如图 10-15 所示。图中，x_g 为带钢跑偏位移，x_p 为卷筒跟踪位移，x_e 为偏差位移。

图 10-16 所示为带钢跑偏电液伺服控制系统原理图。图 10-16（a）中，光电检测器由发射光源和光敏二极管接收器组成，其中光敏二极管作为平衡电桥的一个桥臂。带钢正常运行时，带钢恰好遮挡 50%的光照通量，使光敏二极管接收一半光照，此时其等效电阻为 R_1。

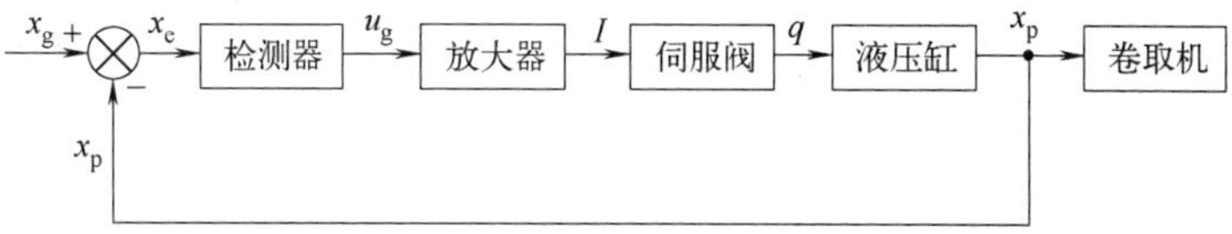

图 10-15　卷取机跑偏控制系统的工作原理框图

调整电阻 R_3，使 $R_1R_3=R_2R_4$，电桥平衡无输出。当带钢跑偏，带边偏离光电检测器中央时，电阻 R_1 随光照变化，使电桥失去平衡，从而产生偏差信号 u_g，此信号经伺服放大器放大后作用在伺服阀线圈上，驱动伺服阀工作，伺服阀控制液压缸纠偏，直到带边重新处于检测器中央，系统达到新的动态平衡。

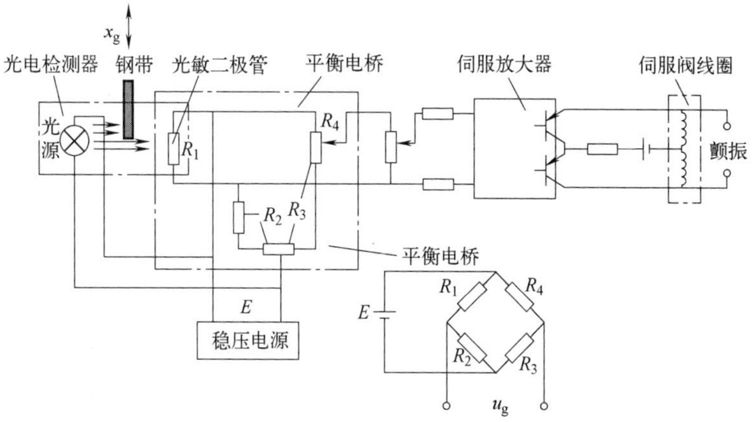

(a) 控制电路简图

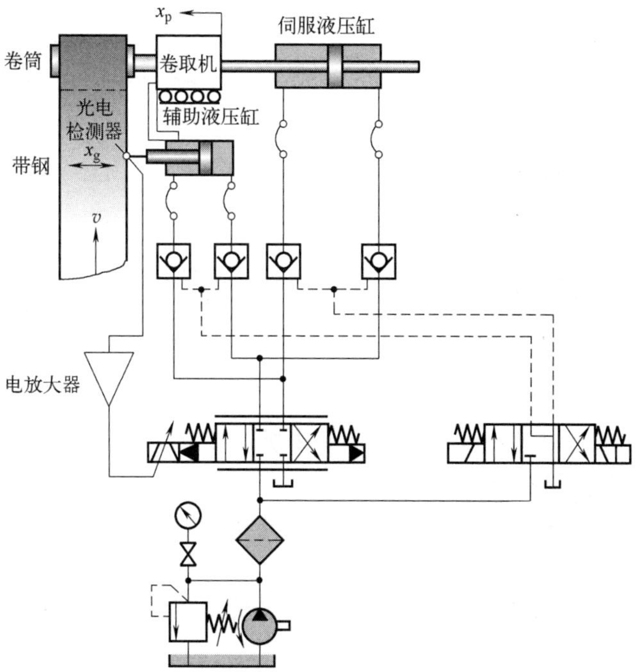

(b) 系统原理图

图 10-16　带钢跑偏电液伺服控制系统原理图

图 10-16（b）中的辅助液压缸用于驱动光电检测器。在卷取机完成当前带钢卷取并准备剪切时，光电检测器应自动退出，以免带钢切断时其尾部撞坏光电检测器；在带钢引入卷取机钳口，卷取下一卷前，光电检测器应能自动复位，使光敏二极管的中心对准带钢边缘。因此，辅助液压缸也需由伺服阀控制。光电检测器在自动退出或复位时，伺服液压缸应不动；带钢自动卷齐时，辅助液压缸应固定。因此，系统中采用两套双向液压锁锁紧液压缸，并由电磁阀加以控制。

思考题

1. 图 10-17 所示的液压传动系统由哪些基本回路组成？简要说明其工作原理，并说明 A、B、C 三个阀的作用。

2. 试写出图 10-18 所示液压传动系统的动作循环表，并评述该液压传动系统的特点。

3. 如图 10-19 所示液压机的液压传动系统能实现“快进→慢进→保压→快退→停止”的动作循环。试分析此系统图，并写出：

（1）包括油液流动情况的动作循环表。

（2）标号元件的名称和功用。

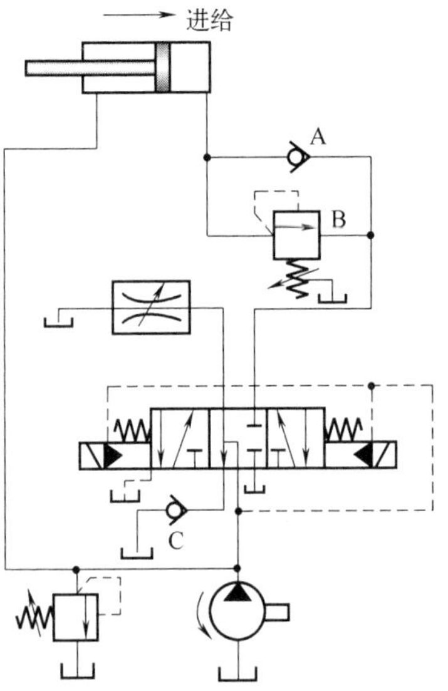

图 10-17 思考题 1 图

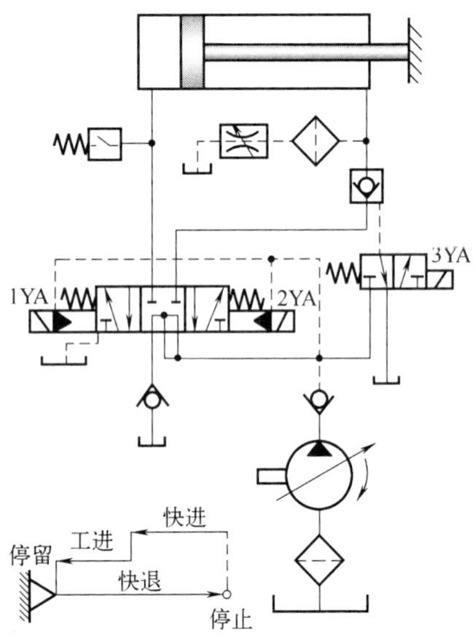

图 10-18 思考题 2 图

4. 如图 10-20 所示的双液压缸系统，如按所规定的顺序接收电气信号，试列表说明各液压阀和两液压缸的工作状态。

5. 图 10-21 所示为用直动式比例压力阀的注塑机控制系统，试参照书中同类系统叙述该系统的工作过程。

6. 图 10-22 所示为双液压缸折弯机同步电液比例控制系统，试说明该系统的工作情况。

7. 图 10-23 所示为四通伺服阀控制的机液伺服控制系统，试阐述其工作原理，画出系统框图，并求出输入 x 与输出 y 之比。

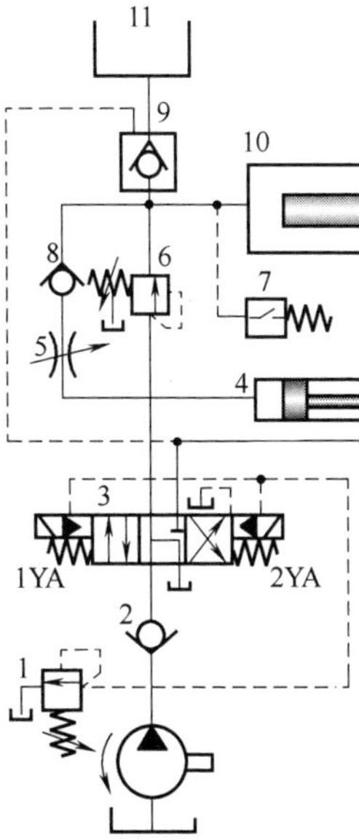

图 10-19　思考题 3 图

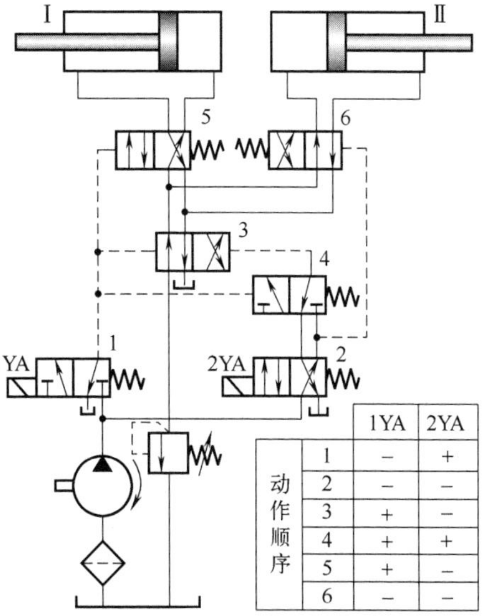

动作顺序		1YA	2YA
	1	−	+
	2	−	−
	3	+	−
	4	+	+
	5	+	−
	6	−	−

图 10-20　思考题 4 图

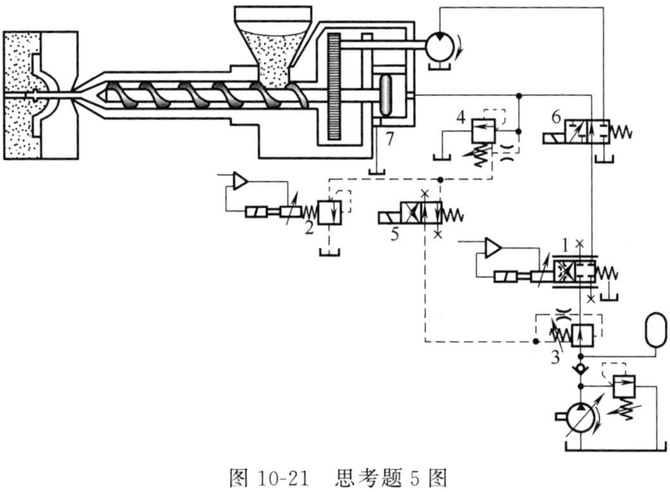

图 10-21　思考题 5 图

1—比例节流阀；2—比例压力阀；3—比例减压阀；4—先导式溢流阀；5,6—方向阀；7—注射缸

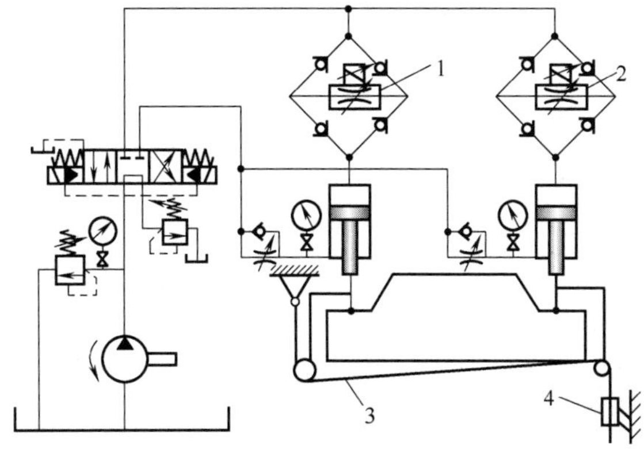

图 10-22　思考题 6 图

1,2—比例调速阀；3—钢带系统；4—位移传感器

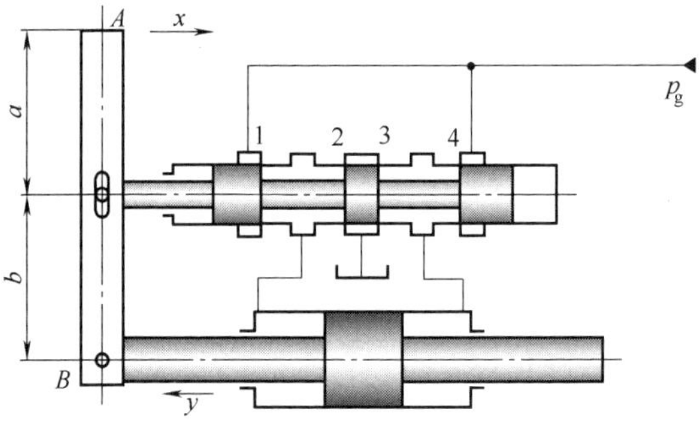

图 10-23 思考题 7 图

第 11 章 液压传动系统的设计和计算

11.1 概述

液压系统有液压传动系统和液压控制系统之分。通常，液压系统的设计泛指液压传动系统的设计。从结构组成或工作原理上看，液压传动系统和液压控制系统并无本质差别，差异在于一类以传递动力为主，追求传动特性的完善；另一类以实施控制为主，追求控制特性的完善。但是，随着应用要求的提高和科学技术的发展，两者的界限将越来越不明显。

任何液压传动系统的设计，除了应满足主机在动作和性能方面的种种要求外，还必须符合质量轻、体积小、成本低、效率高、结构简单、工作可靠、使用和维护方便等一些公认的普遍设计原则。

设计液压传动系统的出发点，可以是充分发挥其组成元件的工作性能，也可以是着重追求其工作状态的可靠性。前者着眼于效能，后者着眼于安全，实际的设计工作则常常是这两种观点的组合。液压传动系统的设计迄今仍没有一个公认的统一步骤，往往随着系统的繁简、借鉴的多寡、设计人员经验的不同而在做法上呈现差异。图 11-1 所示为液压传动系统设计的基本内容和一般流程。除最末一项（绘制工作图，编制技术文件）外，其他步骤均属于性能设计的范围。这些步骤相互关联，彼此影响，因此常需穿插进行、交叉展开。最末一项属于结构设计内容，须仔细查阅产品样本、技术手册和资料，选定元件的结构和配置形式，才能布局绘图，因此本章对它不做介绍。

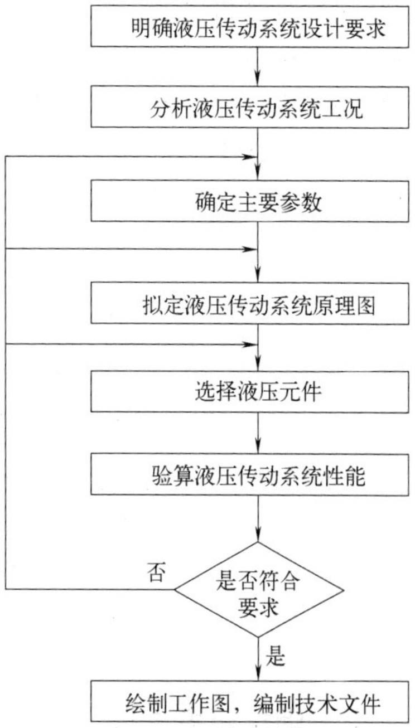

图 11-1 液压传动系统设计的基本内容和一般流程

11.2 液压传动系统的设计

11.2.1 明确液压传动系统设计要求

液压传动系统设计要求的具体内容如下：

① 主机的用途、主要结构、总体布局；主机对液压传动系统执行元件安装位置和空间

尺寸以及质量方面的限制。

② 主机的工艺流程或工作循环；执行元件的运动方式（移动、转动或摆动）及工作范围。

③ 执行元件负载和运动速度的大小及变化范围。

④ 主机各执行元件的动作顺序或互锁要求，各动作的同步要求及同步精度。

⑤ 液压传动系统工作性能（如工作平稳性、转换精度等）、工作效率、自动化程度等。

⑥ 液压传动系统的工作环境和工作条件，如周围介质、环境温度、湿度、尘埃情况、外界冲击振动等。

⑦ 其他方面的要求，如液压装置在外观、色彩、经济性等方面的规定或限制。

11.2.2 分析液压传动系统工况

对液压传动系统进行工况分析，就是要查明每个执行元件在工作过程中的运动速度和负载的变化规律。这是满足主机规定动作要求和承载能力所必须具备的。液压传动系统承受的负载由主机的规格决定，可由样机通过试验测定，也可以由理论分析确定。当用理论分析确定系统的实际负载时，必须仔细考虑其所有的组成项目，例如，工作负载（切削力、挤压力、弹性塑性变形抗力、重力等）、惯性负载和阻力负载（摩擦力、背压力）等，并将它们绘制成图，如图 11-2（a）所示。同样地，执行元件在各动作阶段内的运动速度也必须绘制成图，如图 11-2（b）所示。设计简单的液压传动系统时，这两种图可以省略不画。

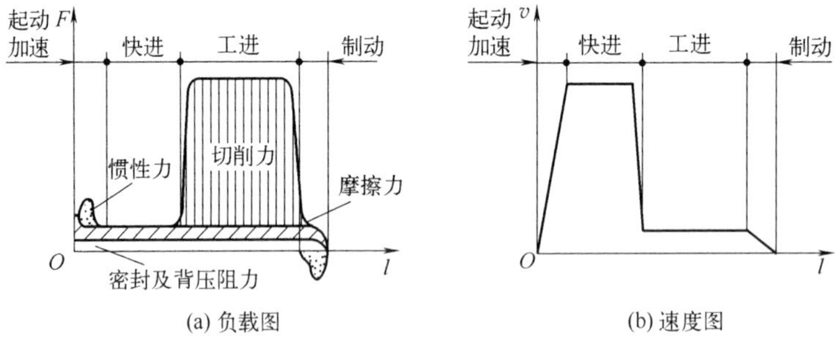

图 11-2 液压传动系统执行元件的负载图和速度图

11.2.3 确定主要参数

确定主要参数是指确定执行元件的工作压力和最大流量。液压执行元件的形式视主机所要实现的运动种类和性质而定。执行元件形式的选择如表 11-1 所示。

表 11-1 执行元件形式的选择

运动形式	往复直线运动		旋转运动		往复摆动
	短行程	长行程	高速	低速	
建议采用的执行元件形式	活塞缸	柱塞缸、液压马达与齿轮齿条机构、液压马达与丝杠螺母机构	高速液压马达	低速液压马达、高速液压马达与减速机构	摆动马达

执行元件的工作压力可以根据负载图中的最大负载来选取（表 11-2），也可以根据主机的类型来选取（表 11-3）；最大流量则通过执行元件速度图中的最大速度来计算。这两者都

与执行元件的结构参数（指液压缸的有效工作面积 A 或液压马达的排量 V_M）有关。一般的做法是先选定执行元件的形式及其工作压力 p，再按最大负载和预估的执行元件机械效率求出 A 或 V_M，并通过各种必要的验算、修正和圆整后确定这些结构参数，最后求出最大流量 q_{max}。

表 11-2　按负载选择执行元件的工作压力（适用于中低压液压传动系统）

负载 F/kN	<5	5～10	10～20	20～30	30～50	>50
工作压力 p/MPa	<0.8～1	1.5～2	2.5～3	3～4	4～5	>5～7

表 11-3　按主机类型选择执行元件的工作压力

主机类型	机床				农业机械、小型工程机械、工程机械辅助机构	液压机、大中型挖掘机、重型机械、起重运输机械
	磨床	组合机床	龙门刨床	拉床		
工作压力 p/MPa	≤2	3～5	≤8	8～10	10～16	20～32

有些主机（例如机床）的液压传动系统对执行元件的最低稳定速度有较高要求，这时所确定的执行元件结构参数 A 或 V_M 还必须符合下述条件：

$$\left.\begin{array}{ll}\text{液压缸} & \dfrac{q_{min}}{A}\leqslant v_{min}\\ \text{液压马达} & \dfrac{q_{min}}{V_M}\leqslant n_{min}\end{array}\right\}\tag{11-1}$$

式中　q_{min}——节流阀、调速阀、变量泵的最小稳定流量，由产品性能表查出。

此外，有时还必须对液压缸的活塞杆进行稳定性验算，验算工作常常与参数确定工作交叉进行。

当以上的验算结果不能满足有关规定时，A 或 V_M 的量值必须进行修改。这些执行元件的结构参数最后还必须圆整成标准值（见 GB 2347—1980 和 GB/T 2348—2018）。

液压传动系统执行元件的工况图是在执行元件结构参数确定之后，根据设计任务要求，计算出不同阶段中的实际工作压力、流量和功率之后作出的（图 11-3）。工况图显示液压传动系统在实现整个工作循环时实际工作压力、流量、功率三个参数的变化情况。当系统中包含多个执行元件时，其工况图是各个执行元件工况图的综合。执行元件的工况图是选择系统中其他液压元件和液压基本回路的依据，也是拟定液压传动系统方案的依据，这是因为：

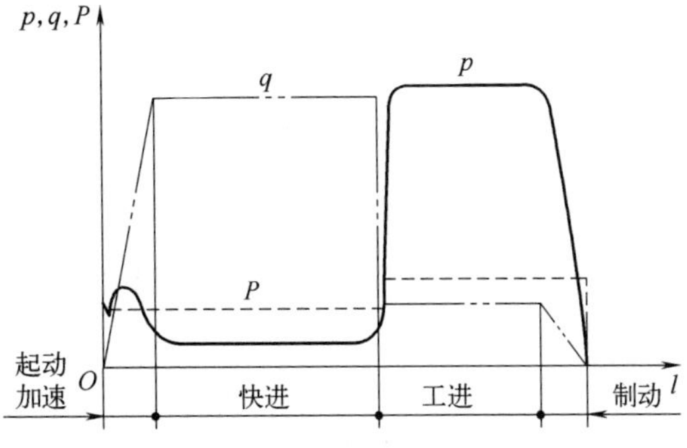

图 11-3　执行元件的工况图

① 执行元件工况图中的最大压力和最大流量直接影响着液压泵和各种控制阀等液压元件的最大工作压力和最大工作流量。

② 执行元件工况图中不同阶段内压力和流量的变化情况决定着液压回路油源形式的合理选用。

③ 执行元件工况图所确定的液压传动系统主要参数量值反映原来设计参数的合理性，为主参数的修改或最后认定提供了依据。

11.2.4 拟定液压传动系统原理图

液压传动系统原理图的拟定，旨在通过作用原理与结构组成的综合设计，具体实现设计任务中提出的各项技术要求。它包含三项内容：确定系统类型、选择液压回路和集成液压传动系统。

液压传动系统采用开式系统还是采用闭式系统，主要取决于它的调速方式和散热要求。一般说来，凡备有较大空间可以存放油箱且不另外设置散热装置的系统、要求结构尽可能简单的系统、采用节流调速或容积-节流调速的系统，都宜采用开式系统；凡允许采用辅助泵进行补油并通过换油来达到冷却目的的系统、对工作稳定性和效率有较高要求的系统、采用容积调速的系统，都宜采用闭式系统。

液压回路是根据系统的设计要求和工况图，从众多的成熟方案中评比确定的。选择液压回路时既要保证满足各项主机要求，也要考虑符合节省能源、减少发热、减少冲击等原则。选择液压回路首先从对主机主要性能起决定性作用的调速回路开始，然后再根据需要考虑其他辅助回路。例如，对有垂直运动部件的系统要考虑平衡回路，有快速运动部件的系统要考虑缓冲和制动回路，有多个执行元件的系统要考虑顺序动作、同步或互不干扰回路，有空转要求的系统要考虑卸荷回路等。出现多种可能方案时，宜平行展开，反复进行对比，不应轻易做出取舍决定。

集成液压传动系统需将精选的液压回路进行系统性整合，通过优化布局、增补必要元件或辅助油路形成完整系统。设计完成后须重点验证：系统能否可靠实现全部设计功能；是否需要进一步补充或优化；是否存在功能冗余的元件或油路可合并。这样才能使拟定的液压传动系统结构简单、紧凑，工作安全可靠，动作平稳、效率高，使用和维护方便。推荐优先采用标准化元件构建系统，非必要情况下应最大限度减少专用非标件的设计。

对可靠性要求特别高的液压传动系统，拟定液压传动系统原理图时，要应用可靠性设计理论，对液压传动系统进行可靠性设计，以确保整个液压传动系统安全可靠地运行。这是因为液压传动系统往往是主机系统可靠性的薄弱环节。

11.2.5 选择液压元件

选择液压元件时，应先分析或计算出该液压元件在工作中承受的最大工作压力和通过的最大流量，以便确定液压元件的规格和型号。

(1) 液压泵

液压泵的最大工作压力必须大于或等于执行元件最大工作压力与进油路上总压力损失之和。执行元件的最大工作压力可以从工况图中查到；进油路上的总压力损失可以通过估算求得，也可以按经验资料估计，如表 11-4 所示。

表 11-4 进油路总压力损失经验值

系统结构情况	总压力损失 Δp_1/MPa
一般节流调速及管路简单的系统	0.2～0.5
进油路有调速阀及管路复杂的系统	0.5～1.5

液压泵的流量必须大于或等于几个同时工作的执行元件总流量的最大值与回路中泄漏量之和。执行元件总流量的最大值可以从工况图中查到（当系统中有蓄能器时此值应为一个工作循环中执行元件的平均流量）；而回路中的泄漏量则可按总流量最大值的10%～30%估算。

在参照产品样本选取液压泵时，额定压力应比上述最大工作压力高25%～60%，以便留有压力储备；额定流量则只需满足上述最大流量需要。

液压泵在额定压力和额定流量下工作时，驱动电动机的功率一般可以直接从产品样本中查到。但是，根据具体工况计算得到的电动机功率更合理，也更节能。

（2）阀类元件

阀类元件的规格按其最大工作压力和通过该阀的实际流量从产品样本中选定。选择节流阀和调速阀时还应考虑它的最小稳定流量是否符合设计要求。选择压力阀和流量阀时都必须保证其实际通过流量最多不超过公称流量的110%，以免产生发热、噪声和过大的压力损失，并应注意换向阀允许通过的流量受其功率特性的限制。对于可靠性要求特别高的系统来说，阀类元件的额定压力应高出其工作压力更多。

（3）油管

油管规格的确定见6.2节。油管的规格通常由它所连接液压件的通径决定。

（4）油箱

油箱容量的估算见6.2节。

11.2.6 验算液压传动系统性能

验算液压传动系统性能的目的是判断设计质量，或从几种方案中评选最佳设计方案。液压传动系统的性能验算是一个复杂的问题，通常采用一些简化公式进行近似估算，以便定性地说明情况。当设计中能找到经过实践检验的同类型系统作为对比参考，或可靠的试验结果可供使用时，液压传动系统的性能验算可以省略。

液压传动系统性能验算的项目很多，常见的有回路压力损失验算和发热温升验算。

（1）回路压力损失验算

回路压力损失包括管道内的沿程压力损失和局部压力损失，以及阀类元件处的局部压力损失三项。管道内的沿程压力损失和局部压力损失可通过有关公式估算；阀类元件处的局部压力损失则需要从产品样本中查出。

计算液压传动系统的回路压力损失时，不同的工作阶段应分别计算。回油路上的压力损失一般都须折算到进油路压力损失中。根据回路压力损失估算出的压力阀调整压力和回路效率，对不同方案的对比具有参考价值，但在进行管道内的沿程压力损失和局部压力损失估算时，回路中的油管布置情况必须先行明确。

（2）发热温升验算

发热温升验算是通过热平衡原理对油液的温升值进行估计的。液压泵输入功率 P_i 和执行元件有效功率 P_0 之差即为单位时间内进入液压传动系统的热量 H_i（单位为kW）。假如这些热量全部由油箱散发出去，不考虑系统其他部分的散热效能，则油液温升的估算公式可以根据不同的条件分别从有关手册中查出。例如，当油箱三个边的尺寸比例在1∶2∶3到1∶1∶1之间、油面高度是油箱高度的80%且油箱通风情况良好时，油液温升 ΔT（单位为℃）的计算式可以用单位时间内输入热量 H_i 和油箱有效容积 V（单位为L）近似表示。

$$\Delta T=\frac{H_i}{\sqrt[3]{V^2}}\times 10^3 \tag{11-2}$$

当验算出的油液温升值超过允许数值时，液压传动系统必须设置适当的冷却器。油箱中油液允许的温升值随主机的不同而不同：一般机床为 25～30℃，工程机械为 35～40℃，等等。

11.3 液压传动系统设计计算案例

本节以一台卧式单面多轴钻孔组合机床为例，要求设计出驱动它的动力滑台液压传动系统，以实现“快进→工进→快退→停止”的工作循环。已知：机床上有主轴 16 个，加工 ϕ13.9mm 的孔 14 个、ϕ8.5mm 的孔 2 个；刀具材料为高速钢，工件材料为铸铁，硬度为 240HBW；机床工作部件总质量为 $m=1000$kg；快进、快退速度分别为 $v_1=v_3=5.6$m/min，快进行程长度为 $l_1=100$mm，工进行程长度为 $l_2=50$mm，往复运动的加速、减速时间不希望超过 0.16s；动力滑台采用平导轨，其静摩擦因数为 $f_s=0.2$，动摩擦因数为 $f_d=0.1$；液压传动系统的执行元件使用液压缸。

液压传动系统的设计过程如下。

11.3.1 负载分析

工作负载：高速钢钻头钻铸铁孔时的轴向切削力 F_t（单位为 N）与钻头直径 D（单位为 mm）、每转进给量 s（单位为 mm/r）、铸件硬度 HBW 之间的经验公式为

$$F_t=25.5Ds^{0.8}(\text{HBW})^{0.6} \tag{11-3}$$

钻孔时的主轴转速 n 和每转进给量 s 按《组合机床设计手册》选取：对 ϕ13.9mm 的孔，$n_1=360$r/min，$s_1=0.147$mm/r；对 ϕ8.5mm 的孔，$n_2=550$r/min，$s_2=0.096$mm/r。代入式（11-3）得

$$F_t=14\times25.5\times13.9\times0.147^{0.8}\times240^{0.6}+2\times25.5\times8.5\times0.096^{0.8}\times240^{0.6}=30468\text{N}$$

惯性负载 $$F_m=m\frac{\Delta v}{\Delta t}=1000\times\frac{5.6}{60\times0.16}=583\text{N}$$

阻力负载 静摩擦阻力 $F_{fs}=0.2\times9810=1962$N

动摩擦阻力 $F_{fd}=0.1\times9810=981$N

液压缸在各工作阶段的负载如表 11-5 所示。

表 11-5 液压缸在各工作阶段的负载 单位：N

工作阶段	负载组成	负载 F	推力 F/η_m
起动	$F=F_{fs}$	1962	2180
加速	$F=F_{fd}+F_m$	1564	1738
快进	$F=F_{fd}$	981	1090
工进	$F=F_{fd}+F_t$	31449	34943
快退	$F=F_{fd}$	981	1090

注：1. 液压缸的机械效率取 $\eta_{m=}0.9$；
2. 不考虑动力滑台上颠覆力矩的作用。

11.3.2 负载图和速度图的绘制

负载图按表 11-5 中的数值绘制，如图 11-4（a）所示。速度图按已知数值 $v_1=v_3=5.6$m/min、$l_1=100$mm、$l_2=50$mm、快退行程 $l_3=l_1+l_2=150$mm 和工进速度 v_2 等绘制，

如图 11-4（b）所示，其中 v_2 由主轴转速及每转进给量求出，即 $v_2=n_1s_1=n_2s_2\approx0.053\text{m/min}$。

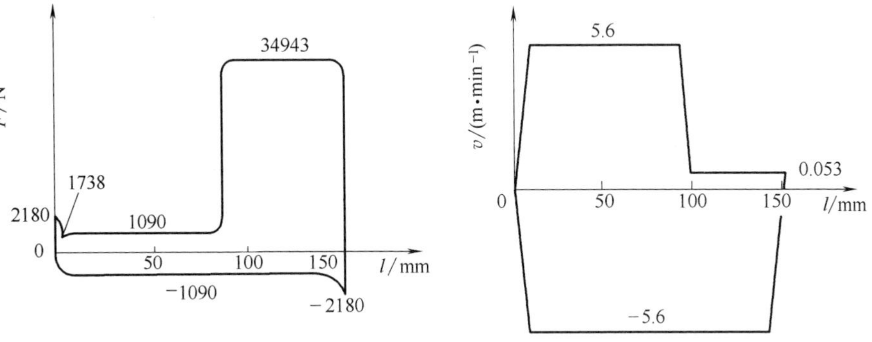

(a) 负载图　　(b) 速度图

图 11-4　组合机床液压缸的负载图和速度图

11.3.3　液压缸主要参数的确定

由表 11-2 和表 11-3 可知，组合机床液压传动系统在最大负载为 35000N 时宜取 $p_1=4\text{MPa}$。鉴于动力滑台要求快进速度与快退速度相等，可选用单杆式液压缸，并在快进时做差动连接。由第 5 章相关内容可知，液压缸无杆腔工作面积 A_1 应为有杆腔工作面积 A_2 的两倍，即活塞杆直径 d 与缸筒直径 D 的关系为 $d=0.707D$。

在钻孔加工时，液压缸回油路上必须具有背压 p_2，以防孔被钻通时滑台突然前冲。根据《现代机械设备设计手册》中的推荐数值，可取 $p_2=0.8\text{MPa}$。快进时液压缸虽做差动连接，但由于油管中有压降 Δp 存在，有杆腔的压力必须大于无杆腔，估算时可取 $\Delta p\approx0.5\text{MPa}$。快退时回油腔中有背压，$p_2$ 可按 0.6MPa 估算。

由工进时的推力式计算液压缸面积，即

$$F/\eta_m=A_1p_1-A_2p_2=A_1p_1-(A_1/2)p_2$$

故有

$$A_1=\frac{F}{\eta_m}\bigg/\left(p_1-\frac{p_2}{2}\right)=34943\times10^{-6}\bigg/\left(4-\frac{0.8}{2}\right)=0.0097\text{m}^2$$

$$D=\sqrt{4A_1/\pi}=111.2\text{mm}\ ,d=0.707D=78.6\text{mm}$$

当按《流体传动系统及元件 缸径及活塞杆直径》（GB/T 2348—2018）将这些直径圆整成就近标准值时得 $D=110\text{mm}$，$d=80\text{mm}$。由此求得液压缸两腔的实际有效面积为 $A_1=\pi D^2/4=95.03\times10^{-4}\text{m}^2$，$A_2=\pi(D^2-d^2)/4=44.77\times10^{-4}\text{m}^2$。经检验，活塞杆的强度和稳定性均符合要求。

根据上述 D 与 d 的值，可估算液压缸在各个工作阶段中的压力、流量和功率，如表 11-6 所示，并据此绘出液压缸工况图，如图 11-5 所示。

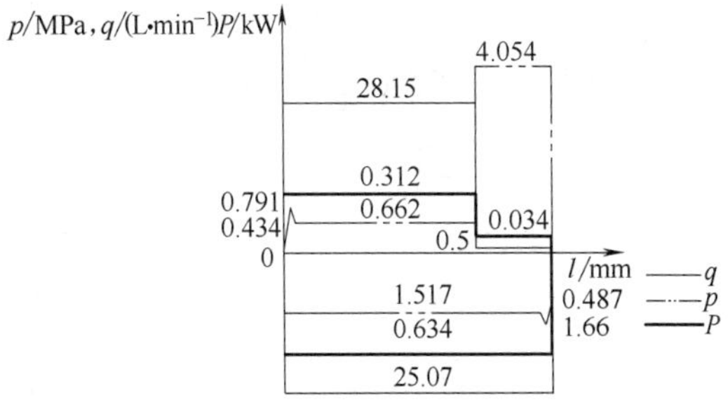

图 11-5　组合机床液压缸工况图

表 11-6 液压缸在不同工作阶段的压力、流量和功率值

工况		推力 F'/N	回油腔压力 p_2/MPa	进油腔压力 p_1/MPa	输入流量 q/(L·min^{-1})	输入功率 P/kW	计算式
快进（差动）	起动	2180	0	0.434	—	—	$p_1=(F'+A_2\Delta p)/(A_1-A_2)$ $q=(A_1-A_2)v_1$ $P=p_1q$
	加速	1738	$p_2=p_1+\Delta p$ ($\Delta p=0.5$MPa)	0.791	—	—	
	恒速	1090		0.662	28.15	0.312	
工进		34934	0.8	4.054	0.5	0.034	$p_1=(F'+p_2A_2)/A_1$ $q=A_1v_2$ $P=p_1q$
快退	起动	2180	0	0.487	—	—	$p_1=(F'+p_2A_1)/A_2$ $q=A_2v_3$ $P=p_1q$
	加速	1738	0.6	1.66	—	—	
	恒速	1090		1.517	25.07	0.634	

注：$F'=F/\eta_m$。

11.3.4 液压传动系统图的拟定

11.3.4.1 液压回路的选择

首先，选择调速回路。由图 11-5 可知，这台组合机床液压传动系统的功率小、滑台运动速度低、工作负载变化小，因此可采用进口节流的调速形式。为了解决进口节流调速回路在孔钻通时的滑台突然前冲现象，回油路上必须设置背压阀。

由于液压传动系统选用节流调速的方式，因此系统中油液的循环必然是开式的。

由图 11-5 可知，在这个液压传动系统的工作循环内，液压缸要求油源交替提供低压大流量和高压小流量的油液。最大流量与最小流量之比约为 56，而快进快退所需的时间 t_1 和工进所需的时间 t_2 分别为：

$$t_1=l_1/v_1+l_3/v_3=60\times100/(5.6\times1000)+60\times150/(5.6\times1000)=2.68\text{s}$$

$$t_2=l_2/v_2=60\times50/(0.053\times1000)=56.6\text{s}$$

可知，$t_2/t_1\approx21$。因此从提高系统效率、节能的角度来看，采用单个定量泵作为油源显然不合适，宜选用大、小两个液压泵自动并联供油的油源方案，如图 11-6（a）所示。

其次，选择快速运动和换向回路。采用节流调速回路后，不管采用哪种油源形式，都必

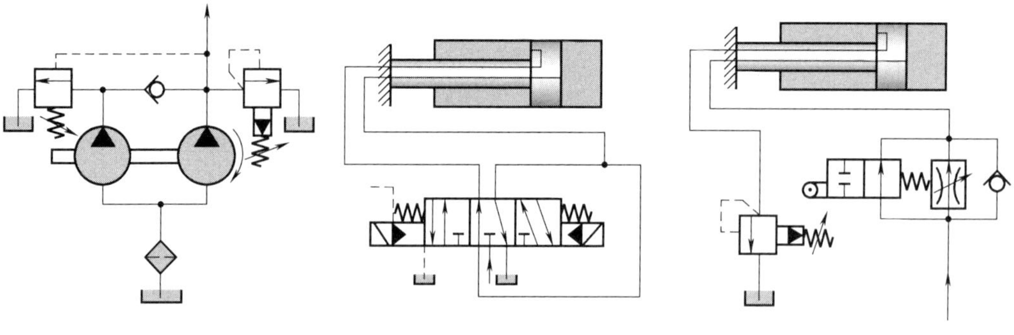

(a) 油源　(b) 换向回路　(c) 速度换接回路

图 11-6 液压回路的选择

须有单独的油路直接通向液压缸两腔，以实现快速运动。在本系统中，单杆液压缸必须做差动连接，所以它的快进快退换向回路应采用图 11-6（b）所示形式。

再次，选择速度换接回路。由工况图（图 11-5）中的 q-l 曲线可知，当滑台从快进转为工进时，输入液压缸的流量由 28.15L/min 降为 0.5L/min，滑台的速度变化较大，宜选用行程阀来控制速度的换接，以减少液压冲击，如图 11-6（c）所示。当滑台由工进转为快退时，回路中通过的流量很大，进油路中流量为 25.07L/min，回油路中流量为 25.07×95.03/44.77=53.21L/min。为了保证换向平稳，可采用电液换向阀式换接回路，如图 11-6（b）所示。由于此回路要实现液压缸的差动连接，因此换向阀必须是五通的。

最后，考虑压力控制回路。系统的调压问题和卸荷问题已在油源中解决，如图 11-6（a）所示，因此不需再设置专用的元件或油路。

11.3.4.2　液压回路的综合

将 11.3.4.1 节选出的各种回路组合在一起，可以得到如图 11-7 所示的液压传动系统原理图（不包括点画线及圆框内的元件）。仔细检查此图可以发现，系统在工作中还存在一些问题，必须进行以下的修改和整理。

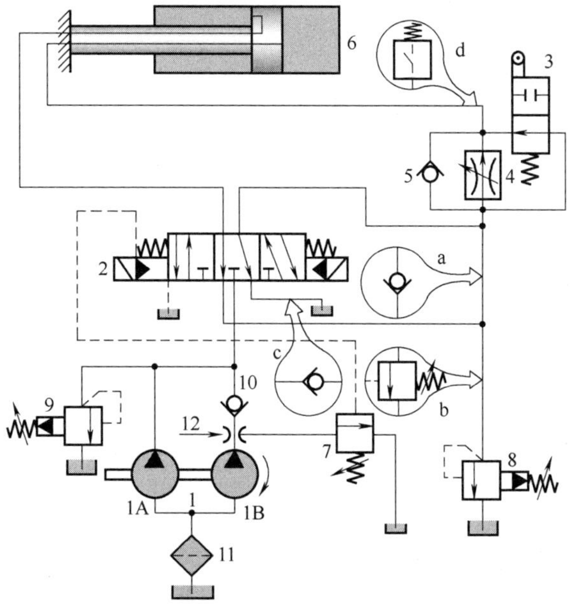

图 11-7　液压传动系统原理图

1—双联叶片泵；1A—小流量泵；1B—大流量泵；2—三位五通电液阀；3—行程阀；4—调速阀；5，a，c—单向阀；6—液压缸；7—卸荷阀；8—背压阀；9—溢流阀；10—单向阀；11—过滤器；12—压力表开关；b—顺序阀；d—压力继电器

① 为了解决滑台工进时进油路与回油路相互接通，系统无法建立压力的问题，必须在换向回路中串接一个单向阀 a，使工进时的进油路与回油路隔断。

② 为了解决滑台快进时回油路接通油箱，无法实现液压缸差动连接的问题，必须在回油路上串接一个顺序阀 b，以阻止油液在快进阶段返回油箱。

③ 为了解决机床停止工作时系统中的油液流回油箱，导致空气进入系统，影响滑台运动平稳性的问题，必须在电液换向阀的出口处增设一个单向阀 c。

④ 为了便于系统自动发出快退信号，在调速阀输出端须增设一个压力继电器 d。

⑤ 如果将顺序阀 b 和背压阀 8 的位置对调一下，就可以将顺序阀与油源处的卸荷阀合并。

经过上述修改、整理后的液压传动系统图如图 11-8 所示，它在各方面都比较合理、完善。

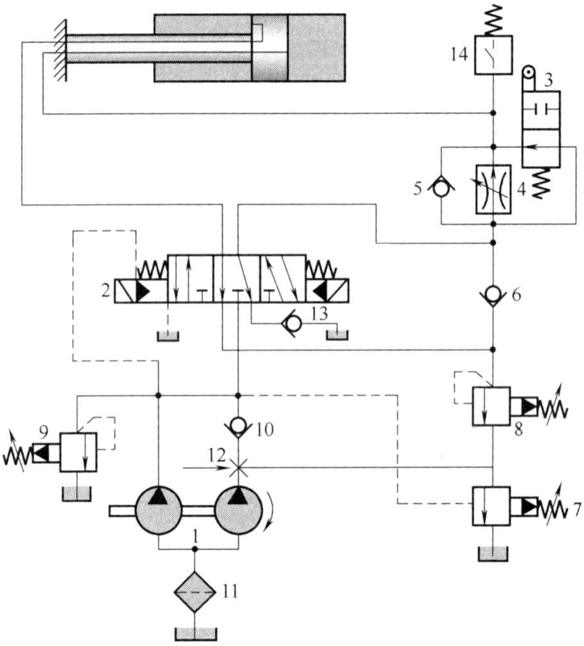

图 11-8 整理后的液压传动系统图

1—双联叶片泵；2—三位五通电液阀；3—行程阀；4—调速阀；5,6,10,13—单向阀；7—顺序阀；8—背压阀；9—溢流阀；11—过滤器；12—压力表开关；14—压力继电器

11.3.5 液压元件的选择

(1) 液压泵

液压缸在整个工作循环中的最大工作压力为 4.054MPa，若进油路上的压力损失为 0.8MPa（表 11-4），压力继电器调整压力高出系统最大工作压力 0.5MPa，则小流量泵的最大工作压力：

$$p_{P1}=4.054+0.8+0.5=5.354\text{MPa}$$

当液压缸快速运动时，大流量泵向液压缸输油，快退时液压缸中的工作压力比快进时大，若进油路上的压力损失为 0.5MPa，则大流量泵的最高工作压力：

$$p_{P2}=1.517+0.5=2.017\text{MPa}$$

两个液压泵应向液压缸提供的最大流量为 28.15L/min（图 11-5），若回路中的泄漏量按液压缸输入流量的 10%估计，则两个泵的总流量应为 $q_P=1.1\times28.15=30.97$L/min。

由于溢流阀的最小稳定溢流量为 3L/min，工进时输入液压缸的流量为 0.5L/min，小流量液压泵单独供油，所以小液压泵的流量规格最小应为 3.5L/min。

根据以上压力和流量的数值查阅产品样本，最后确定选取 PV2R12-6/26 型双联叶片泵，小流量液压泵和大流量液压泵的排量分别为 6mL/r 和 26mL/r。若取液压泵的容积效率为 $\eta_V=0.9$，则液压泵的转速 $n_P=940$r/min 时，液压泵的实际输出流量：

$$q_P=(6+26)\times 940\times 0.9/1000=5.1+22=27.1\text{L/min}$$

由于液压缸在快退时输入功率最大，这时液压泵工作压力为 2.017MPa、流量为 27.1L/min。取液压泵的总效率 $\eta_P=0.75$，则液压泵驱动电动机所需的功率：

$$P=\frac{p_P q_P}{\eta_P}=\frac{2.017\times 27.1}{60\times 0.75}=1.2\text{kW}$$

根据此数值查阅电动机产品目录和产品样本选用 Y100L-6 型电动机，其额定功率 $P_n=1.5$kW，额定转速 $n_n=940$r/min。

(2) 阀类元件及辅助元件

根据阀类及辅助元件所在油路的最大工作压力和通过该元件的最大实际流量，可确定这些液压元件的型号及规格如表 11-7 所示。表中序号与图 11-8 的元件标号相同。

表 11-7　液压元件的型号及规格

序号	元件名称	估计通过流量 /(L·min^{-1})	额定流量 /(L·min^{-1})	额定压力 /MPa	额定压降 /MPa	型号、规格
1	双联叶片泵	—	(5.1+22)①	16/14	—	PV2R12-6/26 $V_p=(6+26)$mL/r
2	三位五通电液阀	50	80	16	<0.5	35DYF3Y-E10B
3	行程阀	60	63	16	<0.3	AXQF-E10B (单向行程调速阀) $q_{max}=100$L/min
4	调速阀	0.5	0.07～50	16	—	
5	单向阀	60	63	16	0.2	
6	单向阀	25	63	16	<0.2	AF3-Ea10B $q_{max}=80$L/min
7	液控顺序阀	22	63	16	<0.3	XF3-E10B
8	背压阀	0.5	63	16	—	YF3-E10B
9	溢流阀	5.1	63	16	—	YF3-E10B
10	单向阀	22	63	16	<0.2	AF3-Ea10B $q_{max}=80$L/min
11	过滤器	30	63	—	<0.02	XU-63×80-J
12	压力表开关	—	—	16	—	KF3-E3B 3 测点
13	单向阀	60	63	16	<0.2	AF3-Ea10B $q_{max}=80$L/min
14	压力继电器	—	—	10	—	HED1kA/10

① 此为电动机额定转速 $n_n=940$r/min 时液压泵输出的实际流量。

(3) 油管

各元件间连接管道的规格按元件接口处尺寸决定，液压缸进、出油管的规格分别按输入、排出的最大流量决定。由于选定液压泵之后液压缸在各个阶段的进、出流量已与原定数值不同，所以必须重新计算，如表 11-8 所示。表中数值说明，液压缸快进速度 v_1、快退速度 v_3 与设计要求相近。这表明所选液压泵的型号、规格是适宜的。

表 11-8 液压缸的进、出流量和运动速度

流量、速度	快进	工进	快退
输入流量 /(L·min^{-1})	$q_1=A_1q_P/(A_1-A_2)$ $=95.03\times27.1/(95.03-44.77)$ $=51.24$	$q_1=0.5$	$q_1=q_P=27.1$
排出流量 /(L·min^{-1})	$q_2=A_2q_1/A_1$ $=44.77\times51.24/95.03$ $=24.14$	$q_2=A_2q_1/A_1$ $=0.5\times44.77/95.03$ $=0.24$	$q_2=A_1q_1/A_2$ $=27.1\times95.03/44.77$ $=57.52$
运动速度 /(m·min^{-1})	$v_1=q_P/(A_1-A_2)$ $=27.1\times10/(95.03-44.77)$ $=5.39$	$v_2=q_1/A_1$ $=0.5\times10/95.03$ $=0.053$	$v_3=q_1/A_2$ $=27.1\times10/44.77$ $=6.05$

根据表 11-8 可知，当油液在压力管中流速取 3m/min 时，液压缸无杆腔和有杆腔相连的油管内径分别为：

无杆腔 $d=2\times\sqrt{q/(\pi v)}=2\times\sqrt{51.24\times10^6/(\pi\times3\times10^3\times60)}=19.04\text{mm}$

有杆腔 $d=2\times\sqrt{27.1\times10^6/(\pi\times3\times10^3\times60)}\text{mm}=13.85\text{mm}$

参考《流体传动系统及元件 硬管外径和软管内径》(GB/T 2351—2021)，液压缸无杆腔和有杆腔相连的油管均选用外径为 ϕ18mm、内径为 ϕ15mm 的无缝钢管。

(4) 油箱

油箱容积设计的修正系数 ξ 取为 7 时，油箱容积：

$$V=\xi q_P=7\times27.1\text{L}=189.7\text{L}$$

取标准值 $V=250\text{L}$。

11.3.6 液压传动系统性能的验算

(1) 验算液压传动系统压力损失并确定压力阀的调整值

由于液压传动系统的管路布置尚未确定，整个液压传动系统的压力损失无法全面估算，因此只能先估算阀类元件的压力损失，待设计好管路布置图后，加上管路的沿程损失和局部损失即可得到全部压力损失。但对于中小型液压传动系统，管路的压力损失很小，可以不予考虑。压力损失的验算应按一个工作循环中不同阶段分别进行。

① 快进。滑台快进时，液压缸差动连接，由表 11-7 和表 11-8 可知，进油路上油液通过单向阀 10 的流量为 22L/min，通过电液换向阀 2 的流量为 27.1L/min。然后其与液压缸有杆腔的回油汇合，以流量 51.24L/min 通过行程阀 3 并进入无杆腔。因此进油路上的总压降：

$$\sum\Delta p_V=0.2\times\left(\frac{22}{63}\right)^2+0.5\times\left(\frac{27.1}{80}\right)^2+0.3\times\left(\frac{51.24}{63}\right)^2$$
$$=0.024+0.057+0.198=0.279\text{MPa}$$

由于进油路上的总压降较小，不会使压力阀开启，所以可确保两个液压泵的流量全部进入液压缸。

回油路上，液压缸有杆腔中的油液通过电液换向阀 2 和单向阀 6 的流量均为 24.14L/min，然后与液压泵的供油合并，经行程阀 3 流入无杆腔。由此可得快进时有杆腔压力 p_2

与无杆腔压力 p_1 之差：

$$\Delta p=p_2-p_1=0.5\times\left(\frac{24.14}{80}\right)^2+0.2\times\left(\frac{24.14}{63}\right)^2+0.3\times\left(\frac{51.24}{63}\right)^2$$

$$=0.046+0.029+0.198=0.273\text{MPa}$$

此值小于原估计值 0.5MPa（表 11-6），所以回路是偏安全的。

② 工进。工进时，油液在进油路上通过电液换向阀 2 的流量为 0.5L/min，在调速阀 4 处的压力损失为 0.5MPa；油液在回油路上通过换向阀 2 的流量为 0.24L/min，在背压阀 8 处的压力损失为 0.5MPa，通过顺序阀 7 的流量为 0.24＋22＝22.24L/min，因此液压缸回油腔的压力：

$$p_2=0.5\times\left(\frac{0.24}{80}\right)^2+0.5+0.3\times\left(\frac{22.24}{63}\right)^2=0.537\text{MPa}$$

可见，此值小于原估计值 0.8MPa，故可按表 11-6 中公式重新计算工进时液压缸进油腔压力 p_1，即

$$p_1=\frac{F'+p_2A_2}{A_1}=\frac{34943+0.537\times10^6\times44.77\times10^{-4}}{95.03\times10^{-4}\times10^6}=3.93\text{MPa}$$

此值与表 11-6 中数值 4.054MPa 接近。

考虑压力继电器可靠动作需要压差 $\Delta p_e=0.5\text{MPa}$，故溢流阀 9 的调压 p_{P1A} 应为

$$p_{P1A}>p_1+\sum\Delta p_1+\Delta p_e=3.93+0.5\times\left(\frac{0.5}{80}\right)^2+0.5+0.5=4.93\text{MPa}$$

③ 快退。快退时，油液在进油路上通过单向阀 10 的流量为 22L/min，通过换向阀 2 的流量为 27.1L/min；油液在回油路上通过单向阀 5、换向阀 2 和单向阀 13 的流量均为 57.52L/min。因此进油路上总压降：

$$\sum\Delta p_{V1}=0.2\times\left(\frac{22}{63}\right)^2+0.5\times\left(\frac{27.1}{80}\right)^2=0.082\text{MPa}$$

此值较小，所以液压泵驱动电动机的功率满足要求。回油路上总压降：

$$\sum\Delta p_{V2}=0.2\times\left(\frac{57.52}{63}\right)^2+0.5\times\left(\frac{57.52}{80}\right)^2+0.2\times\left(\frac{57.52}{63}\right)^2=0.592\text{MPa}$$

此值与表 11-6 中的估计值相近，故不必重算。所以，快退时液压泵的最大工作压力：

$$p_P=p_1+\sum\Delta p_{V1}=1.66+0.082=1.742\text{MPa}$$

因此大流量液压泵卸荷时顺序阀 7 的调压应大于 1.742MPa。

(2) 油液温升验算

工进在整个工作循环中所占的时间比例达 95%，所以系统发热和油液温升可通过工进时的情况计算。

工进时液压缸的有效功率，即系统输出功率：

$$P_o=Fv=\frac{31449\times0.053}{10^3\times60}=0.0278\text{kW}$$

这时大流量泵通过顺序阀 7 卸荷，小流量泵在高压下供油，所以两个泵的总输出功率，即系统输入功率：

$$P_i=\frac{p_{P1}q_{P1}+p_{P2}q_{P2}}{\eta}=\frac{0.3\times10^6\times\left(\frac{22}{63}\right)^2\times\frac{22}{60}\times10^{-3}+4.93\times10^6\times\frac{5.1}{60}\times10^{-3}}{0.75\times10^3}$$

$$=0.5766\text{kW}$$

由此得液压传动系统单位时间内的发热量：

$$H_i = P_i - P_o = 0.5766 - 0.0278 = 0.5488\text{kW}$$

按式（11-2）可求出油液温升近似值：

$$\Delta T = 0.5488 \times 10^3 / \sqrt[3]{250^2} = 13.8℃$$

可知，温升没有超出允许范围，因此该液压传动系统中不需设置冷却器。

思考题

1. 如图 11-9 所示立式组合机床的动力滑台采用液压传动。已知切削负载为 28000N，滑台工进速度为 50mm/min，快进、快退速度均为 6m/min；滑台（包括动力头）的质量为 1500kg，滑台对导轨的法向作用力约为 1500N，往复运动的加、减速时间均为 0.05s；滑台采用平面导轨，静、动摩擦因数分别为 $f_s = 0.2$、$f_d = 0.1$；快速行程为 100mm，工作行程为 50mm，取液压缸机械效率 $\eta_m = 0.9$。试对液压传动系统进行负载分析。提示：滑台下降时，其自重负载由系统中的平衡回路承受，不需计入负载分析中。

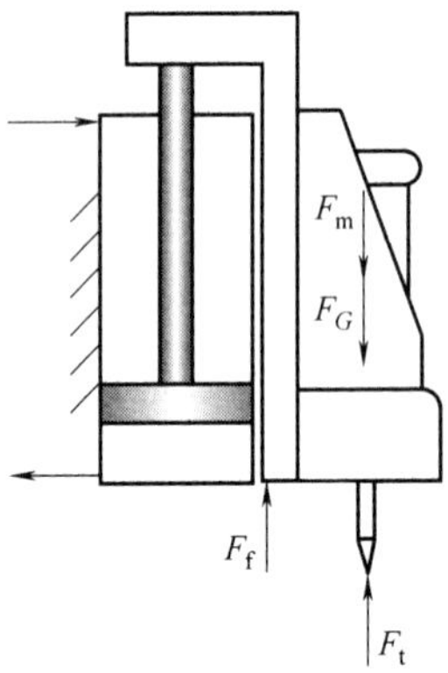

图 11-9　思考题 1 图

2. 在图 11-10 所示的液压缸驱动装置中，已知传送距离为 3m，传送时间要求小于 15s，运动按图 11-10（b）所示规律进行，其中加、减速时间各占总传送时间的 10%。假如移动部分的总质量为 510kg，移动件和导轨间的静、动摩擦因数分别为 0.2 和 0.1，取液压缸机械效率 $\eta_m = 0.9$，试绘制此驱动装置的工况图。

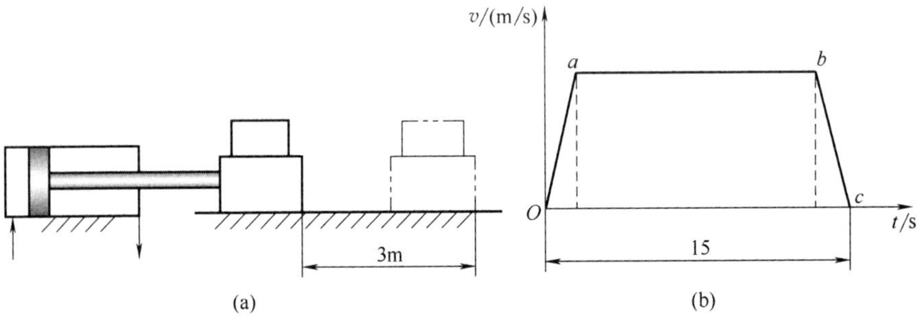

图 11-10　思考题 2 图

3. 已知某专用卧式铣床的铣头驱动电动机功率为 7.5kW，铣刀直径为 120mm，转速为 350r/min。若工作台、工件和夹具总质量为 520kg，工作台总行程为 400mm；工进行程为 250mm，快进速度为 4.5m/min，工进速度为 60～100mm/min，往复运动的加、减速时间要求不超过 0.05s；工作台采用平导轨，静、动摩擦因数分别为 $f_s = 0.2$、$f_d = 0.1$。试设计该机床液压传动系统。

4. 某立式液压机要求采用液压传动系统实现表 11-9 所列的简单动作循环，若移动部件总质量为 510kg，摩擦力、惯性力均可忽略不计，试设计此液压传动系统。

表 11-9　立式液压机要实现的简单动作循环

动作名称	外负载/N	速度/($m \cdot min^{-1}$)
快速下降	5000	6
慢速施压	50000	0.2
快速提升	10000	12
原位停止	—	—

5. 一台卧式单面多轴钻孔组合机床，动力滑台的工作循环为快进→工进→快退→停止。液压传动系统的主要性能参数要求：轴向切削力为 $F_1=24000N$；滑台移动部件总质量为 510kg；加、减速时间为 0.2s；采用平导轨，静摩擦因数 $f_s=0.2$，动摩擦因数 $f_d=0.1$；快进行程为 200mm，工进行程为 100mm；快进与快退速度相等，均为 3.5m/min，工进速度为 30～40mm/min。工作时要求运动平稳，且可随时停止运动。试设计动力滑台的液压传动系统。

第 12 章 液压元件和液压传动系统的动态特性分析

各种工作机械上的液压传动系统及其元件，绝大多数都是按“克服阻力、保证速度”的静态指标来计算并设计的。但是，这种方法越来越难以适应液压技术不断向高速、高压、大功率、高精度方向发展的要求。例如，机床在换向、起动等阶段以及在负载突然变化时常常会出现振荡或颤抖，机床上的工作机构不能在外来扰动的作用下保持速度恒定地运动，有时还会产生持续的振荡等现象。为了查明这些现象的成因，提出解决办法，有必要对工作机械中的液压元件和液压传动系统进行动态特性研究，以便了解它们的主导因素和内在作用规律。

研究液压元件或液压传动系统的动态性能必须使用自动控制理论。对于分析、综合单变量的线性定常液压传动系统，经典控制理论已发展得比较完善，可以简洁扼要且形象地说明许多问题。液压元件和液压传动系统都有各自的特点，在分析动态特性之前，必须建立该液压元件或液压传动系统的数学模型，然后再按自动控制理论的方法进行分析。本章通过几个典型实例，叙述建立数学模型和进行动态特性分析的具体过程。由于传递函数是经典控制理论中的数学模型，因此分析工作最后都归结为传递函数。在分析中遇到非线性问题时，均用线性化的方法处理。

12.1 限压式变量叶片泵的动态特性

限压式变量叶片泵在工作压力大于其拐点压力时，压力的任何变化都将通过定子偏心距的改变影响输出流量。但是，由于惯性和阻尼的存在，定子不能对压力变化及时做出响应（偏心距不能立即改变），因此限压式变量叶片泵内会出现一个瞬时的压力急剧变化，要经历一段时间，工作压力才会重新稳定下来。图 12-1 所示是这种变量泵在阶跃输入下的过渡过程，它是这一情况的反映。

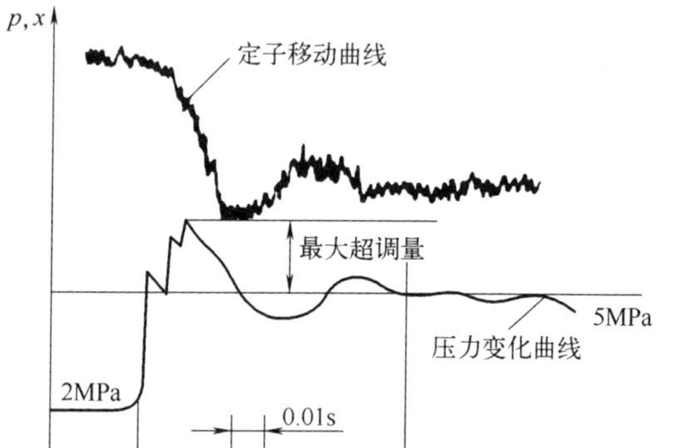

图 12-1 限压式变量叶片泵在阶跃输入下的过渡过程

限压式变量叶片泵的连续性方程为

$$q_t=q+k_1p+\frac{V}{K}\times\frac{\mathrm{d}p}{\mathrm{d}t}+A_x\ \frac{\mathrm{d}x}{\mathrm{d}t} \tag{12-1}$$

式中 q_t——限压式变量叶片泵的理论流量；

q——限压式变量叶片泵的实际流量；

k_1p——限压式变量叶片泵的泄漏量；

$\frac{V}{K}\times\frac{\mathrm{d}p}{\mathrm{d}t}$——油液压缩性引起的体积变化率；

$A_x \frac{dx}{dt}$——流入反馈柱塞缸的流量；

k_1——限压式变量叶片泵的泄漏系数；

V——限压式变量叶片泵的压油腔容积；

K——油液的体积模量；

A_x——柱塞面积。

限压式变量叶片泵的理论流量：

$$q_t = k_q e = k_q (e_{max} - x) \tag{12-2}$$

式中　k_q——限压式变量叶片泵的流量常数；

e_{max}——预调的最大偏心距；

x——定子自其预调后位置起算的左移距离。

式（12-1）和式（12-2）取增量并经拉普拉斯变换后整理得

$$q(s) = -(k_q + A_x s)x(s) - \left(k_1 + \frac{V}{K}s\right)p(s) \tag{12-3}$$

当不计滑块在支承处的摩擦力时，定子的受力方程为

$$pA_x = F_s + k_s x + B\frac{dx}{dt} + m\frac{d^2x}{dt^2} \tag{12-4}$$

式中　pA_x——反馈柱塞上的推力；

F_s——弹簧预紧力；

$k_s x$——弹性力；

$B\frac{dx}{dt}$——阻尼力；

$m\frac{d^2x}{dt^2}$——惯性力；

k_s——弹簧刚度；

B——限压式变量叶片泵的黏性阻尼系数；

m——移动部分（包括定子、反馈柱塞等）的质量。

式（12-4）取增量并经拉普拉斯变换后得

$$(ms^2 + Bs + k_s)x(s) = A_x p(s) \tag{12-5}$$

由式（12-3）和式（12-5）可画出限压式变量叶片泵的框图（图12-2），限压式变量叶片泵的传递函数如式（12-6）所示。

$$\Phi(s) = \frac{p(s)}{q(s)} = \frac{-(ms^2 + Bs + k_s)K}{A_x K(k_q + A_x s) + (ms^2 + Bs + k_s)(Vs + k_1 K)} \tag{12-6}$$

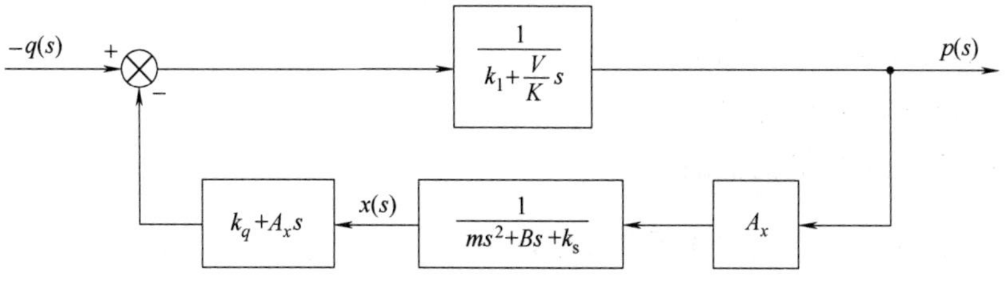

图12-2　限压式变量叶片泵的框图

式（12-6）表明，限压式变量叶片泵在其变量区段内是一个三阶系统。由劳斯-霍尔维茨判据可知，这时使该泵工作稳定的必要条件是

$$k_s > \frac{mVk_q KA_x - B^2 Vk_1 K - mBk_1^2 K^2 - A_x{}^2 K(BV + mk_1 K)}{BV^2} \tag{12-7}$$

式（12-7）表明，限压式变量叶片泵中的调压弹簧不仅影响该泵的静态特性，还影响其动态特性。为此，设计中必须使 k_s 值满足式（12-7）的要求，k_s 值大时，限压式变量叶泵的稳定性好。由式（12-7）可知，黏性阻尼系数 B 大时，稳定性好，因此一般可在反馈柱塞缸入口处设置阻尼小孔，以提高 B 值。

12.2 带管道液压缸的动态特性

液压缸在输入流量不变、负载发生变化，或负载不变、输入流量发生变化时，活塞或缸筒的运动会出现加速或减速的瞬态过程。液压缸的动态特性就是对瞬态过程中这些变化关系的说明。

液压缸通常连着油管，为此在分析液压缸的动态特性时，应使用图 12-3 所示的简图。为了简化分析，假定液压缸回油腔直通油箱，而且进油管较短，只需考虑其容积的影响。

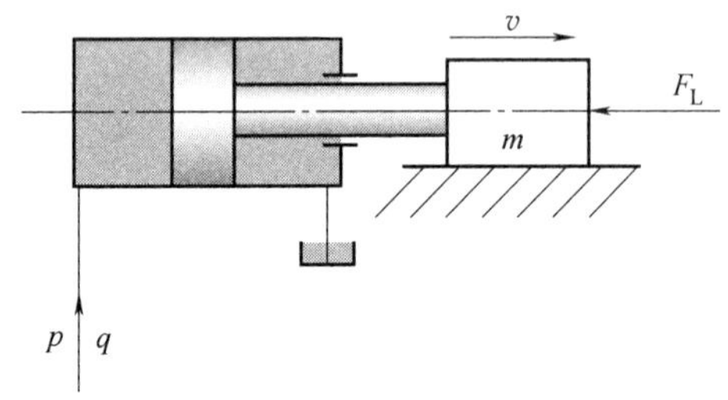

图 12-3 带管道的液压缸简图

活塞上的受力方程为

$$Ap = m\frac{dv}{dt} + Bv + F_L \tag{12-8}$$

式中 Ap——液压缸推力；

$m\frac{dv}{dt}$——惯性力；

Bv——阻尼力；

F_L——负载力；

A——活塞有效工作面积；

p——液压缸工作腔压力；

m——液压缸所驱动的工作部件质量（包括活塞、活塞杆等移动件的质量）；

v——活塞移动速度；

B——黏性阻尼系数。

液压缸工作腔的流量连续方程为

$$q = Av + k_1 p + \frac{V}{K} \times \frac{dp}{dt} \tag{12-9}$$

式中 q——液压缸工作腔的输入流量；

Av——活塞移动所需流量；

$k_1 p$——液压缸工作腔的泄漏量；

$\frac{V}{K} \times \frac{dp}{dt}$——因油液压缩引起的体积变化率；

k_1——液压缸工作腔的泄漏系数；

V——液压缸工作腔和进油管内的油液体积；

K——油液的体积模量。

式（12-8）和式（12-9）取增量并经拉普拉斯变换后整理分别得：

$$Ap(s)=(ms+B)v(s)+F_L(s) \tag{12-10}$$

$$q(s)=Av(s)+\left(k_1+\frac{V}{K}s\right)p(s) \tag{12-11}$$

由式（12-10）和式（12-11）可作出带管道液压缸的框图（图 12-4），并可综合成式（12-12）。

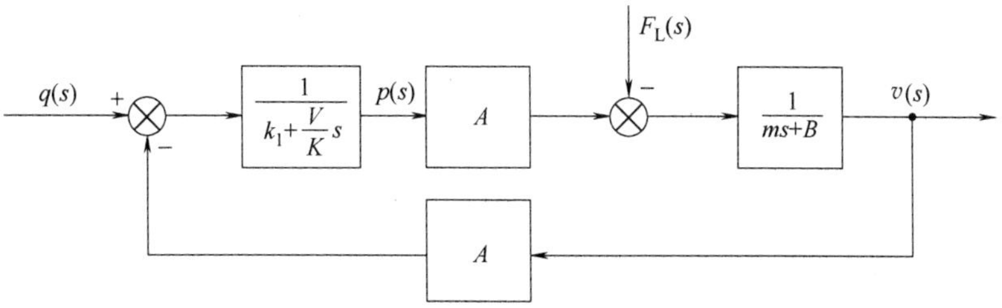

图 12-4 带管道液压缸的框图

$$v(s)=\frac{Aq(s)-\left(k_1+\frac{V}{K}s\right)F_L(s)}{\frac{V}{K}ms^2+\left(k_1m+\frac{V}{K}B\right)s+(A^2+k_1B)}=\frac{1}{A^2+k_1B}\times\frac{Aq(s)-\left(k_1+\frac{V}{K}s\right)F_L(s)}{\frac{s^2}{\omega_n^2}+\frac{2\zeta_n}{\omega_n}s+1} \tag{12-12}$$

外负载 F_L 恒定，即 $F_L(s)=0$ 时的液压缸传递函数为

$$\Phi_1(s)=\frac{v_1(s)}{q(s)}=\frac{A}{A^2+k_1B}\times\frac{1}{\left(\frac{s}{\omega_n}\right)^2+2\frac{\zeta_n}{\omega_n}s+1} \tag{12-13}$$

输入流量 q 恒定，即 $q(s)=0$ 时的液压缸传递函数为

$$\Phi_2(s)=\frac{v_2(s)}{F_L(s)}=\frac{-1}{A^2+k_1B}\times\frac{k_1+\frac{V}{K}s}{\left(\frac{s}{\omega_n}\right)^2+2\frac{\zeta_n}{\omega_n}s+1} \tag{12-14}$$

式（12-12）～式（12-14）中的 ω_n 和 ζ_n 分别代表带管道液压缸的固有角频率和阻尼比，其表达式为

$$\left.\begin{aligned}\omega_n&=\sqrt{\frac{(A^2+k_1B)K}{Vm}}\\ \zeta_n&=\frac{\omega_n}{2K}\frac{Kk_1m+VB}{A^2+k_1B}\end{aligned}\right\} \tag{12-15}$$

由上述内容可知：

① 带管道液压缸可以简化成一个二阶系统，其特征方程式中的系数都是正值，因此带管道液压缸通常能够稳定工作。

② 液压缸进油腔和进油管中的泄漏通常很小，即 $k_1B/A^2\ll1$，所以式（12-15）中的

ω_n 可以近似地用$\sqrt{A^2K/(Vm)}$来表示。因此，油液的体积模量 K 越小（油液中混入空气越多），活塞有效工作面积 A 越小，液压缸移动时推动的质量越大，进油管越长（V 越大），液压缸的固有角频率 ω_n 就越低。另外，活塞移动过程中 V 值也在不断变化，因此 ω_n 不是一个定值，而是一段频率范围，液压缸的频率特性曲线也随着活塞的移动而变化。

现从两个方面来讨论液压缸的瞬态响应特性：①负载恒定，输入流量变化时（例如液压缸由静止状态起动，或输入流量突然变化），液压缸的运动速度会产生波动；②输入流量恒定，外负载突然增大或减小时也会使液压缸速度不稳定。分别利用式（12-13）和式（12-14）对这两方面进行理论分析。

由式（12-13）可知，在外负载不变的情况下，如果对液压缸输入一个阶跃流量 $q(t)=q_0(t)$，即 $q(s)=\dfrac{q_0}{s}$，其中 q_0 为常量，则得

$$v_1(s)=\Phi_1(s)q(s)=\Phi_1(s)\frac{q_0}{s}$$

也即

$$v_1(s)=\frac{Aq_0}{A^2+k_1B}\times\frac{\omega_n^2}{s(s^2+2\zeta_n\omega_n+\omega_n^2)} \tag{12-16}$$

式（12-16）经拉普拉斯变换，得瞬态响应表达式：

$$v_1(t)=\frac{Aq_0}{A^2+k_1B}\left(1-\frac{1}{\sqrt{1-\zeta_n^2}}e^{-\zeta_n\omega_n t}\right)\sin\left(\omega_n\sqrt{1-\zeta_n^2}\,t+\arctan\frac{\sqrt{1-\zeta_n^2}}{\zeta_n}\right) \tag{12-17}$$

带管道液压缸的动态特性如图 12-5 所示。可知，速度 v_1 围绕稳态值 v_{10} 上下波动，并逐渐衰减，最终趋向于稳态值。阻尼比 ζ_n 越大，则波动程度越小。由式（12-17）可知，$t=0$ 时，$v_1=0$；$t=\infty$时，$v_1=v_{10}=\dfrac{Aq_0}{A^2+k_1B}$。

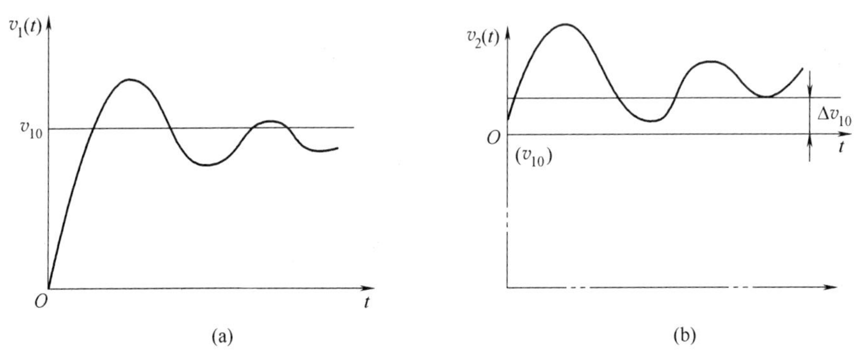

图 12-5 带管道液压缸的过渡过程

由式（12-14）可知，当输入流量恒定时，如果作用在活塞杆上的外负载突然减小了 F_{L0}，即 $F_L(t)=-F_{L0}(t)$、$F_L(s)=-\dfrac{F_{L0}}{s}$，其中 F_{L0} 为常量，则

$$v_2(s)=\Phi_2(s)F_L(s)=-\Phi_2(s)\frac{F_{L0}}{s}$$

也即

$$v_2(s)=\frac{F_{L0}k_1}{A^2+k_1B}\times\frac{\omega_n^2}{s(s^2+2\zeta_n\omega_n+\omega_n^2)}+\frac{F_{L0}}{A^2+k_1B}\times\frac{V}{K}\times\frac{\omega_n^2}{s^2+2\zeta_n\omega_n+\omega_n^2}\tag{12-18}$$

式（12-18）经拉普拉斯变换得

$$v_2(s)=\frac{F_{L0}k_1}{A^2+k_1B}\left(1-\frac{1}{\sqrt{1-\zeta_n^2}}\right)e^{-\zeta_n\omega_n t}\sin\left(\omega_n\sqrt{1-\zeta_n^2}\,t+\arctan\frac{\sqrt{1-\zeta_n^2}}{\zeta_n}\right)+\frac{F_{L0}}{A^2+k_1B}\times\frac{V}{K}\times\frac{\omega_n}{\sqrt{1-\zeta_n^2}}e^{-\zeta_n\omega_n t}\sin(\omega_n\sqrt{1-\zeta_n^2}\,t)\tag{12-19}$$

如图 12-5 所示，当负载突然减小时，液压缸的速度突然增大，产生前冲现象。随后速度产生波动，逐步衰减并趋近新的稳态值。由于负载减小，系统泄漏减小，速度增大了 Δv_{10}。$t=0$ 时，$v_2=0$；$t=\infty$时，$v_2=\Delta v_{10}=\dfrac{F_{L0}k_1}{A^2+k_1B}$。

如果液压缸的泄漏可以忽略不计，则 $k_1=0$，式（12-19）可简化为

$$v_2'(t)=\frac{F_{L0}V}{A^2K}\times\frac{\omega_n}{\sqrt{1-\zeta_n^2}}e^{-\zeta_n\omega_n t}\sin(\omega_n\sqrt{1-\zeta_n^2}\,t)\tag{12-20}$$

式（12-20）中，$t=\infty$时，$v_2'(\infty)=0$，即速度经波动后仍可恢复到原来的稳态值 v_{10}。

12.3　液压泵-蓄能器组合的动态特性

当蓄能器通过一段管道连接在液压泵输出管道的支路上时，它能减弱（吸收）液压泵出口处的压力脉动，且压力脉动被减弱的程度视蓄能器容量的大小而定。下面讨论图 12-6 所示液压泵-蓄能器组合的动态作用情况。为了简化分析，假定所有的连接管道都较短，可以用集中参数法进行处理，且液压泵输出管道的液阻可以用 R 表示。

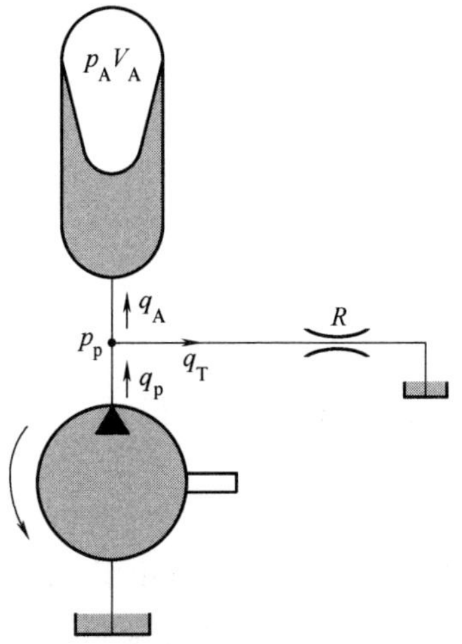

图 12-6　液压泵-蓄能器组合

液压泵输出管道分支点处的流量连续方程为

$$q_p=q_A+q_T\tag{12-21}$$

式中　q_p——液压泵输出流量；

q_A——进入蓄能器的瞬时流量；

q_T——通过输出管的流量。

式（12-21）取增量，进行拉普拉斯变换后可写成

$$q_p(s)=q_A(s)+q_T(s)\tag{12-22}$$

对液压泵的输出管道来说，按图 12-6 所示情况有

$$p_p=Rq_T\tag{12-23}$$

式中　p_p——液压泵的输出压力，即管道分支点处的压力；

R——液阻。

由此得

$$p_p(s)=Rq_T(s)\tag{12-24}$$

对于蓄能器的连接短管，受力平衡方程为

$$(p_{\mathrm{p}}-p_{\mathrm{A}})A=\rho l\ \frac{\mathrm{d}q_{\mathrm{A}}}{\mathrm{d}t}+R_{\mathrm{A}}q_{\mathrm{A}}A \tag{12-25}$$

蓄能器入口处的流量连续方程为

$$q_{\mathrm{A}}=K_{\mathrm{A}}V_{\mathrm{A}}\ \frac{\mathrm{d}p_{\mathrm{A}}}{\mathrm{d}t} \tag{12-26}$$

式中　$(p_{\mathrm{p}}-p_{\mathrm{A}})A$——油液压力；

$\rho l\ \frac{\mathrm{d}q_{\mathrm{A}}}{\mathrm{d}t}$——油柱惯性力；

$R_{\mathrm{A}}q_{\mathrm{A}}A$——摩擦阻力；

q_{A}——输入流量；

$K_{\mathrm{A}}V_{\mathrm{A}}\ \frac{\mathrm{d}p_{\mathrm{A}}}{\mathrm{d}t}$——气囊收缩所引起的容积变化率；

p_{A}——蓄能器内的气体压力；

ρ——油液密度；

l——短管长度；

A——短管截面积；

R_{A}——短管液阻；

K_{A}——气体的压缩系数，当蓄能器内气体的稳定压力为 p_{A0}，气体状态方程中的多变指数为 n 时，$K_{\mathrm{A}}=1/(np_{\mathrm{A0}})$；

V_{A}——蓄能器内气体体积。

将式（12-25）和式（12-26）取增量，并进行拉普拉斯变换，整理后用蓄能器的固有角频率 ω_{A} 和阻尼比 ζ_{A} 来表达时，可得

$$p_{\mathrm{p}}(s)=p_{\mathrm{A}}(s)\left[\left(\frac{s}{\omega_{\mathrm{A}}}\right)^2+2\zeta_{\mathrm{A}}\ \frac{s}{\omega_{\mathrm{A}}}+1\right] \tag{12-27}$$

$$\left.\begin{aligned}\omega_{\mathrm{A}}&=\sqrt{\frac{A}{\rho lK_{\mathrm{A}}V_{\mathrm{A}}}}\\ \zeta_{\mathrm{A}}&=\frac{R_{\mathrm{A}}}{2}\sqrt{\frac{K_{\mathrm{A}}V_{\mathrm{A}}A}{\rho l}}\end{aligned}\right\} \tag{12-28}$$

由式（12-26），得

$$q_{\mathrm{A}}(s)=K_{\mathrm{A}}V_{\mathrm{A}}sp_{\mathrm{A}}(s)=\frac{s}{R\omega_{\mathrm{c}}}p_{\mathrm{A}}(s) \tag{12-29}$$

式中　ω_{c}——转折角频率，$\omega_{\mathrm{c}}=1/(RK_{\mathrm{A}}V_{\mathrm{A}})=q_{\mathrm{P0}}/(p_{\mathrm{P0}}K_{\mathrm{A}}V_{\mathrm{A}})$，$q_{\mathrm{p0}}$ 和 p_{p0} 分别为 q_{p} 和 p_{p} 的稳态值。

由式（12-22）、式（12-24）、式（12-27）和式（12-29）可作出液压泵-蓄能器组合的框图（图 12-7），并得出式（12-30）所示的传递函数。

$$\Phi(s)=\frac{p_{\mathrm{p}}(s)}{q_{\mathrm{p}}(s)}=R\ \frac{\left(\frac{s}{\omega_{\mathrm{A}}}\right)^2+2\zeta_{\mathrm{A}}\ \frac{s}{\omega_{\mathrm{A}}}+1}{\left(\frac{s}{\omega_{\mathrm{A}}}\right)^2+\left(\frac{2\zeta_{\mathrm{A}}}{\omega_{\mathrm{A}}}+\frac{1}{\omega_{\mathrm{c}}}\right)s+1} \tag{12-30}$$

液压泵-蓄能器组合频率特性的模为

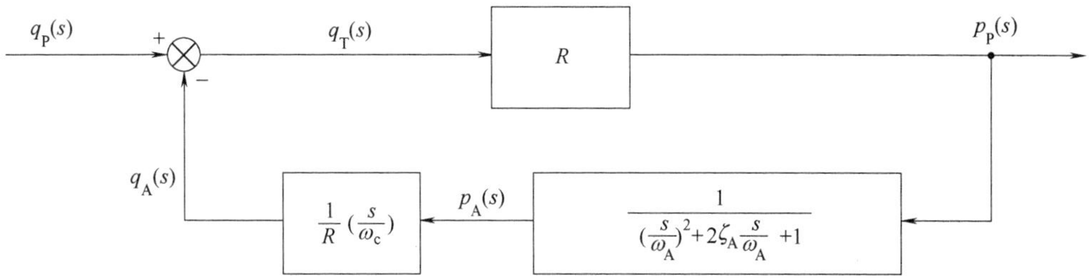

图 12-7　液压泵-蓄能器组合的框图

$$|\Phi(j\omega)|=\left|\frac{p_P(j\omega)}{q_P(j\omega)}\right|=R\sqrt{\frac{\left(1-\frac{\omega^2}{\omega_A^2}\right)^2+\left(\frac{2\zeta_A\omega}{\omega_A}\right)^2}{\left(1-\frac{\omega^2}{\omega_A^2}\right)^2+\left(\frac{2\zeta_A\omega}{\omega_A}+\frac{\omega}{\omega_c}\right)^2}} \tag{12-31}$$

此模的值就是液压泵输出管道分支点处压力脉动与流量脉动之比。它与 ω 的关系如图 12-8 所示。

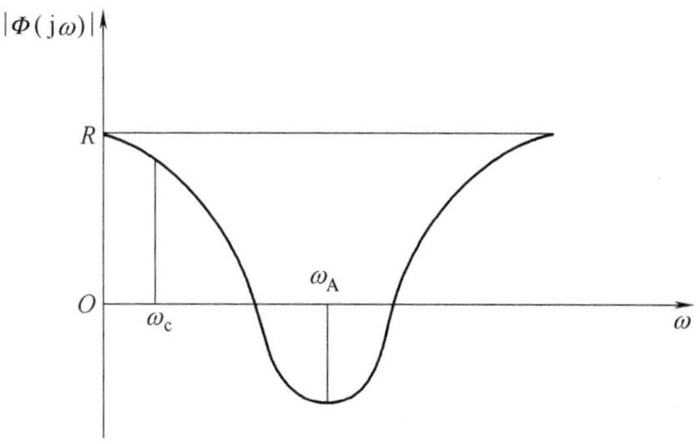

图 12-8　蓄能器吸收压力脉动时的特性曲线

由图 12-8 可见，当 $\omega<\omega_c$ 时，蓄能器对吸收压力脉动几乎没有什么作用，此时 $|\Phi(j\omega)|\approx R$；当 $\omega=\omega_A$ 时，$|\Phi(j\omega)|$ 有最小值：

$$|\Phi(j\omega)|_{\min}=\frac{2\zeta_A R}{2\zeta_A+\frac{\omega_A}{\omega_c}}\approx\frac{2\zeta_A R\omega_c}{\omega_A} \tag{12-32}$$

将式（12-28）、式（12-29）代入式（12-32），得

$$|\Phi(j\omega)|_{\min}\approx\frac{2\zeta_A R\omega_c}{\omega_A}=R_A \tag{12-33}$$

这时，蓄能器使液压泵流量脉动在管道分支点处所引起的压力脉动达到最小。短管的液阻 R_A 越小，压力脉动的振幅也越小，蓄能器吸收压力脉动的效果也越好。

由此可见，当液压泵压力脉动角频率 ω_P 已知时，正确选择蓄能器的容量 V_A，以及连接短管的结构尺寸 l 和 A，并使按式（12-28）计算出的固有角频率 ω_A 等于 ω_P，就能使蓄能器具有最佳的压力脉动吸收效果。

12.4　带管道溢流阀的动态特性

在由定量泵供油的液压传动系统中，对系统压力起调节作用的溢流阀常装在压力管道的分支路上，为此在分析溢流阀的动态特性时，采用图 12-9 所示的简图，把压力管道包括进去。图 12-9 所示为一直动式溢流阀，图中 R 为阀内的阻尼孔。分析中假定溢流阀弹簧腔内和回油口的压力都为零。

当不计阀芯自重时，阀芯的受力平衡方程为

$$p_aA=m\frac{d^2x_R}{dt^2}+B\frac{dx_R}{dt}+k_s(x_R+x_c)\tag{12-34}$$

式中 p_a——压力腔a中的压力；

k_s——包括稳态液动力和弹簧在内的等效弹簧刚度；

x_R——阀口开度；

x_c——阀口关闭（$x_R=0$）时，弹簧的预压缩量；

m——包括阀芯、弹簧和液柱等在内的等效质量；

B——包括瞬态液动力在内的等效阻尼系数。

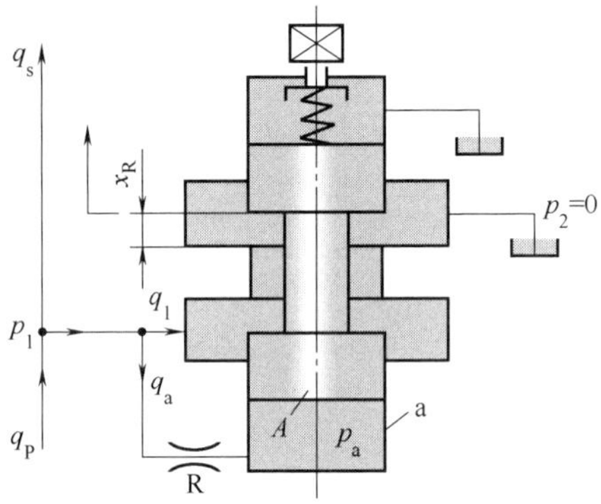

图 12-9 带管道的直动式溢流阀简图

对式（12-34）取增量并进行拉普拉斯变换，得

$$Ap_a(s)=(ms^2+Bs+k_s)x_R(s)\tag{12-35}$$

流经阀口的流量为

$$q_1=C_d\omega x_R\sqrt{\frac{2}{\rho}p_1}\tag{12-36}$$

式中 C_d——阀口的流量系数；

ω——阀口的面积梯度；

p_1——液压传动系统的压力；

ρ——油液密度。

对式（12-36）进行线性化，并进行拉普拉斯变换，得

$$q_1(s)=K_{qV}x_R(s)+K_{CV}p_1(s)\tag{12-37}$$

式中 K_{qV}——溢流阀的流量增益，$K_{qV}=C_d\omega\sqrt{2p_{10}/\rho}$，其中 p_{10} 为 p_1 的稳态值；

K_{CV}——溢流阀的流量-压力系数，$K_{CV}=C_d\omega x_{R0}/\sqrt{2\rho p_{10}}$，其 x_{R0} 为 x_R 的稳态值。

通过阻尼孔的流量为

$$q_a=\frac{p_1-p_a}{R}=A\frac{dx_R}{dt}\tag{12-38}$$

式中 R——阻尼孔液阻；

A——阀芯面积。

对式（12-38）取增量并进行拉普拉斯变换，得

$$q_a(s)=\frac{1}{R}[p_1(s)-p_a(s)]=Asx_R(s)\tag{12-39}$$

阀-管道的流量连续方程为

$$q_P-q_s-k_1p_1-q_a-\frac{V}{K}\times\frac{dp_1}{dt}=q_1\tag{12-40}$$

式中 q_P——上游来的流量；

q_s——去下游的流量；

$k_1 p_1$——泄漏量；

q_a——通过阻尼孔的流量；

$\frac{V}{K}\times\frac{dp_1}{dt}$——油液压缩性引起的体积变化率；

q_1——流入溢流阀的流量；

k_1——泄漏系数；

V——下游元件和管道内的油液体积；

K——油液体积模量。

对式（12-40）取增量并进行拉普拉斯变换，再将式（12-37）和式（12-39）代入其中，得

$$-q_s(s)-k_1p_1(s)-\frac{1}{R}[p_1(s)-p_a(s)]-\frac{V}{K}sp_1(s)=K_{qV}x_R(s)-K_{CV}p_1(s) \tag{12-41}$$

将式（12-39）代入式（12-35），消去 $p_a(s)$，得

$$Ap_1(s)=[ms^2+(B+A^2R)s+k_s]x_R(s) \tag{12-42}$$

由式（12-42）可以看出，由于阻尼孔的作用，在阻尼项中，阻尼系数增大了 A^2R，因此系统的阻尼比也增大。溢流阀中的阻尼孔具有抑制振荡及提高稳定性的作用。

令 $B_a=B+A^2R$，式（12-42）可写成以下形式：

$$Ap_1(s)=k_s\left(\frac{m}{k_s}s^2+\frac{B_a}{k_s}s+1\right)x_R(s)=k_s\left(\frac{s^2}{\omega_m^2}+\frac{2\zeta_m}{\omega_m}s+1\right)x_R(s) \tag{12-43}$$

式中　ω_m——阀芯无阻尼自然频率，$\omega_m=\sqrt{\frac{k_s}{m}}$；

ζ_m——阀芯阻尼比，$\zeta_m=\frac{\omega_m B_a}{2k_s}$。

将式（12-39）代入式（12-41），消去 $p_a(s)$，令 $K_{Ce}=K_{CV}+k_1$，得

$$-q_s(s)-K_{qV}\left(1+\frac{A}{K_{qV}}s\right)x_R(s)=K_{Ce}\left(1+\frac{V}{K_{Ce}K}s\right)p_1(s) \tag{12-44}$$

根据式（12-43）和式（12-44）画出带管道直动式溢流阀的框图，如图 12-10 所示。

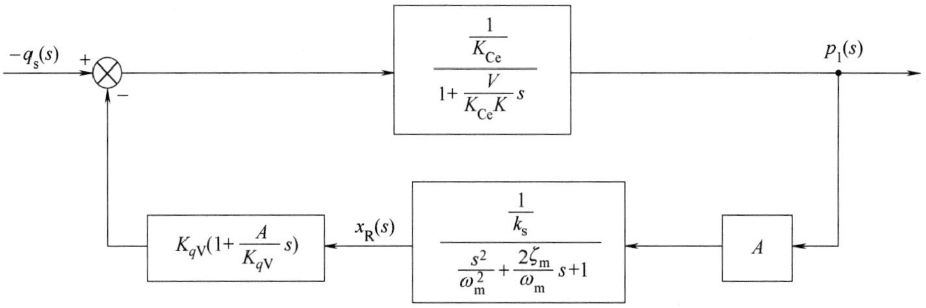

图 12-10　带管道直动式溢流阀的框图

由式（12-43）和式（12-44）可得带管道直动式溢流阀的传递函数为

$$\frac{p_1(s)}{q_s(s)}=-\frac{\frac{s^2}{\omega_m^2}+\frac{2\zeta_m}{\omega_m}s+1}{\frac{V}{\omega_m K}s^3+\left(\frac{2\zeta_m V}{\omega_m K}+\frac{K_{Ce}}{\omega_m^2}\right)s^2+\left(\frac{V}{K}+\frac{2\zeta_m K_{Ce}}{\omega_m}+\frac{A^2}{k_s}\right)s+\left(\frac{AK_{qV}}{k_s}+K_{Ce}\right)} \tag{12-45}$$

式（12-45）中，等式右边的“－”号表示去下游的流量 q_s 增大，输出压力 p_1 减小。式（12-45）是溢流阀装在液压传动系统中，以流量为输入、系统压力为输出的传递函数。即使是简单的直动式溢流阀，其传递函数也是一个较复杂的三阶系统。如果不考虑油液压缩性（即令 $K=\infty$），系统就可以降为二阶，但这种假设与实际情况差别太大，难以成立。根据式（12-45）所示的传递函数，运用经典控制理论的工具，可进行稳定性分析和瞬态响应的分析等，以合理地确定有关参数。

12.5 进口节流调速回路的动态特性

图 12-11 所示为液压缸驱动工作部件的进口节流调速回路原理图。在图 12-11 所示回路中，液压缸部分复数域的活塞受力方程和无杆腔流量连续方程应与式（12-10）和式（12-11）相似，即：

$$A_1 p_1(s)=(ms+B)v(s)+F_L(s) \tag{12-46}$$

$$q_1(s)=A_1 v(s)+\left(\frac{V}{K}s+k_1\right)p_1(s) \tag{12-47}$$

式中各符号的意义如图 12-11 所示，其余同前。

流经节流阀的流量为

$$q_1=C_d A_T\sqrt{\frac{2}{\rho}(p_P-p_1)} \tag{12-48}$$

式中 C_d——阀口的流量系数；

A_T——阀口的通流面积；

p_p——液压泵的出口压力，溢流阀调定后，p_p 为常数；

p_1——液压缸无杆腔的压力；

ρ——油液的密度。

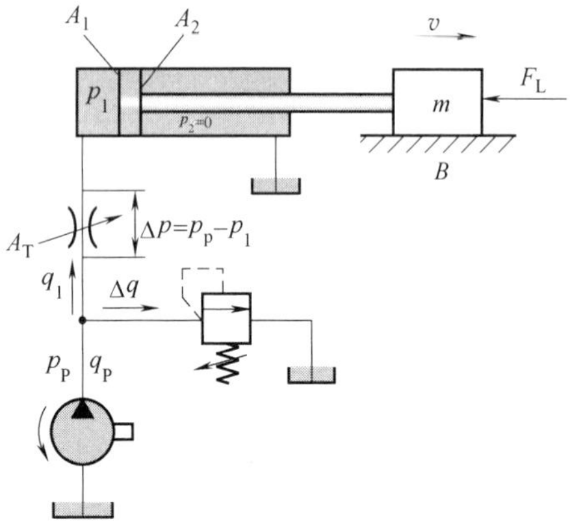

图 12-11 液压缸驱动工作部件的进口节流调速回路原理图

对式（12-48）进行线性化，并取拉普拉斯变换，得

$$q_1(s)=K_{qV}A_T(s)-K_{CV}p_1(s) \tag{12-49}$$

式中 K_{qV}——溢流阀的流量增益，$K_{qV}=C_d\sqrt{2(p_p-p_{10})/\rho}$，其中 p_{10} 为 p_1 的稳态值；

K_{CV}——溢流阀的流量-压力系数，$K_{CV}=C_d A_{T0}/\sqrt{2\rho(p_P-p_{10})}$，其中 A_{T0} 为 A_T 的稳态值。

由式（12-46）、式（12-47）和式（12-49）可作出进口节流调速回路的框图，如图 12-12 所示。

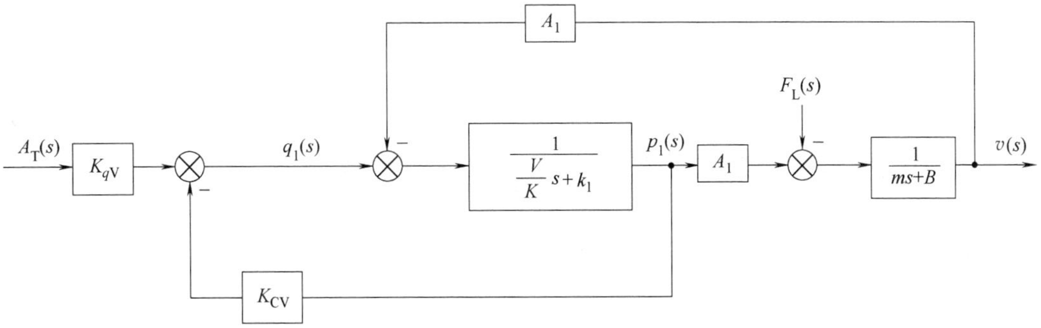

图 12-12 进口节流调速回路的框图

当节流阀阀口调定不变，即 $A_T(s)=0$ 时，图 12-12 可变换为图 12-13。

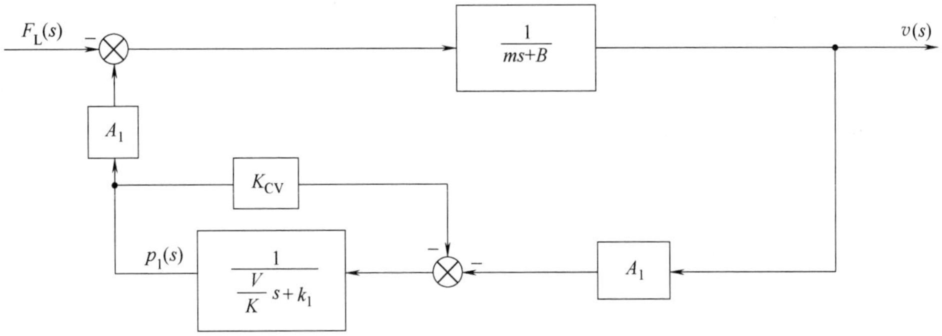

图 12-13 $A_T(s)=0$ 时进口节流调速回路的框图

由图 12-13 可得出以 $F_L(s)$ 为输入量、$v(s)$ 为输出量的回路闭环传递函数：

$$\Phi(s)=\frac{v(s)}{F_L(s)}=-\frac{\frac{V}{K}s+k_1+K_{CV}}{\frac{Vm}{K}s^2+\left(\frac{VB}{K}+mk_1+mK_{CV}\right)s+Bk_1+BK_{CV}+A_1^2} \tag{12-50}$$

当 $B(k_1+K_{CV})\ll A_1^2$ 时，式（12-50）可简化为

$$\frac{v(s)}{F_L(s)}=-\frac{\left(\frac{V}{K}s+k_1+K_{CV}\right)/A_1^2}{\frac{1}{\omega_{nCj}^2}s^2+\frac{2\zeta_{Cj}}{\omega_{nCj}}s+1} \tag{12-51}$$

式中 ω_{nCj}、ζ_{Cj}——回路的固有角频率和阻尼比，其表达式如式（12-51）所示。

$$\left.\begin{aligned}\omega_{nCj}&=A_1\sqrt{\frac{K}{Vm}}\\ \zeta_{Cj}&=\frac{VB+(k_1+K_{CV})mK}{2A_1\sqrt{VmK}}\end{aligned}\right\} \tag{12-52}$$

由上述内容可知：

① 当 p_p=常数时，液压缸驱动工作部件的进口节流调速回路，是一个二阶系统，其特征方程式中的系数均为正值。因此，一般情况下它能够稳定工作，且加大 B 和 K_{CV} 能使 ζ_{Cj} 增大，从而减小超调量，削弱振荡力度。

② 增大液压缸无杆腔工作面积 A_1，可有效地减小传递函数的增益，从而降低外负载 F_L 的变化对活塞移动速度 v 的影响。同时，传递函数 $v(s)/F_L(s)$ 为负值，说明 $v(s)$ 的变化情况与 $F_L(s)$ 相反，即 F_L 增大，v 减小。

12.6 变量泵-定量马达容积调速回路的动态特性

图 12-14 所示为变量泵-定量马达容积调速回路的简化原理图。由定量马达驱动工作机构（负载）旋转。当通过改变泵的排量调节其输出流量，或马达的负载转矩发生变化时，由于油液的压缩性、机构的惯性和阻尼等因素的影响，会使回路内各处的压力和流量发生瞬时变化，导致液压马达的输出转速出现加速或减速的瞬态过程。

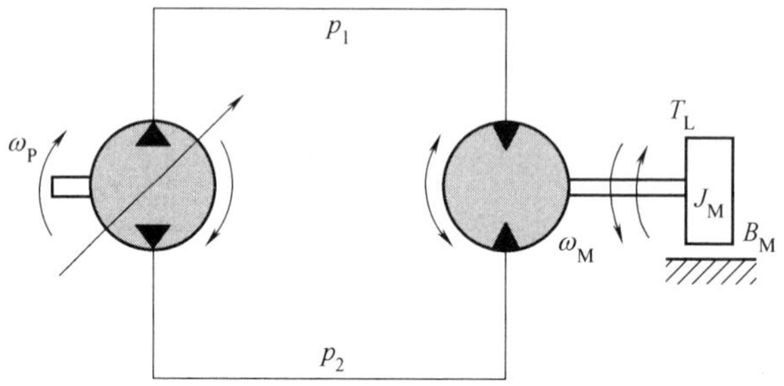

图 12-14 变量泵-定量马达容积调速回路的简化原理图

液压马达轴上的转矩平衡方程为

$$V_M(p_1-p_2)=J_M\frac{d\omega_M}{dt}+B_M\omega_M+T_L \tag{12-53}$$

式中 $V_M(p_1-p_2)$——液压马达输出转矩；

$J_M\frac{d\omega_M}{dt}$——惯性转矩；

$B_M\omega_M$——阻尼转矩；

T_L——负载转矩；

V_M、ω_M——液压马达的排量和角速度；

p_1、p_2——回路高、低压管路压力，并设 p_2＝常数；

J_M——折算到液压马达轴上的等效转动惯量；

B_M——黏性阻尼系数。

回路高压管路的流量连续方程为

$$V_P\omega_P=V_M\omega_M+k_{1C}(p_1-p_2)+\frac{K}{V}\times\frac{dp_1}{dt} \tag{12-54}$$

式中 $V_P\omega_P$——变量泵输出流量；

$V_M\omega_M$——液压马达旋转所需流量；

$k_{1C}(p_1-p_2)$——泄漏量；

$\frac{K}{V}\times\frac{dp_1}{dt}$——因油液压缩引起的体积变化量；

V_P、ω_P——变量泵的排量和角速度，并设 ω_P＝常数；

k_{1C}——回路的泄漏系数；

V——高压管路（包括液压泵和液压马达容腔）内油液的体积；

K——油液的体积模量。

对式（12-53）和式（12-54）取增量，经拉普拉斯变换后整理得

$$V_M p_1(s)=J_M s\omega_M(s)+B_M\omega_M(s)+T_L(s) \tag{12-55}$$

$$\omega_P V_P(s)=V_M\omega_M(s)+k_{1C}p_1(s)+\frac{V}{K}sp_1(s) \tag{12-56}$$

由式（12-55）和式（12-56）可作出变量泵-定量马达容积调速回路的框图（图 12-15），并综合成式（12-57）。

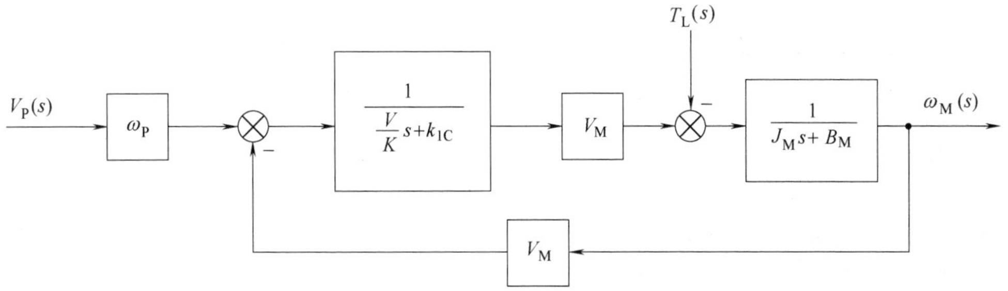

图 12-15　变量泵-定量马达容积调速回路框图

$$\omega_M(s)=\frac{\frac{\omega_P}{V_M}V_P(s)-\frac{k_{1C}}{V_M^2}\left(\frac{V}{k_{1C}K}s+1\right)T_L(s)}{\frac{J_M V}{KV_M^2}s^2+\left(\frac{VB_M}{KV_M^2}+\frac{J_M k_{1C}}{V_M^2}\right)s+1+\frac{k_{1C}B_M}{V_M^2}} \tag{12-57}$$

通常 $k_{1C}B_M/V_M^2\ll1$，忽略此项，式（12-57）可简化为

$$\omega_M(s)=\frac{\frac{\omega_P}{V_M}V_P(s)-\frac{k_{1C}}{V_M^2}\left(\frac{V}{k_{1C}K}s+1\right)T_L(s)}{\frac{1}{\omega_{nCr}^2}s^2+\frac{2\zeta_{Cr}}{\omega_{nCr}}s+1} \tag{12-58}$$

式中　ω_{nCr}、ζ_{Cr}——变量泵-定量马达容积调速回路的固有角频率和阻尼比，其表达式如式（12-59）所示。

$$\left.\begin{aligned}\omega_{nCr}&=V_M\sqrt{\frac{K}{J_M V}}\\ \zeta_{Cr}&=\frac{1}{2V_M}\left(B_M\sqrt{\frac{K}{KJ_M}}+k_{1C}\sqrt{\frac{KJ_M}{V}}\right)\end{aligned}\right\} \tag{12-59}$$

负载转矩 T_L 恒定，即 $T_L(s)=0$ 时，以变量泵排量 V_P 为输入量的传递函数为

$$\frac{\omega_M(s)}{V_P(s)}=\frac{\frac{\omega_P}{V_M}}{\frac{1}{\omega_{nCr}^2}s^2+\frac{2\zeta_{Cr}}{\omega_{nCr}}s+1} \tag{12-60}$$

变量泵排量 V_P 调定，[即 $V_P(s)=0$ 时，以负载转矩 T_L 为输入量的传递函数为

$$\frac{\omega_{M}(s)}{T_{L}(s)}=-\frac{\frac{k_{1C}}{V_{M}^{2}}\left(\frac{V}{k_{1C}K}s+1\right)}{\frac{1}{\omega_{nCr}^{2}}s^{2}+\frac{2\zeta_{Cr}}{\omega_{nCr}}s+1} \tag{12-61}$$

从回路的框图和传递函数可知：

① 图 12-15 所示的回路框图与图 12-4 所示的回路框图在形式上一模一样，这说明不同的系统可以有相同的动态结构；也就是说，同一个数学模型，可以描述不同系统的动态特性。

② 式（12-60）和式（12-61）表明，回路的特征方程式为

$$(1/\omega_{nCr})^{2}s^{2}+(2\zeta_{Cr}/\omega_{nCr})s+1=0$$

因此，回路要稳定必须使 $\omega_{nCr}>0$，$\zeta_{Cr}>0$，尤其应注意后者。

③ 反映回路高压管路内油液刚性的油液弹簧刚度为 $k_{h}=KV_{M}^{2}/V$，代入式（12-59）得回路的固有角频率 $\omega_{nCr}=\sqrt{k_{h}/J_{M}}$，也即 ω_{nCr} 与 k_{h} 和 J_{M} 有关。因此，固有角频率 ω_{nCr} 表征了转动惯量 J_{M} 与油液弹簧刚度 k_{h} 之间的相互作用，是衡量回路动态特性的一个重要指标。为了提高固有角频率、加大回路频宽、提高响应快速性，应尽量减小 J_{M}、增大 k_{h}。为此，可采取以下措施：在液压马达和工作机构之间安装一减速器，以减小 J_{M}；缩短回路连接管路，以增大 k_{h}；防止空气渗入回路，以保持高的 K 值。

④ 由式（12-59）知，回路的阻尼比 ζ_{Cr} 由两项组成：一项与泄漏系数 k_{1C} 有关；另一项与黏性阻尼系数 B_{M} 有关。一般，容积调速回路的 ζ_{Cr} 值很小，可通过增大内泄漏和阻尼提高回路的运动平稳性，但会使能耗增加。

⑤ 由式（12-60）知，回路的速度放大系数 $K_{vC}=\omega_{P}/V_{M}$。K_{vC} 值越大，表明控制液压马达角速度的灵敏度越高，加快 ω_{P} 和减小 V_{M} 均可使 K_{vC} 增大。

⑥ 由式（12-61）知，回路的动态速度刚度为

$$k_{vd}=-\frac{T_{L}(s)}{\omega_{M}(s)}=\frac{\frac{V_{M}^{2}}{k_{1C}}\left(\frac{1}{\omega_{nCr}^{2}}s^{2}+\frac{2\zeta_{Cr}}{\omega_{nCr}}s+1\right)}{\frac{1}{\omega_{1}}s+1} \tag{12-62}$$

$$\omega_{1}=\frac{k_{1C}K}{V}\approx 2\zeta_{Cr}\omega_{nCr} \tag{12-63}$$

根据式（12-62）绘出博德图，如图 12-16 所示。在 $\omega<\omega_{1}$ 的低频段，动态速度刚度基本保持不变，其值等于稳态速度刚度 k_{vj}，即

$$k_{vd}=\left|-\frac{T_{L}(s)}{\omega_{M}(s)}\right|=\frac{V_{M}^{2}}{k_{1C}}=k_{vj} \tag{12-64}$$

由式（12-64）可知，若要获得较高的稳态速度刚度，应加大 V_{M}，减小 k_{1C}。

在 $\omega_{1}<\omega<\omega_{nCr}$ 频段，k_{vd} 值以 -20dB/dec 的速度不断减小，直到 $\omega=\omega_{nCr}$，减小至最小；然后随着 ω 的增大，k_{vd} 值以

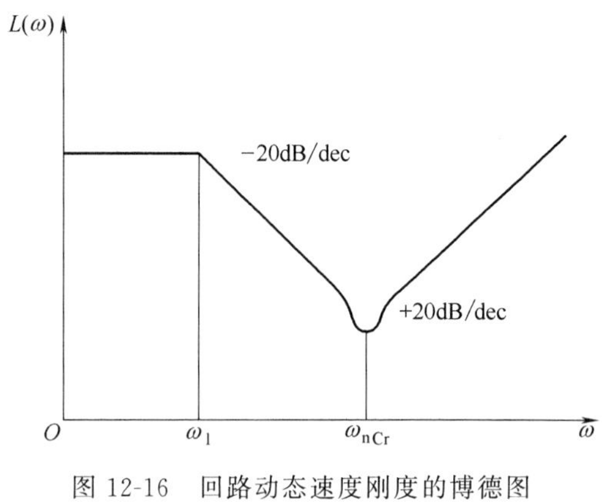

图 12-16 回路动态速度刚度的博德图

+20dB/dec 的速度不断增大。这说明，在高频段负载惯性起抵抗外加干扰转矩的作用，阻止液压马达转速发生变化。

12.7 机-液位置伺服系统的动态特性

图 12-17 所示为机-液位置伺服系统原理图。它是一个具有机械反馈的阀控液压缸系统，使用单边控制阀。它的输入量为阀芯位移 x_i，输出量为液压缸位移 x_o。液压缸为单活塞杆结构，两端面积之比为 $A_s/A_c=1/2$，有杆腔的压力 p_s 为常数，油液经活塞上的阻尼孔进入无杆腔，无杆腔中的压力 p_c 是变量。从无杆腔流出的油液经单边控制阀阀口流入油箱。在系统处于零位平衡位置时，阀芯和阀套之间有一预开口量 x_{s0}。当阀芯向右移动一距离时，开口量减小，p_c 增大，缸体失去平衡而向右移动，这时开口量又逐步增大，p_c 随之减小；当达到原来的开口量时，系统又恢复平衡。因此，输出量可按输入量的变化规律而变化。

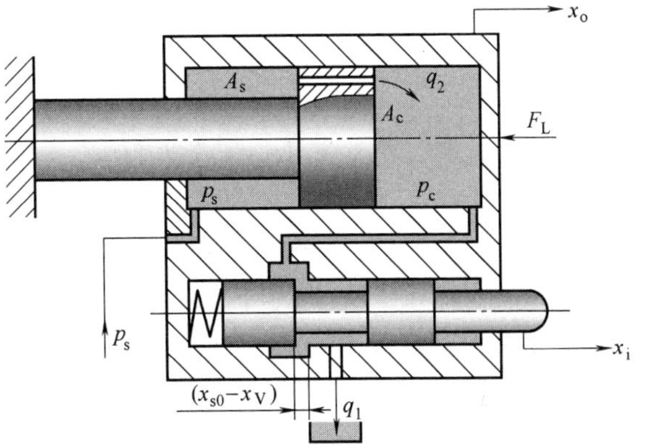

图 12-17　机-液位置伺服系统原理图

(1) 预开口量和线性化流量方程

稳态时，缸体向右运动的流量连续方程为

$$q_L=A_c v=q_2-q_1 \tag{12-65}$$

式中　q_L——缸体运动速度等于 v 时所需的流量；

q_2——通过阻尼孔的流量；

q_1——通过阀口的流量。

式（12-65）可写成

$$q_L=C_{d0}A_0\sqrt{\frac{2}{\rho}(p_s-p_c)}-C_d\omega(x_{s0}-x_V)\sqrt{\frac{2}{\rho}p_c} \tag{12-66}$$

式中　C_{d0}、C_d——通过阻尼孔和阀口的流量系数；

A_0——阻尼孔面积；

x_V——阀芯和阀套的相对位移量，$x_V=x_i-x_o$；

ω——阀口的面积梯度；

ρ——油液密度。

缸体受力平衡方程为

$$p_sA_s+F_L=p_cA_c \tag{12-67}$$

式中　F_L——外负载。

零位时，$x_V=0$，$F_L=0$，$q_L=0(v=0)$。由式（12-67）得 $p_c=\frac{1}{2}p_s$；由式（12-66）可得预开口量 x_{s0} 的表达式为

$$x_{s0}=\frac{C_{d0}A_0}{C_d\omega} \tag{12-68}$$

由式（12-66），得零位时的单边控制阀系数 K_q、K_C 和 K_p 如下：

$$K_q=\frac{\partial q_L}{\partial x_V}\bigg|_0=C_d\omega\sqrt{\frac{p_s}{\rho}} \tag{12-69}$$

$$K_C=-\frac{\partial q_L}{\partial p_c}\bigg|_0=\frac{2C_d\omega x_{s0}}{\sqrt{\rho p_s}} \tag{12-70}$$

$$K_p=\frac{\partial p_c}{\partial x_V}\bigg|_0=\frac{K_q}{K_C}=\frac{p_c}{2x_{s0}} \tag{12-71}$$

由式（12-66），得线性化得流量方程为

$$\Delta q_L=K_q\Delta x_V-K_C\Delta p_c \tag{12-72}$$

对式（12-72）进行拉普拉斯变换，得

$$q_L(s)=K_q x_V(s)-K_C p_c(s) \tag{12-73}$$

(2) 动态流量连续方程

考虑油液的压缩性，设液压缸右腔的油液体积为 V_0，油液的体积模量为 K，可得动态流量方程为

$$q_1=q_2-A_c\frac{dx_o}{dt}-\frac{V_0}{K}\times\frac{dp_c}{dt}$$

式中 q_1——通过阀口的流量；

q_2——通过阻尼孔的流量；

$A_c\frac{dx_o}{dt}$——使缸体产生运动速度的流量；

$\frac{V_0}{K}\times\frac{dp_c}{dt}$——因油液压缩性而减少的流量。

由此得

$$q_L=q_2-q_1=A_c\frac{dx_o}{dt}+\frac{V_0}{K}\times\frac{dp_c}{dt} \tag{12-74}$$

对式（12-74）取增量，并进行拉普拉斯变换，得

$$q_L(s)=A_c s x_o(s)+\frac{V_0}{K}s p_c(s) \tag{12-75}$$

(3) 液压缸运动方程

设运动部分质量为 m，黏性阻尼系数为 B，则液压缸运动方程为

$$p_cA_c-p_sA_s=m\frac{d^2x_o}{dt^2}+B\frac{dx_o}{dt}+F_L \tag{12-76}$$

式中 $p_cA_c-p_sA_s$——液压力；

$m\frac{d^2x_o}{dt^2}$——惯性力；

$B\frac{dx_o}{dt}$——黏性阻尼力；

F_L——外负载。

对式（12-76）取增量并进行拉普拉斯变换，得

$$A_c p_c(s)=(ms^2+Bs)x_o(s)+F_L(s) \tag{12-77}$$

(4) 阀控液压缸系统的传递函数

由式（12-73）、式（12-75）和式（12-77），消去 $p_c(s)$，并忽略黏性阻尼系数 B，得

$$x_o(s)=\frac{\dfrac{K_q}{A_c}x_V(s)-\dfrac{K_C}{A_c^2}\left(\dfrac{V_0}{K_C K}s+1\right)F_L(s)}{s\left(\dfrac{s^2}{\omega_h^2}+\dfrac{2\zeta_h}{\omega_h}s+1\right)} \tag{12-78}$$

式中　ω_h——液压固有频率；

ζ_h——阻尼比。

$$\left.\begin{aligned}\omega_h&=\sqrt{\frac{KA_c^2}{mV_0}}\\ \zeta_h&=\frac{K_C}{2A_c}\sqrt{\frac{mK}{V}}\end{aligned}\right\} \tag{12-79}$$

当 F_L 为常量时，$F_L(s)=0$，可得以 $x_V(s)$ 为输入、$x_o(s)$ 为输出的传递函数：

$$W_1(s)=\frac{x_o(s)}{x_V(s)}=\frac{\dfrac{K_q}{A_c}}{s\left(\dfrac{s^2}{\omega_h^2}+\dfrac{2\zeta_h}{\omega_h}s+1\right)} \tag{12-80}$$

当 x_V 为常量时，$x_V(s)=0$，可得以 $F_L(s)$ 为输入、$x_o(s)$ 为输出的传递函数：

$$W_2(s)=\frac{x_o(s)}{F_L(s)}=\frac{-\dfrac{K_C}{A_c^2}\left(\dfrac{V_0}{KK_C}s+1\right)}{s\left(\dfrac{s^2}{\omega_h^2}+\dfrac{2\zeta_h}{\omega_h}s+1\right)} \tag{12-81}$$

(5) 机-液位置伺服系统的框图和稳定性分析

由图 12-17 可知，机-液位置伺服系统具有机械反馈，是一闭环系统，有如式（12-82）所示关系式。

$$x_V(s)=x_i(s)-x_o(s) \tag{12-82}$$

根据式（12-78）和式（12-82）可得机-液位置伺服系统的框图如图 12-18 所示。

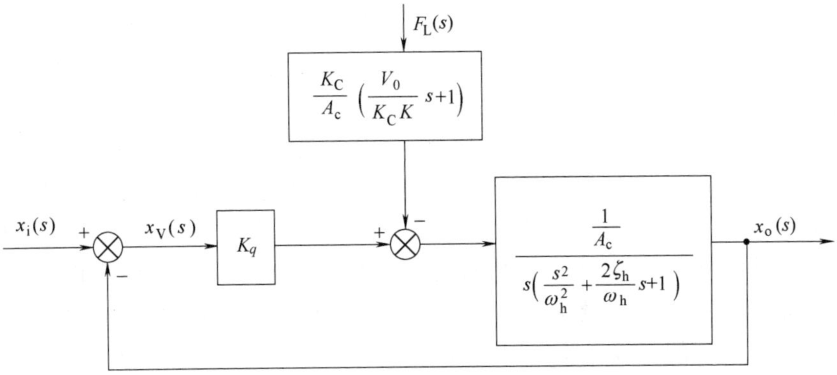

图 12-18　机-液位置伺服系统的框图

当运用开环系统的对数频率特性图（伯德图）判定闭环系统是否稳定时，由式（12-80），可得开环传递函数：

$$W_1(s)=\frac{K_v}{s\left(\frac{s^2}{\omega_h^2}+\frac{2\zeta_h}{\omega_h}s+1\right)} \tag{12-83}$$

式中 K_v——速度放大系数或开环放大系数，$K_v=\frac{K_q}{A_c}$。

绘出式（12-83）的博德图如图12-19所示。当 $\omega<\omega_h$ 时，其渐近线斜率为－20dB/dec，并穿越0dB线，ω_c 为穿越频率。当 $\omega>\omega_h$ 时，其渐近线斜率为－60dB/dec；当 $\omega=\omega_h$ 时，曲线有峰值，在 ω_h 处的相位滞后为180°。为使系统稳定，当 $\omega=\omega_h$ 时，幅频曲线的峰值必须在0dB线以下，即 $20\lg|W_1(j\omega_h)|<0$dB。当 $\omega=\omega_h$ 时，幅值比为 $|W_1(j\omega_h)|=\frac{K_v}{2\zeta_h\omega_h}$，故 $20\lg\frac{K_v}{2\zeta_h\omega_h}<0$，即

$$K_v<2\zeta_h\omega_h \tag{12-84}$$

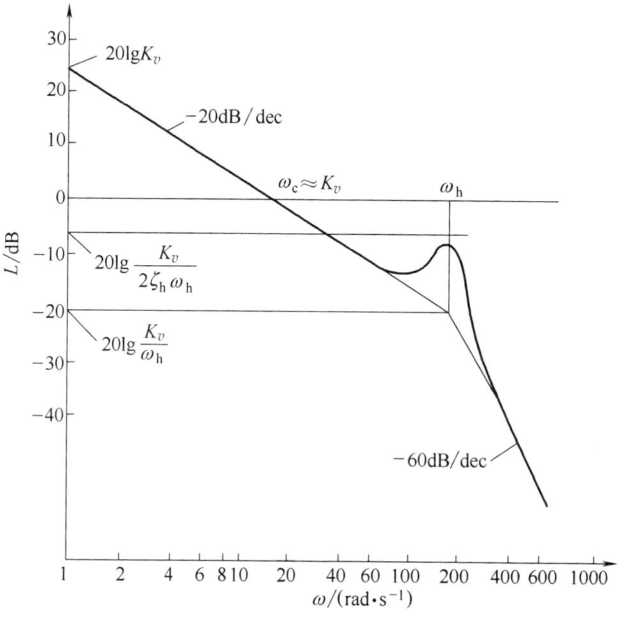

图12-19 开环系统的博德图

式（12-84）提供了判定此系统稳定性的准则。开环放大系数 K_v 若太大，则系统容易不稳定，而提高 ω_h 和 $\zeta_h\omega_c$ 则对系统稳定有利。

由图12-19可知，在穿越频率 ω_c 处，其斜率为－20dB/dec，即 $\omega_c\approx K_v$。ω_c 大致决定了系统的频宽，K_v、ω_c 越大，系统响应速度越快，但 K_v 受到式（12-84）稳定性判据的限制。

由式（12-79）可知，活塞面积 A_c 越大，油液的体积模量 K 越大；质量 m 越小，油液体积 V_0 越小；固有频率 ω_h 越大，稳定性越好。可见，设计时应使活塞面积尽量大一些，运动部分的质量和油液体积尽量小一些，应避免空气侵入油液，以使 K 值尽可能大一些；在伺服阀和液压缸之间的连接不能使用软管。由式（12-79）还可知，要增大阻尼比 ζ_h，应提高 K_C 值；但 K_C 过大，又会使刚度变弱。一般希望阻尼比 ζ_h 在0.7左右。

当活塞直径确定时，K_v 值由流量增益 K_q 决定，增大系统压力 p_s 和阀口面积梯度 ω 都可使 K_v 增大，但 K_v 太大对稳定性不利。

(6) 稳态误差分析

阀控液压缸伺服系统的稳态特性主要包括静不灵敏区和稳态误差（速度和负载）。

在系统的静不灵敏区内，输入信号不会引起执行元件的动作，因而使系统产生误差。静不灵敏区的大小取决于伺服阀阀口的遮盖量、系统中的库仑摩擦力以及系统机械部分的间隙和弹性等。

稳态误差，例如仿形刀架的稳态误差，是指刀架在稳定状态下工作时触销输入和液压缸输出之间为了保持一定的仿形速度以及平衡外负载而必须存在的一个差值。稳态误差影响系统的工作精度，稳态误差越小，加工精度就越高。

根据式（12-66）和式（12-67），有

$$q_L = A_c v = C_{d0} A_0 \sqrt{\frac{2}{\rho}\left(\frac{p_s}{2} - \frac{F_L}{A_c}\right)} - C_d \omega (x_{s0} - x_V)\sqrt{\frac{2}{\rho}\left(\frac{p_s}{2} + \frac{F_L}{A_c}\right)}$$

整理后得

$$x_V = x_{s0} + \frac{A_c v - C_{d0} A_0 \sqrt{\frac{2}{\rho}\left(\frac{p_s}{2} - \frac{F_L}{A_c}\right)}}{C_d \omega \sqrt{\frac{2}{\rho}\left(\frac{p_s}{2} + \frac{F_L}{A_c}\right)}} \tag{12-85}$$

在式（12-85）中，$x_V = x_i - x_o$，x_V 是稳态误差，它的大小受 v 和 F_L 的影响。

将式（12-85）进行线性化，得

$$\Delta x_V = \left.\frac{\partial x_V}{\partial v}\right|_0 \Delta v + \left.\frac{\partial x_V}{\partial F_L}\right|_0 \Delta F_L \tag{12-86}$$

$$\left.\frac{\partial x_V}{\partial v}\right|_0 = \frac{A_c}{C_d \omega \sqrt{\frac{p_s}{\rho}}} = \frac{A_c}{K_q} = \frac{1}{K_v} \tag{12-87}$$

$$\left.\frac{\partial x_V}{\partial F_L}\right|_0 = \frac{2C_{d0} A_0}{C_d \omega A_c p_s} = \frac{2x_{s0}}{p_s A_c} = \frac{1}{A_c K_p} = \frac{1}{K_L} \tag{12-88}$$

将式（12-87）和式（12-88）代入式（12-86），得

$$\Delta x_V = \frac{\Delta v}{K_v} + \frac{\Delta F_L}{K_L} \tag{12-89}$$

式中　K_L——刚度系数，$K_L = A_c K_p = A_c \dfrac{K_q}{K_C} = \dfrac{A_c^2 K_v}{K_C}$。

由（12-89）可知，稳态误差的第一部分为速度误差，速度越快、开环放大系数 K_v 越小，则速度误差越大；第二部分为负载误差，负载越大、刚度系数 K_L 越小，则负载误差越大。K_C 越大，K_L 越小，所以 K_C 对精度不利，但对系统的稳定性有利。此外，系统静不灵敏区严重影响液压伺服系统的稳态误差。

在生产实践中，为了提高阀控液压缸系统的工作精度，必须采取多方面的措施，例如正确选择伺服阀的控制边数，正确选择液压缸的密封形式，正确设计反馈杠杆机构，以及采取负载补偿装置等。

思考题

1. 若将定量泵简化成图 12-20 所示原理图，图中 V_P 表示定量泵压油区的等效工作容积，R_P 和 L_P 分别表示定量泵泄漏处的等效液阻和等效液感。试求定量泵输出压力 p_p 对输出流量 q_p 的传递函数，并对其动态特性进行讨论。

2. 图 12-21 所示为差动连接液压缸，试求活塞移动速度 v 对负载 F_L 的传递函数，并分析其动态特性。

3. 试求图 12-22 所示直动式减压阀出口处压力 p_2 对输出流量 q_2 的传递函数，并分析其动态特性。

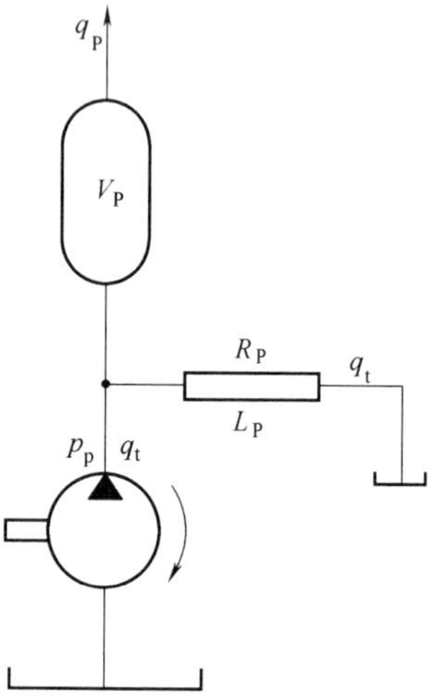

图 12-20 思考题 1 图

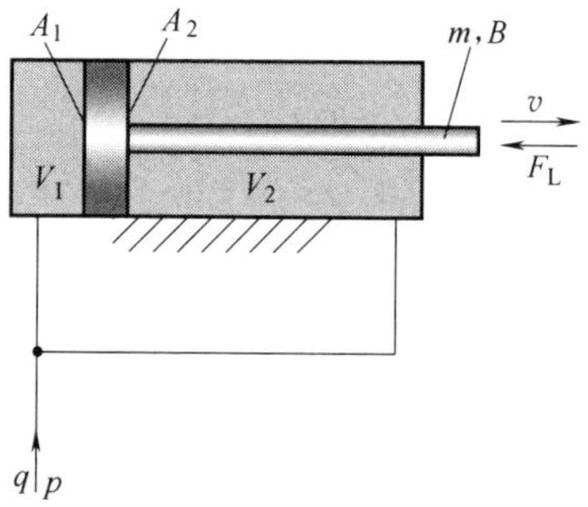

图 12-21 思考题 2 图

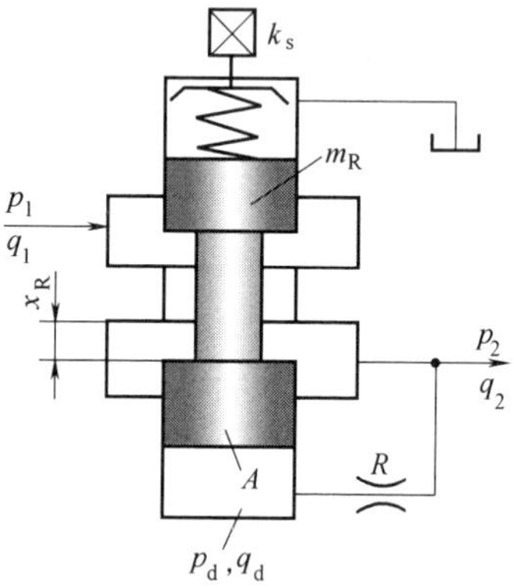

图 12-22 思考题 3 图

4. 图 12-23 所示为稳流量式变量泵，试求其出口处压力 p_p 对输出流量 q_p 的传递函数，并分析其动态特性。

5. 图 12-24 所示为出口节流调速回路，试求活塞移动速度 v 对负载 F_L 的传递函数，并分析此回路的动态特性。

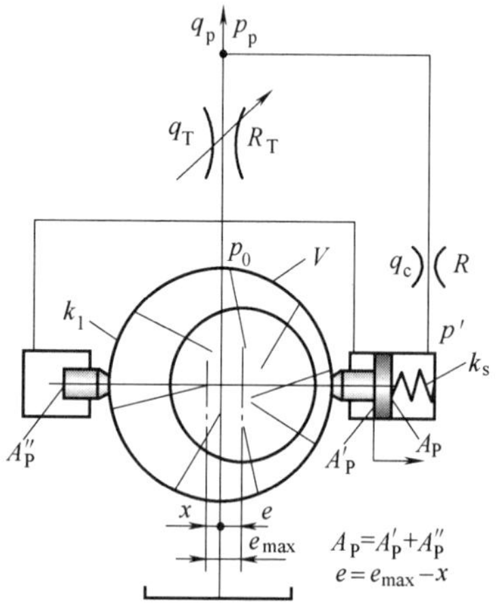

图 12-23 思考题 4 图

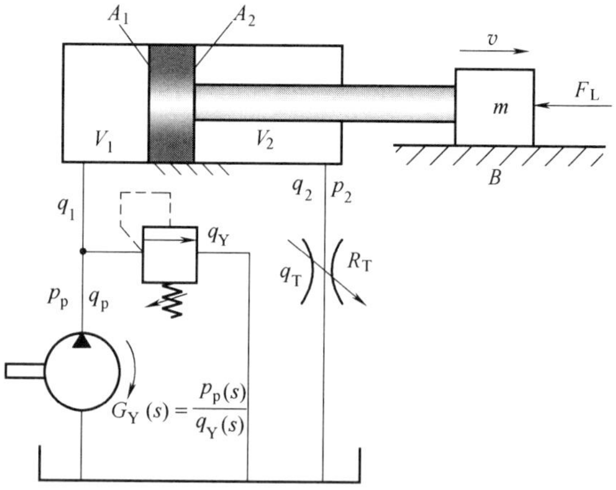

图 12-24 思考题 5 图

参考文献

[1] 程居山. 矿山机械 [M]. 徐州：中国矿业大学出版社，1997.

[2] 姜继海. 液压传动 [M]. 2版. 哈尔滨：哈尔滨工业大学出版社，2004.

[3] 李炳文，万丽荣，柴光远. 矿山机械 [M]. 徐州：中国矿业大学出版社，2010.

[4] 朱真才，杨善国，韩振铎. 采掘机械与液压传动 [M]. 徐州：中国矿业大学出版社，2011.

[5] 李锋，刘志毅. 现代采掘机械 [M]. 3版. 北京：煤炭工业出版社，2016.

[6] 朱真才，杨善国，韩振铎. 采掘机械与液压传动 [M]. 徐州：中国矿业大学出版社，2011.

[7] 王启广，黄嘉兴. 液压传动与采掘机械 [M]. 徐州：中国矿业大学出版社，2005.

[8] 赵济荣. 液压传动与采掘机械 [M]. 徐州：中国矿业大学出版社，2008.

[9] 张安全，王德洪. 液压气动技术与实训 [M]. 北京：人民邮电出版社，2007.

[10] 武维承，史俊青. 煤矿机械液压传动 [M]. 北京：煤炭工业出版社，2009.

[11] 于励民. 煤矿机械液压传动 [M]. 北京：煤炭工业出版社，2005.

[12] 雷天觉. 新编液压工程手册 [M]. 北京：北京理工大学出版社，1998.

[13] 路甬祥. 液压气动技术手册 [M]. 北京：机械工业出版社，2002.

[14] 成大先. 机械设计手册 [M]. 5版. 北京：化学工业出版社，2014.

[15] 陆元章. 现代机械设备设计手册 [M]. 北京：机械工业出版社，1996.

[16] 徐灏. 新编机械设计师手册 [M]. 北京：机械工业出版社，1995.

[17] 机械工程手册编辑委员会. 机械工程手册 [M]. 2版. 北京：机械工业出版社，1997.

[18] 盛敬超. 工程流体力学 [M]. 2版. 北京：机械工业出版社，1988.

[19] 薛祖德. 液压传动 [M]. 北京：中央广播电视大学出版社，1995.

[20] 官忠范. 液压传动系统 [M]. 3版. 北京：机械工业出版社，2004.

[21] 王春行. 液压控制系统 [M]. 2版. 北京：机械工业出版社，2000.

[22] 王积伟，章宏甲，黄谊. 液压与气压传动 [M]. 2版. 北京：机械工业出版社，2005.

[23] 林建亚，何存兴. 液压元件 [M]. 北京：机械工业出版社，1988.

[24] 李壮云. 液压元件与系统 [M]. 3版. 北京：机械工业出版社，2011.

[25] 吴根茂，邱敏秀，王庆丰，等. 新编实用电液比例技术 [M]. 杭州：浙江大学出版社，2006.

[26] 黄谊，章宏甲. 机床液压传动习题集 [M]. 北京：机械工业出版社，1990.

[27] 王积伟. 液压与气压传动习题集 [M]. 北京：机械工业出版社，2006.

[28] 王积伟，吴振顺. 控制工程基础 [M]. 2版. 北京：高等教育出版社，2010.

[29] 王积伟. 控制理论与控制工程 [M]. 北京：机械工业出版社，2011.

[30] 林木生，谢光辉. 液压与气动技术 [M]. 北京：煤炭工业出版社，2004.

[31] 李芝. 液压传动 [M]. 2版. 北京：机械工业出版社，2009.

[32] 左建民. 液压与气动技术 [M]. 4版. 北京：机械工业出版社，2023.

[33] 牟志华，张海军. 液压与气动技术 [M]. 北京：中国铁道出版社，2010.

[34] 阎祥安，曹玉平. 液压传动与控制习题集 [M]. 2版. 天津：天津大学出版社，2004.